21 世纪高等院校教材 · 地理信息系统教学丛书

地理信息系统算法基础

张　宏　温永宁　刘爱利　等　编著

科　学　出　版　社

北　京

内 容 简 介

本书全面、系统地收集和整理了当前地理信息系统算法领域的相关资料,以地理信息系统设计与实现为线索,内容涉及地理空间数据的描述、检索、存储和管理,以及地理空间信息分析基本方法的设计和实现。

本书可作为地理信息系统专业的本科生和研究生教材,也可作为从事地理信息系统软件开发和应用的人员的学习资料,并可供地理信息系统的理论研究人员参考。

图书在版编目(CIP)数据

地理信息系统算法基础/张宏等编著.—北京:科学出版社,2006
(21 世纪高等院校教材·地理信息系统教学丛书)
ISBN 978-7-03-016868-9

Ⅰ.地…　Ⅱ.张…　Ⅲ.地理信息系统-算法理论-高等学校-教材
Ⅳ.P208

中国版本图书馆 CIP 数据核字(2006)第 009556 号

责任编辑:郭　森　杨　红　李久进/责任校对:刘小梅
责任印制:徐晓晨/封面设计:陈　敬

科学出版社出版
北京东黄城根北街 16 号
邮政编码:100717
http://www.sciencep.com
北京中石油彩色印刷有限责任公司 印刷
科学出版社发行　各地新华书店经销
*
2006 年 6 月第　一　版　　开本:B5(720×1000)
2019 年 1 月第八次印刷　　印张:22
字数:410 000
定价:49.00 元
(如有印装质量问题,我社负责调换)

《地理信息系统教学丛书》编委会

序

南京师范大学地理科学学院发起并组织编写地理信息系统专业系列教材，奋斗三载，先后问世，这是我国第一套全面阐述地理信息系统理论、方法、技术和应用的教科书。对于地理学科的现代化，信息科学新型人才的培训，落实科教兴国战略，深化教学改革来说，都是值得庆贺的。

据中国科学院地学部调查（2002），全国综合性大学共有150个地理学科机构，在地学领域中居首位，而地理信息系统专业脱颖而出，发展最快。21世纪初，已设置地理信息系统专业的学校有70多个，仅江苏省内就有12个。这是经济发展、社会进步的客观需求。面对全社会数字化的浪潮，“数字地球”、数字化城市、省区与流域，百舸争流。地理信息系统作为人口、资源与环境问题的公共平台，作为国家推动信息化、实现现代化的重要组成部分，正在与电子政务、电子商务信息系统相融合，愈来愈显示出其跨行业、多功能的优势，不断开拓新的应用领域。一些涉及地理分布现象的数据采集、时空分析，涉及城市或区域规划、管理与决策的过程，都喜欢用上地理信息系统这种新的技术手段，来提高办公自动化的水平，提高企业科学管理的效率和透明度，加强面对国际市场的开放力度和竞争能力。近20年来，全国范围从事地理信息系统的事业、企业单位，迅猛增长，已超过400个，而且方兴未艾，与时俱进。

中国科学院地学部地学教育研究组在咨询报告（2002）中指出：“随着社会和科技的发展，地学的内涵、性质和社会功能也在变化。这在最近20年中尤为明显：遥感、信息技术和各种实时观测、分析技术的发展，使地球科学进入了覆盖全球、穿越圈层，即地球系统科学的新阶段，从局部现象的描述，推进到行星范围的推理探索，获得了全球性和系统性的信息。”这就是说，从学科的本质及其自身发展的规律来看，地理信息系统不仅仅是技术，而且是科学，是发展地球系统科学不可缺少的部分。

地理信息系统之所以一枝独秀，并非偶然！主要是由于它本身具备多样化的社会功能。社会信息化的主要内容包括三个方面：一是信息基础设施的建设，地理信息系统正是地图测绘的数字化产品，同时又是兼收并容遥感、定位系统的缓冲区，起着调节网络信息流的作用；二是产业结构调整，地理信息系统起着润滑剂的作用，以信息流调控物流、能流和人流，以信息化促进现代化；三是信息服务，地理信息系统是电子政务、电子商务信息系统不可分割的组成部分。在航天事业、电信网络和电脑技术日新月异的21世纪,地理信息系统如虎添翼,广泛地渗透到各行各业之中,提供无微不至的信息服务。

地理信息系统教材,前人多以综论形式出版。例如,英文教材先后有D.R. Taylor(1991),J.C. Autenucci et al.(1991),M.D.I. Goodchild(1991),M.M. Fisher(1993),Murai Shuji(1996),D. Rhind(2000);中文教材先后有黄杏元、汤勤(1989),边馥苓(1996),陈述彭、鲁学军、周成虎(1999),龚健雅(1999),邬伦(1999),闾国年、吴平生、周晓波(1999),李德仁、关泽群(2000),马蔼乃(2000),王家耀(2001)等。这些教材对地理信息系统的科学与哲学性质,及其与邻近学科的相互关系,均有精辟论述。地理信息系统应用专论方面,城市:曹桂发等(1991),宋小冬、叶嘉安(1995),宫鹏(1996),陈述彭(1999),张新长等(2001);林业:李芝喜、孙俊平(2000);农业:王人潮(1999)。这些专论密切结合相关行业,具有中国特色。现在,闾国年教授等主持编写的地理信息系统专业系列教材,是在前人工作的基础上,博采众家之所长,继往开来,推陈出新,拓展为系列教材。基础是扎实的,时机是成熟的。

这套系列教材的编写,紧密结合地理信息系统专业的课程设置。在理论方面,又推出了一部新作,从哲学的高度来探讨地理信息系统中的虚拟时空。系列教材的重点侧重于方法、技术,总结了数据集成、知识发现的最新进展;率先推出数据共享、虚拟环境与网络三部分,反映地理信息系统的生长点。在应用方面,主要是结合作者们近年参与建设项目的实践,加以总结和提高,是来自生产第一线的“新知”,目前已涉及土地与水资源管理、城市规划、环境保护以及设备设施管理与房产管理等,今后随着应用领域的拓展,还会有旅游、物流等地理信息系统教材相继问世。

同学们可以根据课程设置计划,循序渐进,在理论方面广泛涉猎,解放思想,开阔眼界。在方法、技术方面,配合辅导教材和实习大纲,刻苦钻研,掌握关键技术,学以致用。在应用方面结合个人志趣、专长与就业需求,选修其中一二门,理清不同行业的应用特点,举一反三。系列教材是面向整个专业的,并不要求每位同学都把全部教材囫囵吞咽下去,食而不化。编写系列教材,正是为同学们提供了更加宽阔的学习园地、更加宽松的学习环境。祝同学们健康成长,时刻准备着,与时俱进,开拓创新,为祖国信息化和现代化多做贡献。

中国科学院院士

陈述彭

2003 新年

前　言

地理信息系统(GIS)自20世纪60年代问世以来,已历经40多个春秋。随着计算机技术、通信技术的普及,GIS已经走出实验室,在各行业内得到了广泛的应用并取得了良好的经济效益和社会效益。越来越多的来自不同行业、不同专业的人士开始利用GIS技术解决生产和社会实践中的问题。

本书旨在对GIS基础软件、应用软件,以及GIS应用过程中涉及的基本的GIS算法及其应用做一较为全面系统的介绍和分析。"算法"一词源于公元9世纪波斯数学家比阿勒·霍瓦里松的一本影响深远的著作《代数对话录》。英国数学家图灵在20世纪提出了著名的图灵论点,并抽象出了一台机器,这台机器被我们称为图灵机。图灵的思想对算法的发展起到了重要的作用。算法是指完成一个任务所需要的具体步骤和方法。完成同样任务,不同的算法可能使用不同的时间和空间。算法是计算机处理信息的本质,因为计算机程序本质上是一个算法,告诉计算机确切的步骤来执行一个指定的任务。一般地,当算法在处理信息时,数据会从输入设备读取,写入输出设备,可能保存起来以供后期使用。随着地理信息系统在各个领域中更为广泛的应用,对GIS算法的研究变得日益重要。GIS算法作为处理地理科学领域中各种问题的分析求解方法,有着鲜明的特点。首先,GIS算法是用来解决地学领域中的问题,但许多算法都不是孤立的,不是无源之水,无本之木,而是借鉴和发展了其他学科的研究成果;其次,GIS算法处理的往往是海量的地理信息,涉及许多复杂的空间运算,不同于简单的数据查询、编辑操作;再次,地理信息系统与实际应用、工程开发有着密切的关系,GIS算法与一般算法很重要的一个区别就是要处理问题的不确定性,它无法被定性、定量成一个非常明确的纯算法问题。例如,标注一条河流,标注必须靠近河流但是不能与其相交,标注的走向与河流一致但又不能覆盖地图上的其他要素,标注必须间隔一致但又不允许太大也不能太小等,不一而足。本书将更多地从计算机算法的角度来阐述GIS算法的设计原则、分析方法、技巧以及相关的评价。

GIS与各类学科都有密切的联系,GIS算法与地理科学、计算机科学、数学等同样有着千丝万缕的关系。GIS的许多算法都是从计算几何、计算图形学、离散数学演化而来的。它是整个地理信息科学的核心,不管是从基本的GIS空间数据结构到空间数据模型,还是从必需的GIS空间关系的表达与描述到各种各样的空间拓扑关系,抑或是从高级的时态多维GIS到GIS空间数据挖掘与知识发现,GIS算法作为地理信息系统的基石当之无愧。GIS 算法是一个富集优雅技术和复杂数学分析结果的领域,一个好的算法或数据结构可能使某个原来需要数月才能完成的问题在顷刻之间得到解决。在实际的应用中,往往需要考虑各方面的因素,可能需要利用时间来换取空间,也有可能必须牺牲效率来获得最佳的存储性能,换句话来说,即可能没有放之四海而皆准的最优算法。因此掌握 GIS 算法的设计原则,剖析各种 GIS 分析方法,灵活应用一些技巧自有其用武之地。

本书第 1 章由张宏、温永宁编写;第 2 章由张宏、张强、刘二年编写;第 3 章由张宏、丁一编写;第 4 章由张宏、乔延春编写;第 5 章由张宏、冯文钊、乔延春编写;第 6 章由张宏、温永宁编写;第 7 章由张宏、刘二年编写;第 8 章由张宏、温永宁编写;第 9 章由张宏、温永宁编写;第 10 章由刘二年、张宏、丰江帆编写;第 11 章由张宏、陈洋编写;第 12 章由汤国安、刘爱利编写;第 13 章由刘爱利、张宏、毕硕本编写;第 14 章由张宏、徐洁编写。张强、刘瑜、巢俊杰、丰江帆、徐洁帮助整理了书中的插图和图表。最后由张宏、温永宁、刘爱利统稿,张宏定稿。

在全书的撰写过程中,始终得到了闾国年教授、黄家柱教授、盛业华教授、汤国安教授、王桥教授、刘晓艳博士的指导和帮助。他们为本书的撰写提供了充裕的科研和设备条件,以及丰富的参考资料,帮助作者拟定教材提纲、审阅相关章节,并提出宝贵的修改意见。特别是闾国年教授严谨求实的作风使作者不敢有丝毫的懈怠。本书的完成得到了实验室诸多同事和学生的热心支持,他们是李斌、陆娟、张亦含、陈踊、田冉、蒋海琴、马刚、张金善、朱明媛、蒋文明、谈帅、王帮进、邓勇伟,在此谨向他们表示诚挚的谢意。

本书的内容引用了很多前人的工作成果,在此谨向他们表示诚挚的敬意。同时由于作者水平有限,书中不足之处在所难免,敬请读者批评指正。

作　者

2005 年 11 月于随园

目　　录

第1章　算法设计和分析

1.1　概　　述

算法是解决问题方法的精确描述，但是并不是所有问题都有算法，有些问题经研究可行，则相应有算法，但这并不是说问题就有结果。上述的“可行”，是指对算法的研究。

1．待解问题的描述

待解问题的描述应精确、简练、清楚，使用形式化模型刻画问题是最恰当的。例如，使用数学模型刻画问题是最简明、严格的，一旦问题形式化了，就可依据严格的模型对问题求解。

2．算法设计

算法设计的任务是对各类具体问题设计良好的算法及研究设计算法的规律和方法。常用的算法有穷举搜索法、递归法、回溯法、贪心法、分治法等。

3．算法分析

算法分析的任务是对设计出的每一个具体的算法，利用数学工具，讨论各种复杂度，以探讨某种具体算法适用于哪类问题，或某类问题宜采用哪种算法。

1.2　算法设计原则

设计的真谛，就是在一些互相冲突的需求和约束条件之间寻找平衡点。什么是一个良好的算法？这个问题可以从许多方面来阐述，不管是哪种情况，都无法放之四海而皆准，但总有一些原则是在不断的探索中被发现并潜移默化地影响着我们的思维。算法的设计应当遵循以下一些原则：

1．正确性

算法的正确性是指对于一个问题，之所以将其放在第一位是因为如果一个算法自身有缺陷，或者不适合于问题的求解，那么该算法将不会解决问题。

2．确定性

算法的确定性是指算法的每个步骤必须含义明确，对每种可能的情况，算法都能给出确定的操作。即采用同一种算法，在同样的条件下无论计算多少次，始终能够得到确定的结果。

3．清晰性

一个良好的算法必须思路清晰，结构合理。算法的设计要模块化。模块化是指将一个大的算法分解成若干小而简单的部分——模块，每个模块可以独立地编写、测试，最后组装完成整个算法。模块化的目的是使算法的结构清晰，容易阅读，容易理解，容易测试，容易修改。模块化的分割原则要符合抽象原则，即指每个模块都要有明确的抽象意义。例如，在面向对象方法中，建立一个类的主要依据是该类描述的抽象数据类型（ADT）。

1.3　算法复杂性的度量

算法的复杂性包括算法的时间复杂性和算法的空间复杂性。为了说明复杂性的概念，先介绍问题规模的概念。用一个与问题相关的整数量来衡量问题的大小，该整数量表示输入数据量的尺度，称为问题的规模。比如，行列式的规模可以用其阶数 n 来表示，图问题的规模可以用其边数或顶点数来表示等。

利用某算法处理一个问题规模为 n 的输入所需要的时间，称为该算法的时间复杂性，它显然是 n 的函数，记为 $T(n)$。

类似地可以定义算法的空间复杂性 $S(n)$。

下面主要讨论算法的时间复杂性。由于一般不需要知道精确的时间耗费，只要知道时间耗费的增长率大体在什么范围内即可，因此我们引入算法复杂性阶的概念。

1.3.1　时间复杂性

1．阶的增长

显而易见，说一个算法 A 对于输入 x 要用 y 秒运行是没有意义的。这是因为影响实际时间的因素不仅有相应算法，还有其他诸多因素，例如，算法是在什么机器上和怎样执行的，用的是哪一种语言，甚至编译程序或程序员的能力都有影响。因此只要得出确切时间的近似数就可以了。但是最重要的是，在评估一个算法效率的时候，我们需要的是确切时间还是近似时间？事实上，我们甚至不需要近似时间，这是由许多因素造成的。首先，在分析算法运行时间时，我们通常将该算法和解决同一问题甚至是不同问题的算法相比较，这样，估计时间是相对的而不是绝对的；其次，我们希望一个算法不仅是独立于机器的，而且它也能够用各种语言来表示，甚至是人类语言；再者，它还应该是技术独立的，也就是说，无论科技如何进步，我们对算法运行时间的测度始终成立；第四，我们主要不是关心小规模输入量的情况，最关心的是在大的输入实例时算法的运行情况。

事实上，在算法的某个“合理”实现中的计算运算次数，是比它所需要的多了一些。作为上面第四种因素的推论，我们可以前进一大步：要精确计算所有的运算次数，如果不是不可能的话，也是非常麻烦的。由于我们只对大的输入时的运行时间感兴趣，可以讨论运行时间的增长率或增长的阶。例如，如果可以找到某个常量 $c>0$，当给算法 A 以大小为 n 的输入时，算法的运行时间至多为 cn^2，随着 n 越来越大，c 将逐渐不起作用。进一步，把这个函数和另一个求解同一问题的算法 B 的不同阶的函数（例如 dn^3）做比较，很明显，该常量并不起多大作用。为了解释这一点，记两个函数的比值是 dn/c，当 n 变得很大时，d/c 实际上没有什么作用。同样的道理可用于函数 $f(n)=n^2\log n+10n^2+n$ 中的低阶项上，我们观察到 n 值越大，低阶项 $10n^2$ 和 n 的影响就越小。因此，可以说算法 A 和 B 的运行时间分别为“n^2 阶和 n^3 阶的”或属于“n^2 阶和 n^3 阶的”。类似地，我们说上面的函数 $f(n)$ 是 $n^2\log n$ 阶的。

一旦去除了表示算法运行时间的函数中的低阶项和首项常数，就称我们是在度量算法的渐近运行时间。与此相同，在算法分析的术语中，可以用更为技术性的术语“时间复杂性”来表示这一渐近时间。

现在假定有两个算法 A_1 和 A_2，运行时间都为 $n\log n$ 阶，那么其中哪一个更好呢？从技术上看，由于两个算法有同样的时间复杂性，我们就说在一个乘法常数内，它们有相同的运行时间，也就是两个运行时间的比值是常量。在某些情况下，这个常量可能很重要，对算法更详尽的分析或在算法的行为上进行某些试验可能很有帮助。而且这时考查其他因素，例如，空间需求和输入分布等也有必要，后者对分析算法运行的平均情况是有帮助的。

图 1.1 是一些广泛用来表示算法运行时间的函数，高阶函数和指数以及超指数函数没有在这张图上显示出来。即使 n 为一个中等的值，指数和超指数函数也比图中的几个函数增长得快得多。这几种类型的函数 $\log^k n$, cn, cn^2, cn^3 分别称为对数函数、线性函数、平方函数和立方函数，下面两种函数的形式 n^c 或 $n^c\log^k n$，$0<c<1$ 称为次线性函数；在线性函数和平方函数之间的，如 $n\log n$ 和 $n^{1.5}$，称为次平方函数。表 1.1 是时间复杂性分别为 $\log n$, n, $n\log n$, n^2, n^3, 2^n（$n=2^3, 2^4, \cdots, 2^{20}$）的算法的近似运行时间，假定每次执行用时 1ns。注意在阶为 2^n 时，运行时间是爆炸性的（以世纪为单位来衡量）。

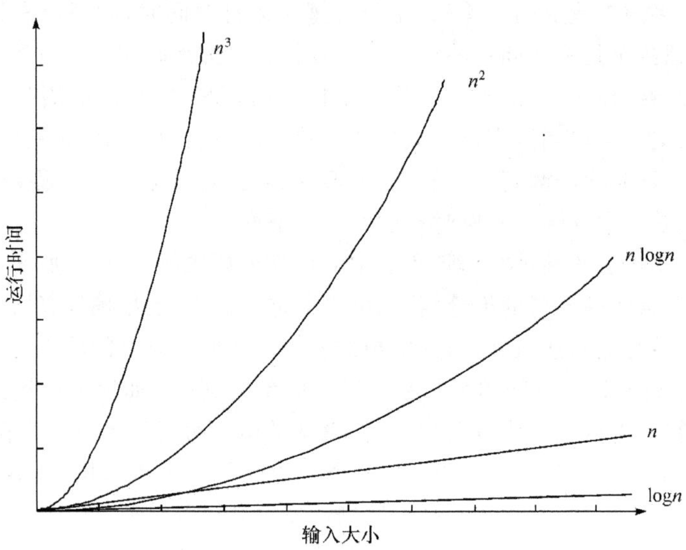

图 1.1　一些表示运行时间的典型函数的增长情况

表 1.1　不同大小输入的运行时间

2^n	$\log n$	n	$n\log n$	n^2	n^3	2^3
8	3nsec	0.01μ	0.02μ	0. 06μ	0.51μ	0.26μ
16	4nesc	0.02μ	0.06μ	0.26μ	4.1μ	65.5μ
32	5nesc	0.03μ	0.16μ	1.02μ	32.7μ	4.29cent
64	6nesc	0.06μ	0.38μ	4.1μ	262μ	5.85cent
100	0.01μ	0.10μ	0.[illegible]0μ	10.00μ	0.01[illegible]	10^{70}[illegible]
256	0.01μ	0.26μ	2.05μ	65.54μ	0.02sec	10^{58}cent
512	0.01μ	0.51μ	4.61μ	262.14μ	0.13sec	10^{138}cent
2048	0.01μ	2.05μ	22.53μ	0.01sec	1.07sec	10^{598}cent
4096	0.01μ	4.1μ	49.15μ	0.02sec	8.4sec	10^{1214}cent
8192	0.01μ	8.19μ	106.5μ	0.07sec	1.15min	10^{2447}cent
16 384	0.01μ	16.38μ	229.38μ	0.27sec	1.22hrs	10^{4913}cent
32 768	0.02μ	32.77μ	491.52μ	1.07sec	9.77hrs	10^{9845}cent
65 536	0.02μ	65.54μ	1048.6μ	0.07sec	3.3days	10^{19709}cent
131 072	0.02μ	131.07μ	2228.2μ	0.29sec	26days	10^{39438}cent
262 144	0.02μ	262.14μ	4718.6μ	1.15sec	7months	10^{78894}cent
524 288	0.02μ	524.29μ	9961.5μ	4.58sec	4.6years	10^{157808}cent
1 048 576	0.02μ	1048.6μ	20 972μ	18.3sec	37years	10^{315634}cent

注：nesc 为纳秒，μ 为毫秒，sec 为秒，min 为分钟，hrs 为小时，days 为天，months 为月，years 为年，cent 为世纪。

对任何计算步骤，它的代价总是以一个时间常量为上界，而不管输入数据或执行的算法，我们称该计算步骤为“元运算”。例如，取两个整数相加的运算，不管使用何种算法，我们都规定它的运算对象的大小是固定的，这一运算的运行时间是常数。而且由于现在是处理渐近的运行时间，我们可以任意选择正整数 k 为“计算模型”的“字长”。顺便说一下，这仅仅是一个表现渐近符号的优越性的例子，字长可以是任何固定的正整数。如果要把任意大的数相加，很容易根据加法的元运算写出相应的算法，它的运行时间和输入的大小成正比。同样应用固定大小的条件，我们能从一个大的运算集合中，随心所欲地选择多个元运算。下面是在固定大小运算对象上元运算的例子：

(1) 算术运算，包括加、减、乘和除；

(2) 比较和逻辑运算；

(3) 赋值运算，包括遍历表或树的指针赋值。

为了使增长的阶和时间复杂性这两个概念形式化，已经广泛使用了特殊的数学符号，这些符号便于运用最小的复杂数学计算来比较和分析运行时间。

2. O 符号

以插入排序算法为例[①]，算法的执行的元运算次数至多为 cn^2，其中 c 为某个适当选择的正常数。这时，说插入排序算法的运行时间是 $O(n^2)$。这可以做如下解释：只要当排序元素的个数等于或超过某个阈值 n_0 时，那么对某个常数 $c>0$，运行时间至多为 cn^2。应当强调的是，即使是在输入很大的时候，也不能说运行时间总是恰好为 cn^2。这样，O 符号提供了一个运行时间的上界，它可能不是算法的实际运行时间。例如，对于任意值 n，当输入已经按升序排列时，插入排序算法的运行时间是 $O(n)$。

一般地，说一个算法的运行时间是 $O(g(n))$，是指如果每当输入的大小等于或超过某个阈值 n_0 时，那么它的运行时间上限是 $g(n)$ 的 c 倍，其中 c 是某个正常数。该符号的形式定义如下。

定义：令 $f(n)$ 和 $g(n)$ 是从自然数集到非负实数集的两个函数，如果存在一个自然数 n_0 和一个常数 $c>0$，使得

$$\forall\, n \geqslant n_0,\ f(n) \leqslant cg(n)$$

则称 $f(n)$ 为 $O(g(n))$。

因此，如果 $\lim\limits_{n\to\infty} f(n)/g(n)$ 存在，那么

$\lim\limits_{n\to\infty}\dfrac{f(n)}{g(n)} \neq \infty$ 蕴含着 $f(n) = O(g(n))$。

---

① 有关插入排序算法的内容请参阅计算机数据结构相关方面的书籍，这里不再进行详细的论述。

非形式地，这个定义说明 f 没有 g 的某个常数倍增长得快。O 符号也可作为一个简化工具用在等式中。例如，对于

$$f(n) = 5n^3 + 7n^2 + 2n + 13$$

可以写成

$$f(n) = 5n^3 + O(n^2)$$

如果我们对低阶项的细节不感兴趣时，这是有帮助的。

3. Ω 符号

O 符号给出一个上界，而 Ω 符号在运行时间的一个常数因子内提供一个下界。我们已知执行插入排序算法的元运算次数至少是 cn，c 为某一合适的正常数。在这种情况下，称插入排序算法的运行时间是 $\Omega(n)$。这可以做如下解释：无论何时，当被排序的元素个数等于或超过某一个阈值 n_0 时，那么对某个常数 $c>0$，运行时间至少是 cn。与 O 符号相同的是，这不意味着运行时间总是像 cn 那么小。这样，Ω 符号给出了运行时间的下限，它可能不指示一个算法确切的运行时间。例如，对于 n 的任意值，如果输入由互不相同的按降序排列的元素组成，则插入排序算法的运行时间是 $\Omega(n^2)$。

一般而言，如果输入大小大于或等于某一阈值 n_0，它的运行时间下界是 $g(n)$ 的 c 倍，c 是某个正常数，则称算法是 $\Omega(g(n))$。

这个符号也被广泛用于表示问题的下界。换句话说，它通常用来表示解决某一特定问题的算法的下界。例如，我们说矩阵乘法问题为 $\Omega(n^2)$，这是对“任何两个 $n\times n$ 的矩阵乘法的算法都是 $\Omega(n^2)$”的简略语。同样地，我们说比较排序问题的比较次数为 $\Omega(n\log n)$，是指无法设计出基于比较的排序算法，它的时间渐近复杂性小于 $n\log n$。该符号的形式定义和 O 符号相对称。

定义：令 $f(n)$和 $g(n)$是从自然数集到非负实数集的两个函数，如果存在一个自然数 n_0 和一个常数 $c>0$，使得

$$\forall n \geqslant n_0, f(n) \geqslant cg(n)$$

则称 $f(n)$为 $\Omega(g(n))$。

因此，如果$\lim\limits_{n\to\infty} f(n)/g(n)$存在，那么

$$\lim_{n\to\infty}\frac{f(n)}{g(n)}\neq 0 \text{ 蕴含着 } f(n)=\Omega(g(n))$$

非形式地，这个定义说明 f 的增长至少和 g 的某个常数倍一样快。从定义可以很清楚地得到 $f(n)$是 $\Omega(g(n))$，当且仅当 $g(n)$是 $O(f(n))$。

4. Θ 符号

前面已经看到，插入排序算法执行元运算次数总是和 n^2 成正比，由于每一个

元运算需要一个常量时间，我们说插入排序算法的运行时间是 $\Theta(n^2)$。可做如下解释：存在与算法有关的两个常数 c_1 和 c_2，在 $n \geqslant n_0$ 的任何大小的输入情况下，算法运行时间在 $c_1 n^2$ 和 $c_2 n^2$ 之间。这两个常数概括了许多诸如算法执行、机器或技术等细节方面的因素。像前面提到过的那样，程序执行的细节问题包括使用的程序设计语言、编程者的技能等许多因素。

一般来说，对于任何大小等于或超过某一阈值 n_0 的输入，如果运行时间在下限 $c_1 g(n)$ 和上限 $c_2 g(n)$ 之间($0 < c_1 \leqslant c_2$)，则称算法的运行时间是 $\Theta(g(n))$ 阶的。因此，这一符号是用来表示算法的精确阶的，它蕴含着在算法的运行时间上有确切界限。该符号的形式定义如下。

定义：设 $f(n)$ 和 $g(n)$ 是从自然数集到非负实数集的两个函数，如果存在一个自然数 n_0 和两个正数 c_1 和 c_2，使得

$$\forall\, n \geqslant n_0,\ c_1 g(n) \leqslant f(n) \leqslant c_2 g(n)$$

则称 $f(n)$ 为 $\Theta(g(n))$。

因此，如果 $\lim\limits_{n \to \infty} f(n)/g(n)$ 存在，那么

$$\lim_{n \to \infty} \frac{f(n)}{g(n)} = c \text{ 蕴含着 } f(n) = \Theta(g(n))$$

其中，c 必需是一个大于零的常数。

上述定义的一个重要推论是

$f(n) = \Theta(g(n))$，当且仅当 $f(n) = O(g(n))$ 并且 $f(n) = \Omega(g(n))$。

与前两个符号不同，Θ 符号给出算法运行时间增长率的一个精确描述。

5. 复杂性类与 *o* 符号

令 R 是复杂性函数集合上由下列条件定义的关系：fRg 当且仅当 $f(n) = \Theta(g(n))$。显然，R 是自反的、对称的、可传递的，即是一个等价关系，由这个关系导出的等价类称为复杂性类。有复杂性函数 $g(n)$ 属于的复杂性类，包括所有的阶为 $\Theta(g(n))$ 的函数 $f(n)$。例如，所有二次多项式属于同一个复杂性类 n^2。为了说明两个函数属于不同的类，用 o 记号(读做“小 o”)是很有用的，定义如下。

定义：令 $f(n)$ 和 $g(n)$ 是从自然数集到非负实数集的两个函数，如果对每一个常数 $c > 0$，存在一个正整数 n_0，使得对于所有的 $n \geqslant n_0$，都有 $f(n) < cg(n)$ 成立，则称 $f(n)$ 是 $o(g(n))$ 的。

因此，如果 $\lim\limits_{n \to \infty} f(n)/g(n)$ 存在，那么

$$\lim_{n \to \infty} \frac{f(n)}{g(n)} = 0 \text{ 蕴含着 } f(n) = o(g(n))$$

非形式地，这个定义是说，当 n 趋于无穷时，$f(n)$ 对于 $g(n)$ 可以忽略不计。

这可从下面的定义得出

$f(n)=o(g(n))$，当且仅当 $f(n)=O(g(n))$，但 $g(n)\neq o(f(n))$

例如，$n\log n$ 是 $o(n^2)$的，等价于 $n\log n$ 是 $o(n^2)$的，但 n^2 不是 $o(n\log n)$的。

我们用 $f(n)\prec g(n)$来表示 $f(n)$是 $o(g(n))$的，用这种记号可以简明地表达下面复杂性类的层次：

$$1 \prec \log\log n \prec \log n \prec \sqrt{n} \prec n^{3/4} \prec n \prec n\log n \prec n^2 \prec 2^n \prec n! \prec 2^{n^2}$$

1.3.2 空间复杂性

我们把算法使用的空间定义成：为了求解问题的实例而执行的计算步骤所需要的内存空间(或字)数目，它不包括分配用来存储输入的空间。换句话说，仅仅是算法需要的工作空间。不包括输入大小的原因基本上是为了区分那些在整个计算过程中占用了“少于”线性空间的算法。所有关于时间复杂性增长的阶的定义和渐近界的讨论都可移植到空间复杂性的讨论中来。显然算法的空间复杂性不可能超过运行时间的复杂性，因为写入每一个内存单元都至少需要一定的时间。这样，如果用 $T(n)$和 $S(n)$分别代表算法的时间复杂性和空间复杂性，则有 $S(n)=O(T(n))$。

假定要对 $n=n^{20}=1\ 048\ 576$ 个元素排序，我们来看一下空间复杂性的重要性。如果用选择排序算法①，不需要额外的存储空间；但如果用合并排序② 的算法，就需要 $n=n^{20}=1\ 048\ 576$ 个额外的存储单元来做输入的暂存器。

很自然，许多问题需要在时间与空间之间权衡：给算法分配的空间越大，运行速度就越快；反之亦然。当然，这样做是有限度的，迄今为止我们讨论过的大多数算法中，增加空间并没有导致明显的速度加快。相反却往往成立，即减小空间会导致算法速度的降低。

1.4 最优算法

任何用元素比较的算法对大小为 n 的数组排序，它的运行时间在最坏的情况下必定是 $\Omega(n\lg n)$，这意味着不能期望一个算法在最坏情况下，它的渐近运行时间少于 $n\lg n$。因为这个理由，我们通常把在 $O(n\lg n)$时间内用元素比较法排序的任何算法，称为基于比较的排序问题的最优算法。一般来说，如果可以证明任何一个求解问题 A 的算法必定是 $\Omega(f(n))$，那么我们把在 $O(f(n))$时间内求解问

① 有关选择排序算法的内容请参阅计算机数据结构相关方面的书籍，这里不再进行详细的论述。

② 有关合并排序算法的内容请参阅计算机数据结构相关方面的书籍，这里不再进行详细的论述。

题 A 的任何算法都称为问题 A 的最优算法。

顺便指出，本文中被广泛使用的定义没有考虑空间复杂性。原因是两方面的，首先，正如前面指出的那样，只要使用的空间在一个合理的范围内，时间要比空间珍贵；第二，大多数已有的最优算法，在相互比较它们的空间复杂性时，是同处于 $O(n)$阶内的。

1.5　算法的评价

1.5.1　如何估计算法运行时间

正如前面讨论过的那样，如果限定算法用到的运算是那些我们定义的元运算，那么，算法运行时间的界限是囿上、囿下，还是恰好精确的界限，在相差一个常数因子的范围内是可以估计的。现在剩下的是要说明，如何分析算法以得到所关心的界限。当然可以把所有元运算加起来得到一个精确的界限，无疑这种方法是不可取的，因为它十分麻烦而且常常是不可能的。一般来说，不存在一个固定的过程，可以通过它来得到算法使用时间和空间的“合理”界限。而且，这项工作经常是靠直觉，许多情况下也需要机智。但是，在许多算法中有一些公认的技术，可以通过直接分析给出一个紧密界。下面用一些简单的例子来讨论这些技术。

1. 计算迭代次数

运行时间常常和 while 循环及类似结构的执行次数成正比。这样，计算迭代的次数将很好地表明算法的运行时间。这种情况适用许多算法，包括搜索、排序、矩阵乘法等。

例：考虑下面的算法，包含两个嵌套循环和一个变量 *count*，这个变量用来对算法执行的迭代次数计数，这时输入为 $n=2^k$，其中 k 是正整数。

while 循环执行 $k+1$ 次，这里 $k=\log_2 n$，for 循环执行 n 次，之后是 $n/2, n/4, \cdots$ 次。因此，第 4 步的执行次数是

$$\sum_{j=0}^{k}\frac{n}{2^j}=n\sum_{j=0}^{k}\frac{1}{2^j}=n\left(2-\frac{1}{2^k}\right)=2n-1=\Theta(n)$$

由于运行时间和 *count* 成正比，可以知道结果是 $\Theta(n)$。

输入：$n=2^k$，k 为正整数。

输出：第 4 步的执行次数 *count*

1. $count \leftarrow 0$
2. while $n>=1$
3. for $j \leftarrow 0$ to n

4. $count \leftarrow count+1$
5. end for
6. $n \leftarrow n/2$
7. end while
8. return *count*

2. 计算基本运算的频度

在某些算法中,用前面的方法来完成算法运行时间的精确估算是很麻烦的,甚至是不可能的。如合并排序算法,它是把两个有序数组合并为一个有序数组。如果我们试图采用前面的方法,分析将变得冗长而困难。

一般来说,在分析一个算法的运行时间时,可以挑选出一个具有这样性质的元运算,它的频度至少和任何其他运算的频度一样大,称这样的运算为基本运算。我们还可以放宽这个定义,把那些频度和运行时间成正比的运算包括进来。

定义:如果算法中的一个元运算具有最高频度,所有其他元运算频度均在它的频度的常数倍内,则称这个元运算为基本运算。

一般来说,这种方法是由这样两部分组成的:确定一种基本运算和应用渐近表达式来找出这种运算执行的阶,这个阶将是算法运行时间的阶。这实际上是一大类问题选择的方法。这里列出这些基本运算中的若干候选者:

(1) 在分析搜索和排序算法时,如果元素比较是元运算,则可以选它为基本运算;

(2) 在矩阵乘法算法中,选数量乘法运算;

(3) 在遍历一个链表时,可以选设置或更新指针的运算;

(4) 在图的遍历中,可以选访问节点的"动作"和对被访问节点的计数。

在一些算法里,所有的元运算都不是基本运算。它可能是这样的情况:两种或者更多的运算结合在一起的频度与算法的运行时间成正比。在这种情况下,用执行这些运算的总次数的函数来表示运行时间。例如,我们既不能限定插入的次数,也无法限定删除的次数,但是却能够得到限定它们总数的公式。那么可以这样说:最多存在 n 个插入和删除。这个办法在图和网络的算法中广泛使用,比如,有关图和复杂的数据结构的相关算法。

3. 使用递推关系

在递归算法中,一个界定运行时间的函数常常以递推关系的形式给出,即一个函数的定义包含了函数本身,例如,$T(n)=2T(n/2)+n$。寻找递推式的解已经得到了很好的研究,甚至可以机械地得到它的解。推导出一个递推关系,它界定一个非递归算法中基本运算的数目是可能的。例如,在二分法搜索算法[①] 中,如果令 $C(n)$为一个大小是 n 的实例中执行比较的次数,则可以用递推式表示算法所做的比较次数:

$$C(n) \leqslant \begin{cases} 1, & 若\ n=1 \\ C(\lfloor n/2 \rfloor)+1, & 若\ n \geqslant 2 \end{cases}$$

这个递推式的解简化成如下的和:

$$\begin{aligned} C(n) &\leqslant C(\lfloor n/2 \rfloor)+1 \\ &= C(\lfloor \lfloor n/2 \rfloor /2 \rfloor)+1+1 \\ &= C(\lfloor n/4 \rfloor)+1+1 \\ &\ \ \vdots \\ &= \lfloor \log n \rfloor + 1 \end{aligned}$$

也就是 $C(n) \leqslant \lfloor \log n \rfloor + 1$,因此 $C(n)=O(\log n)$。由于在二分搜索算法中元素比较运算是基本运算,因此它的时间复杂性是 $O(\log n)$。

1.5.2　最坏情况和平均情况的分析

考虑两个 $n \times n$ 的整数矩阵 A 和 B 相加的问题。显然对于任意两个 $n \times n$ 矩阵 A 和 B 来说,用计算 A+B 的算法中的数量加法次数表示的运行时间总是相同的。也就是说,算法的运行时间和输入的值无关,而只与用元素数目测度的大小有关。这与插入排序算法一类的算法相反,后者的运行时间在很大程度上与输入值有关。在合并排序算法中,输入大小为 n 的数组中,执行的元素比较次数在 $n-1$ 和 $n(n-1)/2$ 之间。这表明算法的执行不仅是 n 的函数,也是输入元素初始顺序的函数。算法运行时间不仅依赖于输入数据的个数,还依赖于它的形式,这是许多问题的特征。例如,排序过程内在的与被排序数据的相对次序有关。但并不是说所有的排序算法都受输入数据的影响,比如说不管输入值的顺序或形式怎样,插入排序算法对大小为 n 的数组执行的元素比较次数都是相同的,这是由于算法执行的元素比较次数仅仅是 n 的函数。更精确地说,用基于比较的算法对 n 个元素的集合排序,它用的时间依赖于元素间相对的顺序,例如,对 6,3,4,5,1,7,2 这些数排序,需要的步数和对 60,30,40,50,10,70,20 排序的步数相同。显然,不可能找到一个与输入大小和形式都相关的描述算法时间复杂性的函数,后一因素只能被忽略。

再来看插入排序算法,令 $A[1 \cdots n]=\{1,2,\cdots,n\}$,考虑 A 中元素的所有 $n!$ 排列,每个排列都对应一个可能的输入。对两个不同排列,算法的运行时间可认为

---

① 有关二分法搜索算法的内容请参阅计算机数据结构相关方面的书籍,这里不再进行详细的论述。

是不同的。考虑3个排列:排列 a,数组 A 中的元素已按降序排列;排列 b,数组 A 中的元素为随机顺序;排列 c,数组 A 中的元素已按升序排列(图 1.2)。

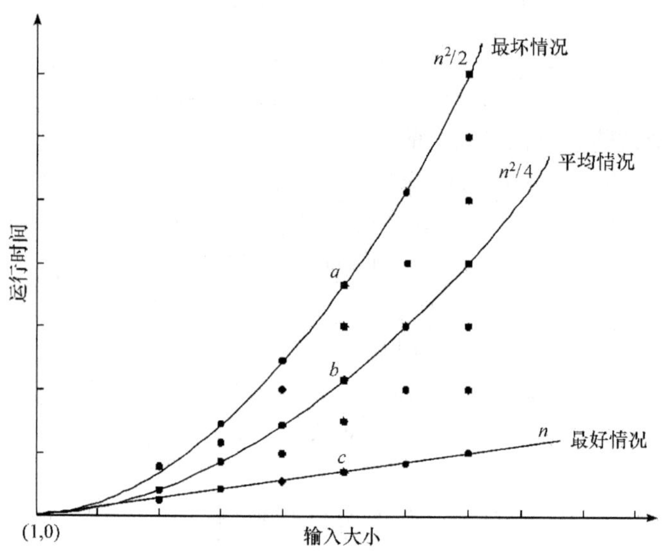

图 1.2　插入排序算法的性能:最坏情况、平均情况和最好情况

这样,输入 a 代表了大小为 n 的所有输入中最坏的情况;输入 c 代表最好的情况;输入 b 居二者之间。这产生了分析算法运行时间的三种方法:最坏情况分析、平均情况分析和最好情况分析。

1. 最坏情况分析

在时间复杂性的最坏情况分析中,我们在所有大小为 n 的输入中选择代价最大的,如前面所述,对任何一个正整数 n,插入排序算法需要 $\Omega(n^2)$来处理大小为 n 的某一输入(图 1.2 中的输入 a)。由于这个原因,我们说在最坏情况下该算法的运行时间是 $\Omega(n^2)$。由于运行时间是 $O(n^2)$,那么我们也说算法在最坏情况下的运行时间是 $O(n^2)$,因此使用更强的 Θ 符号,该算法在最坏情况下算法的运行时间是 $\Theta(n^2)$。显然 Θ 符号是几个当中最合适的,因为它给出了算法在最坏情况下的确切性能。换句话说,称插入排序算法在最坏情况下运行时间是 $\Theta(n^2)$也蕴含了该算法在最坏情况下运行时间是 $\Omega(n^2)$,但说该算法在最坏情况下运行时间是 $O(n^2)$就没有这层含义。注意对任何 n,都能找到输入的实例,对于这一实例,算法的运行时间不超过 $O(n)$(图 1.2 中的输入 c)。

由此可见,在最坏情况假设下,许多算法的上下界合一,因此可以说算法在最坏情况下以 $\Theta(f(n))$运行。上面已经解释过,这比说算法在最坏情况下是

$O(f(n))$更强。

有人试图得出这样的结论，在最坏情况下，上下界的概念总会重合，然而实际情况不是这样。考虑一个在最坏情况下运行时间是 $O(n^2)$的算法的例子，我们还不能证明对于所有大于某个阈值 n_0 的 n 值，都存在一个大小为 n 的输入，对于这个输入，算法要用的时间为 $\Omega(n^2)$。在这种情况下，即使我们知道算法对于 n 的无限多个值用了 $\Theta(n^2)$的时间，也不能说该算法在最坏情况下的运行时间是 $\Theta(n^2)$。在许多图和网络算法中有这样的情况，仅可以证明运算数目有一个上界，而这个上界是否能达到却不清楚。

2．平均情况分析

另一个对算法时间复杂性的解释是平均情况。这里运行时间是指在所有大小为 n 的输入的平均时间(图 1.2)。在这种方法里，必须知道所有输入出现的概率，也就是需要预先知道输入的分布。然而在许多情况下，即使放宽了一些约束，包括假设有一个理想的输入分布(如均匀分布)，分析也是复杂和冗长的。

1.5.3　平摊分析

在许多算法中，也许无法用 Θ 符号表达时间复杂性以得到一个运行时间的确界，这样，我们将满足于 O 符号，在某些时候，上界是过高了。如果用 O 符号得到运行时间的上界，那么即使在最坏情况下，算法可能也比我们估计的要快得多。

考虑这样一个算法，在算法中有一种运算反复执行时有这样的特性：它的运行时间始终变动。如果这一运算在大多数时候运行得很快，只是偶尔要花大量时间，又假定求确界虽然可能，但是非常困难，那么这就预示要用平摊分析了。

在平摊分析中，可以算出算法在整个执行过程中所用时间的平均值，称为该运算的平摊运行时间。平摊分析保证了运算的平均代价，进而也保证了算法在最坏情况下的平均开销。这与平均时间分析不同，在平均时间分析中，要计算同样大小的所有实例才能得到平均值，它也不像平均情况分析，不需要假设输入的概率分布。一般来说，平摊时间分析比最坏情况分析更困难，但是当我们由此导出了一个更低的时间复杂性时，克服这些困难就值得了。

1.5.4　输入大小和问题实例

一个算法执行性能的测度通常是它输入的大小、顺序和分布等的函数。其中最重要的，也是我们最感兴趣的是输入的大小。用图灵机作为计算模型，能方便地以非空单元的数目测量算法输入的大小。如果想要用数字、顶点、线段和其他对象来描述我们研究现实世界中的问题,当然是不切实际的。由于这个原因,输入大小的概念属于算法分析的实践部分,并且对它的解释已成为约定俗成。当讨论一个相对于一个算法的问题时,我们通常谈一个问题的实例。于是,一个问题的实例就转变为求解该问题的一个算法的输入。例如,我们把 n 个整数的数组 A 称为对数排序问题的一个实例,同时,在讨论插入排序算法的时候,我们把这个数组看作算法的输入。

输入的大小作为一个数量,不是输入的精确测度,它解释为从属于已设计或将要设计的算法的问题。一些常用的、作为常用输入大小的测度如下:

(1) 在排序和搜索问题中,用数组或表中元素的数目作为输入大小;

(2) 在图的算法中,输入大小通常指图中的边或顶点的数目,或二者皆有;

(3) 在计算几何中,算法的输入大小通常用点、顶点、边、线段或多边形等的个数来表示;

(4) 在矩阵运算中,输入大小通常是输入矩阵的维数;

(5) 在数论算法和密码学中,通常选择输入的比特数来表示它的长度,当一个字由固定的比特数组成时,一个数字的字数也可以选来表示输入的长度。

这些"不单一的"测度方法在比较两个算法所需的时间和空间时会带来一些不一致性。例如,将两个 $n\times n$ 的矩阵相加的算法要执行 n^2 次加法,看上去是平方的关系,而实际上与输入的大小关系却是线性的。

思　考　题

1. 简述算法的时间复杂性度量。
2. 简述算法的空间复杂性度量。
3. 简述算法的评价策略。

第2章 GIS算法的计算几何基础

2.1 维数扩展的9交集模型

2.1.1 概 述

关系运算是指用于检验两个几何对象的特定的拓扑空间关系的逻辑方法。两个几何对象的拓扑空间关系在GIS中是一个重要的研究主题。两个几何对象拓扑空间关键关系最基本的比较方法就是成对比较两个几何对象的内部、边界和外部的交集，并基于交集矩阵产生的实体来对两个几何对象空间关系分类。

普通拓扑学很好地定义了内部、边界和外部的概念。这些概念适用于在二维空间中二维对象的空间关系的定义。这些概念要适用于二维空间中的一维和零维对象时，需要组合拓扑学方法。组合拓扑学方法是基于简单复合体的内部、边界和外部的定义基础上产生的，结果如下：

几何体的边界由一组较低维数的几何体构成。点(Point)或多点(MultiPoint)的边界为一个空集。非闭合曲线的边界由其两个端点组成，闭合曲线的边界为空。多曲线(MultiCurve)的边界为它的组成弧段的奇数弧段构成。多边形边界是其环的集合。多多边形(MultiPolygon)的边界是组成它的多边形的环的集合。任意几何体组合其内部是利用"mod 2"相交法则从单元几何体边界抽取的不连续的几何体。

几何对象域通常认为是拓扑闭合的。组成几何体内部的点不会因为其外部的点被删除而删除。组成几何体外部的点不在几何体内部或者边界上。

最大维数在一维和二维空间中两个几何体的空间关系研究一般只考虑对比内部和边界的交集，并定义这种情况为4交集模型。当该模型考虑到输入几何体的外部时就扩展为9交集模型，同时，进一步加入扩展为维数上扩展的9交集模型的产生的成对的交集结果的维数信息。这些扩展使得模型可以表达点、线、面，以及有洞和多线、多面的面的空间关系。

2.1.2 模型介绍

几何体 a，假设 I(a)、B(a)和 E(a)分别表示 a 的内部、边界和外部。I(a)、B(a)和 E(a)任意两个的交集就生成一个混合维数的几何体集合 x。例如，两个多边形的边界交集可以由一个点和一条线组成。假设 dim(x)返回 x 中的几何体的最大维数为(－1,0,1,2),－1 相应表示 dim(ϕ)。维数扩展的 9 交集矩阵(DE-9IM)则推出以下公式(表 2.1):

表 2.1　DE-9IM

项目	内部	边界	外部
内部	$\dim(I(a)\cap I(b))$	$\dim(I(a)\cap B(b))$	$\dim(I(a)\cap E(b))$
边界	$\dim(B(a)\cap I(b))$	$\dim(B(a)\cap B(b))$	$\dim(B(a)\cap E(b))$
外部	$\dim(E(a)\cap I(b))$	$\dim(E(a)\cap B(b))$	$\dim(E(a)\cap E(b))$

通常,例如计算两个闭合的正多边形的交集内部并确定交集的维数,就没有必要分别用几个几何体表示两个多边形(两者为拓扑开放集)内部。大多数情况下,每一单元交集的维数都严格受到两个几何体类型的限制。比如,线-面关系中,内部-内部单元的维数只可能是{－1,1}而面-面关系中内部-内部单元的维数为{－1,2}。在以上情况中所需要做的只是寻找交集。

图 2.1 为多边形 a 和 b 叠置的 DE-9IM 表示。

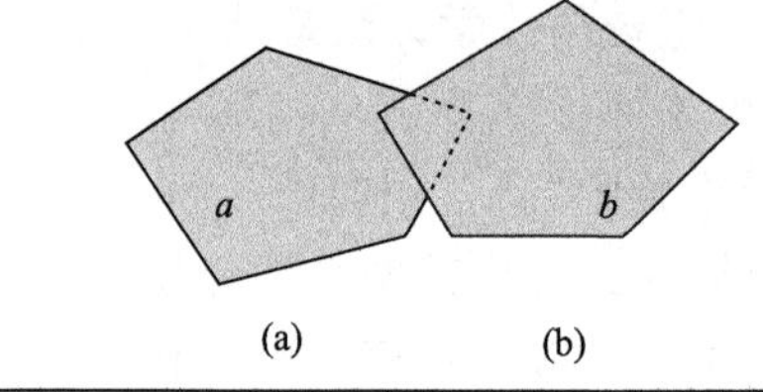

(a)　　(b)

内部	边界	外部
2	1	2
1	0	1
2	1	2

图 2.1　DE-9IM 模型示例

空间关系的描述可以归纳为:两个几何体,以表示两个几何体 DE-9IM 结果合理值集合的模式矩阵形式输入。只要两个几何体的空间关系符合模式矩阵表示的合理值中的一个,则返回 TRUE。

模式矩阵由 9 种模式-值集合构成,一种集合对应矩阵一个单元。可能的模式值 p 为{T,F, * ,0,1,2},对于任何单元的所属何种交集含义 x 如下:

p=T ⇒ dim(x) ∈{0,1,2},例如, $x \neq \phi$

p=F ⇒ dim(x)=－1,例如, $x=\phi$

p= * ⇒ dim(x) ∈ {－1,0,1,2},例如,没关系

$p=0 \Rightarrow \dim(x)=0$

$p=1 \Rightarrow \dim(x)=1$

$p=2 \Rightarrow \dim(x)=2$

模式矩阵可以用一个以行号为顺序的9个元素的数组或者列表表示。如下例所示代码用于检测两个区域是否叠置：

```
char * overlapMatrix = 'T*T***T**';
Geometry* a,b;
Boolean b = a->Relate(b,overlapMatrix);
```

2.1.3 空间关系的判定

基于模式矩阵的空间关系的确定使得用户可以检测大部分的空间关系，并能对特殊的空间关系进行检测。可仍然存在缺点，模式矩阵只是抽象化的语言而非人性化的语言。除了熟悉空间关系GIS开发者以外，某些用户希望使用更为人性化的语言，如“select all features ‘spatially within’ a query polygon”。

为了满足这些用户的需要，定义了一系列用于DE-9IM的空间关系命名。这五种分别是相离、相接、相交、真包含和叠置。这些命名的定义如下所示。在这些定义中 P 用于表示零维的几何体(点和多点)，L 表示一维几何体(LineStrings and MultiLineStrings)，而 A 则表示二维几何体(面和多面)。

1. 相离(Disjoint)

假设两个几何体(闭合) a 和 b：

$a.\text{Disjoint}(b) \Leftrightarrow a \cap b = \varnothing$

DE-9IM中表示为

$a.\text{Disjoint}(b) \Leftrightarrow (\text{I}(a) \cap \text{I}(b) = \varnothing) \wedge (\text{I}(a) \cap \text{B}(b) = \varnothing) \wedge (\text{B}(a) \cap \text{I}(b) = \varnothing) \wedge (\text{B}(a) \cap \text{B}(b) = \varnothing)$

$\Leftrightarrow a.\text{Relate}(b, \text{'FF*FF****'})$

2. 相接(Touches)

两个几何体 a 和 b 相接关系适用于 A/A, L/L, L/A, P/A 和 P/L，而不适用于 P/P。其定义如下：

$a.\text{Touches}(b) \Leftrightarrow (\text{I}(a) \cap \text{I}(b) = \varnothing) \wedge (a \cap b) \neq \varnothing$

DE-9IM中表示为

$a.\text{Touches}(b) \Leftrightarrow (\text{I}(a) \cap \text{I}(b) = \varnothing) \wedge ((\text{B}(a) \cap \text{I}(b) \neq \varnothing) \vee (\text{I}(a) \cap$

$B(b) \neq \varnothing) \vee (B(a) \cap B(b) \neq \varnothing))$

$\Leftrightarrow a.\text{Relate}(b, \text{'FT*******'}) \vee a.\text{Relate}(b, \text{'F**T*****'}) \vee a.\text{Relate}(b, \text{'F***T****'})$

图 2.2 为相接关系的示例。

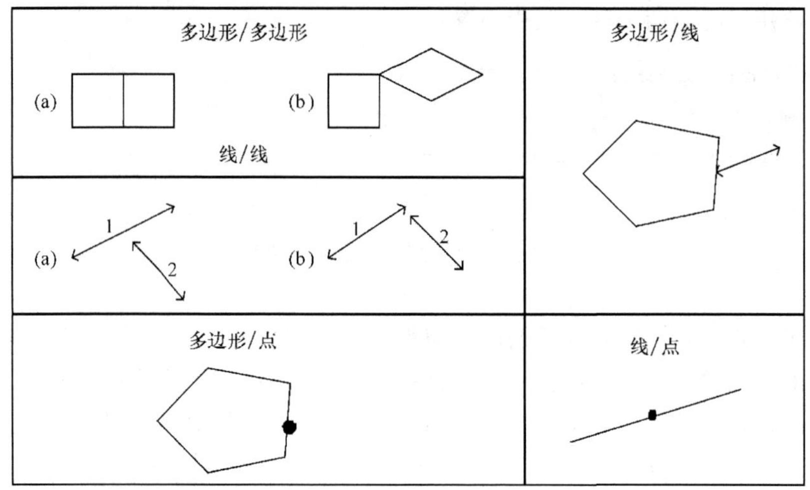

图 2.2　相接关系示例

3. 相交(Crosses)

相交关系适用于 P/L,P/A,L/L 和 L/A 的情况。定义如下:

$a.\text{Crosses}(b) \Leftrightarrow (\dim(I(a) \cap I(b)) < \max(\dim(I(a)), \dim(I(b)))) \wedge (a \cap b \neq a) \wedge (a \cap b \neq b)$

DE-9IM 中表示为

Case $a \in P, b \in L$ or Case $a \in P, b \in A$ or Case $a \in L, b \in A$:

$a.\text{Crosses}(b) \Leftrightarrow (I(a) \cap I(b) \neq \varnothing) \wedge (I(a) \cap E(b) \neq \varnothing) \Leftrightarrow a.\text{Relate}(b, \text{'T*T******'})$

Case $a \in L, b \in L$:

$a.\text{Crosses}(b) \Leftrightarrow \dim(I(a) \cap I(b)) = 0 \Leftrightarrow a.\text{Relate}(b, \text{'0********'})$;

图 2.3 为相交示例。

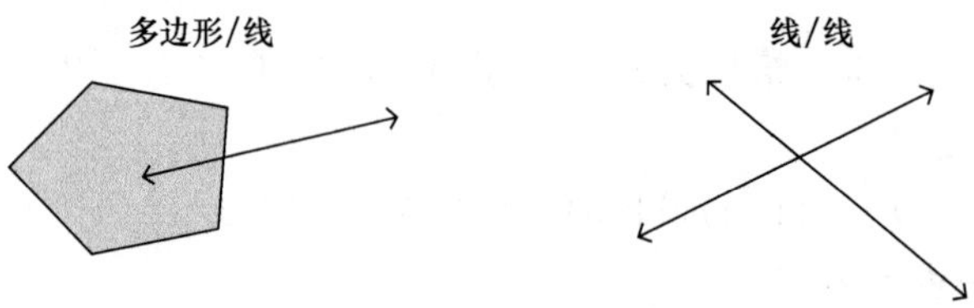

图 2.3　相交关系示例

4. 真包含(Withins)

真包含关系定义如下

$a.\mathrm{Within}(b) \Leftrightarrow (a \cap b = a) \wedge (\mathrm{I}(a) \cap \mathrm{I}(b) \neq \varnothing)$

DE-9IM 中表示为

$a.\mathrm{Within}(b) \Leftrightarrow (\mathrm{I}(a) \cap \mathrm{I}(b) \neq \varnothing) \wedge (\mathrm{I}(a) \cap \mathrm{E}(b) = \varnothing) \wedge (\mathrm{B}(a) \cap \mathrm{E}(b) = \varnothing) \Leftrightarrow a.\mathrm{Relate}(b, \text{'T*F**F***'})$

图 2.4 为真包含示例。

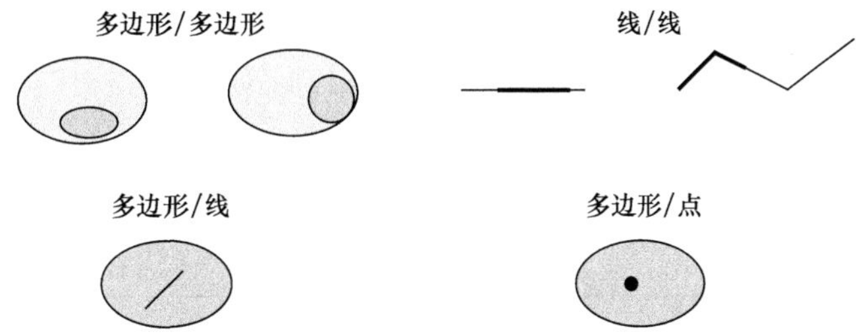

图 2.4　真包含关系示例

5. 叠置(Overlaps)

叠置关系定义的情况为 A/A，L/L 和 P/P。

定义如下

$a.\mathrm{Overlaps}(b) \Leftrightarrow (\dim(\mathrm{I}(a)) = \dim(\mathrm{I}(b)) = \dim(\mathrm{I}(a) \cap \mathrm{I}(b))) \wedge (a \cap b \neq a) \wedge (a \cap b \neq b)$

DE-9IM 中表示为

Case $a \in P, b \in P$ or Case $a \in A, b \in A$:

$a.\mathrm{Overlaps}(b) \Leftrightarrow (\mathrm{I}(a) \cap \mathrm{I}(b) \neq \varnothing) \wedge (\mathrm{I}(a) \cap \mathrm{E}(b) \neq \varnothing) \wedge (\mathrm{E}(a) \cap \mathrm{I}(b) \neq \varnothing) \Leftrightarrow a.\mathrm{Relate}(b, \text{'T*T***T**'})$

Case $a \in L, b \in L$:

$a.\mathrm{Overlaps}(b) \Leftrightarrow (\dim(\mathrm{I}(a) \cap \mathrm{I}(b)) = 1) \wedge (\mathrm{I}(a) \cap \mathrm{E}(b) \neq \varnothing) \wedge (\mathrm{E}(a) \cap \mathrm{I}(b) \neq \varnothing) \Leftrightarrow a.\mathrm{Relate}(b, \text{'1*T***T**'})$

图 2.5 为叠置关系示例。

6. 包含(Contains)

$$a.\mathrm{Contains}(b) \Leftrightarrow b.\mathrm{Within}(a)$$

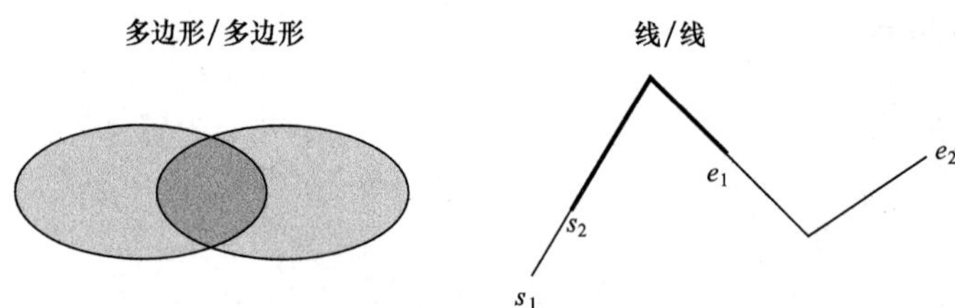

图 2.5　叠置关系示例

7. 相交(Intersects)

$$a.\text{Intersects}(b) \Leftrightarrow !\ a.\text{Disjoint}(b)$$

总结上面的论述,可得 DE-9IM 模板,见表 2.2。

表 2.2　DE-9IM 模板分析

空间关系	几何对象	DE-9IM 模板
相离(Disjoint)	All	FF*FF****
相接(Touches)	A/A	FT******* 或 F**T***** 或 F***T****
	L/L	
	L/A	
	P/A	
	P/L	
相交(Crosses)	P/L	T*T******
	P/A	
	L/L	0********
	L/A	T*T******
真包含(Within)	All	T*F**F***
叠置(Overlaps)	A/A	T*T***T**
	L/L	1*T***T**
	P/P	T*T***T**
包含(Contains)	All	a.Contains(b)→b.Within(a)
相交(Intersects)	All	a.Intersects(b)→!a.Disjoint(b)
相等(Equals)	All	

2.2　矢量的概念

如果一条线段的端点是有次序之分的，我们把这种线段成为有向线段(directed segment)。如果有向线段 p_1p_2 的起点 p_1 在坐标原点，我们可以把它称为矢量 p_2(图 2.6)。

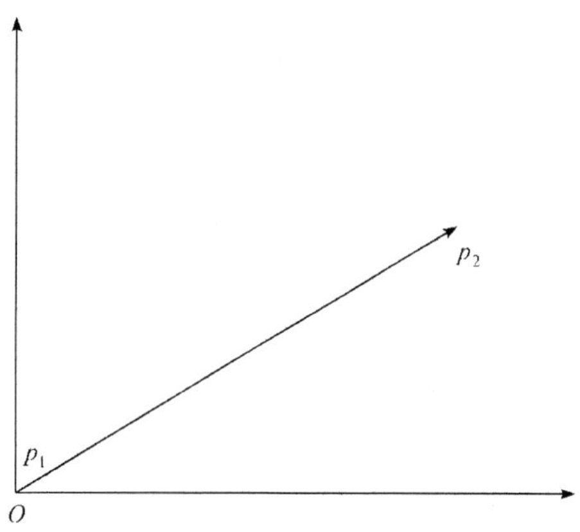

图 2.6　矢量的概念

2.2.1　矢量加减法

设二维矢量 P=(x_1, y_1), Q=(x_2, y_2)，则矢量加法定义为 P+Q=(x_1+x_2, y_1+y_2)(图 2.7)；同样地，矢量减法定义为 P−Q=(x_1-x_2, y_1-y_2)(图 2.8)。显然有性质 P+Q=Q+P，P−Q=−(Q−P)。

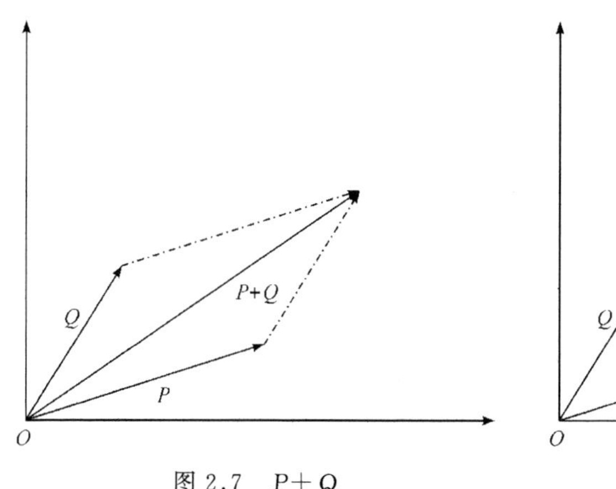

图 2.7　P+Q

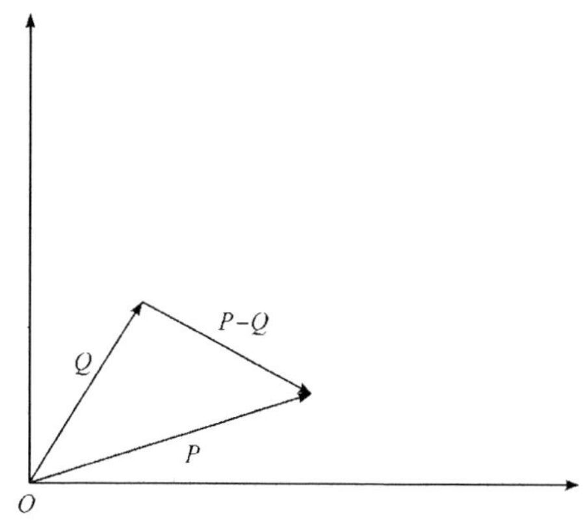

图 2.8　P−Q

2.2.2 矢量叉积

计算矢量叉积是与直线和线段相关算法的核心部分。设矢量 $P=(x_1, y_1)$，$Q=(x_2, y_2)$，则矢量叉积定义为由(0,0)、p_1、p_2 和 p_1p_2 所组成的平行四边形的带符号的面积，即：$P\times Q=x_1\cdot y_2-x_2\cdot y_1$，其结果是一个标量。显然有性质 $P\times Q=-(Q\times P)$ 和 $P\times(-Q)=-(P\times Q)$。一般在不加说明的情况下，本文所述算法中所有的点都看作矢量，两点的加减法就是矢量相加减，而点的乘法则看作矢量叉积。

叉积的一个非常重要的性质是可以通过它的符号判断两矢量相互之间的顺逆时针关系：

若 $P\times Q>0$，则 P 在 Q 的顺时针方向；

若 $P\times Q<0$，则 P 在 Q 的逆时针方向；

若 $P\times Q=0$，则 P 与 Q 共线，但可能同向也可能反向。

2.3 折线段的拐向判断

折线段的拐向判断方法可以直接由矢量叉积的性质推出。对于有公共端点的线段 p_0p_1 和 p_1p_2，通过计算 $(p_2-p_0)\times(p_1-p_0)$ 的符号便可以确定折线段的拐向：

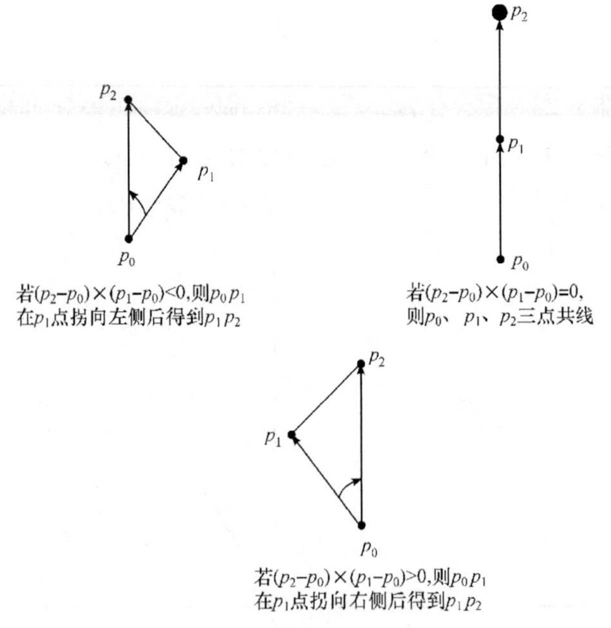

图 2.9 折线段的拐向判断

若$(p_2-p_0)\times(p_1-p_0)>0$，则 p_0p_1 在 p_1 点拐向右侧后得到 p_1p_2；

若$(p_2-p_0)\times(p_1-p_0)<0$，则 p_0p_1 在 p_1 点拐向左侧后得到 p_1p_2；

若$(p_2-p_0)\times(p_1-p_0)=0$，则 p_0、p_1、p_2 三点共线。

具体情况可参照图 2.9。

2.4 判断点是否在线段上

设点为 Q，线段为 P_1P_2，判断点 Q 在该线段上的依据是：$(Q-P_1)\times(P_2-P_1)=0$ 且 Q 在以 P_1、P_2 为对角顶点的矩形内。前者保证 Q 点在直线 P_1P_2 上，后者是保证 Q 点不在线段 P_1P_2 的延长线或反向延长线上，对于这一步骤的判断可以用以下过程实现：

```
if (min(P1x,P2x)≤Qx≤max(P1x,P2x))
   and (min(P1y,P2y) ≤Qk≤max min(P1y,P2y))
then return true;
else return false;
```

特别要注意的是，由于需要考虑水平线段和垂直线段两种特殊情况，$\min(P_{1x},P_{2x})\leqslant Q_x\leqslant\max(P_{1x},P_{2x})$ 和 $\min(P_{1y},P_{2y})\leqslant Q_k\leqslant\max(P_{1y},P_{2y})$ 两个条件必须同时满足才能返回真值。

2.5 判断两线段是否相交

1. 算法一

我们分两步确定两条线段是否相交：

1）快速排斥试验

设以线段 P_1P_2 为对角线的矩形为 R，设以线段 Q_1Q_2 为对角线的矩形为 T，如果 R 和 T 不相交，显然两线段不会相交。

2）跨立试验

如果两线段相交，则两线段必然相互跨立对方。若 P_1P_2 跨立 Q_1Q_2，则矢量(P_1-Q_1)和(P_2-Q_1)位于矢量(Q_2-Q_1)的两侧，即$(P_1-Q_1)\times(Q_2-Q_1)\times(P_2-Q_1)\times(Q_2-Q_1)<0$。上式可改写成$(P_1-Q_1)\times(Q_2-Q_1)\times(Q_2-Q_1)\times(P_2-Q_1)>0$。当$(P_1-Q_1)\times(Q_2-Q_1)=0$ 时，说明(P_1-Q_1)和(Q_2-Q_1)共线，但是因为已经通过快速排斥试验，所以 P_1 一定在线段 Q_1Q_2 上；同理，

$(Q_2-Q_1)\times(P_2-Q_1)=0$ 说明 P_2 一定在线段 Q_1Q_2 上。所以判断 P_1P_2 跨立 Q_1Q_2 的依据是：$(P_1-Q_1)\times(Q_2-Q_1)\times(Q_2-Q_1)\times(P_2-Q_1)\geqslant 0$。同理判断 Q_1Q_2 跨立 P_1P_2 的依据是：$(Q_1-P_1)\times(P_2-P_1)\times(P_2-P_1)\times(Q_2-P_1)\geqslant 0$。具体情况如图 2.10 所示。

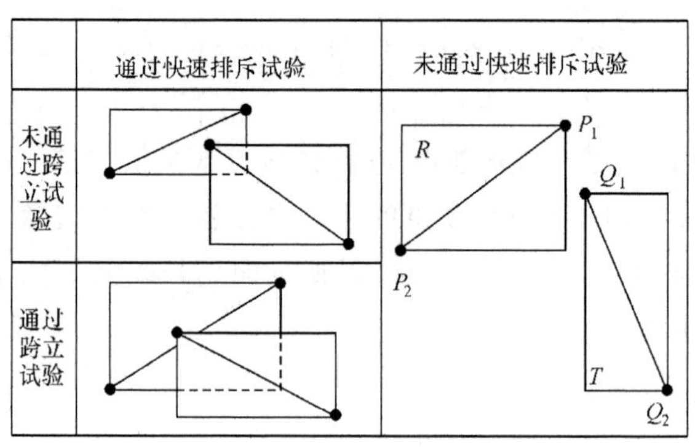

图 2.10　判断两线段是否相交

2. 算法二

定义 A，B，C，D 为二维空间的点，则有向线段 AB 和 CD 的参数方程为

$$AB = A + r(B - A),\ r\in[0,1]$$

$$CD = C + s(D - C),\ s\in[0,1]$$

如果 AB 与 CD 相交，则

$$A + r(B - A) = C + s(D - C) \Rightarrow Ax + r(Bx - Ax) = Cx + s(Dx - Cx),$$

$$Ay + r(By - Ay) = Cy + s(Dy - Cy),\ r,s\in[0,1]$$

解方程，求 r 和 s：

$$r=\frac{(Ay-Cy)(Dx-Cx)-(Ax-Cx)(Dy-Cy)}{(Bx-Ax)(Dy-Cy)-(By-Ay)(Dx-Cx)}$$

$$s=\frac{(Ay-Cy)(Bx-Ax)-(Ax-Cx)(By-Ay)}{(Bx-Ax)(Dy-Cy)-(By-Ay)(Dx-Cx)}$$

设 P 为直线 AB 和 CD 的交点，则

$$P = A + r(B - A) \Rightarrow Px = Ax + r(Bx - Ax),\ Py = Ay + r(By - Ay)$$

如果$(0\leqslant r\leqslant 1)and(0\leqslant s\leqslant 1)$，则有向线段 AB 和 CD 的交点存在，否则交点不存在。

如果$(Bx-Ax)(Dy-Cy)-(By-Ay)(Dx-Cx)$为 0，则 AB 和 CD 平行。

如果$(Ay-Cy)(Dx-Cx)-(Ax-Cx)(Dy-Cx)$也为 0，则 AB 与 CD 共线。

如果直线 AB 和 CD 相交，而交点不位于线段 AB 和 CD 之间，则交点位置可以通过如下条件进行判断：

如果 $r>1$，则 P 位于有向线段 AB 的延长线上；

如果 $r<0$，则 P 位于有向线段 BA 的延长线上；

如果 $s>1$，则 P 位于有向线段 CD 的延长线上；

如果 $s<0$，则 P 位于有向线段 DC 的延长线上。

2.6　判断矩形是否包含点

只要判断该点的横坐标和纵坐标是否夹在矩形的左右边和上下边之间。

2.7　判断线段、折线、多边形是否在矩形中

因为矩形是个凸集，所以只要判断所有端点是否都在矩形中就可以了。

2.8　判断矩形是否在矩形中

只要比较左右边界和上下边界就可以了。

2.9　判断圆是否在矩形中

很容易证明，圆在矩形中的充要条件是：圆心在矩形中且圆的半径小于或等于圆心到矩形四边的距离的最小值。

2.10　判断点是否在多边形内

判断点 P 是否在多边形中是计算几何中一个非常基本但是十分重要的算法。对这个问题有许多令人感兴趣的算法。两个常用的算法如下(图 2.11)：①射线法。一条射线从点 P 开始，穿过多边形的边界的次数称为交点数目。当交点数目是偶数时，点 P 在多边形外部；否则，为奇数时，在多边形内部。这个方法有时称为"奇偶"测试法。②转角法。多边形环绕点 P 的次数称为环绕数。环绕数为零时，点 P 在多边形外部；否则在多边形内部。

如果多边形是简单的(没有自相交点)，那么两个方法对所有的点都会给出相同的结果。但是，对于非简单多边形，两个方法对一些点有不同的结果。例如，当多边形自身重叠时，在重叠区域内部的点如果用射线法方法测试会发现结果为点在多边形外部；而用转角法方法测试结果为点在多边形内部。

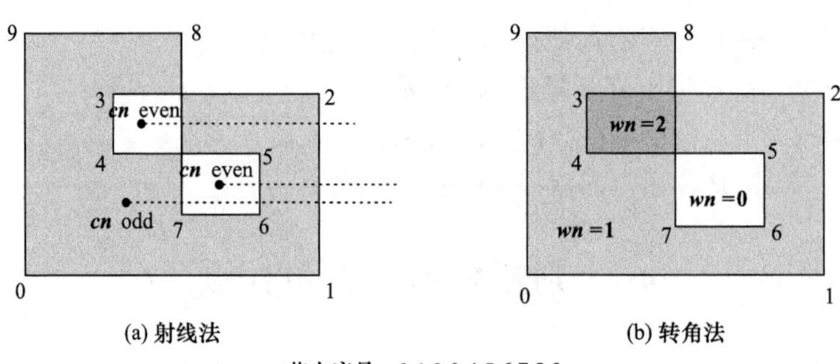

图 2.11　点在多边形内的判断比较

在这个例子中，重叠区域中的点的环绕数为 2，表明在多边形内部两次。很明显，环绕数方法比射线法给出了更好的答案。

尽管如此，射线法还是被很普遍地使用，因为交点数目被认为比环绕数更高效(快 20 倍)。但事实不是这样的，环绕数可以和交点数一样高效。

2.10.1　射　线　法

这个方法计算从点 P 开始的射线穿过多边形边界的次数，多边形的边界将多边形分为内部和外部。如果是偶数，那么点在多边形外部；否则，若是奇数，那么在多边形内部。这个方法从直觉上很容易理解。每次射线穿过多边形的一个边，它的出入特性改变了。最终，任何射线都穿出多边形。因此，如果点在多边形的内部，那么穿越边界(“→”)的次序是：in→out→…→in→out，并且穿越的次数为奇数。同样，如果点在外部，总的穿越次数为偶数次，out→…→in→out(图 2.12)。

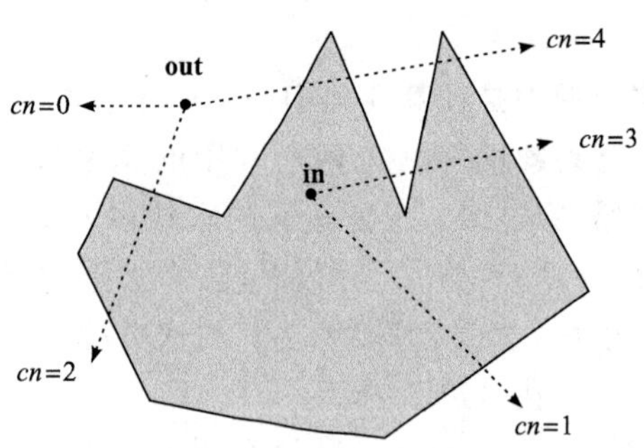

图 2.12　射线法

在实现交点数的算法中，我们必须确保只有会改变出入特性的穿越才被计算。特别是，有些特殊的情况下射线会经过顶点，这时必须要进行适当的处理。

图 2.13展示了一些类型的射线穿越情况。

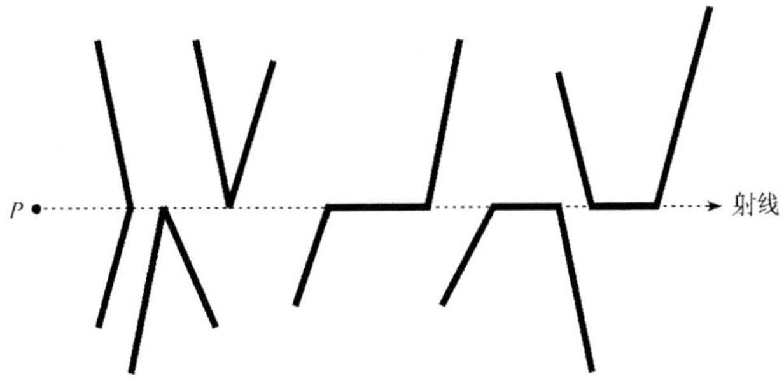

图 2.13　射线穿越的特殊情况

进一步，我们必须决定在多边形边界上的点是在多边形内部还是外部。一个标准的约定是在左边界或下边界上的点认为是在多边形内部，在右边界或上边界的点认为是在多边形外部。在这种约定下，如果两个不同的多边形共享一个公共边，那么在这条边上的点会在一个多边形的内部而在另一个多边形的外部。这样就避免了在计算机图形显示中会出现的一些问题。

一个简单的射线算法是选择一条水平的、向点 P 的右边延伸的、平行于 x 轴的射线。使用这条特别的射线，很容易计算与多边形边的交点，并且很容易判断是否有交点。为了计算总的交点的数目，算法简单的遍历多边形的所有边，测试是否穿越边，穿越时增加交点的数目。另外，穿越测试必须处理好一些特殊的情形。完全的规则如下：

（1）方向向上的边包括其开始点，不包括其终止点；

（2）方向向下的边不包括其开始点，包括其终止点；

（3）水平边不参与穿越测试；

（4）射线和多边形的边的交点必须严格在点 P 的右边。

用这些规则处理特殊情况，会得出有效的交点的数目。规则(4)规定了多边形右边界上的点在多边形外部，在左边界上的点在多边形内部。

这个算法的代码是大家熟知的，并且边的穿越规则很容易表示。多边形表示为其顶点数组 $V[n+1]$，其中，$V[n]=V[0]$，常采用的实现如下：

```
typedef struct {int x,y;} Point;
cn_PnPoly( Point P,Point V[],int n )
{
  int cn = 0;      // the crossing number counter
  // loop through all edges of the polygon
  for (each edge E[i]:V[i]V[i + 1] of the polygon)
```

```
  {
        if (E[i] crosses upward ala Rule #1
        || E[i] crosses downward ala Rule #2)
        {
           if (P.x < x _ intersect of E[i] with y = P.y) // Rule #4
              ++cn; // a valid crossing to the right of P.x
        }
  }
  return (cn&1);      // 0 if even (out),and 1 if odd (in)
}
```

注意到上面算法中在对是否满足规则(1)和规则(2)进行判断的同时,也排除了规则(4)。总的来说,简单的测试就可完成许多工作,这使算法更优雅。

但是,射线方法的有效性是基于一个简单的闭合曲线将二维平面分成两个相连的部分:有边界的“内部”和无边界的“外部”。关键点是曲线必须是简单的(没有自相交),否则平面会被分成多于两个部分,并且不能保证穿越边界时不会改变出入特性。对于一个闭合的曲线,可能将二维平面分成多个部分,其中只有一个没有边界且在曲线外部的部分。但有边界的部分可能在曲线内部也可能在外部。两个有共同边界的有边界部分可能都在曲线内部,那么穿越过共享的边界并不会改变出入特性。

2.10.2 转 角 法

相反,转角法能够很精确地判定一个点是否在非简单多边形的内部,如图 2.14 所示。它需要计算多边形绕点有多少次。当多边形没有环绕点时,即环绕数为零,那点在多边形外部。更一般地,定义在二维平面中某个封闭曲线关于某点的环绕数。令 $C(u)=(x(u), y(u))$, $0\leqslant u\leqslant 1$ 且 $C(0)=C(1)$,是二维连续曲线。P 是不在 $C(u)$ 上的点。然后,令 $C_p(u)=C(u)-P$ 为从点 P 到 $C(u)$ 的矢量,并且它的单位方向矢量为 $W(u)=CP(u)/|CP(u)|$,这给出了一个连续的从曲线 C 到单位圆 S_1 的映射,并且 $W(u)$ 可以表示为坐标形式 $W(u)=(\cos(u), \sin(u))$,其中,(u) 是正的逆时针方向的角。环绕数(wn)就等于 $W(u)$ 环绕 S_1 的次数的整数部分。这相当于 S_1 的同伦类,可以用以下的积分公式计算:

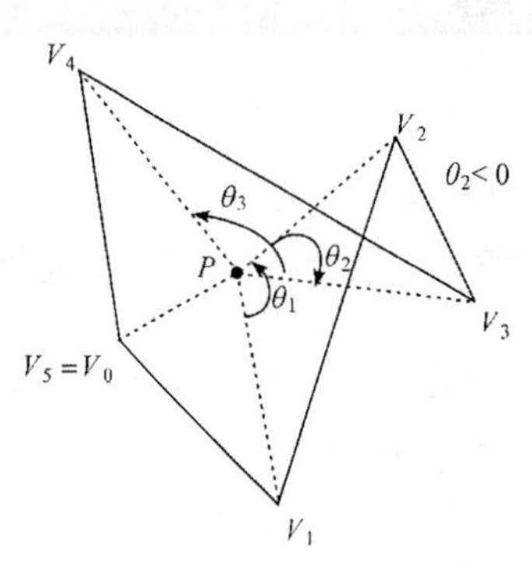

图 2.14　转角法

$$wn = \frac{1}{2\pi}\oint_W d\theta = \frac{1}{2\pi}\int_0^1 \theta(u)du$$

若曲线 C 是由顶点 $V_0, V_1, \cdots, V_n = V_0$ 构成的多边形(图 2.14)，那么积分可以简化为计算带符号的角度的总和。这些角为 PV_i 与 PV_{i+1} 的夹角。因此，如果 $i=\text{angle}(PV_i, PV_{i+1})$，那么就有以下公式：

$$wn = \frac{1}{2\pi}\sum_{i=0}^{n-1}\theta_i = \frac{1}{2\pi}\sum_{i=0}^{n-1}\arccos\left(\frac{PV_i \cdot PV_{i+1}}{|PV_i||PV_{i+1}|}\right)$$

很显然，这个公式效率不高，因为它使用了很耗时的 arccos 函数。但是，简单观察一下，就可以用更高效的公式代替它。在 S_1 中任取一点 Q。因为曲线 W(u) 环绕，那么它可能会多次经过 Q 点。当 W(u) 按逆时针方向经过 Q 点时，记为 +1 次，顺时针经过 Q 点时，计为 −1 次，那么次数总和就是 W 环绕 S_1 的次数，刚好等于环绕数(wn)。

继续，我们可以用一个射线 R，R 的起点为 P 并向 Q 方向延伸。那么，R 穿越曲线 C 的交点和 W 经过 Q 的点一一对应。在数学上，当 R 从 C 的右边跨到左边时，此次穿越为正的；从左边跨到右边时，为负的。这可以通过 C 的一个法线矢量与方向矢量 Q 的数量积的符号来判断。当曲线 C 是多边形时，只需对 C 的每一条边做一次判断。对于射线 R 来讲，只要测试边的端点在射线 R 的上方还是下方就足够了。如果边从射线的下方跨到上方，那么穿越是 +1，从上方跨到下方，是 −1。然后，只要把所有的穿越值加起来就得到环绕数(wn)。如图 2.15 所示。

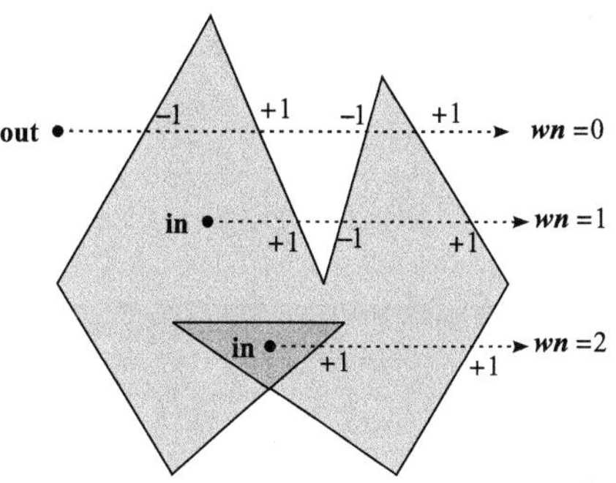

图 2.15　判断 P 点是否位于边的左侧

另外，我们可以不用计算实际的射线和边的交点，但需要判断点 P 是否在边的左边。但是，对于方向向上的边和向下的边的判断与是否在左边的规则不同。对于方向向上的边，如果穿过射线到达 P 的右边，那么 P 是在边的左边，因为三角

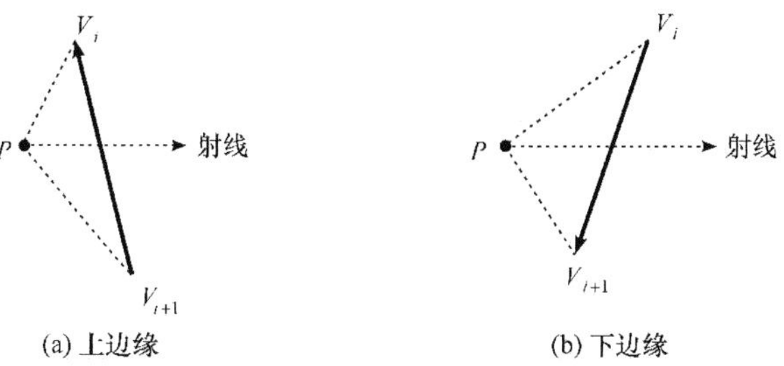

图 2.16　判断线段是否在多边形内

形 $V_iV_{i+1}P$ 是逆时针方向的[图 2.16(a)]。相反,方向向下的边如果穿越射线的正方向,那么 P 在边的右边,因为三角形 $V_iV_{i+1}P$ 是顺时针方向[图 2.16(b)]。

以下转角算法是射线算法的改写版,使用了相同的边界处理规则处理特殊情况。

```
typedef struct {int x,y;} Point;

wn_PnPoly( Point P,Point V[],int n)
{
      int   wn = 0;   // the winding number counter

      // loop through all edges of the polygon
      for (each edge E[i]:V[i]V[i + 1] of the polygon)
      {
         if (E[i] crosses upward ala Rule #1)
         {
           if (P is strictly left of E[i]) // Rule #4
              ++wn;    // a valid up intersect right of P.x
         }
         else if (E[i] crosses downward ala Rule #2)
         {
           if (P is strictly right of E[i])   // Rule #4
               --wn;    // a valid down intersect right of P.x
         }
         return wn;   // = 0 <=> P is outside V[]
}
```

很显然,这个转角算法和射线算法有相同的效率。而且,它还更精确,因此,在判断点是否在任意多边形时,转角算法是首选。

2.11 判断线段是否在多边形内

线段在多边形内的一个必要条件是线段的两个端点都在多边形内,但由于多边形可能为凹,所以这不能成为判断的充分条件。如果线段和多边形的某条边内交(两线段内交是指两线段相交且交点不在两线段的端点),因为多边形的边的左右两侧分属多边形内外不同部分,所以线段一定会有一部分在多边形外[图 2.17(a)]。于是我们得到线段在多边形内的第二个必要条件:线段和多边形的所有边都不内交。

线段和多边形交于线段的两端点并不会影响线段是否在多边形内;但是如果

多边形的某个顶点和线段相交，还必须判断两相邻交点之间的线段是否包含于多边形内部［反例见图 2.17(b)］。

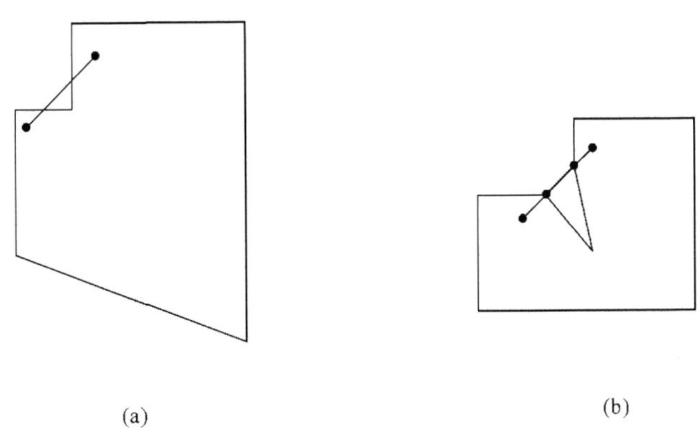

(a)　(b)

图 2.17　线段和多边形关系举例

因此我们可以先求出所有和线段相交的多边形的顶点，然后按照 X-Y 坐标排序（X 坐标小的排在前面，对于 X 坐标相同的点，Y 坐标小的排在前面，这种排序准则也是为了保证水平和垂直情况的判断正确），这样相邻的两个点就是在线段上相邻的两交点，如果任意相邻两点的中点也在多边形内，则该线段一定在多边形内。

证明如下：

命题 1

如果线段和多边形的两相邻交点 P_1、P_2 的中点 P'也在多边形内，则 P_1、P_2 之间的所有点都在多边形内。

证明

假设 P_1、P_2 之间含有不在多边形内的点，不妨设该点为 Q，在 P_1、P'之间，因为多边形是闭合曲线，所以其内外部之间有界，而 P_1 属于多边形内部，Q 属于多边形外部，P'属于多边形内部，P_1-Q-P'完全连续，所以 P_1Q 和 QP'一定跨越多边形的边界，因此在 P_1、P'之间至少还有两个该线段和多边形的交点，这和 P_1P_2 是相邻两交点矛盾，故命题成立。证毕。

由**命题 1** 直接可得出推论：

推论 2

设多边形和线段 PQ 的交点依次为 $P_1, P_2, \cdots, P_n$，其中 P_i 和 P_{i+1}是相邻两交点，线段 PQ 在多边形内的充要条件是：P、Q 在多边形内且对于 $i=1,2,\cdots,n-$

1，P_i，P_{i+1}的中点也在多边形内。

在实际编程中，没有必要计算所有的交点，首先应判断线段和多边形的边是否内交，倘若线段和多边形的某条边内交则线段一定在多边形外；如果线段和多边形的每一条边都不内交，则线段和多边形的交点一定是线段的端点或者多边形的顶点，只要判断点是否在线段上就可以了。

至此得出算法如下：

```
if 线段 PQ 的端点不都在多边形内
    then return false;
else
   点集 pointSet 初始化为空；
   for 多边形的每条边 s
    do if 线段的某个端点在 s 上
      then 将该端点加入 pointSet;
      else if s 的某个端点在线段 PQ 上
         then 将该端点加入 pointSet;
          else if s 和线段 PQ 相交   /* 这时候已经可以肯定是内交了 */
             then return false;
             else
               将 pointSet 中的点按照 X-Y 坐标排序；
               for pointSet 中每两个相邻点 pointSet[i], pointSet[i+1]
                 do if pointSet[i], pointSet[i+1] 的中点不在多边形中
                   then return false;
                   else return true
```

这个过程中的排序因为交点数目肯定远小于多边形的顶点数目 n，所以最多是常数级的复杂度，几乎可以忽略不计。因此算法的时间复杂度也是 $O(n)$。

2.12 判断折线是否在多边形内

只要判断折线的每条线段是否都在多边形内即可。设折线有 m 条线段，多边形有 n 个顶点，则该算法的时间复杂度为 $O(m\times n)$。

2.13 判断多边形是否在多边形内

只要判断多边形的每条边是否都在多边形内即可。判断一个有 m 个顶点的多边形是否在一个有 n 个顶点的多边形内复杂度为 $O(m\times n)$。

2.14　判断矩形是否在多边形内

将矩形转化为多边形，然后再判断是否在多边形内。

2.15　判断圆是否在多边形内

只要计算圆心到多边形的每条边的最短距离，如果该距离大于或等于圆半径则该圆在多边形内。计算圆心到多边形每条边最短距离的算法在后文阐述。

2.16　判断点是否在圆内

计算圆心到该点的距离，如果小于或等于半径则该点在圆内。

2.17　判断线段、折线、矩形、多边形是否在圆内

因为圆是凸集，所以只要判断是否每个顶点都在圆内即可。

2.18　判断圆是否在圆内

设两圆为 O_1、O_2，半径分别为 r_1、r_2，要判断 O_2 是否在 O_1 内。先比较 r_1、r_2 的大小，如果 $r_1 < r_2$，则 O_2 不可能在 O_1 内；如果两圆心的距离大于 $r_1 - r_2$，则 O_2 不在 O_1 内；反之 O_2 在 O_1 内。

2.19　计算两条共线的线段的交点

对于两条共线的线段，它们之间的位置关系有如图 2.18 所示的几种情况。图 2.18(a) 中两条线段没有交点；图 2.18(b) 和图 2.18(d) 中两条线段有无穷交点；图 2.18(c) 中两条线段有一个交点。设 L_1 是两条线段中较长的一条，L_2 是较短的一条，如果 L_1 包含了 L_2 的两个端点，则是图 2.18(d) 的情况，两线段有无穷交点；如果 L_1 只包含 L_2 的一个端点，那么如果 L_1 的某个端点等于被 L_1 包含的 L_2 的那个端点，则是图 2.18(c) 的情况，这时两线段只有一个交点，否则就是图 2.18(b) 的情况，两线段也是有无穷的交点；如果 L_1 不包含 L_2 的任何端点，则是图 2.18(a) 的情况，这时两线段没有交点。

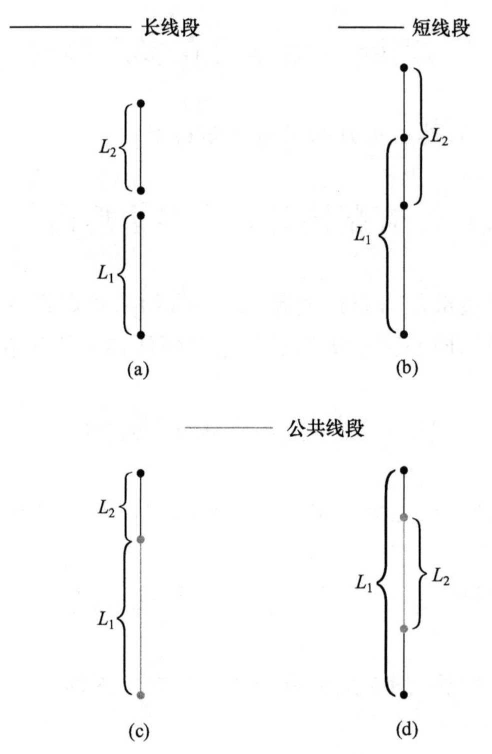

图 2.18　共线线段的位置关系

2.20　计算线段或直线与线段的交点

设一条线段为 $L_0=P_1P_2$，另一条线段或直线为 $L_1=Q_1Q_2$，要计算的就是 L_0 和 L_1 的交点。

第一步：首先判断 L_0 和 L_1 是否相交（方法已在前文讨论过），如果不相交则没有交点，否则说明 L_0 和 L_1 一定有交点，下面就将 L_0 和 L_1 都看作直线来考虑。

第二步：如果 P_1 和 P_2 横坐标相同，即 L_0 平行于 y 轴。

(1) 若 L_1 也平行于 y 轴，有两种情况。第一种情况：若 P_1 的纵坐标和 Q_1 的纵坐标相同，说明 L_0 和 L_1 共线，假如 L_1 是直线，则有无穷的交点，假如 L_1 是线段，可用"计算两条共线线段的交点"的算法求交点（该方法在前文已讨论过）。第二种情况：否则说明 L_0 和 L_1 平行，则没有交点。

(2) 若 L_1 不平行于 y 轴，则交点横坐标为 P_1 的横坐标，代入到 L_1 的直线方程中可以计算出交点纵坐标；

第三步：如果 P_1 和 P_2 横坐标不同，但是 Q_1 和 Q_2 横坐标相同，即 L_1 平行于 y

轴，则交点横坐标为 Q_1 的横坐标，代入到 L_0 的直线方程中可以计算出交点纵坐标。

第四步：如果 P_1 和 P_2 纵坐标相同，即 L_0 平行于 x 轴。

(1) 若 L_1 也平行于 x 轴，有两种情况。第一种情况：若 P_1 的横坐标和 Q_1 的横坐标相同，说明 L_0 和 L_1 共线，假如 L_1 是直线，则有无穷的交点，假如 L_1 是线段，可用"计算两条共线线段的交点"的算法求交点（该方法在前文已讨论过）；第二种情况：否则说明 L_0 和 L_1 平行，则没有交点。

(2) 若 L_1 不平行于 x 轴，则交点纵坐标为 P_1 的纵坐标，代入到 L_1 的直线方程中可以计算出交点横坐标。

第五步：如果 P_1 和 P_2 纵坐标不同，但是 Q_1 和 Q_2 纵坐标相同，即 L_1 平行于 x 轴，则交点纵坐标为 Q_1 的纵坐标，代入到 L_0 的直线方程中可以计算出交点横坐标。

第六步：剩下的情况就是 L_1 和 L_0 的斜率均存在且不为零的情况。

(1) 计算出 L_0 的斜率 K_0，L_1 的斜率 K_1。

(2) 如果 $K_1=K_2$，则有两种情况。第一种情况：如果 Q_1 在 L_0 上，则说明 L_0 和 L_1 共线，假如 L_1 是直线，则有无穷交点，假如 L_1 是线段，可用"计算两条共线线段的交点"的算法求交点（该方法在前文已讨论过）；第二种情况：如果 Q_1 不在 L_0 上，则说明 L_0 和 L_1 平行，则没有交点。

(3) 联立两直线的方程组可以解出交点来。

这个算法并不复杂，但是要分情况讨论清楚，尤其是当两条线段共线的情况需要单独考虑，所以在前文将求两条共线线段的算法单独写出来。另外，一开始就先利用矢量叉乘判断线段与线段（或直线）是否相交，如果结果是相交，那么在后面就可以将线段全部看作直线来考虑。需要注意的是，我们可以将直线或线段方程改写为 $ax+by+c=0$ 的形式，这样一来上述过程的部分步骤可以合并，缩短了代码长度，但是由于先要求出参数，这种算法将花费更多的时间。

2.21　求线段或直线与圆的交点

设圆心为 O，圆半径为 r，直线（或线段）L 上的两点为 P_1，P_2。

第一步：如果 L 是线段且 P_1，P_2 都包含在圆 O 内，则没有交点；否则进行下一步。

第二步：如果 L 平行于 y 轴。

(1) 计算圆心到 L 的距离 d；

(2) 如果 $d>r$，则 L 和圆没有交点；

(3) 利用勾股定理，可以求出两交点坐标，但要注意考虑 L 和圆的相切情况。

第三步：如果 L 平行于 x 轴，做法与 L 平行于 y 轴的情况类似。

第四步：如果 L 既不平行 x 轴也不平行 y 轴，可以求出 L 的斜率 K，然后列出 L 的点斜式方程，和圆方程联立即可求解出 L 和圆的两个交点。

第五步：如果 L 是线段，对于第二至第四步中求出的交点还要分别判断是否属于该线段的范围内。

2.22 中心点的计算

多边形的中心点（又叫做质心或重心）可以通过将多边形分割成为三角形，求取三角形的中心点，然后将三角形的中心点加权求和取得。三角形的中心点(c_x, c_y)是三角形三个角点坐标的平均，即

$$c_x = (x_1 + x_2 + x_3)/3$$
$$c_y = (y_1 + y_2 + y_3)/3$$

这里提出了三角形中心点的计算公式，接着可以计算多边形分割后每个三角形的中心点，权重的选取可以依据每个三角形的面积所占多边形面积的比例。

在实际计算中计算方法可以进行简化，不需要将多边形分割为一组三角形，但需要利用在计算多边形面积时，三角形面积的取值为正或负的特性。具体算法如下：

```
int polyCentroid(double x[],double y[],int n,
                 double * xCentroid,double * yCentroid,double * area)
{
    int i,j;
    double ai,atmp = 0,xtmp = 0,ytmp = 0;
    if (n < 3) return 1;
    for (i = n - 1,j = 0; j < n; i = j,j++)
    {
        ai = x[i] * y[j] - x[j] * y[i];
        atmp + = ai;
        xtmp + = (x[j] + x[i]) * ai;
        ytmp + = (y[j] + y[i]) * ai;
    }
    * area = atmp / 2;
    if (atmp ! = 0)
    {
        * xCentroid = xtmp / (3 * atmp);
        * yCentroid = ytmp / (3 * atmp);
        return 0;
    }
    return 2;
}
```

2.23　过点作垂线

选取一点 C,选择一条线段 AB,求取过点 C 垂直于 AB 的垂线段 CP,P 点位于直线 AB 上(图 2.19)。

第一步:依据 2.20 节所述算法求取点 C 到直线 AB 的垂点 P;

第二步:连接 CP,则 CP 为所求垂线。

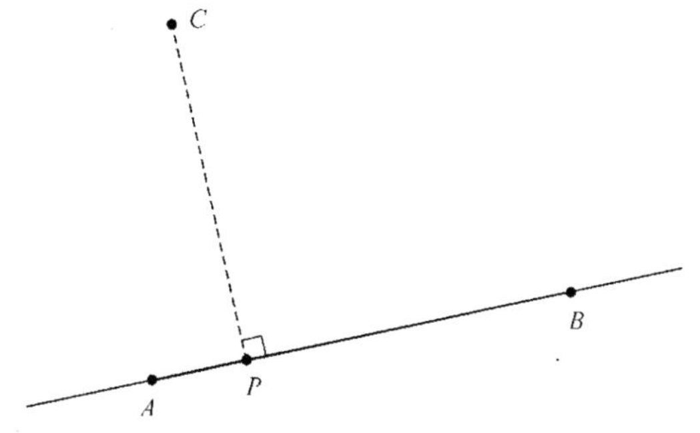

图 2.19　过点做垂线

2.24　作 平 行 线

选择一条已有线段 AB,选一点 C 确定方向,输入距离 d,在所选方向上按照输入的距离复制与所选线段一样的线段 EF(图 2.20)。

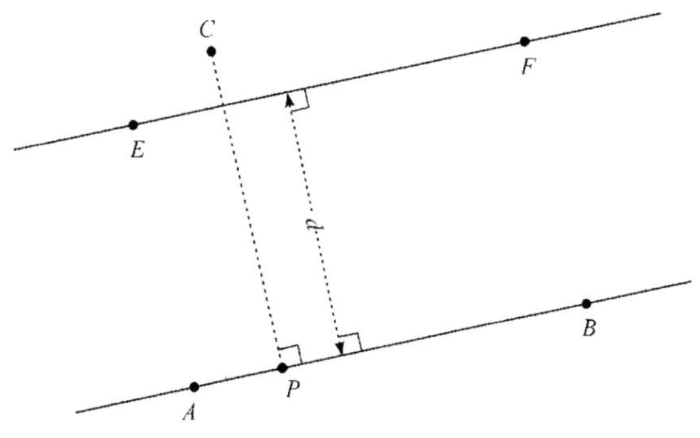

图 2.20　作平行线

第一步:依据 2.20 节所述算法求取点 C 到直线 AB 的垂点 P;

第二步:计算 $dx = x_C - x_P$, $dy = y_C - y_P$;

第三步：按照如下公式求取 E、F 点：

$$x_E = x_A + dx, y_E = y_A + dy$$

$$x_F = x_A + dx, y_F = y_A + dy$$

第四步：连接 E、F 点，则线段 EF 为所求平行线。

2.25 过点作平行线

选择一条已有线段 AB，选择点位为 P，选一点 C，以 C 点为端点作平行于线段 AB 的平行线 CD，线段 CD 的长度与线段 AB 相等(图 2.21)。

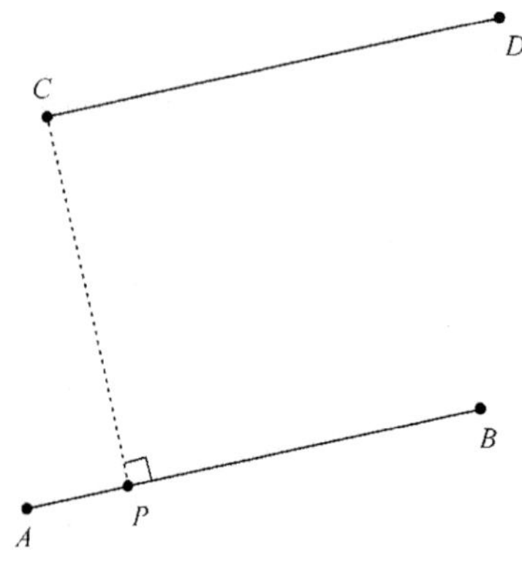

图 2.21　过点作平行线

第一步：计算 $dx = x_B - x_A, dy = y_B - y_A$

第二步：判断点 A 和点 B 距 P 点距离最近点。如果距 A 点最近，则 D 点的位置为

$$x_D = x_c + dx, y_D = y_c + dy$$

如果距 B 点最近，则 D 点的位置为

$$x_D = x_c - dx, y_D = y_c - dy$$

第三步：连接 C、D 点，则线段 CD 为所求平行线。

2.26 线段延长

选择一条已有线段 AB，选择点位为 P，输入延长线距离 $d(d>0)$，求取线段的延长线(图 2.22)。

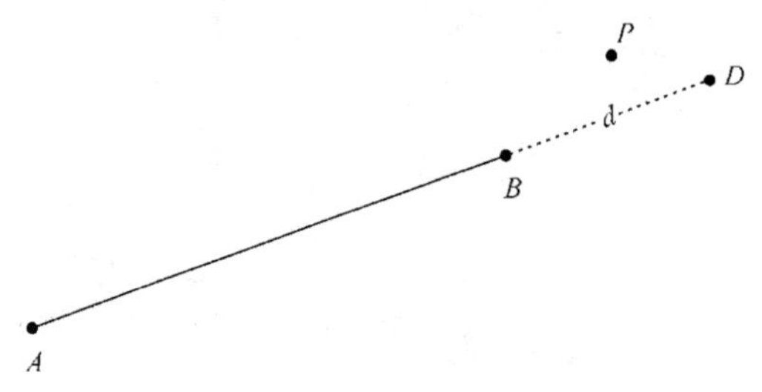

图 2.22　线段延长

第一步：求取线段 AB 的长度 $L = \sqrt{(x_B - x_A)^2 + (y_B - y_A)^2}$；

第二步：判断点 A 和点 B 距 P 点距离最近点。如果距 B 点最近，则 D 点的位

置为

$$x_D = x_B + (x_B - x_A) \cdot d / L$$

$$y_D = y_B + (y_B - y_A) \cdot d / L$$

如果距 A 点最近,则 D 点的位置为

$$x_D = x_A + (x_A - x_B) \cdot d / L$$

$$y_D = y_A + (y_A - y_B) \cdot d / L$$

第三步:连接 D 点与点 A、B 中距 P 点的最近点即为所求延长线。

2.27　三点画圆

通过已知三点 a、b、c 画圆(图 2.23)。算法的关键是求取圆心和圆半径。

第一步:求取圆心 P。

设三点为 a、b、c,则令:

$$A = x_b - x_a$$

$$B = y_b - y_a$$

$$C = x_c - x_a$$

$$D = y_c - y_a$$

$$E = A(x_a + x_b) + B(y_a + y_b)$$

$$F = C(x_a + x_c) + D(y_a + y_c)$$

$$G = 2[A(y_c - y_b) - B(x_c - x_b)]$$

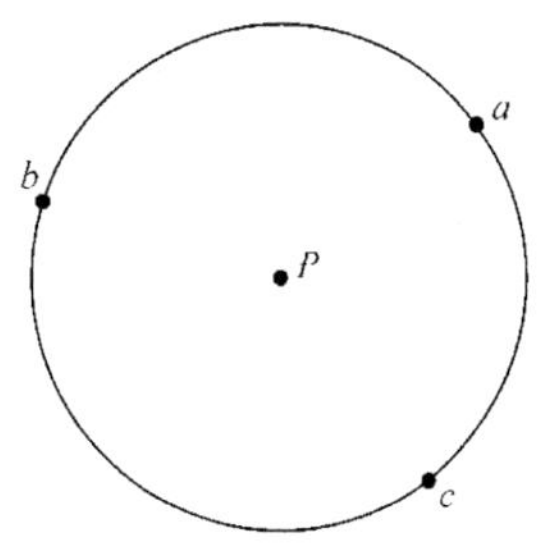

图 2.23　三点画圆

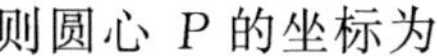

则圆心 P 的坐标为

$$x_P = (DE - BF) / G$$

$$y_P = (AF - CE) / G$$

第二步:求取圆半径 R:

$$R = \sqrt{(x_a - x_p)^2 + (y_a - y_p)^2}$$

2.28　线段打断

选取已有线段 AB,根据输入距离在线段内插入一个点 C,并将线段分为两个部分(图 2.24)。算法的关键是求取内插点的坐标。

第一步:计算有向线段 AB 的长度 $L = \sqrt{(x_B - x_A)^2 + (y_B - y_A)^2}$;

第二步:根据输入距离 d 计算内插点 C。

$$x_C = x_A + (x_B - x_A) \cdot d/L$$
$$y_C = y_A + (y_B - y_A) \cdot d/L$$

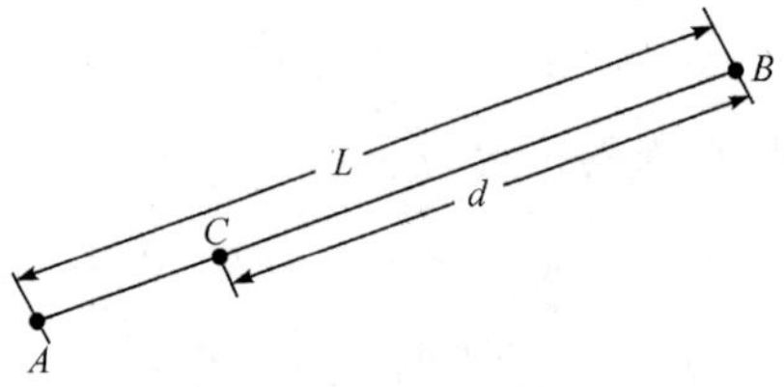

图 2.24　线段打断

2.29　前 方 交 会

在三角形 ABP 中(图 2.25),已知点 A、B 的坐标为 x_A、y_A 和 x_B、y_B。在 A、B 两点设站,测得∠PAB,∠PBA,通过解算出未知点 P 的坐标 x_P、y_P,这是前方交会的基本概念。

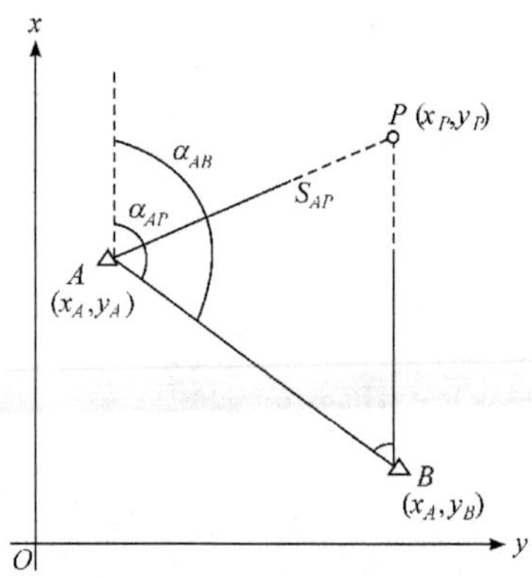

图 2.25　前方交会

如果图 2.25 中 AP 的边长 S_{AP}和坐标方位角 α_{AP}为已知,就可以按坐标正算公式求得 P 点的坐标,即

$$x_p = x_A + S_{AP}\cos\alpha_{AP}$$
$$y_p = y_A + S_{AP}\sin\alpha_{AP}$$

或

$$x_p - x_A = S_{AP}\cos\alpha_{AP}$$
$$y_p - y_A = S_{AP}\sin\alpha_{AP}$$

从图 2.25 可知,$\alpha_{AP} = \alpha_{AB} - A$,代入上式则得

$$x_p - x_A = S_{AP}\cos(\alpha_{AB} - A) = S_{AP}(\cos\alpha_{AB}\cos A + \sin\alpha_{AB}\sin A)$$

$$y_p - y_A = S_{AP}\sin(\alpha_{AB} - A) = S_{AP}(\sin\alpha_{AB}\cos A + \cos\alpha_{AB}\sin A)$$

因为

$$\cos\alpha_{AB} = \frac{x_B - x_A}{S_{AB}}$$

$$\sin\alpha_{AB} = \frac{y_B - y_A}{S_{AB}}$$

则

$$x_p - x_A = \frac{S_{AP}\sin A}{S_{AB}}[(x_B - x_A)\cot A + (y_B - y_A)]$$

$$y_p - y_A = \frac{S_{AP}\sin A}{S_{AB}}[(y_B - y_A)\cot A - (x_B - x_A)]$$

根据正弦定理，得

$$\frac{S_{AP}}{S_{AB}} = \frac{\sin B}{\sin P} = \frac{\sin B}{\sin(A + B)}$$

则

$$\frac{S_{AP}\sin A}{S_{AB}} = \frac{\sin A\sin B}{\sin(A + B)} = \frac{1}{\cot A + \cot B}$$

故

$$x_p - x_A = \frac{(x_B - x_A)\cot A + (y_B - y_A)}{\cot A + \cot B}$$

$$y_p - y_A = \frac{(y_B - y_A)\cot A - (x_B - x_A)}{\cot A + \cot B}$$

移项化简即得

$$x_p = \frac{x_A\cot B + x_B\cot A - y_A + y_B}{\cot A + \cot B}$$

$$y_p = \frac{y_A\cot B + y_B\cot A + x_A - x_B}{\cot A + \cot B}$$

上式称为余切公式。

2.30　距离交会

设已知点 A、B(图 2.26)的坐标分别为 x_A、y_A 和 x_B、y_B，A 与 B 间的已知边长为 S_{AB}。测量了边长 S_a、S_b。在 ΔABP 中，AB 边的高为 h，而高 h 将 AB 边分

成 l 和 g 两段，显然 $l+g=S_{AB}$。

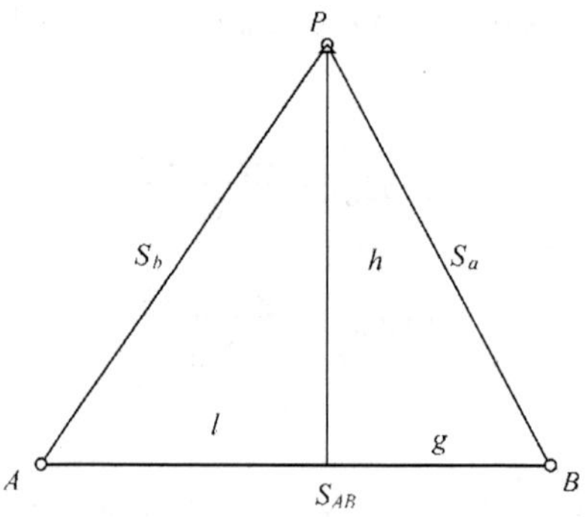

图 2.26　距离交会

推导公式的思路是这样的：由已知边 S_{AB} 和观测边长 S_a、S_b，推出 l、g、h，从而算出∠A、∠B，并按余切公式求 P 点坐标。

由图 2.26 可见

$$h^2+l^2=S_b^2$$

$$h^2+g^2=S_a^2$$

$$l+g=S_{AB}$$

得：$l=S_{AB}-g$，将等式两边取平方后代入上式得

$$h^2+g^2-2S_{AB}g=S_b^2-S_{AB}^2$$

整理后得

$$g=\frac{S_a^2+S_{AB}^2-S_b^2}{2S_{AB}}$$

$$l=\frac{S_b^2+S_{AB}^2-S_a^2}{2S_{AB}}$$

因为

$$h=\sqrt{S_b^2-l^2}=\sqrt{S_a^2-g^2}$$

$$\cot A=\frac{l}{h}$$

$$\cot B=\frac{g}{h}$$

则

$$\frac{1}{\cot A+\cot B}=\frac{1}{\dfrac{l+g}{h}}=\frac{h}{S_{AB}}$$

以及

$$\begin{cases}\dfrac{\cot A}{\cot A+\cot B}=\dfrac{1}{S_{AB}}\\[2ex]\dfrac{\cot B}{\cot A+\cot B}=\dfrac{g}{S_{AB}}\end{cases}$$

将上式代入余切公式,可以求得 P 点坐标:

$$x_p = x_A + L(x_B - x_A) + H(y_B - y_A)$$

$$y_p = y_A + L(y_B - y_A) + H(x_A - x_B)$$

式中,

$$\begin{cases}L=\dfrac{1}{S_{AB}}=\dfrac{S_b^2+S_{AB}^2-S_a^2}{2S_{AB}^2}\\[2ex]H=\dfrac{h}{S_{AB}}=\sqrt{\dfrac{S_b^2}{S_{AB}^2}-L^2}=\sqrt{\dfrac{S_a^2}{S_{AB}^2}-G^2}\\[2ex]G=\dfrac{g}{S_{AB}}=\dfrac{S_a^2+S_{AB}^2-S_b^2}{2S_{AB}^2}\end{cases}$$

2.31　极坐标作点

选择已有线段 AB(图 2.27),以已有线段为极轴,输入角度 α 和长度 d,求点 P 坐标。

第一步:计算有向线段 AB 的长度 $L=\sqrt{(x_B-x_A)^2+(y_B-y_A)^2}$

第二步:根据有向线段 AB 坐标计算

$$dx = x_B - x_A$$

$$dy = y_B - y_A$$

第三步:以点 A 为基点旋转有向线段 AB,则

$$dx = dx\cos\alpha - dy\sin\alpha$$

$$dy = dx\sin\alpha + y\cos\alpha$$

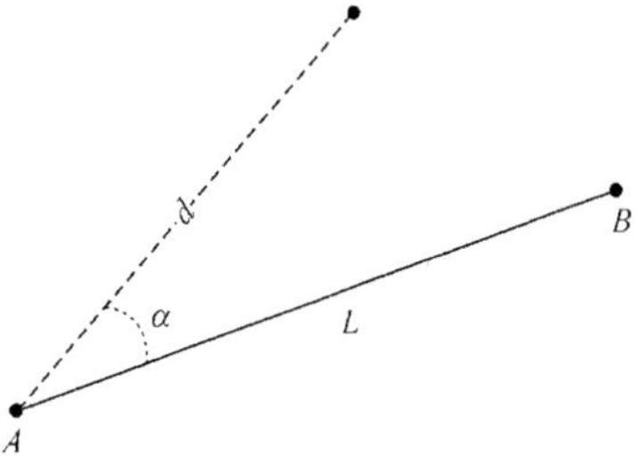

图 2.27　极坐标做点

第四步:求取 P 点坐标

$$x_P = x_A + dx \cdot d/L$$

$$y_P = y_A + dy \cdot d/L$$

思　考　题

1．简述维数扩展的9交数据模型。

2．编写判断点是否在线段上的程序。

3．编写判断两线段是否相交的程序。

4．编写判断点是否在多边形内的程序。

5．编写多边形中心点求取的计算程序。

第3章 空间数据的变换算法

3.1 平面坐标变换

3.1.1 平面直角坐标系的建立

在平面上选一点 O 为直角坐标原点，过 O 点作相互垂直的两轴 $x'Ox$ 和 $y'Oy$ 而建立平面直角坐标系，如图 3.1 所示。

在直角坐标系中，规定 Ox、Oy 方向为正值，Ox'、Oy' 方向为负值，因此在坐标系中的一个已知点 P，它的位置便可由该点对 Ox 与 Oy 轴的垂线长度唯一地确定，即 $x=AP$，$y=BP$ 通常记为 $P(x,y)$。

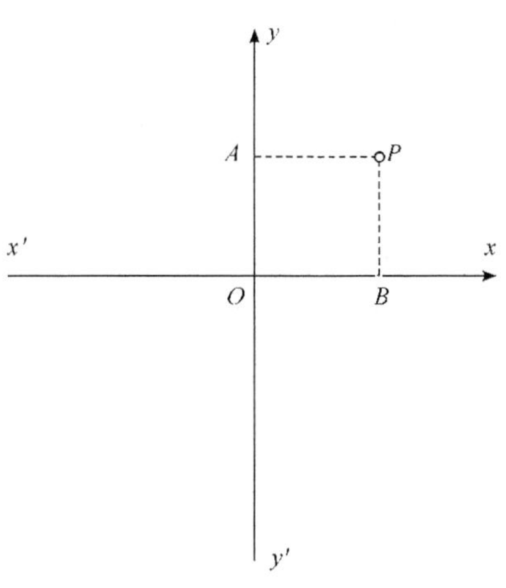

图 3.1 平面直角坐标系

3.1.2 平面坐标变换矩阵

平面坐标变换矩阵可用下式表示：

$$T=\begin{bmatrix} a & d & g \\ b & e & h \\ c & f & i \end{bmatrix}$$

从变换功能上可把 T 分为 4 个子矩阵，其中 $\begin{bmatrix} a & d \\ b & e \end{bmatrix}$ 是对图形进行缩放、旋转、对称、错切等变换；$[c \quad f]$ 是对图形进行平移变换；$\begin{bmatrix} g \\ h \end{bmatrix}$ 对图形做投影变换，g 的作用是在 x 轴的 $1/g$ 处产生一个灭点，h 的作用是在 y 轴的 $1/h$ 处产生一个灭点；$[i]$ 是对整体图形做伸缩变换。T 为单位矩阵即定义二维空间中的直角坐标系，此时 T 可看作是 3 个行矢量，其中 $[1 \quad 0 \quad 0]$ 表示 x 轴上的无穷远点，$[0 \quad 1 \quad 0]$ 表示 y 轴上的无穷远点，$[0 \quad 0 \quad 1]$ 表示坐标原点。

3.1.3 平移变换

$$[x^* \quad y^* \quad 1]=[x \quad y \quad 1]\times\begin{bmatrix}1 & 0 & 0\\0 & 1 & 0\\T_x & T_y & 1\end{bmatrix}=[x+T_x \quad y+T_y \quad 1]$$

平移变换如图 3.2(a)所示。

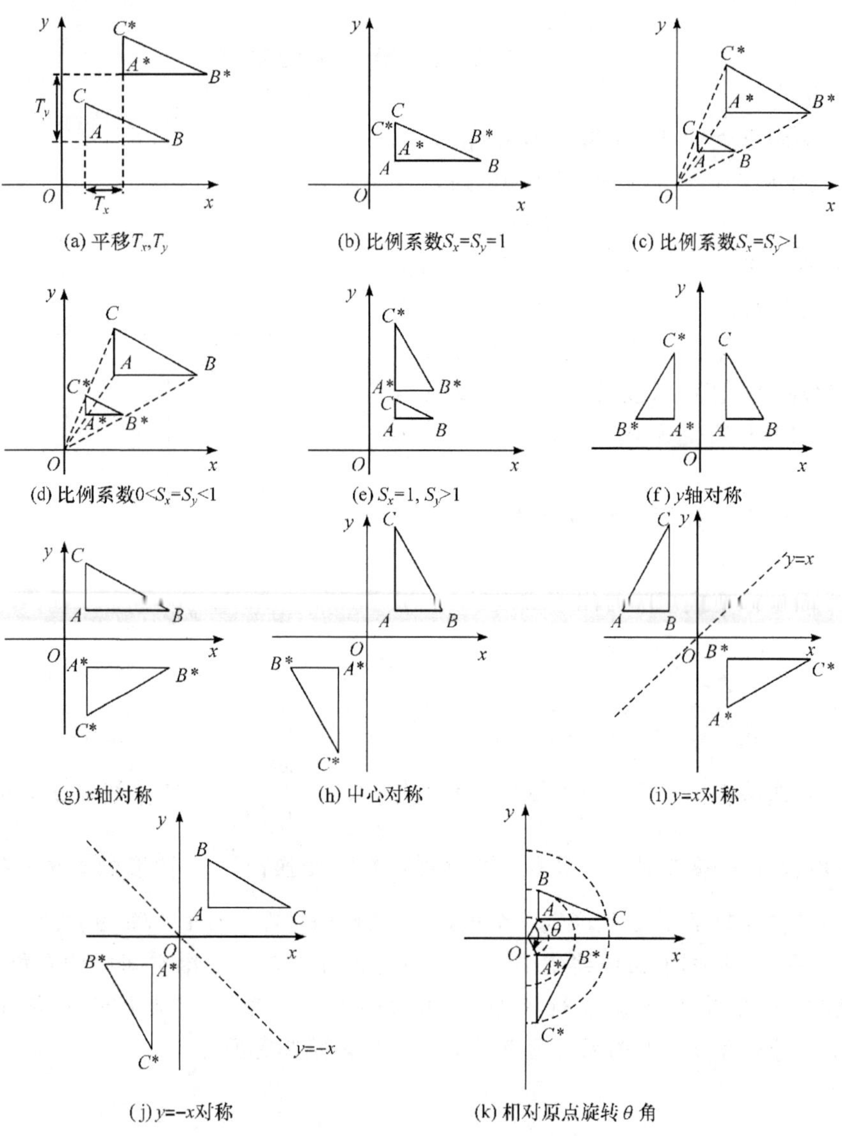

图 3.2 平面直角坐标变换

3.1.4　比例变换

$$[x^* \quad y^* \quad 1]=[x \quad y \quad 1]\times\begin{bmatrix}s_x & 0 & 0\\0 & s_y & 0\\0 & 0 & 1\end{bmatrix}=[s_x\cdot x \quad s_y\cdot y \quad 1]$$

(1) 当 $s_x=s_y=1$ 时，为恒等比例变换，即图形不变，如图 3.2(b)所示；

(2) 当 $s_x=s_y>1$ 时，图形沿两个坐标轴方向等比例放大，如图 3.2(c)所示；

(3) 当 $s_x=s_y<1$ 时，图形沿两个坐标轴方向等比例缩小，如图 3.2(d)所示；

(4)当 $s_x\neq s_y$ 时，图形沿两个坐标轴方向做非均匀的比例变换，如图 3.2(e)所示。

3.1.5　对称变换

$$[x^* \quad y^* \quad 1]=[x \quad y \quad 1]\times\begin{bmatrix}a & d & 0\\b & e & 0\\0 & 0 & 1\end{bmatrix}=[ax+by \quad dx+ey \quad 1]$$

(1) 当 $b=d=0, a=-1, e=1$ 时，有 $x^*=-x, y^*=y$，产生与 y 轴对称的反射图形，如图 3.2(f)所示；

(2) 当 $b=d=0, a=1, e=-1$ 时，有 $x^*=x, y^*=-y$，产生与 x 轴对称的反射图形，如图 3.2(g)所示；

(3) 当 $b=d=0, a=e=-1$ 时，有 $x^*=-x, y^*=-y$，产生与原点对称的反射图形，如图 3.2(h)所示；

(4) 当 $b=d=1, a=e=0$ 时，有 $x^*=y, y^*=x$，产生与直线 $y=x$ 对称的反射图形，如图 3.2(i)所示；

(5) 当 $b=d=-1, a=e=0$ 时，有 $x^*=-y, y^*=-x$，产生与直线 $y=-x$ 对称的反射图形，如图 3.2(j)所示。

3.1.6　旋转变换

$$[x^* \quad y^* \quad 1]=[x \quad y \quad 1]\times\begin{bmatrix}\cos\theta & \sin\theta & 0\\-\sin\theta & \cos\theta & 0\\0 & 0 & 1\end{bmatrix}$$
$$=[x\cos\theta-y\sin\theta \quad x\sin\theta+y\cos\theta \quad 1]$$

如图 3.2(k)所示，在 xOy 平面上的二维图形绕原点顺时针旋转 θ 角，则变换

矩阵为

$$\begin{bmatrix} \cos\theta & \sin\theta & 0 \\ -\sin\theta & \cos\theta & 0 \\ 0 & 0 & 1 \end{bmatrix}$$

3.1.7 错切变换

$$[x^* \quad y^* \quad 1]=[x \quad y \quad 1]\times\begin{bmatrix} 1 & d & 0 \\ b & 1 & 0 \\ 0 & 0 & 1 \end{bmatrix}=[x+by \quad dx+y \quad 1]$$

(1) 当 $d=0$ 时，$x^*=x+by$，$y^*=y$，此时图形的 y 坐标不变，x 坐标随初值 (x,y) 及变换系数 b 而做线性变化；如 $b>0$，图形沿 $+x$ 方向做错切位移；$b<0$，图形沿 $-x$ 方向做错切位移，如图 3.3(a)所示。

(2) 当 $b=0$ 时，$x^*=x$，$y^*=dx+y$，此时图形的 x 坐标不变，y 坐标随初值 (x,y) 及变换系数 d 做线性变化；如 $d>0$，图形沿 $+y$ 方向做错切位移；$d<0$ 时，图形沿 $-y$ 方向做错切位移，如图 3.3(b)所示。

(3) 当 $b\neq0$，且 $d\neq0$ 时，$x^*=x+by$，$y^*=dx+y$，图形沿 x、y 两个方向做错切位移。

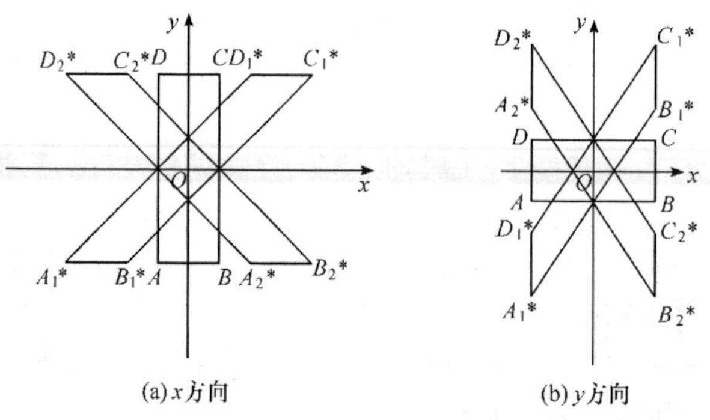

图 3.3 x、y 方向的错切变换

3.1.8 复合变换

复合变换是指图形做一次以上的几何变换，变换结果是每次变换矩阵相乘。

(1) 复合平移

$$T=\begin{bmatrix}1&0&0\\0&1&0\\T_{x1}&T_{y1}&1\end{bmatrix}\begin{bmatrix}1&0&0\\0&1&0\\T_{x2}&T_{y2}&1\end{bmatrix}=\begin{bmatrix}1&0&0\\0&1&0\\T_{x1}+T_{x2}&T_{y1}+T_{y2}&1\end{bmatrix}$$

(2) 复合比例

$$T=\begin{bmatrix}s_{x1}&0&0\\0&s_{y1}&0\\0&0&1\end{bmatrix}\begin{bmatrix}s_{x2}&0&0\\0&s_{y2}&0\\0&0&1\end{bmatrix}=\begin{bmatrix}s_{x1}s_{x2}&0&0\\0&s_{y1}s_{y2}&0\\0&0&1\end{bmatrix}$$

(3) 复合旋转

$$T=\begin{bmatrix}\cos\theta_1&\sin\theta_1&0\\-\sin\theta_1&\cos\theta_1&0\\0&0&1\end{bmatrix}\begin{bmatrix}\cos\theta_2&\sin\theta_2&0\\-\sin\theta_2&\cos\theta_2&0\\0&0&1\end{bmatrix}=\begin{bmatrix}\cos(\theta_1+\theta_2)&\sin(\theta_1+\theta_2)&0\\-\sin(\theta_1+\theta_2)&\cos(\theta_1+\theta_2)&0\\0&0&1\end{bmatrix}$$

比例、旋转变换是与参考点有关的，上面介绍的均是相对原点所做比例、旋转变换。如要相对某一个参考点(x_f, y_f)做比例、旋转变换，其变换的过程是先把坐标系原点平移至(x_f, y_f)，在新的坐标系下做比例或旋转变换后，再将坐标原点平移回去，其变换公式如下。

3.1.9 相对(x_f, y_f)点的比例变换

$$T=\begin{bmatrix}1&0&0\\0&1&0\\-x_f&-y_f&1\end{bmatrix}\begin{bmatrix}s_x&0&0\\0&s_y&0\\0&0&1\end{bmatrix}\begin{bmatrix}1&0&0\\0&1&0\\x_f&y_f&1\end{bmatrix}$$

$$=\begin{bmatrix}s_x&0&0\\0&s_y&0\\(1-s_x)x_f&(1-s_y)y_f&1\end{bmatrix}$$

3.1.10 相对(x_f, y_f)点的旋转变换

$$T=\begin{bmatrix}1&0&0\\0&1&0\\-x_f&-y_f&1\end{bmatrix}\begin{bmatrix}\cos\theta&\sin\theta&0\\-\sin\theta&-\cos\theta&0\\0&0&1\end{bmatrix}\begin{bmatrix}1&0&0\\0&1&0\\x_f&y_f&1\end{bmatrix}$$

$$=\begin{bmatrix}\cos\theta&\sin\theta&0\\-\sin\theta&-\cos\theta&0\\(1-\cos\theta)x_f+y_f\sin\theta&(1+\cos\theta)y_f-x_f\sin\theta&1\end{bmatrix}$$

3.1.11　几点说明

说明如下：

(1) 平移变换只改变图形的位置，不改变图形的大小和形状；

(2) 旋转变换仍保持图形各部分间的线性关系和角度关系，变换后直线的长度不变；

(3) 比例变换可改变图形的大小和形状；

(4) 错切变换引起图形角度关系的改变，甚至导致图形发生畸变；

(5) 拓扑不变的几何变换不改变图形的连接关系和平行关系。

3.2　球面坐标变换

3.2.1　球面坐标系的建立

为在球面上确定点位可视需要而采用不同的坐标系。实践中常使用的有地理坐标系(φ,λ)，球面极坐标系(a,z)和球面直角坐标系(x,y)。如图 3.4 所示，其中 K 为球面上某一点，P 为地理坐标系极点，Q 为球面极坐标系极点。各坐标系之间可以进行简单的相互换算。

地理坐标与球面极坐标之间的关系：利用球面三角公式，在球面三角形 PKQ 中有

$$\begin{cases}\cos z=\sin\varphi\sin\varphi_0+\cos\varphi\cos\varphi_0\cos(\lambda-\lambda_0)\\ \sin z\cos a=\sin\varphi\cos\varphi_0-\cos\varphi\sin\varphi_0\cos(\lambda-\lambda_0)\\ \sin z\sin a=\cos\varphi\sin(\lambda-\lambda_0)\end{cases}\tag{3.1}$$

式中，φ_0、λ_0，为球面极坐标系坐标原点 Q 的地理坐标。

球面直角坐标与球面极坐标之间的关系：在球面三角形 QKK_2 中有

$$\begin{cases}\cot a=\sin\Delta x\cot y\\ \cos z=\cos\Delta x\cot y\end{cases}\tag{3.2}$$

式中，$\Delta x=x-\varphi_0$。

目前，以上三种坐标系中以地理坐标系在 GIS 应用最为广泛。一般情况下，大多数地图投影都采用地理坐标作为球面上点位的参数来建立与平面直角坐标系相对应的投影方程式，从而获得地图的数学基础。

在实用上，有时为使变形情况最为良好，或者使投影符合某一指定的条件而采用横轴或斜轴投影。此时坐标系中的经纬线投影后将会成为较复杂的曲线，用地理坐标表示点位时则对投影公式的推导与计算都比较麻烦，若选用适当的球面上

的其他坐标系却有可能沿用正轴投影的公式，从而改善了计算的方法，于是便需要应用球面极坐标系以及进行由地理坐标系到球面极坐标系的变换。

在采用球面极坐标系时，首先要确定一个极坐标的“极点”Q，球面上的各点便可以以新极 Q 为原点，以方位角 α 和天顶距 z 表示其位置。从形式上不难看出，新极点相当于地理坐标系中的北(南)极 $P(P_1)$，方位角 α 相当于 λ，天顶距 z 相当于 $90°-\varphi$。可见，球面极坐标系与地理坐标系形式上基本一致，地理坐标系的极点 $P(\varphi=\pm 90°)$ 仅是地球表面上的一个特殊点，地理坐标系也仅是球面极坐标系的一种特殊情况。

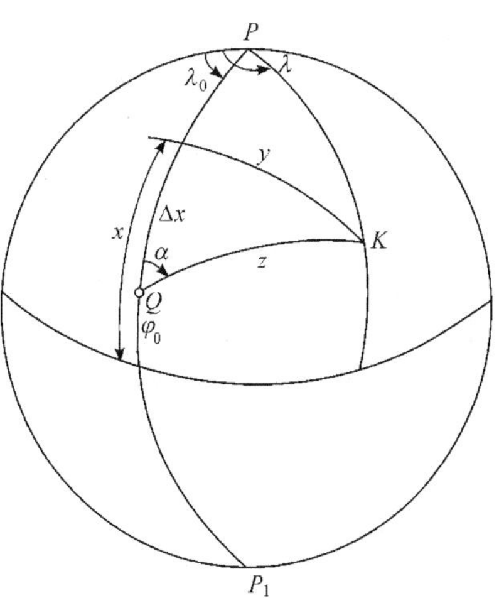

图 3.4　球面上的坐标系

这样，要用球面极坐标计算地图投影，仅需将 GIS 数据区域内各经纬线交点的坐标 φ、λ 用式(3.1)换算成新坐标系中的极坐标 α、z，然后把 α 视为 λ，把 $90°-z$ 视为 φ 应用现成的正轴投影公式进行计算而无须另行推导横轴与斜轴的投影公式。

下面需要解决的是如何确定一个 GIS 数据区域中的新极 Q 以及如何把 GIS 数据区域内各点的 φ、λ 换算为 α、z 的问题。

3.2.2　确定新极 Q 地理坐标中 φ_0、λ_0

在实践中，通常有下列三种情况：

1. 新极在投影区域的中心点上

通常可按已有的数据确定 Q 点及其 φ_0、λ_0，或者取 GIS 数据区域边界上一定数量点的经纬度求其算术平均值，即

$$\begin{cases} \varphi_0 = \dfrac{1}{n}\sum\limits_{i=1}^{n} \varphi_i \\ \lambda_0 = \dfrac{1}{n}\sum\limits_{i=1}^{n} \lambda_i \end{cases} \tag{3.3}$$

式中，φ_i、λ_i 分别为边界上相应点的经纬度；n 为所取点数。

除特定的制图任务外，φ_0 与 λ_0 一般取至整度或半度即可。

对于某些特定的用途，常是指定一点作为 Q 点，例如，某一居民点或整度(或半度)的经纬线交点。

2．新极通过投影区域中部大圆的天顶

已知大圆的位置，可借助地球仪近似地来求定新极 Q 的地理坐标 φ_0 与 λ_0；或者利用某些特制的投影网格，以图解方法求定 Q 点的 φ_0 与 λ_0。

欲较精确地求定 Q 点的坐标，可以利用解析法。此法应知道大圆上的两个已知点（图 3.5 中的 1、2 两点）的地理坐标，并且这两点不在球体直径的两端点上，即可利用式(3.1)获得 Q 点坐标 φ_0 与 λ_0 的表达式。

由于 Q 点到过 1、2 点的大圆的天顶距 $z=90°$，故式(3.1)中的第 1 式成为

$$\begin{cases}\tan\varphi_1\tan\varphi_0 = -\cos(\lambda_1-\lambda_0) \\ \tan\varphi_2\tan\varphi_0 = -\cos(\lambda_2-\lambda_0)\end{cases} \tag{3.4}$$

两式相除，有

$$\frac{\tan\varphi_2}{\tan\varphi_1} = \frac{\cos(\lambda_2-\lambda_0)}{\cos(\lambda_1-\lambda_0)}$$

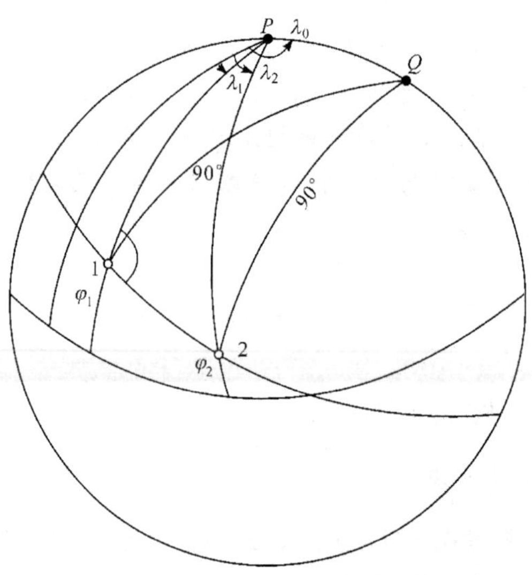

图 3.5 求定已知大圆的极点

由上式可解出

$$-\tan\lambda_0 = \frac{\tan\varphi_2\cos\lambda_1 - \tan\varphi_1\cos\lambda_2}{\tan\varphi_2\sin\lambda_1 - \tan\varphi_1\sin\lambda_2} \tag{3.5}$$

利用式(3.4)求得 φ_0 的表达式为

$$-\tan\varphi_0 = -\frac{\cos(\lambda_1-\lambda_0)}{\tan\varphi_1} = -\frac{\cos(\lambda_2-\lambda_0)}{\tan\varphi_2} \tag{3.6}$$

由于正切函数的周期为 π，故由式(3.5)及式(3.6)求得的 φ_0 与 λ_0 均有不同符号的两值，即此两值是同一直径的两端点，如图 3.6 中的 Q 与 Q_1，在应用时视制图区域的位置择其恰当的一点即可。

下面为求定过北京、巴黎两点的大圆的天顶 $Q(Q_1)$坐标 φ_0 与 λ_0 的算例(表 3.1)。

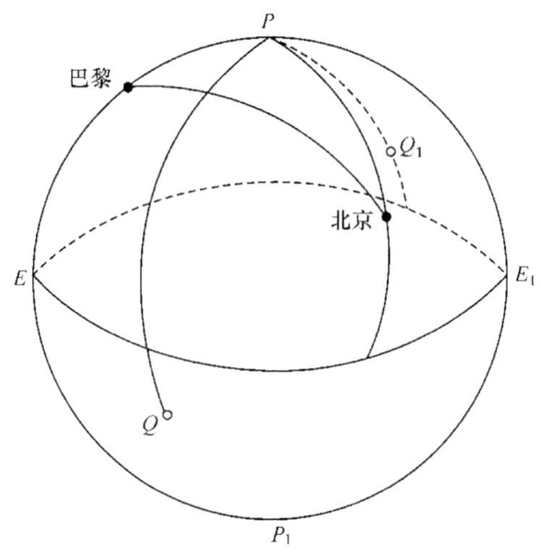

巴黎　$\lambda_1=2°20'$　$\varphi_1=48°50'$　　北京　$\lambda_2=116°30'$　$\varphi_2=40°00'$

图 3.6　求解过北京、巴黎两点的大圆的天顶坐标

表 3.1　求天顶 $Q(Q_1)$坐标 φ_0 与 λ_0 的解算过程

$\tan\varphi_1$	1.143 632 6	$\tan\varphi_2\sin\lambda_1=$③	0.034 162 2
$\tan\varphi_2$	0.839 099 6	$\tan\varphi_1\sin\lambda_2=$④	1.023 476 0
$\sin\lambda_1$	0.040 713 0	③－④	−0.989 313 8
$\sin\lambda_2$	0.894 934 3	$\tan\lambda_0=\frac{①-②}{③-④}$	−1.363 258 1
$\cos\lambda_1$	0.999 170 8	λ_0	53°44′
$\cos\lambda_2$	−0.446 197 8	$\lambda_1-\lambda_0$	51°24′
$\tan\varphi_2\cos\lambda_1=$①	0.838 403 8	$\lambda_2-\lambda_0$	62°46′
$\tan\varphi_1\cos\lambda_2=$②	−0.510 286 3	$\cos(\lambda_1-\lambda_0)$	0.623 879 6
①－②	1.348 690 1	$\cos(\lambda_2-\lambda_0)$	0.457 615 2
		$\tan\varphi_0$	0.545 524 4
		$\tan\varphi_0$	−0.545 364 5
		φ_0	−28°37′

故 Q 点坐标 $\varphi_0=-28°37'$，$\lambda_0=53°44'$

Q_1 点坐标 $\varphi_0=28°37'$，$\lambda_0=-126°16'$（对跖点）

特例，当大圆与赤道垂直，大圆亦即经线圈，如其经度为 λ_c，则 φ_0 与 λ_0 可简单地获得

$$\begin{cases}\lambda_0 = \lambda_c + 90° \\ \varphi_0 = 0\end{cases} \tag{3.7}$$

3. 新极通过投影区域中部小圆的天顶

小圆天顶的地理坐标 φ_0 与 λ_0 同样可以利用地球仪近似地求出。如需要较精确地确定 φ_0 与 λ_0 值，也可用图解法或解析法。在利用图解法和解析法时，则需知道小圆上 3 个点的地理坐标来作为起算数据。

3.3 仿射变换

仿射变换是使用最多的一种几何纠正方式。在保留线条平行条件下，仿射转换允许对长方形目标做旋转、平移、倾斜和不均匀缩放。旋转指在原点旋转 x 和 y 轴；平移指把原点移到新的位置；倾斜指以一个倾向将形状改变为平行四边形；不均匀缩放指在 x 或 y 方向同时或单独增大和缩小比例尺。

因为地图的几何变换是以控制点为基础的，所以仿射变换及其操作首先作用于控制点。换言之，即把控制点由在数字化地图的位置（又称输入或估计控制点）变成它的现实世界坐标（又称输出或实际控制点）。在数学上，仿射变换表达为一组线性方程：

$$\begin{cases}x' = Ax + By + C \\ y' = Dx + Ey + F\end{cases}$$

式中，x 和 y 为图面坐标；x'和 y'为现实世界坐标；A、B、C、D、E 和 F 为转换系数。这 6 个系数可以由控制点的数字化位置和它的现实世界坐标进行估算。至少 3 个控制点用于估算方能有效，但通常用 4 个或更多控制点来减少测量误差。类似于回归分析，在采用 4 个或更多的控制点时，最小二乘法用来估算变换系数。

导出变换系数的一种方法是运行两个多元回归分析：第一是对 x 和 y 回归 X，第二是对 x 和 y 回归 Y。

令误差方程为

$$\begin{cases}Q_x = X - (Ax + By + C) \\ Q_y = Y - (Dx + Ey + F)\end{cases}$$

式中，X、Y 为已知的理论坐标。

由 Q_x^2 最小和 Q_y^2 最小的条件可得到两组法方程：

$$\begin{cases} A\sum x + B\sum y + Cn = \sum X \\ A\sum x^2 + B\sum xy + C\sum x = \sum xX \\ A\sum xy + B\sum y^2 + C\sum y = \sum yX \end{cases}$$

$$\begin{cases} D\sum x + E\sum y + Fn = \sum X \\ D\sum x^2 + E\sum xy + F\sum x = \sum xX \\ D\sum xy + E\sum y^2 + F\sum y = \sum yX \end{cases}$$

式中，n 为控制点个数；x、y 为控制点坐标；X、Y 为控制点的理论值；A、B、C、D、E 和 F 为待定系数。通过上述方程就可求得仿射变换的待定系数。

另一种估算变换系数的方法是用以下矩阵方程：

$$\begin{bmatrix} C & F \\ A & D \\ B & E \end{bmatrix} = \begin{bmatrix} n & \sum x & \sum y \\ \sum x & \sum x^2 & \sum xy \\ \sum y & \sum xy & \sum y^2 \end{bmatrix}^{-1} \cdot \begin{bmatrix} \sum X & \sum Y \\ \sum xX & \sum xY \\ \sum yX & \sum yY \end{bmatrix}$$

式中，n 为控制点数目；所有其他符号的含义与前面相同。由该矩阵方程导出的变换系数与回归分析结果相同。

3.4 地图投影变换

3.4.1 概　　述

当系统所使用的数据是来自不同地图投影的图幅时，需要将一种投影的几何数据转换成所需投影的几何数据，这就需要进行地图投影变换。

地图投影变换的实质是建立两平面场之间点的一一对应关系。假定原图点的坐标为 x, y(称为旧坐标)，新图点的坐标为 X, Y(称为新坐标)，则由旧坐标变换为新坐标的基本方程式为

$$\begin{cases} X = f_1(x, y) \\ Y = f_2(x, y) \end{cases}$$

实现由一种地图投影点的坐标变换为另一种地图投影点的坐标就是要找出上述关系式，其方法通常分为解析变换法、数值变换法和数值解析变换法三类。

1. 解析变换法

这类方法是找出两投影间坐标变换的解析计算公式。由于所采用的计算方法

不同，又可分为反解变换法和正解变换法。

反解变换法（又称间接变换法）是一种中间过渡的方法，即先解出原地图投影点的地理坐标 φ、λ，对于 x、y 的解析关系式，将其代入新图的投影公式中求得其坐标。即

$$\boxed{x, y} \longrightarrow \boxed{\varphi, \lambda} \longrightarrow \boxed{X, Y}$$

正解变换法（又称直接变换法）是不需要反解出原地图投影点的地理坐标的解析公式，而是直接求出两种投影点的直角坐标关系式。即

$$\boxed{x, y} \longrightarrow \boxed{X, Y}$$

2．数值变换法

如果原投影点的坐标解析式不知道，或不易求出两投影之间坐标的直接关系，可以采用多项式逼近的方法，即用数值变换法来建立两投影间的变换关系式。例如，可采用二元三次多项式进行变换。二元三次多项式为

$$\begin{cases} X = a_{00} + a_{10}x + a_{01}y + a_{20}x^2 + a_{11}xy + a_{02}y^2 + a_{30}x^2 + a_{21}x^2y \\ \qquad + a_{12}xy^2 + a_{03}y^3 \\ Y = b_{00} + b_{10}x + b_{01}y + b_{20}x^2 + b_{11}xy + b_{02}y^2 + b_{30}x^2 + b_{21}x^2y \\ \qquad + b_{12}xy^2 + b_{03}y^3 \end{cases}$$

通过选择 10 个以上的两种投影之间的共同点，并组成最小二乘法的条件式，即

$$\begin{cases} \sum_{i=1}^{n}(X_i - X_i')^2 = \min \\ \sum_{i=1}^{n}(Y_i - Y_i')^2 = \min \end{cases}$$

式中，n 为点数；X_i、Y_i 为新投影的实际变换值；X_i'、Y_i'为新投影的理论值。根据求极值原理，可得到两组线性方程，即可求得各系数的值。

必须明确，实际中所碰到的变换，决定于区域大小、已知点密度、数据精度、所需变换精度及投影间的差异大小，理论和时间上绝不是二元三次多项式所能概括的。

3．数值解析变换法

当已知新投影的公式，但不知原投影的公式时，可先通过数值变换求出原投影点的地理坐标 φ，λ，然后代入新投影公式中，求出新投影点的坐标。即

$$\boxed{x, y} \xrightarrow[\text{数值变换}]{} \boxed{\varphi, \lambda} \xrightarrow[\text{解析变换}]{} \boxed{X, Y}$$

3.4.2　地球椭球体的相关公式

1. 子午圈曲率半径、卯酉圈曲率半径、平均曲率半径和纬圈半径

图 3.7 中，设过椭球表面上任一点作 A 法线 AL，通过法线的平面所截成的截面，叫做法截面。通过 A 点的法线 AL 可以作出无穷多个法截面，为说明椭球体在某点上的曲率起见，通常研究两个相互垂直的法截面的曲率，这种相互垂直的法截面称为主法截面。

对椭球体来说，要研究下列的两个主法截面，一个曲率半径具有最大值，而另一个曲率半径具有最小值。

第一个是包含子午圈的截面，称为子午圈截面，从图 3.7 中看出，就是过 A 点的法线 AL 同时又通过椭球体旋转轴 PP_1 的法截面(即 AE_1P_1EP)。子午圈曲率半径通常用字母 M 表示，它是 A 点上所有截面的曲率半径中的最小值：

$$M=\frac{a(1-e^2)}{(1-e^2\sin^2\varphi)^{3/2}} \tag{3.8}$$

式中，a 为椭球体的长半径；e 为第一偏心率，当椭球体选定后，a、e 均为常数；φ 为纬度。可见 M 随纬度而变化。

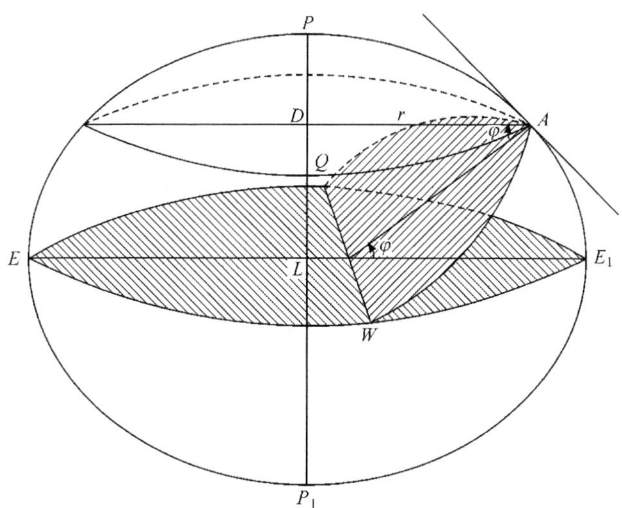

图 3.7　子午圈、卯酉圈、纬圈

第二个是垂直于子午圈的截面称为卯酉圈截面，从图 3.7 中看出，即通过 A 点的法线 AL 并垂直于子午圈截面的法截面 QAW。它具有 A 点上所有截面的曲率半径中的最大值。卯酉圈曲率半径以字母 N 表示：

$$N = \frac{a}{(1 - e^2 \sin^2 \varphi)^{1/2}} \tag{3.9}$$

式中符号与式(3.8)相同,可见 N 也随纬度而变化。

平均曲率半径 R 等于主法截面曲率半径的几何中数:

$$R = \sqrt{MN} = \frac{a(1 - e^2)^{1/2}}{1 - e^2 \sin^2 \varphi} \tag{3.10}$$

当 $\varphi=0°$时,代入式(3.8)、式(3.9)

$$M_{0°} = a(1 - e^2) \tag{3.11}$$

$$N_{0°} = a \tag{3.12}$$

当 $\varphi=90°$时,代入式(3.8)、式(3.9)

$$M_{90°} = \frac{a}{\sqrt{(1 - e^2)}} \tag{3.13}$$

$$N_{90°} = \frac{a}{\sqrt{(1 - e^2)}} \tag{3.14}$$

比较式(3.11)、式(3.12)、式(3.13)和式(3.14),可见子午圈曲率半径与卯酉圈曲率半径除在两极处相等外,在其他纬度相同情况下,同一点上卯酉圈曲率半径均大于子午圈曲率半径。

纬圈的半径,一般用 r 表示,即

$$r = N\cos\varphi = \frac{a\cos\varphi}{(1 - e^2 \sin^2 \varphi)^{1/2}} \tag{3.15}$$

2. 子午线弧长

子午线弧长就是椭圆的弧长,由图 3.8 可知,椭圆上不同纬度的点,它的曲率半径也是不相同的。

图 3.8 中,在子午线上任取一点 A,其纬度为 φ_A,取与 A 点无限接近的一点 A′,其纬度为 $\varphi_A + d\varphi$,设 C 为$\overset{\frown}{AA'}=ds$ 的曲率中心,M 为该弧的曲率半径(即子午线 A 点上的曲率半径),因为$\overset{\frown}{AA'}$甚小,可以把它看作以 M 为半径的圆周,应用弧长等于半径乘圆心角的公式:

$$\overset{\frown}{AA'} = ds = Md\varphi \tag{3.16}$$

将式(3.8)代入

$$ds = \frac{a(1 - e^2)}{(1 - e^2 \sin^2 \varphi)^{3/2}} d\varphi \tag{3.17}$$

欲求 A、B 两点之间子午线弧长 s 时,需求以 φ_A 和 φ_B 为区间的积分,得

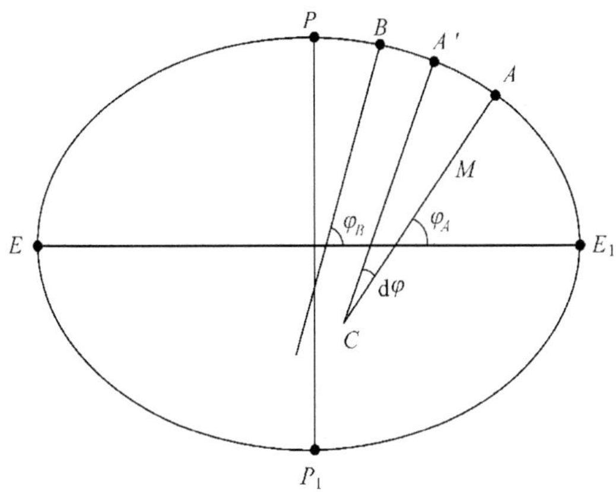

图 3.8　子午线弧长

$$S = \int_{\varphi_A}^{\varphi_B} M\mathrm{d}\varphi = \int_{\varphi_A}^{\varphi_B} \frac{a(1-e^2)}{(1-e^2\sin^2\varphi)^{3/2}}\mathrm{d}\varphi$$

令 $\varphi_A=0$、$\varphi_B=x$，则

$$S = \int_{0}^{x} M\mathrm{d}\varphi = \int_{0}^{x} \frac{a(1-e^2)}{(1-e^2\sin^2\varphi)^{3/2}}\mathrm{d}\varphi$$

积分后经整理得从赤道到任意纬度 x 子午线弧长的一般公式为

$$\begin{aligned} s = a(1-e^2)[&A_1 x - \cos(x)(B_1\sin(x) + C_1\sin^3(x) \\ &+ D_1\sin^5(x) + E_1\sin^7(x) + F_1\sin^9(x) + G_1\sin^{11}(x) + \cdots)] \end{aligned} \quad (3.18)$$

$$\begin{aligned} s = a(1-e^2)(&A_2 x - B_2\sin(2x) + C_2\sin(4x) \\ &- D_2\sin(6x) + E_2\sin(8x) - F_2\sin(10x) + G_2\sin(12x) - \cdots) \end{aligned} \quad (3.19)$$

式(3.18)和式(3.19)等价，式(3.18)用三角函数级数表达从赤道到任意纬度 x 子午线弧长公式，式(3.19)用倍角函数表达从赤道到任意纬度 x 子午线弧长公式。

式中，x 为弧度，其他相关参数值如下

$$A_1 = 1 + \frac{3}{4}e^2 + \frac{45}{64}e^4 + \frac{175}{256}e^6 + \frac{11\ 025}{16\ 384}e^8 + \frac{43\ 659}{65\ 536}e^{10} + \frac{693\ 693}{1\ 048\ 576}e^{12}$$

$$B_1 = \frac{3}{4}e^2 + \frac{45}{64}e^4 + \frac{175}{256}e^6 + \frac{11\ 025}{16\ 384}e^8 + \frac{43\ 659}{65\ 536}e^{10} + \frac{693\ 693}{1\ 048\ 576}e^{12}$$

$$C_1 = \frac{15}{32}e^4 + \frac{175}{384}e^6 + \frac{3675}{8192}e^8 + \frac{14\ 553}{32\ 768}e^{10} + \frac{231\ 231}{524\ 288}e^{12}$$

$$D_1 = \frac{35}{96}e^6 + \frac{735}{2048}e^8 + \frac{14\ 553}{40\ 960}e^{10} + \frac{231\ 231}{655\ 360}e^{12}$$

$$E_1 = \frac{315}{1024}e^8 + \frac{6237}{20\ 480}e^{10} + \frac{99\ 099}{327\ 680}e^{12}$$

$$F_1 = \frac{693}{2560}e^{10} + \frac{11\ 011}{40\ 960}e^{12}$$

$$G_1 = \frac{1001}{4096}e^{12}$$

$$A_2 = 1 + \frac{3}{4}e^2 + \frac{45}{64}e^4 + \frac{175}{256}e^6 + \frac{11\ 025}{16\ 384}e^8 + \frac{43\ 659}{65\ 536}e^{10} + \frac{693\ 693}{1\ 048\ 576}e^{12}$$

$$B_2 = \frac{3}{8}e^2 + \frac{15}{32}e^4 + \frac{525}{1024}e^6 + \frac{2205}{4096}e^8 + \frac{72\ 765}{131\ 072}e^{10} + \frac{297\ 297}{524\ 288}e^{12}$$

$$C_2 = \frac{15}{256}e^4 + \frac{105}{1024}e^6 + \frac{2205}{16\ 384}e^8 + \frac{10\ 395}{65\ 536}e^{10} + \frac{1\ 486\ 485}{8\ 388\ 608}e^{12}$$

$$D_2 = \frac{35}{3072}e^6 + \frac{105}{4096}e^8 + \frac{10\ 395}{262\ 144}e^{10} + \frac{55\ 055}{1\ 048\ 576}e^{12}$$

$$E_2 = \frac{315}{131\ 072}e^8 + \frac{3465}{524\ 288}e^{10} + \frac{99\ 099}{8\ 388\ 608}e^{12}$$

$$F_2 = \frac{639}{1\ 310\ 720}e^{10} + \frac{9009}{5\ 242\ 880}e^{12}$$

$$G_2 = \frac{1001}{8\ 388\ 608}e^{12}$$

以北京 54 坐标系为例,第一偏心率的平方为:0.006 693 421 622 966

$$A_1 = 1.005\ 051\ 773\ 902\ 64$$

$$B_1 = 0.005\ 051\ 773\ 902\ 041$$

$$C_1 = 0.000\ 021\ 138\ 456\ 945$$

$$D_1 = 0.000\ 000\ 110\ 055\ 672$$

$$E_1 = 0.000\ 000\ 000\ 621\ 571$$

$$F_1 = 0.000\ 000\ 000\ 003\ 661$$

$$G_1 = 0.000\ 000\ 000\ 000\ 022$$

3. 纬线弧长

因为纬线(平行圈)为圆弧,故可应用求圆周弧长的公式:

设 A、B 两点的经差为 λ,D 为纬线圈圆心,则由图 3.9 可得

$$s = r \cdot \lambda = N\cos\varphi \cdot \lambda \tag{3.20}$$

式中,λ 和 φ 为弧度。

以北京 54 坐标系为例,分析子午线弧长公式可知同纬差的子午线弧长由赤

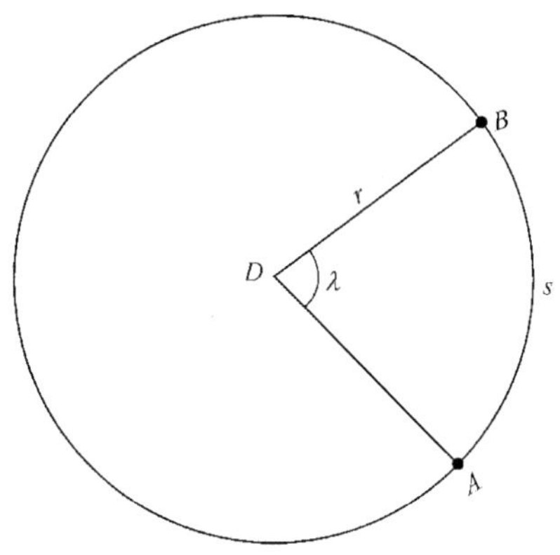

图 3.9　纬线弧长

道向两极逐渐增长。例如，纬差 1°的子午线弧长在赤道为 110 576m，在两极为 111 695m。

分析纬线弧长公式可知同经差的纬线弧长由赤道向两极缩短，例如，在赤道上经差 1°的弧长为 111 321m，在纬度 45°处其长度为 78 848m，在两极则为零。

4. 地球椭球体表面上的梯形面积

计算地球椭球体表面上的梯形面积，就是求定以两条子午线和两条平行圈为界的椭球体表面面积。

如图 3.10 所示，在椭球体表面上设有两条无穷接近的子午圈 $PBAP_1$ 和 $PCDP_1$，其经度各为 λ、$\lambda+\mathrm{d}\lambda$；另外有两条无穷接近的平行圈 $TBCS$ 和 $QADR$，其纬度各为 φ、$\varphi+\mathrm{d}\varphi$。它们构成一个无穷小的梯形 $ABCD$。

从图 3.10 中可以看出，此梯形的边长就是子午圈和平行圈的弧长，故

$$AB = CD = M\mathrm{d}\varphi$$

$$BC \approx AD = r\mathrm{d}\lambda = N\cos\varphi\mathrm{d}\lambda$$

由此，这个微分梯形面积 $ABCD$ 可以写成

$$\mathrm{d}T = MN\cos\varphi\mathrm{d}\lambda\mathrm{d}\varphi \tag{3.21}$$

如果所计算的面积为经度 λ_1 与 λ_2 的两条经线及纬度为 φ_1 与 φ_2 的两条纬线所包围的梯形，则其面积为

$$T = \int_{\lambda_1}^{\lambda_2}\int_{\varphi_1}^{\varphi_2} MN\cos\varphi\mathrm{d}\varphi\mathrm{d}\lambda \tag{3.22}$$

将式(3.8)、式(3.9)代入得

$$T = \int_{\lambda_1}^{\lambda_2}\int_{\varphi_1}^{\varphi_2} \frac{\cos\varphi\mathrm{d}\varphi}{(1-e^2\sin^2\varphi)} \times \mathrm{d}\lambda \tag{3.23}$$

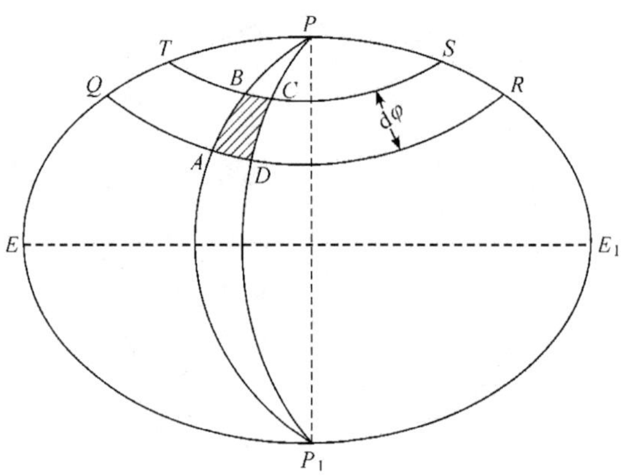

图 3.10 地球椭球体表面上的梯形面积

积分并经过整理后得

$$T = K\left(A\sin\frac{\Delta\varphi}{2}\cos\varphi_m - B\sin\frac{3\Delta\varphi}{2}\cos 3\varphi_m + C\sin\frac{5\Delta\varphi}{2}\cos 5\varphi - D\sin\frac{7\Delta\varphi}{2}\cos 7\varphi_m + \cdots \right) \tag{3.24}$$

式中，$\Delta\varphi = \varphi_2 - \varphi_1$，$\varphi_m = \frac{\varphi_1 + \varphi_2}{2}$，$\Delta\varphi$，$\varphi_m$ 为弧度

$$K = 2a^2(1 - e^2)(\lambda_2 - \lambda_1)$$

$$A = 1 + \frac{1}{2}e^2 + \frac{3}{8}e^4 + \frac{5}{16}e^6 + \cdots$$

$$B = \frac{1}{6}e^2 + \frac{3}{16}e^4 + \frac{3}{16}e^6 + \cdots$$

$$C = \frac{3}{80}e^4 + \frac{1}{16}e^6 + \cdots$$

$$D = \frac{1}{112}e^6 + \cdots$$

若令 $\lambda_2 - \lambda_1 = 1$ 弧度，$\varphi_1 = 0$，$\varphi_2 = \varphi$，则得经差一个弧度、纬度自赤道到纬度为 φ 的纬线所构成的椭球体面的梯形面积。

3.4.3 兰勃特投影

1. 兰勃特等角投影简介

兰勃特等角投影，在双标准纬线下是一“等角正轴割圆锥投影”，由德国数学家兰勃特(J.H.Lambert)在 1772 年拟定。设想用一个正圆锥割于球面两标准纬线，应用等角条件将地球面投影到圆锥面上，然后沿一母线展开，即为兰勃特投影平面。兰勃特等角投影后纬线为同心圆圆弧，经线为同心圆半径。兰勃特是后面介绍的墨卡托(Mercator)投影的一个极端特例。

兰勃特投影采用双标准纬线相割，与采用单标准纬线相切比较，其投影变形小而均匀，兰勃特投影的变形分布规律是：①角度没有变形。②两条标准纬线上没有任何变形。③等变形线和纬线一致，即同一条纬线上的变形处处相等。④在同一经线上，两标准纬线外侧为正变形(长度比大于 1)，而两标准纬线之间为负变形(长度比小于 1)，因此，变形比较均匀，变形绝对值也比较小。⑤同一纬线上等经差的线段长度相等，两条纬线间的经纬线长度处处相等。

2. 兰勃特等角投影坐标系

以图幅的原点经线(一般是中央经线 L_0)作为纵坐标 X 轴，原点经线与原点纬线(一般是最南端纬线)的交点作为原点，过此点的切线作为横坐标 Y 轴，构成兰勃特平面直角坐标系。

3. 兰勃特等角投影正反解公式

1) 兰勃特等角投影正解公式

(B, L)→(X, Y)，原点纬度 B_0，原点经度 L_0，第一标准纬线 B_1，第二标准纬线 B_2：

$$X_N = r_0 - r\cos\theta$$

$$Y_E = r\sin\theta$$

$$m = \frac{\cos B}{\sqrt{1 - e^2\sin^2 B}}$$

$$t = \tan\left(\frac{\pi}{4} - \frac{B}{2}\right) \Big/ \left(\frac{1 - e\sin B}{1 + e\sin B}\right)^{\frac{e}{2}}$$

$$n = \frac{\ln(m_{B_1}/m_{B_2})}{\ln(t_{B_1}/t_{B_2})}$$

$$F = m_{B_1}/(n t_{B_1}^n)$$

$$r = aFt^n$$

$$\theta = n(L - L_0)$$

式中，r_0 为原点纬线处的 r 值；m_{B_1} 和 m_{B_2} 为标准纬线 B_1 和 B_2 处的 m 值；t_{B_1} 和 t_{B_2} 为标准纬线 B_1 和 B_2 处的 t 值。

2）兰勃特等角投影反解公式

（X，Y）→（B，L），原点纬度 B_0，原点经度 L_0，第一标准纬线 B_1，第二标准纬线 B_2：

$$B = \frac{\pi}{2} - 2\arctan\left[t'\left(\frac{1-e\sin B}{1+e\sin B}\right)^{\frac{e}{2}}\right]$$

$$L = \theta'/n + L_0$$

$$r' = \pm\sqrt{Y_E^2 + (r_0 - X_N)^2} \quad \text{符号与 } n \text{ 相同，sgn}(n)$$

$$t' = (r'/(aF))^{\frac{1}{n}}$$

$$\theta' = \arctan\frac{Y_E}{r_0 - X_N}$$

式中，参数同兰勃特等角投影正解公式；B 通过迭代获取。

3.4.4 墨卡托投影

1．墨卡托投影简介

墨卡托(Mercator)投影，是一种"等角正切圆柱投影"，由荷兰地图学家墨卡托(Gerhardus Mercator，1512～1594 年)在 1569 年拟定。假设地球被围在一中空的圆柱里，其标准纬线与圆柱相切接触，然后再假想地球中心有一盏灯，把球面上的图形投影到圆柱体上，再把圆柱体展开，这就是一幅选定标准纬线上的"墨卡托投影"绘制出的地图。

墨卡托投影没有角度变形，由每一点向各方向的长度比相等，它的经纬线都是平行直线，且相交成直角，经线间隔相等，纬线间隔从标准纬线向两极逐渐增大。墨卡托投影的地图上长度和面积变形明显，但标准纬线无变形，从标准纬线向两极变形逐渐增大，但因为它具有各个方向均等扩大的特性，保持了方向和相互位置关系的正确。

在地图上保持方向和角度的正确是墨卡托投影的优点，墨卡托投影地图常用作航海图和航空图，如果循着墨卡托投影图上两点间的直线航行，方向不变可以一直到达目的地，因此它对船舰在航行中定位、确定航向都具有有利条件，给航海者带来很大方便。

2．墨卡托投影坐标系

取零子午线或自定义原点经线(L_0)与赤道交点的投影为原点，零子午线或自定义原点经线的投影为纵坐标 X 轴，赤道的投影为横坐标 Y 轴，构成墨卡托投影平面直角坐标系。

3. 墨卡托投影正反解公式

1）墨卡托投影正解公式

$(B,L)\rightarrow(X,Y)$，标准纬度 B_0，原点纬度为零，原点经度 L_0

$$X_N = K\ln\left[\tan\left(\frac{\pi}{4}+\frac{B}{2}\right)\left(\frac{1-e\sin B}{1+e\sin B}\right)^{\frac{e}{2}}\right]$$

$$Y_E = K(L-L_0)$$

$$K = N_{B_0}\cos(B_0) = \frac{a^2/b}{\sqrt{1+e'^2\cos^2(B_0)}}\times\cos(B_0)$$

2）墨卡托投影反解公式

$(X,Y)\rightarrow(B,L)$，标准纬度 B_0，原点纬度为零，原点经度 L_0

$$B = \frac{\pi}{2} - 2\arctan\left(\exp^{\left(-\frac{X_N}{K}\right)}\exp^{\left(\frac{e}{2}\right)\ln\left(\frac{1-e\sin B}{1+e\sin B}\right)}\right)$$

$$L = \frac{Y_E}{K} + L_0$$

式中，exp 为自然对数底；纬度 B 通过迭代计算很快就收敛了。

3.4.5　高斯-克吕格投影

1. 高斯-克吕格投影简介

高斯-克吕格(Gauss-Kruger)投影是一种“等角横切圆柱投影”，由德国数学家、物理学家、天文学家高斯(Carl Friedrich Gauss，1777～1855 年)于 19 世纪 20 年代拟定，后经德国大地测量学家克吕格(Johannes Kruger，1857～1928 年)于 1912 年对投影公式加以补充，故名。从几何意义上来看，就是假想用一个椭圆柱套在地球椭球体外面，并与某一子午线相切(此子午线称中央子午线或中央经线)，椭圆柱的中心轴位于椭球的赤道上，如图 3.11 所示，再按高斯-克吕格投影所规定的条件，将中央经线东、西各一定的经差范围内的经纬线交点投影到椭圆柱面上，并将此圆柱面展为平面，即得本投影。

高斯-克吕格投影后，除中央经线和赤道为直线外，其他经线均为对称于中央经线的曲线。高斯-克吕格投影没有角度变形，在长度和面积上变形也很小，中央经线无变形，自中央经线向投影带边缘，变形逐渐增加，变形最大处在投影带内赤道的两端。由于其投影精度高，变形小，而且计算简便(各投影带坐标一致，只要算

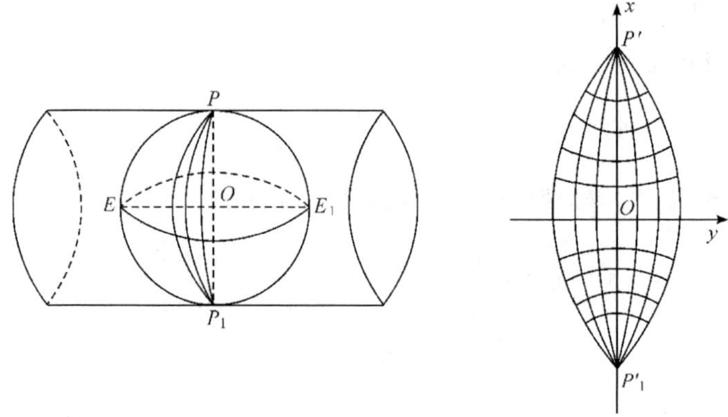

图 3.11　高斯-克吕格投影

出一个带的数据，其他各带都能应用)，因此在大比例尺地形图中应用，可以满足军事上各种需要，并能在图上进行精确的量测计算。

按一定经差将地球椭球面划分成若干投影带，这是高斯投影中限制长度变形的最有效方法。分带时既要控制长度变形使其不大于测图误差，又要使带数不致过多以减少换带计算工作，据此原则将地球椭球面沿子午线划分成经差相等的瓜瓣形地带，以便分带投影。通常按经差 6°或 3°分为六度带或三度带。

六度带是从 0°子午线每隔 6°的经度差自西向东分带，带号依次编为第 1，2，…，60 带。其带号 n 与相应的中央子午线经度 L_0 的关系为

$$L_0 = 6n - 3$$

$$n = (L_0 + 3)/6$$

三度带是在六度带的基础上分成的，它的中央子午线与六度带的中央子午线和分带子午线重合，即自 1.5°子午线起每隔经差 3°自西向东分带，带号依次编为第 1，2，…，120 带，其带号 n与中央子午线经度 L_0 的关系为

$$L'_0 = 3n'$$

$$n' = L'_0/3 = 2n - 1$$

2．高斯-克吕格投影坐标系

取零子午线或自定义原点经线(L_0)与赤道交点的投影为原点，零子午线或自定义原点经线的投影为纵坐标 X 轴，赤道的投影为横坐标 Y 轴，构成高斯-克吕格投影平面直角坐标系。

3．高斯-克吕格投影正反解公式

(1) 高斯-克吕格投影正解公式

(B, L)→(X, Y)，原点经度 L_0

$$x = X_0 + \frac{1}{2}Ntm_0{}^2 + \frac{1}{24}(5 - t^2 + 9\eta^2 + 4\eta^4)Ntm_0^4 + \frac{1}{720}(61 - 58t^2 + t^4)Ntm_0^6$$

$$y = Nm_0 + \frac{1}{6}(1 - t^2 + \eta^2)Nm_0{}^2 + \frac{1}{120}(5 - 18t^2 + t^4 - 14\eta^2 - 58\eta^2 t^2)Nm_0^6$$

式中，

$$X_0 = C_0\overline{B} + \cos B(C_1\sin B + C_2\sin^3 B + C_3\sin^5 B)$$

其中，设中央子午线的经度为 L_0，再令

$$l = L - L_0$$

$$t = \tan B$$

$$m_0 = l\cos B$$

$$\eta^2 = \frac{e^2}{1 - e^2}\cos^2 B$$

$$N = a/\sqrt{1 - e^2\sin^2 B}$$

设参考椭球的长半轴为 a，第一偏心率为 e，采用符号

$$\overline{A} = 1 + \frac{3}{4}e^2 + \frac{45}{64}e^4 + \frac{175}{256}e^6 + \frac{11\ 025}{16\ 384}e^8 + \frac{43\ 659}{65\ 536}e^{10}$$

$$\overline{B} = \frac{3}{4}e^2 + \frac{15}{16}e^4 + \frac{525}{512}e^6 + \frac{2205}{2048}e^8 + \frac{72\ 765}{65\ 536}e^{10}$$

$$\overline{C} = \frac{15}{64}e^4 + \frac{105}{256}e^6 + \frac{2205}{4096}e^8 + \frac{10\ 359}{16\ 384}e^{10}$$

$$\overline{D} = \frac{35}{512}e^6 + \frac{315}{2048}e^8 + \frac{31\ 185}{13\ 072}e^{10}$$

$$\overline{E} = \frac{315}{16\ 384}e^8 + \frac{3465}{65\ 536}e^{10}$$

$$\overline{F} = \frac{693}{13\ 027}e^{10}$$

则

$$\alpha = \overline{A}a(1 - e^2)$$

$$\beta = -\frac{1}{2}\overline{B}a(1 - e^2)$$

$$\gamma = \frac{1}{4}\overline{C}a(1 - e^2)$$

$$\delta = -\frac{1}{6}\overline{D}a(1 - e^2)$$

$$\varepsilon = \frac{1}{8}\overline{E}a(1-e^2)$$

$$\zeta = -\frac{1}{10}\overline{F}a(1-e^2)$$

则

$$C_0 = \alpha$$

$$C_1 = 2\beta + 4\gamma + 6\delta$$

$$C_2 = -(8\gamma + 32\delta)$$

$$C_3 = 32\delta$$

(2) 高斯-克吕格投影反解公式

(X, Y)→(B, L)，原点经度 L_0

$$B = B_f - \frac{1}{2}V_f^2 t_f\left(\frac{y}{N_f}\right)^2 + \frac{1}{24}(5+3t_f^2+\eta_f^2-9\eta_f^4)V_f^2 t_f\left(\frac{y}{N_f}\right)^4 - \frac{1}{720}(61+90t_f^2 45\eta_f^4)V_f^2 t_f\left(\frac{y}{N_f}\right)^4$$

$$l = \frac{1}{\cos B_f}\left(\frac{y}{N_f}\right) - \frac{1}{6}(1+2t_f^2+\eta_f^2)\left(\frac{1}{\cos B_f}\right)\left(\frac{y}{N_f}\right)^2 + \frac{1}{120}(5+28t_f^2+24t_f^4 + 6\eta_f^2+8\eta_f^2 t_f^2)\left(\frac{1}{\cos B_f}\right)\left(\frac{y}{N_f}\right)^2$$

$$L = L_0 + l$$

式中，B_f 表示地点纬度，即以 x 作为赤道起算的子午线所对应的纬度值，其值为

$$B_f = B_f^0 + \cos B_f^0(K_1\sin B_f^0 - K_2\sin^3 B_f^0 + K_3\sin^5 B_f^0 + K_4\sin^7 B_f^0)$$

$$B_f^0 = \frac{x}{\alpha}$$

$$V_f = \sqrt{1+\eta_f^2}$$

$$K_1 = 2\beta_f + 4\gamma_f + 6\delta_f$$

$$K_2 = 8\gamma_f + 32\delta_f$$

$$K_3 = 32\delta_f$$

3.4.6 通用横轴墨卡托投影

通用横轴墨卡托投影(universal transverse Mercator projection)取前面 3 个英文字母大写而称 UTM 投影。它与高斯-克吕格投影相比较，这两种投影之间仅存在着很少的差别，从几何意义看，UTM 投影属于横轴等角割圆柱投影，圆柱割地

球于两条等高圈(对球体而言)上,投影后两条割线上没有变形,中央经线上长度比 μ 小于 1(假定 $\mu=0.9996$)(图 3.12)。

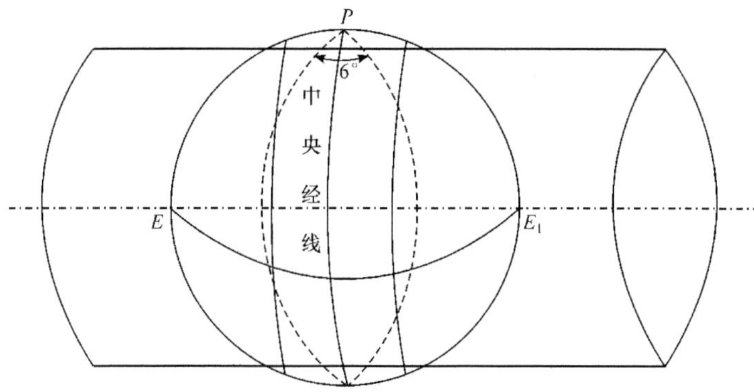

图 3.12　通用横轴墨卡托投影

由此 UTM 投影的直角坐标(x, y),长度比计算公式及子午线收敛角计算公式,也可依照高斯-克吕格投影求得。

直角坐标公式:

$$
\begin{cases}
x = 0.9996\left[X_0 + \dfrac{1}{2}Ntm_0^2 + \dfrac{1}{24}(5 - t^2 + 9\eta^2 + 4\eta^4)Ntm_0^4\right. \\
\qquad \left. + \dfrac{1}{720}(61 - 58t^2 + t^4)Ntm_0^6\right] \\
y = 0.9996\left[Nm_0 + \dfrac{1}{6}(1 - t^2 + \eta^2)Nm_0^2 + \dfrac{1}{120}(5 - 18t^2 + t^4\right. \\
\qquad \left. - 14\eta^2 - 58\eta^2 t^2)Nm_0^6\right]
\end{cases}
$$

上式中所用的符号同高斯-克吕格投影。

思　考　题

1. 编写程序实现地图左斜体和耸肩体注记的绘制。
2. 编写程序实现兰勃特等角投影的正解计算。
3. 编写程序实现墨卡托投影的正解计算。
4. 编写程序实现墨卡托投影的反解计算。
5. 编写程序实现高斯-克吕格投影的正解计算。
6. 编写程序实现高斯-克吕格投影的反解计算。

第4章　空间数据转换算法

矢量结构数据与栅格结构数据的相互转换,是地理信息系统的基本功能之一,目前已经发展了许多高效的转换算法。但是,从栅格数据到矢量数据的转换,特别是扫描图像的自动识别,仍然是目前研究的重点。

4.1　矢量数据向栅格数据转换

4.1.1　矢量点的栅格化

由图4.1,不难理解,将点的矢量坐标 x、y 换算为栅格行、列号的公式为

$$\begin{cases} I = 1 + \left[\dfrac{y_0 - y}{D_y}\right] \\ J = 1 + \left[\dfrac{x - x_0}{D_x}\right] \end{cases} \tag{4.1}$$

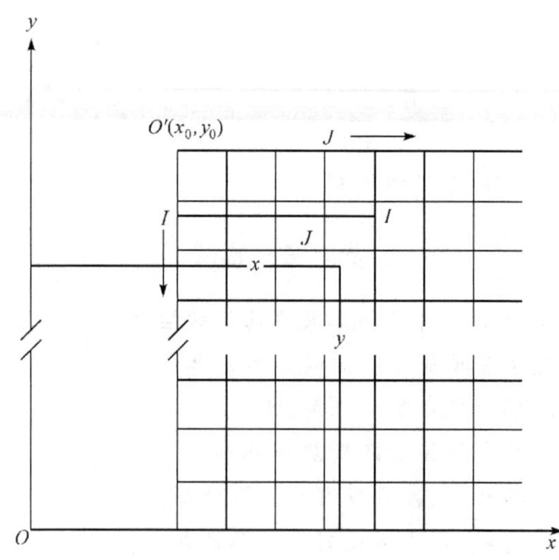

图4.1　矢量数据点转换为栅格数据

式中,D_x、D_y 分别为一个栅格的宽和高,当栅格通常为正方形时 $D_x = D_y$;[ ]表示

取整。

4.1.2　矢量线的栅格化

在矢量数据中,曲线是由折线来逼近的。因此只要说明了一条直线段如何被栅格化,对任何线划的栅格化过程也就清楚了。图 4.2 说明了线划栅格化的三种不同方法,即八方向栅格化、全路径栅格化和恒密度栅格化。

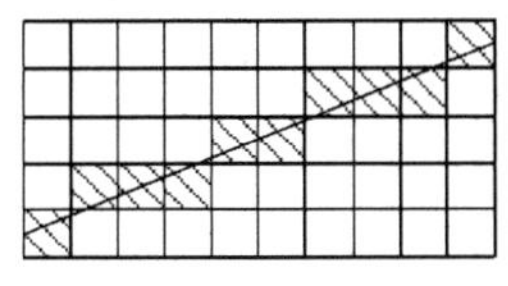

(a) 八方向栅格化

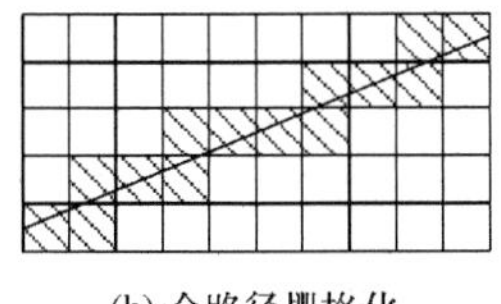

(b) 全路径栅格化

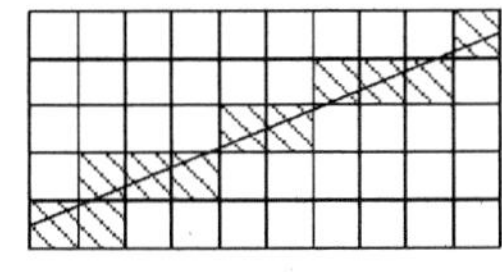

(c) 恒密度栅格化

图 4.2　同一线段的三种不同的栅格化方案

1. 八方向栅格化

根据矢量的倾角情况,在每行或每列上,只有一个像元被“涂黑”(赋予不同于背景的灰度值)。其特点是在保持八方向连通的前提下,栅格影像看起来最细,不同线划间最不易“粘连”。

如图 4.3 所示,假定 1 和 2 为一条直线段的两个端点,其坐标分别为(x_1, y_1),(x_2, y_2)。首先按上述点的栅格化方法,分别确定端点 1 和 2 所在的行、列号(I_1, J_1)及(I_2, J_2),并将它们“涂黑”。然后求出这两个端点位置的行数差和列数差。

若行数差大于列数差,则逐行求出本行中心线与过这两个端点的直线的交点:

$$y = y_{中心线}$$
$$x = (y - y_1) b + x_1$$

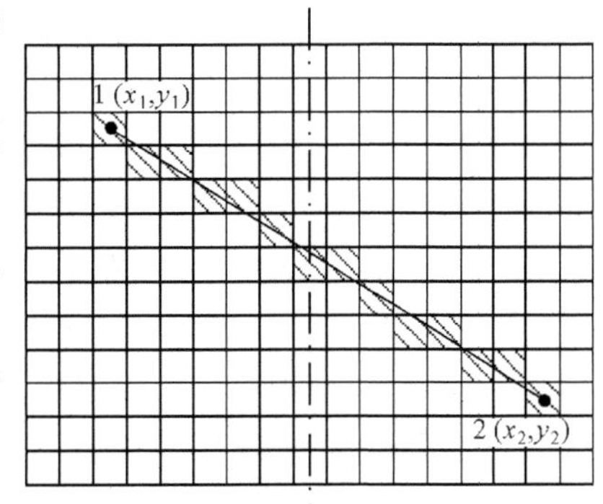

图 4.3　矢量线段的八方向栅格化

式中，$b=\dfrac{x_2-x_1}{y_2-y_1}$，并按式(4.1)将其所在的栅格“涂黑”。

若行数差小于或等于列数差，则逐列求出本列中心线与过这两个端点的直线的交点：

$$x=x_{中心线}$$
$$y=(x-x_1)b'+y_1$$

式中，$b'=\dfrac{y_2-y_1}{x_2-x_1}$，仍按式(4.1)将其所在的栅格“涂黑”。

这里，之所以要分两种情况处理，是为了使所产生的被“涂黑”的栅格均相互连通，避免线划的间断现象。

2. 全路径栅格化

这里介绍一种“分带法”，即按行计算起始列号和终止列号(或按列计算起始行号和终止行号)的方法，如图 4.4 所示，用分带法进行矢量向栅格的转换。

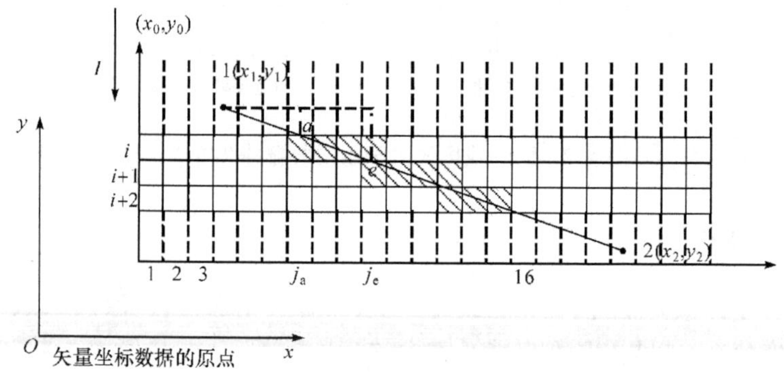

图 4.4　用分带法进行矢量向栅格的转换

基于矢量的首末点和倾角 α 的大小，可以在带内计算出行号(i_a, i_e)或列号(j_a, j_e)：

当$|x_2-x_1|<|y_2-y_1|$时，计算行号 i_a, i_e；

当$|x_2-x_1|\geqslant|y_2-y_1|$时，计算列号 j_a, j_e。

下面给出$|x_2-x_1|\geqslant|y_2-y_1|$时的计算过程。

设当前处理行为第 i 行，栅格边长为 m。

(1) 计算矢量倾角 α 的正切

$$\tan\alpha=\frac{y_2-y_1}{x_2-x_1}$$

(2) 计算起始列号 j

$$j_a=\left[\left(\frac{y_0-(i-1)m-y_1}{\tan\alpha}+x_1-x_0\right)\Big/ m\right]+1$$

(3) 计算终止列号 j

$$j_e=\left[\left(\frac{y_0-im-y_1}{\tan\alpha}+x_1-x_0\right)\Big/ m\right]+1$$

(4) 将第 i 行从 j_a 列开始到 j_e 列为止的中间所有栅格"涂黑"；

(5) 若当前处理行不是终止行，则把本行终止列号 j_e 作为下行的起始列号 j_a；行号 i 增加 1，并转(3)。否则本矢量段栅格化过程结束。

要注意，需将矢量段首点和末点所在的栅格列号分别作为第一行的 j_a 和最后一行的 j_e 的限制条件，以免使栅格影像变长失真；当首、末点的行号相同时，则直接在首、末两点 j_a 与 j_e 间"涂黑"就行；若 $y_2>y_1$，则需将首、末点号互换后再使用上式。

当要以任何方向探测栅格影像的存在或者需要知道矢量可能只出现在哪些栅格所覆盖的范围时，全路径栅格化数据结构最为理想。

4.1.3　矢量面的栅格化

矢量面格式向栅格面格式转换又称为多边形填充，就是在矢量表示的多边形边界内部的所有栅格点上赋以相应的多边形编码，从而形成类似如图 4.5 所示的栅格数据阵列。

```
0 0 0 0 0 0 0 0     0 0 0 0 0 0 0 0     0 4 4 7 7 7 7 7
0 0 0 0 0 0 0 0     0 0 0 6 0 0 0 0     4 4 4 4 4 7 7 7
0 0 0 0 2 0 0 0     0 6 6 0 6 0 0 0     4 4 4 4 8 8 7 7
0 0 0 0 0 0 0 0     0 0 0 0 0 6 0 0     0 0 4 8 8 8 7 7
0 0 0 0 0 0 0 0     0 0 0 0 0 6 0 0     0 0 8 8 8 8 7 8
0 0 0 0 0 0 0 0     0 0 0 0 0 6 0 0     0 0 0 8 8 8 8 8
0 0 0 0 0 0 0 0     0 0 0 0 0 0 6 0     0 0 0 0 8 8 8 8
0 0 0 0 0 0 0 0     0 0 0 0 0 0 0 0     0 0 0 0 0 8 8 8
     (a) 点              (b) 线              (c) 面
```

图 4.5　点、线、区域的格网

1. 内部点扩散算法

该算法由每个多边形一个内部点(种子点)开始，向其 8 个方向的邻点扩散，判断各个新加入点是否在多边形边界上，如果是在边界上，则该新加入点不作为种子点，否则把非边界点的邻点作为新的种子点与原有种子点一起进行新的扩散运算，并将该种子点赋以该多边形的编号。重复上述过程直到所有种子点填满该多边形并遇到边界停止为止。扩散算法程序设计比较复杂，并且在一定的栅格精度上，如果复杂图形的同一多边形的两条边界落在同一个或相邻的两个栅格内，会造成多边形不连通，这样一个种子点不能完成整个多边形的填充。

2. 射线算法和扫描算法

射线算法可逐点判断数据栅格点在某多边形之外或在多边形之内，由待判点向图外某点引射线，判断该射线与某多边形所有边界相交的总次数，如相交偶数次，则待判点在该多边形外部；如为奇数次，则待判点在该多边形内部(图 4.6)。采用射线算法，要注意的是：射线与多边形边界相交时，有一些特殊情况会影响交点的个数，必须予以排除(图 4.7)。

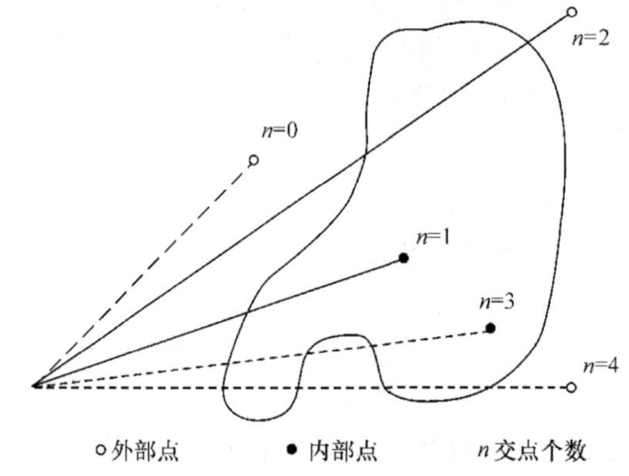

图 4.6　射线算法

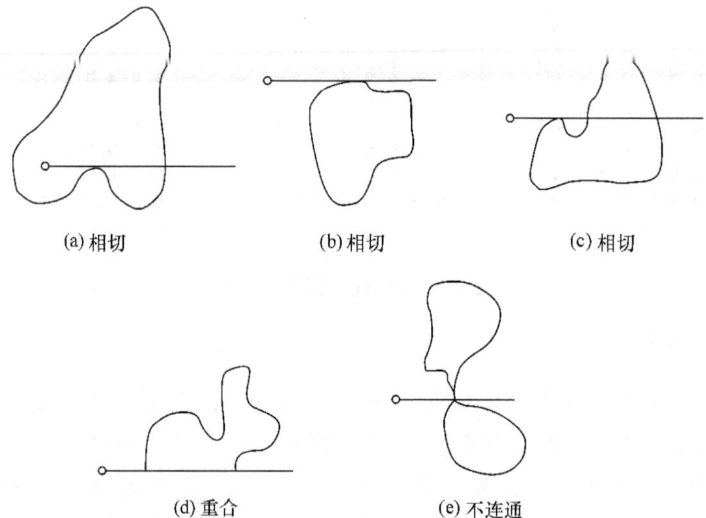

图 4.7　射线算法的特殊情况

扫描算法是射线算法的改进，将射线改为沿栅格阵列行或列方向扫描线，判断与射线算法相似。扫描算法省去了计算射线与多边形边界交点的大量运算，大大提高了效率。

3. 边界代数算法

边界代数多边形填充算法是一种基于积分思想的矢量格式向栅格格式转换算法，它适合于记录拓扑关系的多边形矢量数据转换为栅格结构。图 4.8 所示转换单个多边形的情况，多边形编号为 a，模仿积分求多边形区域面积的过程，初始化的栅格阵列各栅格值为零，以栅格行列为参考坐标轴，由多边形边界上某点开始顺时针搜索边界线，当边界上行时[图 4.8(a)]，位于该边界左侧的具有相同行坐标的所有栅格被减去 a；当边界下行时[图 4.8(b)]，该边界左边(前进方向看为右侧)所有栅格点加一个值 a，边界搜索完毕则完成了多边形的转换。

事实上，每幅数字地图都是由多个多边形区域组成的，如果把不属于任何多边形的区域(包含无穷远点的区域)看成编号为零的特殊的多边形区域，则图上每一条边界弧段都与两个不同编号的多边形相邻，按弧段的前进方向分别称为左、右多边形，可以证明，对于这种多个多边形的矢量向栅格转换问题，只需对所有多边形边界弧段做如下运算而不考虑排列次序：当边界弧段上行时，该弧段与左图框之间栅格增加一个值(左多边形编号减去右多边形编号)；当边界弧段下行时，该弧段与左图框之间栅格增加一个值(右多边形编号减去左多边形编号)。

```
 0  0  0  0  0  0  0  0
 0  0  a  a  a  a  0  0
-a -a  0  0  0  0  0  0
-a -a  0  0  0  0  0  0
-a -a -a  0  0  0  0  0
 0  0  0  0  0  0  0  0
          (a)
```

```
0 0 0 0 0 0 0 0
0 0 a a a a 0 0
0 0 a a a a 0 0
0 0 a a a a 0 0
0 0 0 a a a 0 0
0 0 0 0 0 0 0 0
       (b)
```

图 4.8　单个多边形的转换

以图 4.9 为例，选择两个邻域多边形的边界代数转换过程进行步骤说明。

由图 4.9 和表 4.1 可知。

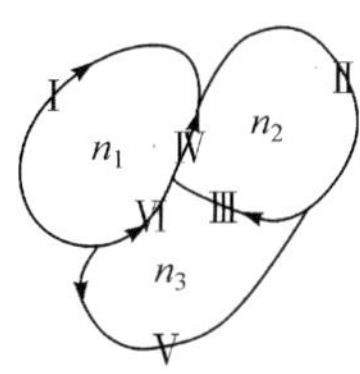

图 4.9　多个多边形示意图

表 4.1　线号与左右多边形号的对应关系

线号	左多边形	右多边形
Ⅰ	0	n_1
Ⅱ	n_2	0
Ⅲ	n_3	n_2
Ⅳ	n_1	n_2
Ⅴ	n_3	0
Ⅵ	n_3	n_1

(1) 对多边形 n_1:线Ⅰ上行 $-n_1$,下行 $+n_1$;线Ⅳ上行 $+n_1$;线Ⅵ下行 $+n_1$。

(2) 对多边形 n_2:线Ⅱ上行 $+n_2$,下行 $-n_2$;线Ⅳ上行 $-n_2$;线Ⅲ上行 $-n_2$。

(3) 对多边形 n_3:线Ⅳ下行 $-n_3$,线Ⅲ上行 $+n_3$;线Ⅴ下行 $-n_3$,上行 $+n_3$。

对所有运算按线号进行排列,把图外区域作为编号为零的区域参加计算,下表后两行内标出的为相应线的左或右多边形。

线号	前进方向	左	右
线Ⅰ	上行	+0	$-n_1$
	下行	−0	$+n_1$
线Ⅱ	上行	$+n_2$	−0
	下行	$-n_2$	+0
线Ⅲ	上行	$+n_3$	$-n_2$
线Ⅳ	上行	$+n_1$	$-n_2$
线Ⅴ	上行	$+n_3$	−0
	下行	$-n_3$	+0
线Ⅵ	下行	$-n_3$	$+n_1$

由此进一步说明边界代数算法的基本思想:对每幅地图的全部具有左右多边形编号的边界弧段,沿其前进的方向逐个搜索,当边界上行时,将边界线位置与左图框之间的网格点加上一个值=左多边形编号−右多边形编号;当边界线下行时,将边界线位置与左图框的栅格点加上一个值=右多边形编号−左多边形编号,而不管边界线的排列顺序。

两个邻域多边形的边界代数转换过程如图 4.10 所示。

边界代数法与前述其他算法的不同之处,在于它不是逐点判断与边界的关系完成转换,而是根据边界的拓扑信息,通过简单的加减代数运算将边界位置信息动态地赋给各栅格点,实现了矢量格式到栅格格式的高速转换,而不需要考虑边界与搜索轨迹之间的关系,因此算法简单、可靠性好,各边界弧段只被搜索一次,避免了重复计算。

但是这并不意味着边界代数法可以完全替代其他算法,在某些场合下,还是要采用种子填充算法和射线算法,前者应用于在栅格图像上提取特定的区域;后者则可以进行点和多边形关系的判断。

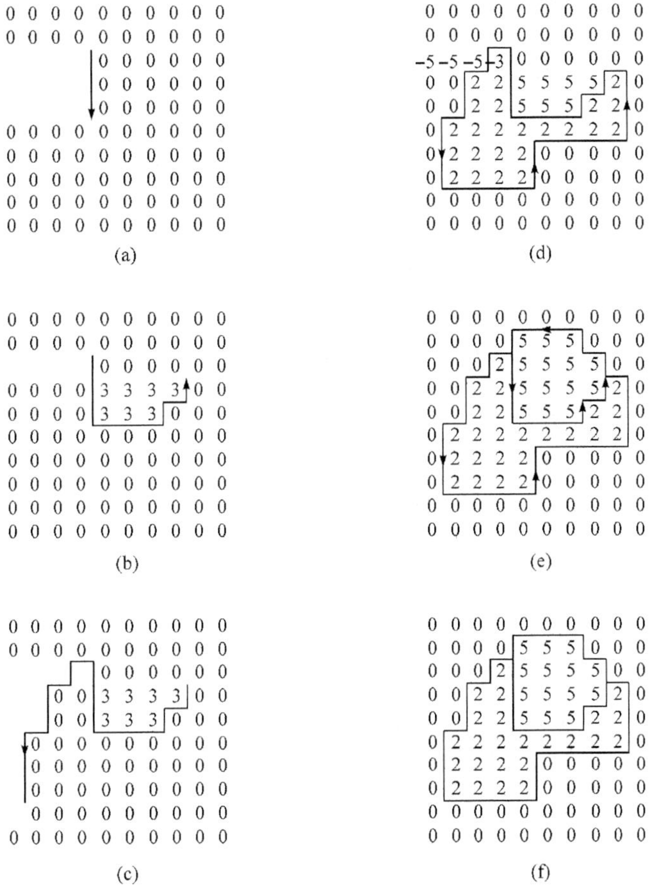

```
0 0 0 0 0 0 0 0 0 0
0 0 0 0 0 0 0 0 0 0
        0 0 0 0 0 0
        0 0 0 0 0 0
        0 0 0 0 0 0
0 0 0 0 0 0 0 0 0 0
0 0 0 0 0 0 0 0 0 0
0 0 0 0 0 0 0 0 0 0
0 0 0 0 0 0 0 0 0 0
0 0 0 0 0 0 0 0 0 0
```

(a)

```
0 0 0 0 0 0 0 0 0 0
0 0 0 0 0 0 0 0 0 0
        0 0 0 0 0 0
0 0 0 0 3 3 3 3 0 0
0 0 0 0 3 3 3 0 0 0
0 0 0 0 0 0 0 0 0 0
0 0 0 0 0 0 0 0 0 0
0 0 0 0 0 0 0 0 0 0
0 0 0 0 0 0 0 0 0 0
0 0 0 0 0 0 0 0 0 0
```

(b)

```
0 0 0 0 0 0 0 0 0 0
0 0 0 0 0 0 0 0 0 0
        0 0 0 0 0 0
    0 0 3 3 3 3 0 0
    0 0 3 3 3 0 0 0
  0 0 0 0 0 0 0 0 0
  0 0 0 0 0 0 0 0 0
  0 0 0 0 0 0 0 0 0
  0 0 0 0 0 0 0 0 0
0 0 0 0 0 0 0 0 0 0
```

(c)

```
 0  0  0  0 0 0 0 0 0 0
 0  0  0  0 0 0 0 0 0 0
-5 -5 -5 -3 0 0 0 0 0 0
 0  0  2  2 5 5 5 5 2 0
 0  0  2  2 5 5 5 2 2 0
 0  2  2  2 2 2 2 2 2 0
 0  2  2  2 2 0 0 0 0 0
 0  2  2  2 2 0 0 0 0 0
 0  0  0  0 0 0 0 0 0 0
 0  0  0  0 0 0 0 0 0 0
```

(d)

```
0 0 0 0 0 0 0 0 0 0
0 0 0 0 5 5 5 0 0 0
0 0 0 2 5 5 5 5 0 0
0 0 2 2 5 5 5 5 2 0
0 0 2 2 5 5 5 2 2 0
0 2 2 2 2 2 2 2 2 0
0 2 2 2 2 0 0 0 0 0
0 2 2 2 2 0 0 0 0 0
0 0 0 0 0 0 0 0 0 0
0 0 0 0 0 0 0 0 0 0
```

(e)

```
0 0 0 0 0 0 0 0 0 0
0 0 0 0 5 5 5 0 0 0
0 0 0 2 5 5 5 5 0 0
0 0 2 2 5 5 5 5 2 0
0 0 2 2 5 5 5 2 2 0
0 2 2 2 2 2 2 2 2 0
0 2 2 2 2 0 0 0 0 0
0 2 2 2 2 0 0 0 0 0
0 0 0 0 0 0 0 0 0 0
0 0 0 0 0 0 0 0 0 0
```

(f)

图 4.10　两个邻域多边形的边界代数转换过程及结果示意图

4.2　栅格数据向矢量数据转换

4.2.1　栅格点坐标与矢量点坐标的关系

对于任意一个栅格点 A 而言，将其行、列号 I，J 转换为其中心点的 x，y 的公式如下

$$\begin{cases} x = X_0 + (J - 0.5)D_x \\ y = Y_0 - (I - 0.5)D_y \end{cases}$$

式中，各符号的含义与式(4.1)同，如图 4.11 所示。

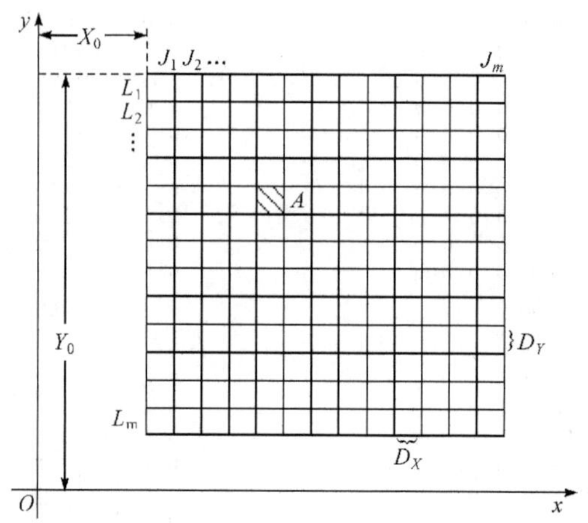

图 4.11 栅格点坐标与矢量点坐标的关系

4.2.2 栅格数据矢量化的基本步骤

栅格格式向矢量格式转换就是提取以相同的编号的栅格集合表示的边界、边界的拓扑关系和多边形，并生成由多个小直线段组成的表示矢量格式边界线的过程。

栅格格式向矢量格式转换通常包括以下 4 个基本步骤：

(1) 边界提取：采用高通滤波将栅格图像二值化或以特殊值标识边界点。

(2) 边界线追踪：对每个边界弧段由一个结点向另一个结点搜索，通常对每个已知边界点需沿除了进入方向的其他 7 个方向搜索下一个边界点，直到连成边界弧段。

(3) 拓扑关系生成：对于矢量表示的边界弧段数据，判断其与原图上各多边形的空间关系，以形成完整的拓扑结构并建立与属性数据的联系。

(4) 去除多余点及曲线圆滑：由于搜索是逐个栅格进行的，必须去除由此造成的多余点记录，以减少数据冗余；搜索结果，曲线由于栅格精度的限制可能不够圆滑，需采用一定的插补算法进行光滑处理，常用的算法有线形迭代法，分段三次多项式插值法，正轴抛物线平均加权法，斜轴抛物线平均加权法，样条函数插值法。

4.2.3 线状栅格数据的细化

线状栅格数据一般具有一定粗度且线划本身往往呈粗细不匀的状态。线状栅格数据需要细化，以提取其中轴线，这是因为：①中轴线是栅格数据曲线的标准化存储形式；②实现细化是将栅格曲线矢量化的前提；③在有些算法中可以提高计算精度。

对于线状栅格数据的细化，算法有多种，目前可归纳为两大类：第一类是基于距离变换，首先得到骨架像元，然后跟踪距离变换图中的“山脊线”(即在局部范围内灰度值最大的像元系列)，并将其作为中轴线；第二类是基于在不破坏栅格拓扑连通性的前提下，按对称的原则删除影像边缘的栅格点。具体算法各举两例：

1. 用距离变换法搜寻中轴线

距离变换图是一种栅格图像，其中每个像元的灰度值等于它到栅格地图上相邻物体的最近距离。此时，对于距离的量度，用的是四方向距离，即所谓“城市街区量度”(City-Block-Metric)，它只允许沿四个主方向而不允许沿对角方向进行跨栅格的最小路段的计数，因此，每个路段为一个像元边长。

图 4.12 说明了利用原始二值影像计算距离变换图的算法，其基本思想是反复进行“对原图的减细”和“将减细结果与中间结果这两个栅格图像做算术叠加”这两种基本运算。其终止条件可以是“若对原图再减细，则将成为全零矩阵”。图 4.12(f)就是用上述算法得到的距离变换图。

骨架图就是从距离变换图中提取出具有相对最大灰度值的那些像元所组成的图像，如图 4.12(g)所示。

如果将图 4.12(g)所示的骨架图用比其灰度值小 1 的像元数予以加粗，就得到图 4.12(h)。可以看出，其结果几乎等同于原始图像。因此可以认为这种骨架图是原始图像的简记。这说明，骨架图在栅格数据的压缩存储中有其重要作用。

将栅格数据进行距离变换，获得距离变换图，然后从骨架图中的某一个像元出发，沿两个方向跟踪邻域中灰度值最大的那个像元(若遇急回头，则说明已跟踪完一条线划的一端)。若灰度值最大的像元不止一个，但从连通性来看，只有一组，则尽量取位于中间的那个像元跟踪；若不止一组，则选能使前进方向折角较小的那一组的中间片像元跟踪，并在跟踪过程中，不断记录下每个栅格的行号、列号。对于已跟踪过的栅格像元，通过加粗，将本根线划上的所有像元灰度值置成负数，以示区别，从而可继续跟踪其他线划上的“山脊线”。

2. 最大数值计算法

设原始栅格数据如图 4.13 所示。利用原始栅格数据计算格线交点的 V 值，每点的 V 值是该点左上、右上、左下、右下 4 个栅格灰度值的和，其中要素栅格灰度为“1”，背景栅格灰度为“0”。因为每点周围至多为 4 个“1”，所以 $V_{max}=4$，$V_{min}=0$(图 4.13、图 4.14)，然后选取最大 V 值的点。显然，最大 V 值点不可能位于线划边缘，而位于线划内部。如果经一次细化仍嫌太粗，还可以将所有最大 V 值点的灰度值重新赋为“1”，而将其他 V 值点的灰度值重新赋为“0”，进而再选取最

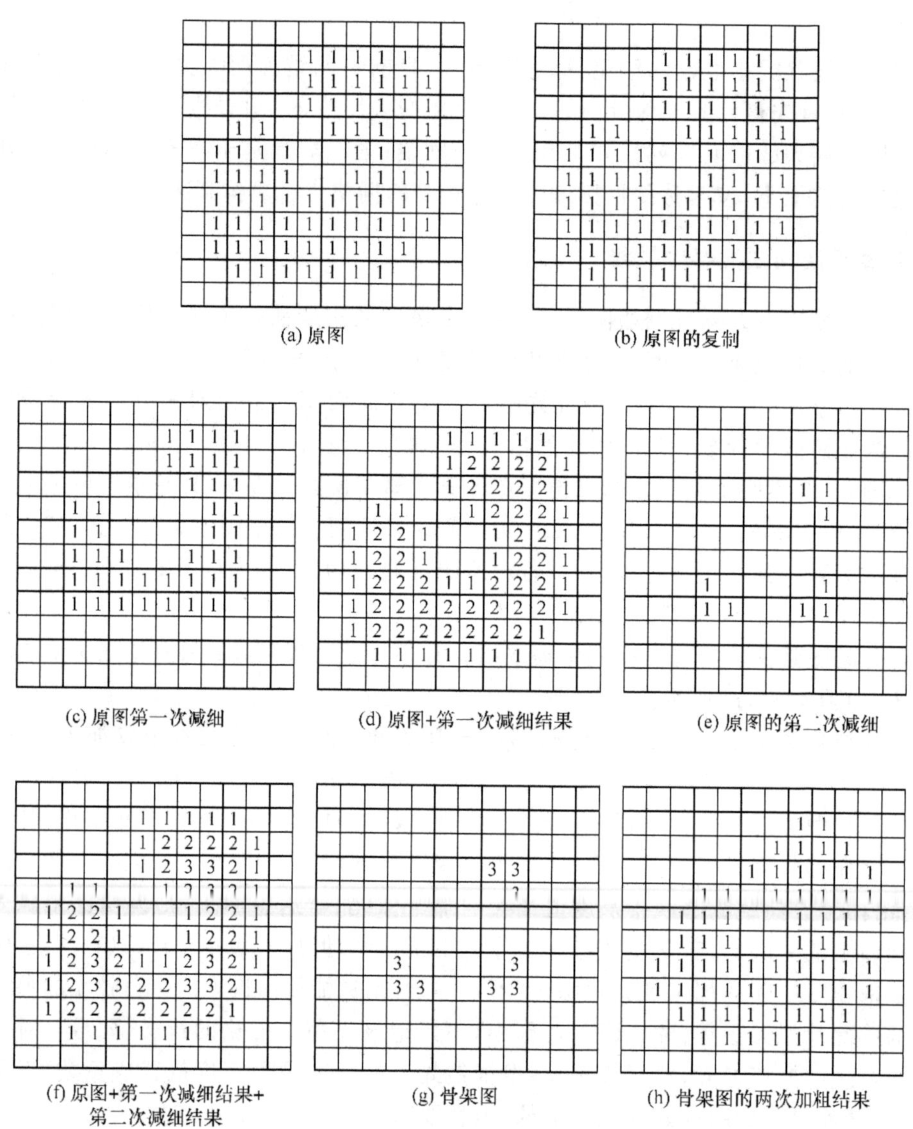

图 4.12 距离变换图和骨架图及其形成过程

大 V 值点，……。图 4.13 的原始栅格数据经本法计算一次，结果如图 4.14 所示。

3. 经典的细化算法

在栅格影像的细化过程中，一个灰度值为“1”的像元应不应该置成“0”，可以通过考察其 8 个邻域灰度值的分布格局来做出决定。其基本原理是，凡是去掉后不会影响原栅格影像拓扑连通性的像元都应去掉；反之，则应保留。在中心像元的 8

图 4.13　矢量化前的原始栅格影像

图 4.14　最大数值计算法细化过程

个邻域内，分布格局共有 2^8(即 256)种，但经归纳，凡是符合图 4.15 中所示基本格局(共 15 种)的，其中心像元应予以保留。

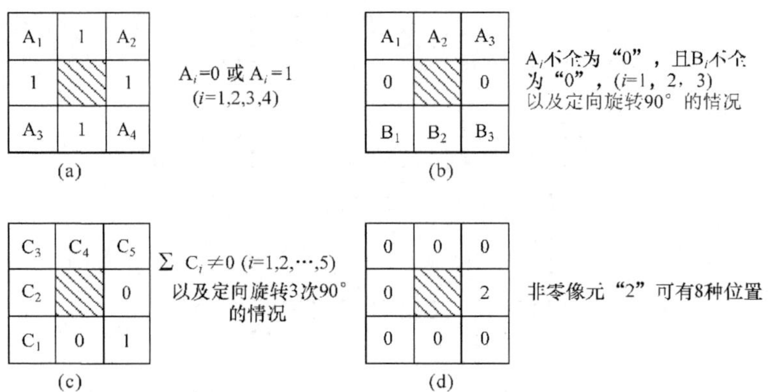

图 4.15　中心像元应保留的格局

其中，图 4.15(d)中的灰度值“2”表示该像元在前一轮判断中已被确认要保留的。

注意，图 4.15 中的(a)、(b)、(c)给出的实际上是连通性条件，如果简单地将它依次用于一幅图像，那么一个连通区域的像元灰度值将都变为“0”。因此，对于某一方向的细化来说，中心像元的取舍决定，不能立即表现为物理上去除或保留，而先将中心像元 P 置为 2(表示此为中轴线上的像元)或 3(表示此为可删除的像元)，以免破坏原始影像的结构。

3	2	1
4	P	0
5	6	7

图 4.16　像元 P 近邻的位置编号

为了使被保留的像元尽可能位于线划中心，每个细化循环的内部顺序依次为右侧、上侧、左侧、下侧。图 4.16 表示出了对一个像元 P 定义其近邻像元相对位置所用的编号，也就是说，一个像元的“0”的近邻就是指与它紧挨着的右侧像元……依此类推。

4．边缘跟踪剥皮法

这种算法的基本思想是先寻找到一个位于线划影像边缘上的像元，接着以此像元为中心，按一定顺序(例如，顺时针方向)检测其 8 个邻域的灰度值。通过这次检测，可以同时达到两个目的：一是决定本中心像元应不应该被置成“0”；二是找到与本中心像元相邻的边缘像元，以便继续“剥皮”和跟踪。

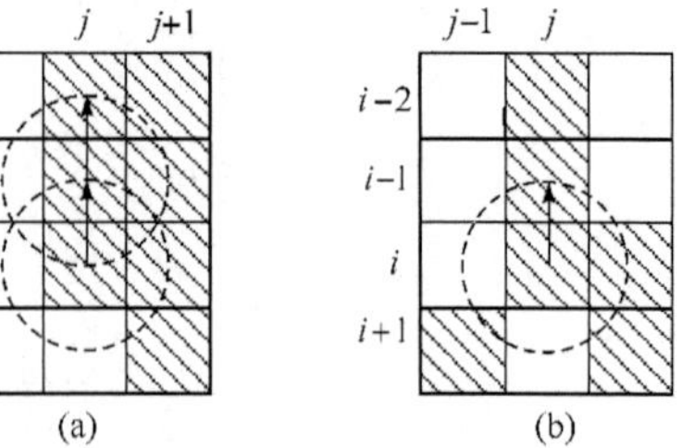

图 4.17　边缘跟踪剥皮法原理图

如图 4.17(a)所示，假定当前被考察边缘点是$(i-1,j)$，以原边缘点$(i-2,j)$作为顺时针 8 个邻域检测起点，围绕当前考察点$(i-1,j)$

进行检测，凡是最后检测到的、非起始检测点上的、要素上的像元，就是被跟踪到的新的边缘点。因此，此时所找到的新边缘点为(i,j)，同样，以(i,j)为当前被考察的中心点，为寻找新的边缘点，从$(i-1,j)$开始，做顺时针的邻域测试，按图 4.17(a)的情况，被跟踪的下一个边缘点将是$(i+1,j+1)$；而按图 4.17(b)的情况，被寻找到的下一个边缘点则是$(i+1,j-1)$。

在检测过程中，可同时判别当前点(i,j)是否应该在细化中去掉。这主要依靠在测试中通过有条件的计数，得到除中心像元外，8 个邻域中自相连通的像元块数 N_B。如图 4.17(a)所示，$N_B=1$。这是因为自身连通的像元集合只有一个，即 $S_1=\{(i-1,j),(i-1,j+1),(i,j+1),(i+1,j+1)\}$；而如图 4.17(b)所示，仍以

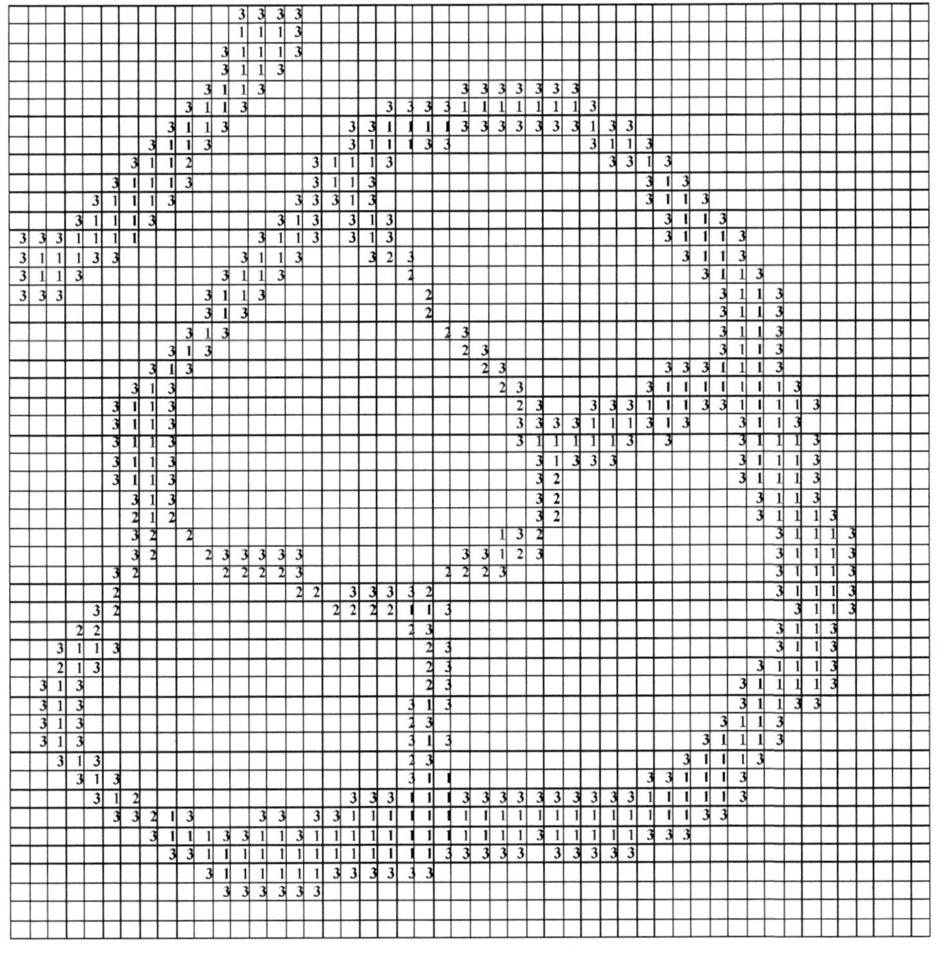

图 4.18 全图边缘跟踪一次并作标记后的灰度值情况

(i,j)为中心点作同样的检测，可得 $N_B=2$，因为自身相连通的像元集合有两个，即 $S_1=\{(i-1,j),(i,j+1),(i+1,j+1)\}$，$S_2=\{(i+1,j-1)\}$。因此，只要在检测前将 N_B 赋初值“0”，检测后判别一下，若 $N_B<2$，则当前被考察的点(i,j)可以被“剥”掉；反之，若 $N_B\geqslant 2$，则不可“剥”去，否则将破坏曲线的连通性。

跟踪线划栅格影像一侧边缘的终止条件是跟踪到了起始像元(即跟踪轨迹已闭合)。在整幅栅格数据中还有未被跟踪过的线划边缘的条件下，凡是在跟踪分析过程中，被判别为应该删掉的“1”像元作上标记“3”，被判为应该保留的像元作上标记“2”。等整幅栅格数据中所有的边缘都被跟踪过一遍(即水平扫描全图，再也找不到从“0”到“1”或从“1”到“0”的突变)后，将全图栅格灰度值作一个统一处理：凡是灰度值为“3”的像元均置成“0”，凡是灰度值为“2”的像元均恢复为“1”。此时，可谓一次细化已完成。至于究竟需不需要继续进行细化，可以根据在本次细化过程中，有没有“剥”掉过任何像元而定，若计数器(或标志)显示出本次细化中曾“剥”过像元，则需继续进行下一次细化，否则说明细化已完成。图 4.18 显示出了第一次全图边缘跟踪并作标记后的灰度值情况。这种算法的优点是只对边缘像元进行处理，因此细化效率高。

4.2.4 多边形栅格转矢量的双边界搜索算法

算法的基本思想是通过边界提取，将左右多边形信息保存在边界点上，每条边界弧段由两个并行的边界链组成，分别记录该边界弧段的左右多边形编号。边界线搜索采用 2×2 栅格窗口，在每个窗口内的 4 个栅格数据的模式，可以唯一地确定下一个窗口的搜索方向和该弧段的拓扑关系，极大地加快了搜索速度，拓扑关系也很容易建立。具体步骤如下：

(1) 边界点和结点提取。采用 2×2 栅格阵列作为窗口顺序沿行、列方向对栅格图像全图扫描，如果窗口内 4 个栅格有且仅有两个不同的编号，则该 4 个栅格表示为边界点；如果窗口内 4 个栅格有 3 个以上不同编号，则标识为结点(即不同边界弧段的交汇点)，保持各栅格原多边形编号信息。对于对角线上栅格两两相同的情况，由于造成了多边形的不连通，也当作结点处理。图 4.19 和图 4.20 给出了节点和边界点的各种情形。

(2) 边界线搜索与左右多边形信息记录。边界线搜索是逐个弧段进行的，对每个弧段由一组已标识的 4 个结点开始，选定与之相邻的任意一组 4 个边界点和结点都必定属于某一窗口的 4 个标识点之一。首先记录开始边界点的两个多边形编号，作为该弧段的左右多边形，下一点组的搜索方向则由进入当前点的搜索方向和该点组的可能走向决定，每个边界点组只能有两个走向，一个是前点组进入的方向，另一个则可确定为将要搜索后续点组的方向。例如，图 4.20(c)所示边界点组

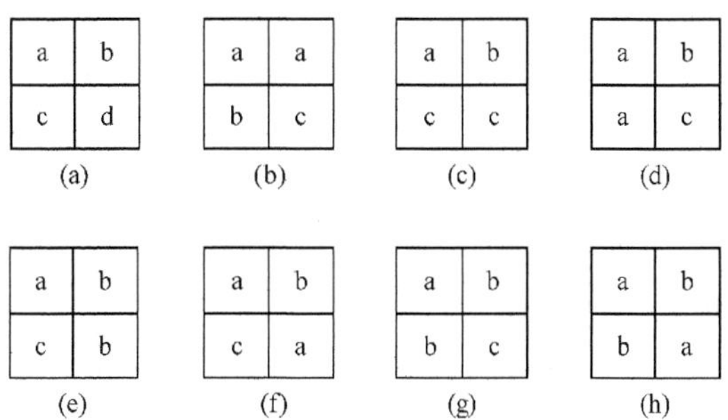

图 4.19　节点的 8 种情形

只可能有两个方向，即下方和右方，如果该边界点组由其下方的一点组被搜索到，则其后续点组一定在其右方；反之，如果该点在其右方的点组之后被搜索到（即该弧段的左右多边形编号分别为 b 和 a），对其后续点组的搜索应确定为下方，其他情况依此类推。可见双边界结构可以唯一地确定搜索方向，从而大大地减少搜索时间，同时形成的矢量结构带有左右多边形编号信息，容易建立拓扑结构和与属性数据的联系，提高转换的效率。

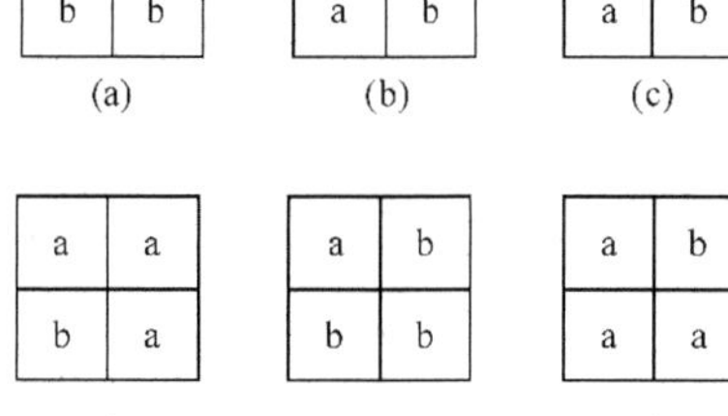

图 4.20　边界点的 6 种情形

（3）多余点去除。多余点的去除基本思想是在一个边界弧段上连续的 3 个点，如果在一定程度上可以认为在一条直线上（满足直线方程），则 3 个点中间一点可以被认为是多余的，予以去除。即满足：

$$\frac{x_1-x_2}{y_1-y_2}=\frac{x_1-x_3}{y_1-y_3}\text{或}\frac{x_1-x_3}{y_1-y_3}=\frac{x_2-x_3}{y_2-y_3}$$

由于在算法上的实现，要尽可能避免出现除零情形，可以转化为以下形式：

$$(x_1-x_2)(y_1-y_3)=(x_1-x_3)(y_1-y_2)$$

或

$$(x_1-x_3)(y_2-y_3)=(x_2-x_3)(y_1-y_3)$$

式中，(x_1,y_1)，(x_2,y_2)，(x_3,y_3)为某精度下边界弧段上连续 3 点的坐标，则(x_2,y_2)为多余点，可予以去除。

多余点是由于栅格向矢量转换时逐点搜索边界造成的（当边界为或近似为一直线时），这一算法可大量去除多余点，减少数据冗余。

4.2.5 多边形栅格转矢量的单边界搜索算法

单边界搜索算法是通过对传统的区域跟踪算法进行改进而形成的。在传统的区域跟踪算法中,对区域的描述由两部分组成:区域外轮廓和内部孔洞。因此运用传统的区域跟踪算法完整地跟踪一个区域有如下 3 个步骤:①确定区域外轮廓跟踪的起始点;②对区域的外轮廓进行跟踪和记录;③对区域内部的所有孔洞进行扫描跟踪和记录。

单边界搜索算法发展了上述思路,它可以搜索并跟踪出一幅图像中的所有区域并生成区域间的主要空间拓扑关系,如包含、相邻等。由于算法执行的结果中包含了区域间的包含关系,因此对一个区域的描述可以进一步简化。

可以将图像中的所有区域按包含关系分为若干层。定义最外层区域为第一层,次外层区域为第二层,依此类推。一幅图像内区域的最高层数由图像内容决定,每一层至少包含有一个区域对象。这样,单边界搜索算法的流程可描述如下:①搜索、跟踪第一层所有的区域并记录外轮廓和内部孔洞信息;②根据跟踪到的孔洞信息找出下一层中未跟踪过的区域的外轮廓跟踪起始点(即找出一个新区域);③跟踪找到的新区域并记录其外轮廓和内部孔洞信息;④重复②～③步,直到该层所有区域都已被跟踪完毕;⑤重复②～④步,直到整幅图像内所有区域都已被跟踪完毕。

下面详细讨论该算法的实现和空间拓扑关系的生成。

1. 目标对象间的拓扑关系

为了实现数据的检索、查询、控制与处理,矢量数据中必须包含目标对象间空间拓扑关系的直接表示。3 种典型的空间拓扑信息如图 4.21 所示。

图 4.21 3 种典型的空间拓扑信息示意图

节点是两个以上相邻目标对象的交汇处。图 4.19 列举了图像上节点对应的 8 种结构。

2. 矢量数据结构编码

矢量数据对象主要包括点、线、区域 3 种实体。下面定义了一种简单明了的矢量数据结构,如图 4.22 所示。

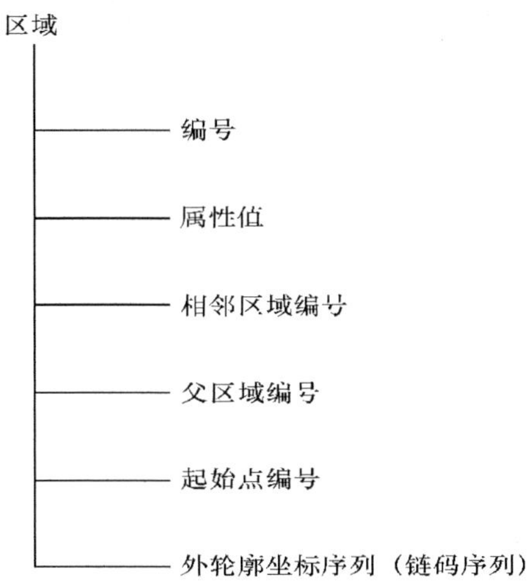

图 4.22　矢量数据结构编码

3. 单个区域跟踪算法

单个区域跟踪由两部分组成:确定外轮廓跟踪起始点并进行外轮廓跟踪,内部孔洞扫描与跟踪,如图 4.23 所示。

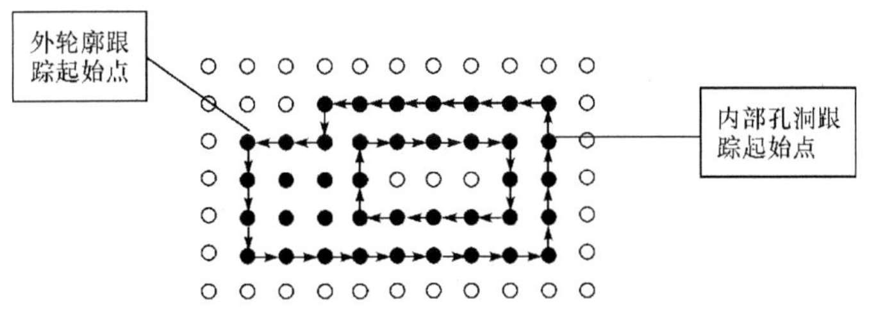

图 4.23　单个区域轮廓跟踪

1) 确定外轮廓跟踪起始点并进行外轮廓跟踪

外轮廓像素可以用一个通路来遍历,并且总可以为这一遍历选择一条封闭的通路。为讨论问题简便起见,将假定一种特定的遍历形式。该遍历形式可利用一个观察者来说明。观察者沿着属于该集合的像素走,并选择最右边的像素作为所得像素,将所得像素做标记值 a_1,同时将检测到的点的对应链码值存入矢量文件。该遍历要求起始点在外轮廓的向下弧段上。遍历过程遇到已标记为 a_1 的起始点则意味着跟踪的结束。为了获取目标对象(轮廓)的节点信息,本书在遍历的同时检测外轮廓像素点与相邻像素点之间的结构特性。设当前外轮廓像素点为 P,则为提取节点信息需要检测的 4 个窗口如图 4.24 所示。

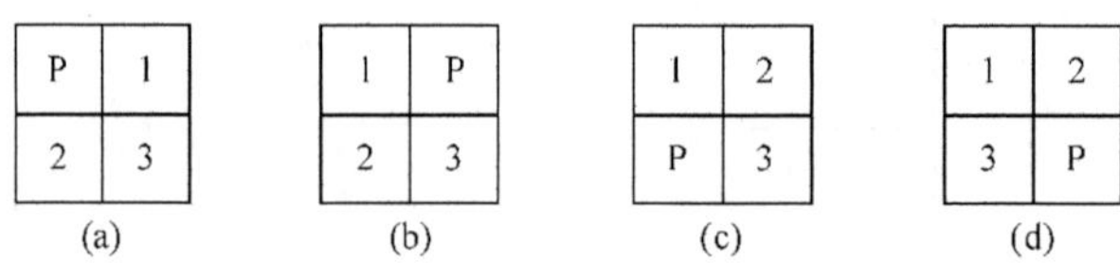

图 4.24 节点信息检索窗口

一旦发现与节点结构[图 4.24(b)]相同的像素窗口,就意味着发现了新的节点。将节点信息记录到矢量文件中去,并同时将节点处 4 个像素做标记,以后不再对其进行节点检测。

2) 内部孔洞扫描与跟踪

内部孔洞跟踪的起始点也要位于孔洞轮廓的向下弧段上。设区域外轮廓跟踪的结果(链码序列)都依次放入一个队列 Q 中。为找出内部孔洞的位置,需结合使用一个搜索算法。搜索算法首先对 Q 中的内容进行检测,如果找到一个位于向下弧段上的点,就开始向右搜索,直至搜索到孔洞的起始点或外轮廓的另一边为止。孔洞跟踪过程除跟踪方向与外轮廓跟踪相反外其余操作相同。将孔洞信息放入一个临时存储区 S 中,以起始下一层的区域外轮廓跟踪过程。当下一层区域的外轮廓跟踪过程结束后,S 中的内容将被新一层的区域孔洞信息所取代。

4. 整幅图像内所有区域的跟踪算法

在前述单个轮廓跟踪算法的基础上,全部区域的跟踪问题也就归结为下一个要跟踪区域外轮廓的起始点确定问题。起始点的确定可分为两种情况。当需要跟踪的区域属于第一层时,则通过对已跟踪过的区域外轮廓链码序列进行检测来寻找该外轮廓的向上弧段。对紧靠该向上弧段右侧的点进行检测,若发现了一个未标记为轮廓点的像素点(其值不等于 a_1),则该点就是所需要的下一区域外轮廓跟踪的起始点。当需跟踪的区域为第二层或更高层时,可以通过上一层区域的孔洞信息来确定新区域外轮廓跟踪的起始点。检测 S 中的孔洞链码序列,若发现了向上弧段,就开始检查紧靠该弧段右侧的点,若该点未被标记为轮廓点(其值不等于 a_1),则该点就起始了一个新的区域外轮廓的跟踪。整幅图像第一个区域外轮廓的跟踪起始点可固定为(0,0)点。当检测不到符合要求的区域外轮廓跟踪起始点时,整幅图像的区域跟踪过程也就结束了。

5. 区域间拓扑关系的确立

上述算法只考虑建立区域对象间的相邻和包含两种关系。由于内层区域外轮廓起始点是由外层区域跟踪所得到的孔洞信息所确定的，所以内层区域自动获得了孔洞所在区域也就是父区域的信息，从而实现了区域对象之间包含关系的自动确立。

外轮廓跟踪过程中记录的节点信息中包含了区域的相邻信息。节点是 3 个或 4 个区域的交汇处，这种交汇表示了区域间的相邻关系。某一特定区域可以通过一个对节点信息的简单搜索得到所有与之相邻的区域。

思　考　题

1. 编写边界代数算法程序实现面状矢量空间数据向栅格空间数据的转换。

2. 编写多边形栅格转矢量的双边界搜索算法程序实现面状栅格空间数据向矢量空间数据的转换。

第5章 空间数据组织算法

5.1 矢量数据的压缩

矢量数据的压缩包括两个方面的内容:一是在不扰乱拓扑关系的前提下,对采样点数据进行合理的抽稀;二是对矢量坐标数据重新进行编码,以减少所需要的存储空间。矢量数据的压缩往往是不可逆的,数据压缩后,数据量变小了,数据的精度降低了。

5.1.1 间隔取点法

每隔 K 个点取一点,或舍去那些离已选点比规定距离更近的点,但首、末点一定要保留,如图 5.1 所示。这种方法可大量压缩数字化仪用连续方法获取的点列中的点、曲率显著变化的点,但不一定能恰当地保留方向上曲率显著变化的点。

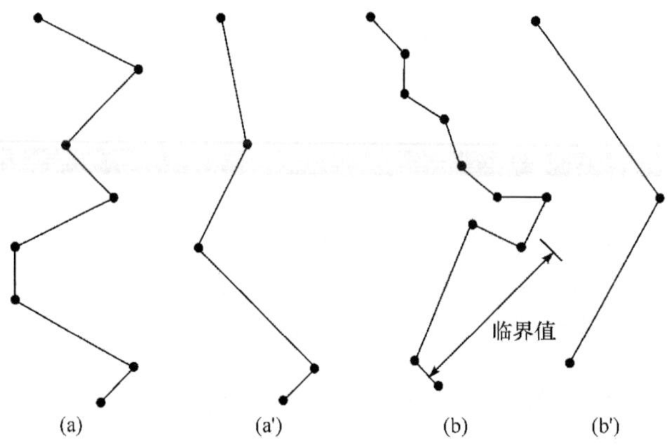

图 5.1 由(a)舍去每两点中一点得(a′)和由(b)的仅保留与已选点距离超过临界值的点得(b′)

5.1.2 垂距法和偏角法

这两种方法是按垂距或偏角的限差,选取符合或超过限差的点,其过程如

图 5.2所示。这两种算法虽然不能同时考虑相邻点间的方向与距离，且有可能舍去不该舍去的点，但较前一种方法有进步。

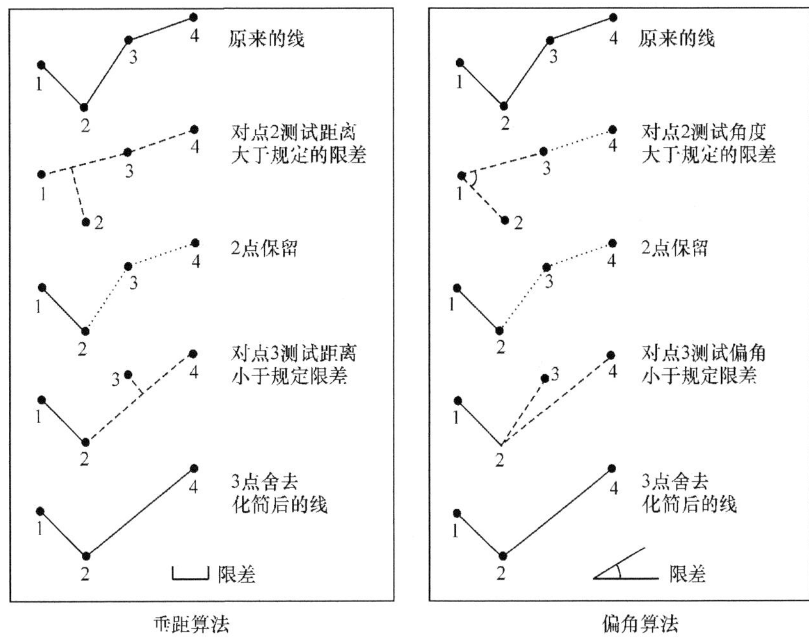

图 5.2　按垂距和偏角限差取点的过程

5.1.3　道格拉斯-普克法

首先，将一条曲线首、末点连一条直线，求出其余各点到该直线的距离，选其最大者与规定的临界值相比较，若大于临界值，则离该直线距离最大的点保留，否则将直线两端间各点全部舍去，即道格拉斯-普克(Douglas-Peucker)法。如图 5.3 所示，经数据采样得到的曲线 MN 由点序$\{P_1, P_2, P_3, \cdots, P_n\}$组成，$n$ 个点的坐标集为$\{(x_1, y_1), (x_2, y_2), (x_3, y_3), \cdots, (x_n, y_n)\}$。其中，$P_1$、$P_n$ 分别对应曲线的起点 M 和终点 N。

现根据应用需要和数据精度要求，给定控制数据压缩的极差为 ε，ε 表示为被舍弃的点偏离特征点连线之间的垂直距离。曲线的空间数据压缩过程如下。

第一步：确定曲线 MN 对应弦的直线方程。

根据两点式直线方程，由起点 M、终点 N 建立直线 MN 方程为

$$\frac{y-y_M}{x-x_M}=\frac{y_M-y_N}{x_M-x_N}$$

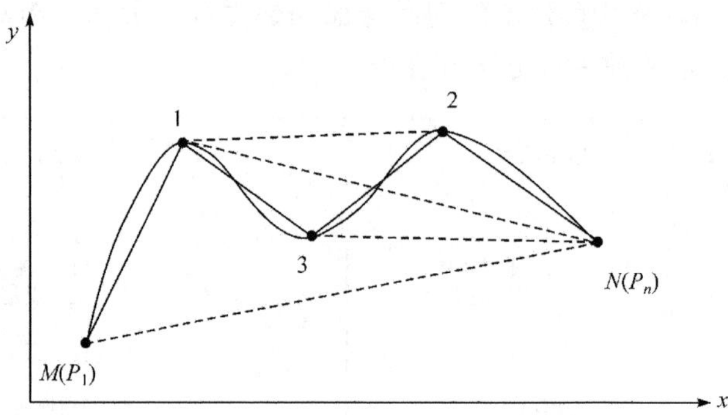

图 5.3　道格拉斯-普克法

将上式化简为一般形式为

$$Ax+By+C=0$$

式中，

$$A=\frac{y_M-y_N}{\sqrt{(y_M-y_N)^2+(x_M-x_N)^2}}$$

$$B=\frac{x_N-x_M}{\sqrt{(y_M-y_N)^2+(x_M-x_N)^2}}$$

$$C=\frac{x_My_N-x_Ny_M}{\sqrt{(y_M-y_N)^2+(x_M-x_N)^2}}$$

第二步：求曲线 MN 上各点 P_i 到弦线 MN 的距离 d_i。

根据点到直线的距离计算公式，$P_i(x_i, y_i)$到弦线 MN 的距离为

$$d_i=|Ax_i+By_i+C|$$

第三步：求距离 d_i 的最大值 d_h。

$$d_h=\max(d_1, d_2, d_3, \cdots, d_n)$$

第四步：比较 d_h 与 ε 的大小，并计算开关 Q。

$$Q=\begin{cases}1\cdots d_h>\varepsilon\\0\cdots d_h\leqslant\varepsilon\end{cases}$$

第五步：决定取舍，提取中间特征点。

(1) 如果 Q=0，则直接可以用弦线 MN（M、N 为特征点）代替曲线 MN；转第六步。

(2) 如果 $Q=1$,则将 d_h 所对应的点 $P_i(x_i, y_i)$ 抽出,暂时作为中间特征点;然后连接新弦线 MP_j;转第一步(以 MP_j 已代替 MN,继续计算和判断)。

若 $Q=0$,则可以用弦线 MP_j 代替曲线 MP_j;将 P_j 作为中间特征点取出;顺序排在 M 点之后,成为继 M 之后的第一个中间特征点;并连接 P_jN,转第一步(以 P_jN 代替 MN ,继续计算和判断)……

若 $Q=1$,则不可以用弦线 MP_j 代替曲线 MP_j;找到此时 d_h 所对应的点 P_k,并连接新弦线 MP_k;转第一步(以 MP_k 代替 MN ,继续计算和判断)……

第六步:形成新的数据文件。

将所有提取出的中间特征点从起点 M 开始,顺序排列至终点 N,并写入新的数据文件,即得到化简后的折线的数据文件。

如图 5.3 所示,曲线 MN 的特征点提取过程如下:

(1) 找到曲线 MN 上 d_h 对应点位为 1 号点;经判断可以用弦线 M_1 代替曲线 M_1,故 1 号点是继 M 点之后提取出的第一个特征点;

(2) 连接弦线 1N;经判断,不可以用弦线 1N 代替曲线 1N;找到曲线 1N 上之 d_h 的对应点位为 2 号点;故连接 1、2 号点之弦线 12;经判断,还是不可以用弦线 12 代替曲线 12;找到曲线 12 上之 d_h 的对应点位为 3 号点;再连接 1、3 号点之弦线 13;经判断,可以用弦线 13 代替曲线 13;故 3 号点是继 1 号点之后提取出的第二个特征点;

(3) 连接弦线 3N;经判断,不可以用弦线 3N 代替曲线 3N;找到曲线 3N 上之 d_h 的对应点位仍为 2 号点;然后,连接 3、2 号点之弦线 32;经判断,可以用弦线 32 代替曲线 32;故 2 号点是继 1 号点、3 号点之后提取出的第三个特征点;

(4) 连接 2、N 号点之弦线 2N;经判断,可以用弦线 2N 代替曲线 2N ;中间特征点提取结束。

至此可知,曲线 MN 可以用特征点 M、1、3、2、N 顺序连接的折线简化表示。

5.1.4　光　栏　法

它按预先定义的一个扇形(“喇叭口”),根据曲线上各节点是在扇形外还是在扇形内,决定节点是保留还是舍去。

设有曲线点列$\{p_i\}$, $i=1,2,\cdots,n$,“光栏口径”为 d(由用户自己定义),则该方法实施的具体步骤(图 5.4)是:

(1) 连接 p_1 和 p_2,过 p_2 点作一条垂直于 p_1p_2 的直线,在该垂线上取两点 a_1 和 a_2,使 $a_1p_2=a_2p_2=\dfrac{d}{2}$,此时 a_1 和 a_2 为“光栏”边界点,p_1 与 a_1、p_1 与 a_2 的连线为以 p_1 为顶点的扇形的两条边,这就定义了一个扇形(这个扇形的口朝向曲

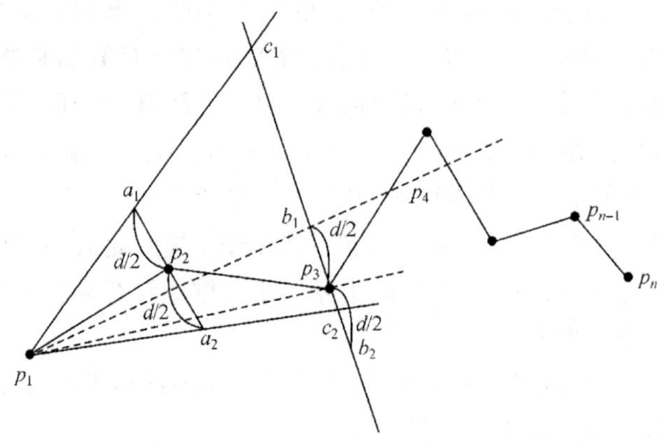

图 5.4　光栏法原理

线的前进方向,边长是任意的)。通过 p_1 并在扇形内的所有直线都具有这种性质,即 p_1p_2 上各点到这些直线的垂距都不大于 $\frac{d}{2}$。

(2) 若 p_3 点在扇形内,则舍丢 p_2 点。然后连接 p_1 和 p_3,过 p_3 作 p_1p_3 的垂

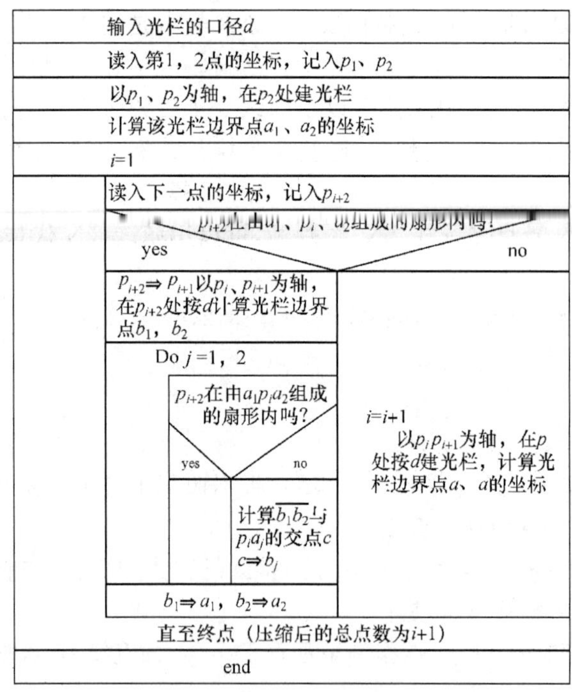

图 5.5　光栏法曲线数据压缩程序流程图

线，该垂线与前面定义的扇形边交于 c_1 和 c_2。在垂线上找到 b_1 和 b_2 点，使 $p_3b_1=p_3b_2=\frac{d}{2}$，若 b_1 和 b_2 点落在原扇形外面（图 5.4 中为 b_2 点），则用 c_1 或 c_2 取代（图 5.4 中由 c_2 取代 b_2）。此时用 p_1b_1 和 p_1c_2 定义一个新的扇形，这当然是口径（b_1c_2）缩小了的"光栏"。

(3) 检查下一节点，若该点在新扇形内，则重复第(2)步；直到发现有一个节点在最新定义的扇形外为止。

(4) 当发现在扇形外的节点，如图 5.4 中的 p_4，此时保留点 p_3，以 p_3 作为新起点，重复(1)～(2)步。

如此继续下去，直到整个点列检测完为止。所有被保留的点（含首、末点），顺序地构成了简化后的新点列。其流程图如图 5.5 所示。

5.1.5　曲线压缩算法的比较

为了说明哪种简化方法能提供最精确的表示和最大限度地淘汰不必要数据点，可按压缩后的总长度、原曲线及压缩后曲线的线性位移（矢高和面积）以及其他几何量测来评价。根据线性位移量来分析偏角法、间隔取点法、垂距法和道格拉斯-普克方法，结果如图 5.6 所示：道格拉斯-普克法具有最小的线性位移；偏角法

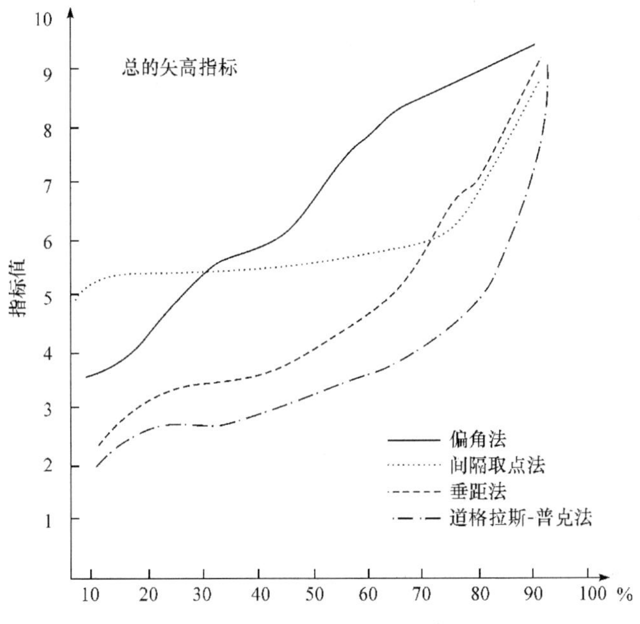

图 5.6　总的矢高和面积指标值

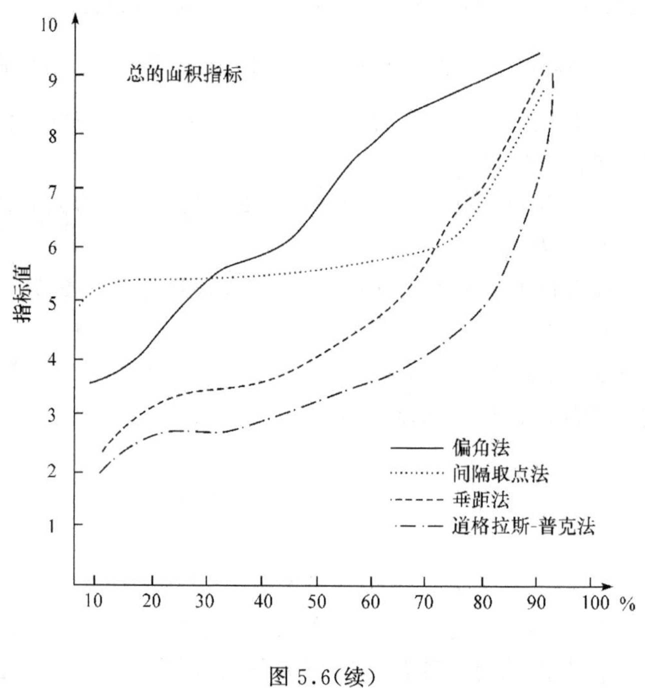

图 5.6(续)

在所有的压缩水平上较其他 3 种方法具有更大的线性位移量，但仅根据矢高位移量又很难对间隔取点法的算法做出结论，而在舍去 30%～70%的点时，无论按矢高位移量还是按面积位移量来评价，垂距法显然较偏角法和间隔取点法好。总的结论是，淘汰的点数越多，它们的压缩效果越趋于一致。总之，在一般情况下，图 5.6所列 4 种方法中，道格拉斯-普克方法压缩效果占优，其次是垂距法、间隔取点法和偏角法，但道格拉斯-普克方法需对整条曲线完成数字化后方能进行压缩，且计算工作量较大。光栏法则不仅算法严密，能按给定阈值保留曲线特征点，并能实时处理，运算量少，占用内存少。

5.1.6　面域的数据压缩算法

面域空间数据的压缩过程可以看成是组成其边界的曲线段的分别压缩，每段边界曲线的压缩过程如前所述。但有两个问题需要注意。

1. 封闭曲线的数据压缩

面域由首尾相连的封闭曲线组成。此时，可以人为地将该封闭线分割为首尾相连的两段曲线，然后就可以按前述方法进行压缩。曲线分割的原则是：

(1) 原节点是分割点之一;

(2) 离原节点最远的下一节点是分割点之二。

如图 5.7 所示,多边形 P 的边界曲线由从节点 A 出发的曲线封闭而成;其中曲线上 B 点离节点 A 最远。因而,多边形 P 的边界曲线可以分割为 AMB 和 BNA 两段,进而对曲线段 AMB、BNA 分别进行压缩。

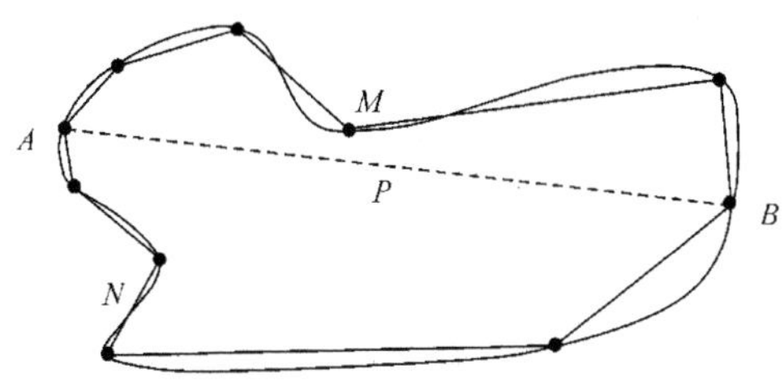

图 5.7　封闭曲线的数据压缩及其结果

据上述原则,以圆曲线为例进行数据压缩。图 5.8 所示为采用不同 ε 后的压缩结果。

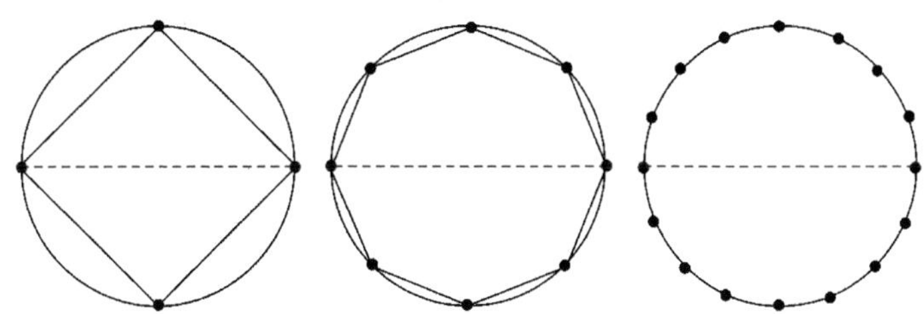

图 5.8　不同 ε 下圆曲线的压缩结果

2. 公共节点的取舍问题

在某些特定情况下,面域的边界曲线由多段首尾相连的曲线连接而成,其压缩可以分段进行。此时各段曲线的起点和终点必然作为特征点提取出来,因而可能产生数据冗余。比如,当前后曲线段过渡时很平缓,曲线段的公共节点可以不成为特征点,即该点前后的两段曲线可以直接用该点前后的两个特征点的连线来代替。如图 5.9 所示,1、2 号点分别是面域 P 的边界曲线 AB、BC 段的内部特征提取点,因而可以用弦 1B、B2 分别代替曲线 1B 和 B2。而实际上,整个曲线 1B2 仍可以用弦 12 来代替。

因此,在处理面域空间数据压缩时,可以在边界曲线分段压缩的基础上,增加一个步骤,即对边界曲线的端点进行可删性检验:如果前一曲线最后提取的中间特征点与后一曲线最先提取的中间特征点之间的曲线满足极差控制条件,则两条曲线的连接节点可以删减;否则,不可删减。

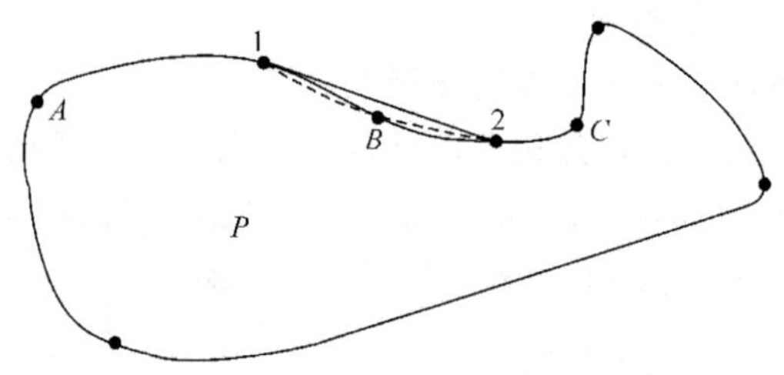

图 5.9　曲线段公共节点的取舍

由于各段边界曲线的数据文件要重新生成，所以当两段曲线的公共节点删减之后，相当于两条曲线合并为一条曲线。此时可能会扰乱拓扑关系（如曲线 AB 或 BC 为多边形的公共边，或 AB 和 BC 均为多边形的公共边），因此在处理公共节点的取舍时要慎重，应该对此加以限制。

5.2　栅格数据的压缩

栅格数据文件记录有 3 个基本方式：基于像元、基于层和基于面域。这 3 种方式都离不开对像元坐标和属性的记录。因此基于栅格的空间数据压缩的实质是研究栅格数据的编码，通过编码尽量减少像元数量的存储。栅格数据的压缩分为无损压缩技术和有损压缩技术。无损压缩方法利用数据的统计冗余进行压缩，可完全恢复原始数据而不引入任何失真，但压缩率受到数据统计冗余度的理论限制，一般为 2:1～5:1。有损压缩方法利用了数据在使用中存在某些成分不敏感的特性，允许压缩过程中损失一定的信息；虽然不能完全恢复原始数据，但是所损失的部分对数据内涵的影响较小，却换来了大得多的压缩比。栅格数据的压缩方法非常丰富，这里仅从数据组织的角度介绍几种常见的栅格数据的无损压缩算法，有关这方面的其他内容可参照遥感数字图像处理方面的相关内容。

5.2.1　链式编码

链式编码又称为弗里曼链码（Freeman，1961 年）或边界链码。如图 5.10 所示，其中的多边形边界可表示为：由某一原点开始并按某些基本方向确定的单位矢量链。基本方向可定义为：东＝0，东南＝1，南＝2，西南＝3，西＝4，西北＝5，北＝6，东北＝7，8 个基本方向。

如果再确定原点为像元（10，1），则该多边形边界按顺时针方向的链式编码（图 5.11）为：10，1，7，0，1，0，7，1，7，0，0，2，3，2，2，1，0，7，0，0，0，0，2，4，3，4，4，3，4，4，5，4，5，4，5，4，5，4，6，6。

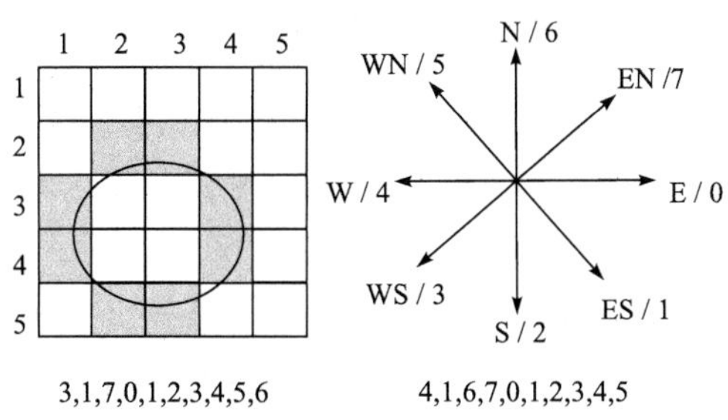

图 5.10　链式编码表示栅格矩阵数据

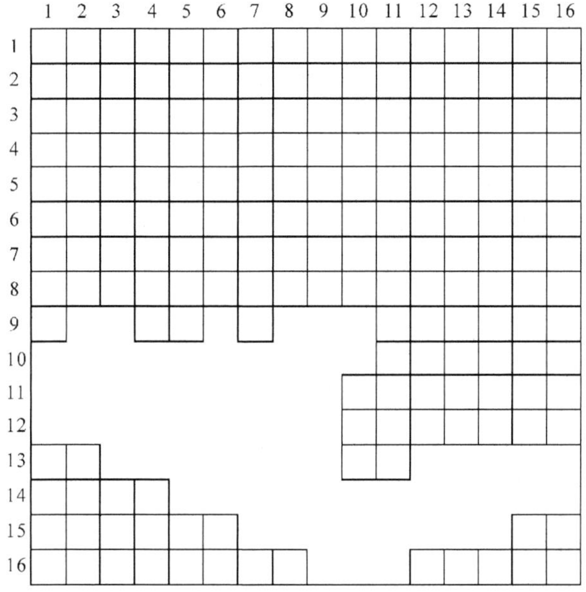

图 5.11　栅格地图上的一个简单区域

链式编码的特点:链式编码对多边形的表示具有很强的数据压缩能力,且具有一定的运算功能,如面积和周长计算等,探测边界急弯和凹进部分等都比较容易;另外缺点是对叠置运算如组合、相交等则很难实施,对局部修改将改变整体结构,效率较低,而且由于链码以每个区域为单位存储边界,相邻区域的边界则被重复存储而产生冗余。

5.2.2　游程长度编码

游程指相邻同值网格的数量,游程长度编码结构是逐行将相邻同值的网格合并,并记录合并后网格的值及合并网格的长度,其目的是压缩栅格数据量,消除数据间的冗余。

游程长度编码结构的建立方法是:将栅格矩阵的数据序列 $X_1, X_2, \cdots, X_n$,映射为相应的二元组序列(A_i, P_i),$i=1,2,\cdots,K$,且 $K \leqslant n$。其中,A 为属性值,P 为游程,K 为游程序号。

例如,将图 5.12 的栅格矩阵结构转换为游程编码结构,如图 5.13 所示。

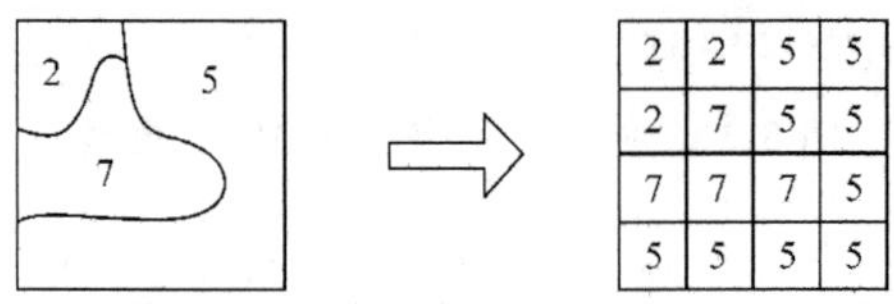

2	2	5	5
2	7	5	5
7	7	7	5
5	5	5	5

图 5.12　面域栅格矩阵结构

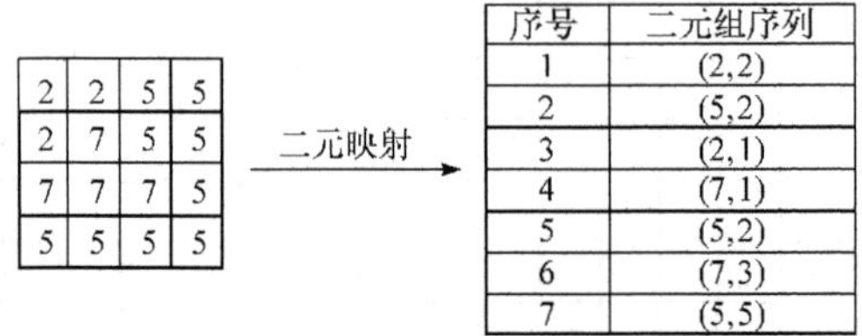

2	2	5	5
2	7	5	5
7	7	7	5
5	5	5	5

序号	二元组序列
1	(2,2)
2	(5,2)
3	(2,1)
4	(7,1)
5	(5,2)
6	(7,3)
7	(5,5)

图 5.13　游程长度编码表示栅格矩阵数据

这种数据结构特别适用于二值图像数据的表示,如图 5.14 所示。

1	1	1	1	1
1	1	0	0	0
0	0	1	1	1
1	1	0	0	0
0	1	1	1	1

二元映射

序号	二元组序列
1	(1,7)
2	(0,5)
3	(1,5)
4	(0,4)
5	(1,4)

图 5.14　游程编码表示二值图像数据

游程编码能否压缩数据量,主要决定于栅格数据的性质,通常可通过事先测试,估算图层的数据冗余度 R_e:

$$R_e = 1 - \frac{Q}{mn}$$

式中,Q 为图层内相邻属性值变化次数的累加和;m 为图层网格的行数;n 为图层网格的列数。

当 R_e 的值大于 1/5 的情况下,表明栅格数据的压缩可取得明显的效果。其压缩效果,可由压缩比 $S = n/K$ 来表征,即压缩比的值愈大,表示压缩效果愈显著。

5.2.3 块式编码

块式编码是将游程长度编码扩大到二维的情况，把多边形范围划分成由像元组成的正方形，然后对各个正方形进行编码。块式编码的数据结构由初始位置(行号，列号)和半径，再加上记录单元的代码组成。根据这一编码原则，图 5.15 所示多边形只需 17 个单位正方形，9 个 4 单位的正方形和 1 个 16 单位的正方形就能完整表示，总共要 57 个数据，其中 27 对坐标，3 个块的半径。

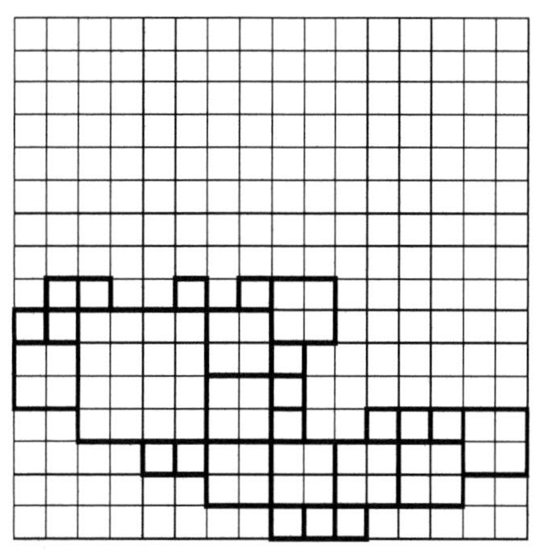

图 5.15　块式编码示意图

块式编码的特点：一个多边形所能包含的正方形越大，多边形的边界越简单，块式编码的效果越好。游程和块式编码都对大而简单的多边形更有效，而对那些碎部较多的复杂多边形效果并不好。块式编码在合并、插入、检查延伸性、计算面积等操作时有明显的优越性。

5.2.4 差分映射法

由于属性数据值在计算机中是以二进制方式存储的，数据越小，所占字节数越少。一个字节所能记录的二进制数为－127～127；两个字节所能记录的二进制数为－32 767～32 767。如果能设法使研究区域内的部分栅格甚至全部栅格的属性值减少，则可以有效地降低栅格数据文件大小。差分映射法就是一种有效降低栅格数据文件大小的方法。

所谓差分映射法，就是选择某一参照值对有关栅格的属性值进行求差运算，根据差值得到一个新的栅格数据层。参照值的选择有多种方式，即分行选取和全区选取。若分行选取，则可选为该行首列的属性值，也可以选为该行的属性平均值；若全区选取，则可选为首行首列的属性值，也可以选为全区的属性平均值。

图 5.16 为栅格数据示例。图 5.17 所示为按分行选取方式，以行首属性值为参照，对图 5.16 作差分映射后的结果。可以看出，经差分映射处理后，除第一列外，其余栅格的数据出现为零、位数降低或数字减少。表 5.1 为经差分映射处理前后的各栅格属性记录所需字节数的对比，可见，所需字节数由原来的 79 减少为 44，减少 44.3％。

120	120	150	150	150	200	200	200
130	130	170	170	170	230	230	230
135	135	135	180	180	180	250	250
140	140	140	200	200	200	200	270
145	145	145	210	210	210	210	210

图 5.16　栅格数据示例

120	0	30	30	30	80	80	80
130	0	40	40	40	100	100	100
135	0	0	45	45	45	115	115
140	0	0	60	60	60	60	130
145	0	0	65	65	65	65	65

图 5.17　数据差分映射结果

表 5.1　差分映射前后栅格数据记录长度对比

行号	第 1 列		第 2 列		第 3 列		第 4 列		第 5 列		第 6 列		第 7 列		第 8 列	
	前	后	前	后	前	后	前	后	前	后	前	后	前	后	前	后
1	1	1	2	1	2	1	2	1	2	1	2	1	2	1	2	1
2	2	2	2	1	2	1	2	1	2	1	2	1	2	1	2	1
3	2	2	2	1	2	1	2	1	2	1	2	1	2	1	2	1
4	2	2	2	1	2	1	2	1	2	1	2	1	2	1	2	2
5	2	2	2	1	2	1	2	1	2	1	2	1	2	1	2	1
总	9	9	10	5	10	5	10	5	10	5	10	5	10	5	10	6

5.2.5　四叉树编码

四叉树又称四元树或四分树，是最有效的栅格数据压缩编码方法之一。四分树将整个图像区域逐步分解为一系列方形区域，且每一个方形区域具有单一的属性。最小区域为一个像元。有关四叉树的内容参见本书 7.3 节 Quad-Tree 结构。

5.3　拓扑关系的生成

拓扑空间关系是一种对空间结构进行明确定义的数学方法，具有拓扑关系的矢量数据结构就是拓扑数据结构。矢量数据拓扑关系在空间数据的查询和分析过程中非常重要,拓扑数据结构是地理信息系统分析和应用功能所必需的,它描述了基本空间目标点、线、面之间的关联、邻接和包含关系。拓扑空间关系信息是空间分析、辅助决策等的基础,也是 GIS 区别于 CAD(计算机辅助设计)等的主要标志。对于拓扑关系的自动建立问题,研究的焦点是如何提高算法与过程的效率和自动化程度,本节将讲述其实现的基本步骤和要点。

拓扑关系自动生成算法的一般过程为:

(1) 弧段处理,使整幅图形中的所有弧段,除在端点处相交外,没有其他交点,即没有相交或自相交的弧段。

(2) 结点匹配,建立结点、弧段关系。

(3) 建立多边形,以左转算法或右转算法跟踪,生成多边形,建立多边形与弧段的拓扑关系。

(4) 建立多边形与多边形的拓扑关系。调整弧段的左右多边形标识号。多边形内部标识号的自动生成。

事实上,拓扑关系的生成过程中还涉及到许多工作,例如弧段两端角度的计算、悬挂结点和悬线的标识、多边形面积计算、点在多边形内外的判别等。

5.3.1 基本数据结构

1. 拓扑结点

结点用来描述如管线的交点、道路路口等现实世界的特征对象,结点可以用来检测弧段与弧段的连接关系和多边形特征是否能正确地完成。只与一条弧段相连接的起点或终点叫做悬挂结点,如图 5.18 所示的 P 点就是悬挂结点。

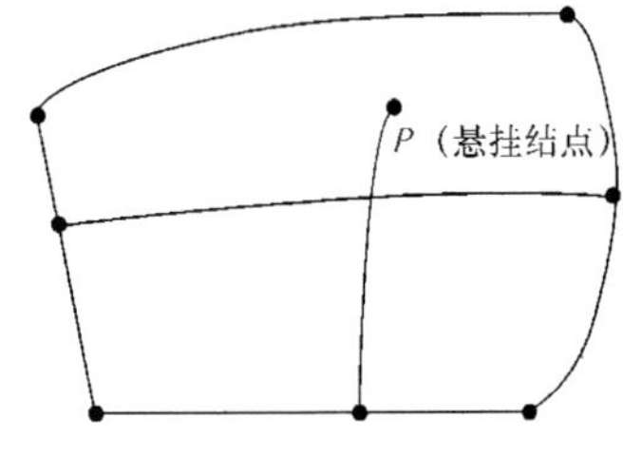

图 5.18 悬挂结点

结点一般包括结点号、结点坐标、与该结点连接的弧段集合。结点的数据结构可以表示为:

```
class Node
{
    private:
        long _ID;                                   //结点号
        Point * _Point;                             //指向结点坐标的指针
    vector<Arc<Point > * > ArcCollection ;          //与该结点相连接的弧段集合的指针
public:
    Node() {...};                                   //构造函数
    ~Node() {...};                                  //析构函数
```

```
    other Method...;                    //其他公共操作
}
```

2. 拓扑弧段及其表示

拓扑弧段指处于两个结点之间的点序列串，可以给弧段定义一个方向，或者定义为数字化弧段时从一个结点到另一个结点的采点方向，或者硬性定义一个方向。定义方向后弧段开始的结点就称为起始结点，弧段结束的结点就称为结束结点，由起始结点到终止结点的方向称为“起终方向”，由终止结点到起始结点的方向称为“终起方向”。弧段起终方向左侧的多边形称为弧段的左多边形，弧段起终方向右侧的多边形称为弧段的右多边形。如果弧段的起始结点或终止结点只与一条弧段相关联，则该弧段称为悬挂弧段，如图 5.19 所示的弧段 L 为悬挂弧段。一般可以通过标识悬挂弧段来检测原始矢量数据的质量。

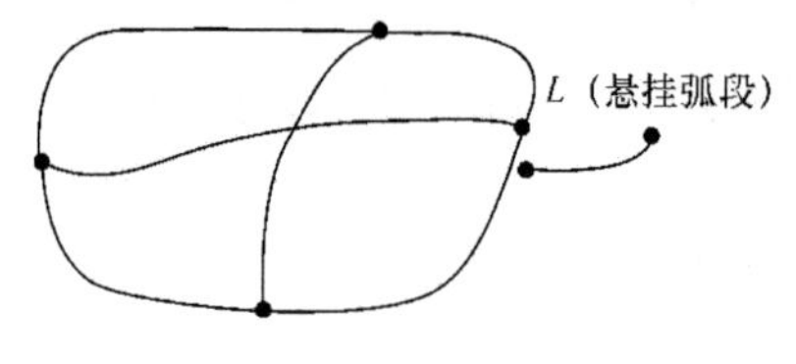

图 5.19　悬挂弧段

弧段一般包括弧段号、弧段节点坐标串、弧段起始和终止结点、弧段左右多边形。弧段的数据结构可以表示如下：

```
class Arc
{
    private:
        long _ID;                       //弧段号
        vector<Point> _Points;          //弧段节点坐标串指针
        Node * _start;                  //起始结点指针
        Node * _end;                    //终止结点指针
        Polygon * _LeftPolygon;         //弧段左多边形指针
        Polygon * _RightPolygon;        //弧段右多边形指针
    public:
        Arc() {...};                    //构造函数
        ~Arc() {...};                   //析构函数
        OtherMethod...;                 //其他公共操作
}
```

3. 拓扑面及其表示

拓扑面是由一条或若干条弧段首尾相连接而成的边线所包含的区域，内部包含有其他拓扑面的拓扑面一般称为复杂面，被包含的拓扑面称为岛，没有岛的拓扑面称为简单面,如图5.20所示。对于拓扑面也可以定义正反方向,一般定义为:当沿拓扑面的边界前进时,被弧段所包围的面域始终处于弧段的右侧时的方向就是正方向;反之,则是反方向。如图5.21所示,箭头所指向的方向就是正方向,可以看出对于拓扑面的外边界,顺时针方向是正方向,而对于内边界逆时针方向就是正方向。

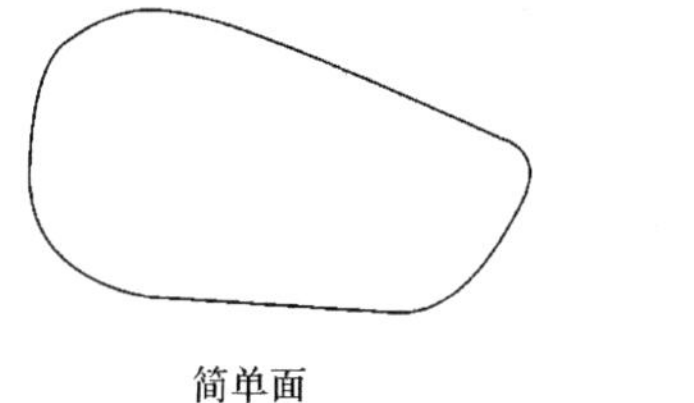

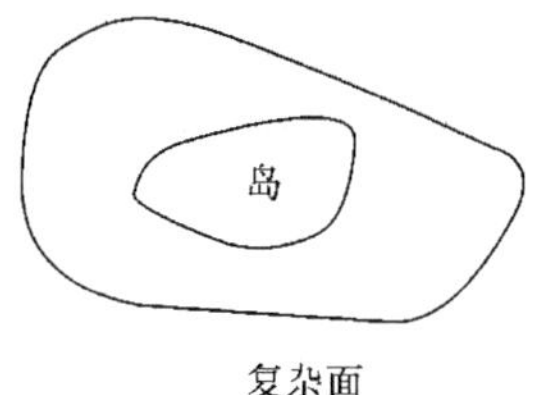

图5.20　拓扑面

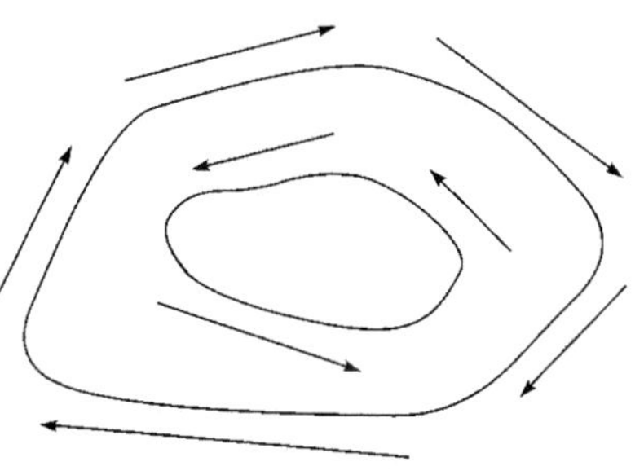

图5.21　拓扑面的方向

多边形一般包括多边形号、中心点坐标、多边形属性数据、多边形的组成弧段号、多边形岛的信息。考虑到组成弧段的方向和多边形顶点序列的方向存在可能的不一致性以及效率问题,可以改为记录组成多边形的弧段指针和方向性信息,即弧段方向与多边形的方向是否一致。对于岛的信息则通过将构成多边形的边线分块来处理的方式体现,比如多边形包含岛屿,则可以使多边形的外边界成为多边形的第一部分,岛屿作为多边形的第二、三、四等部分的方式加以解决。多边形的数据结构可以表示如下:

```
class Polygon
     {
      public:
       class Part
       {
          private:
            typedef pair<Arc<Point> *,bool > ArcElement;
            vector<ArcElement> _Arcs;
         public:
           Part() {…};
           ~Part() {…};
           OtherMethod() {…};
```

```
    }
    private:
        long _PolygonID;
        Point _CenterPoint;
        vector<Part *> _Parts;
    public:
        Polygon() {…};
        ~Polygon() {…};
        OtherMethod() {…};
        OtherProperty() {…};
}
```

4. 拓扑结点、弧段和面之间的关系

拓扑关系生成后，拓扑结点、拓扑弧段和拓扑面之间的关系见表 5.2 至表 5.5。

表 5.2　弧段-结点关系表

弧段号	结点号
A_0	N_{00} N_{10}
A_1	N_{10} N_{11}
⋮	⋮
A_n	N_{n0} N_{n1}

表 5.3　结点-弧段关系表

结点号	弧段号
N_i	A_i A_j A_k…
⋮	⋮

表 5.4　弧段-多边形关系表

弧段号	左多边形号	右多边形号
A_0	P_{L0}	P_{R0}
A_1	P_{L1}	P_{R1}
⋮	⋮	⋮
A_n	P_{Ln}	P_{Rn}

表 5.5　多边形-弧段关系表

多边形号	弧段号
P_i	A_i A_j A_k…
⋮	⋮

5.3.2　弧段的预处理

拓扑关系自动建立的第一步就是处理弧段，使得弧段不存在自相交和相交现象。本小节主要解决弧段的处理问题。

1．直线段相交的判断方法

直线相交的判定方法有很多种，这里介绍较快的一种算法。

设直线 L 过点 $P_0(x_0, y_0)$ 和点 $P_1(x_1, y_1)$，则直线 L 的方程可以表示为：$\frac{y-y_0}{y_1-y_0}=\frac{x-x_0}{x_1-x_0}=t$，将直线方程化为参数方程有 $y=y_0+(y_1-y_0)t$，$x=x_0+(x_1-x_0)t$ 其中 $t\in[0,1]$。

设有两条直线 L_1 和 L_2，它们的参数方程分别为

$y=y_0+(y_1-y_0)t, x=x_0+(x_1-x_0)t$ 和 $y'=y_0'+(y_1'-y_0')v, x'=x_0'+(x_1'-x_0')v$

判断两线段有无交点的关键变为判断 t 和 v 是否符合不等式 $0\leqslant t\leqslant 1$ 且 $0\leqslant v\leqslant 1$。令：

$$dx=x_1-x_0,\ dy=y_1-y_0$$

$$dx'=x_1'-x_0',\ dy'=y_1'-y_0'$$

$$cx=x_0'-x_0,\ cy=y_0'-y_0$$

有
$$t=\frac{cx\cdot dy'-cy\cdot dx'}{dx\cdot dy'-dy\cdot dx'},\ v=\frac{cx\cdot dy-cy\cdot dx}{dx\cdot dy'-dy\cdot dx'}$$

如果 $dx\cdot dy'-dy\cdot dx'=0$，说明两线段平行或者重合，没有交点，或者交点在两线段的头或尾上；否则如果满足不等式 $0\leqslant t\leqslant 1$ 且 $0\leqslant v\leqslant 1$，两线段有交点，交点在两线段的中间。

2．自相交弧段处理

具有自相交特征的弧段至少具有 4 个(结)节点，由 3 个点或 2 个点组成的弧段不可能自相交。依次取出每一条弧段，如果弧段的(结)节点个数不少于 4 个，就利用直线段相交的方法，对组成弧段的各直线段进行判断，如果相交，将线段断开为两条，自相交的弧段可能不止有一处相交，可以通过递归的方法将弧段分开，算法如下：

```
List<Arc *> Arcs;                        // 弧段集合
List<Arc *> NewArcs;                     // 处理后的弧段集合
void BreakArc(Arc *arc)
{
    Arc * first=0;                       //打断后的第一部分
    Arc * second=0;                      //打断后的第二部分
    bool IsSelfCross=false;
    int LineCountofArc=弧段所包含的直线段数目;
    for(int i=0;i<LineCountofArc-2;i++)
```

```
    {
        for(int j=i+2;j<LineCountofArc;j++)
        {
            if(直线段 i 和 直线段 j 相交)
            {
              将交点 P 插入弧段,并在 P 处将弧段断为两截,分别存入 first 和 second
              中;
              IsSelfCross=true;
              Break;
              }
        }
        if(IsSelfCross)
        {
              break;
        }
    }
    if(! IsSelfCross)
    {
        NewArcs.push_back(arc);
    }
    else
    {
        SelfCrossDeal(first);
        SelfCrossDeal(second);
}
}
    void DealSelfCross()
{
    typedef list::iterator Position;
    for(Position ite=Arcs.begin();ite!=Arcs.end();ite++)
{
    Arc * arc = * ite;
    BreakArc(arc);
}
}
```

3. 弧段相交打断处理

弧段与弧段相交关系的判断,可以通过取每一条弧段与其他未判断过的所有弧段目标进行相交关系判断而得，从而要进行 $(n-1)+(n-2)+\cdots+3+2+1=n(n-1)/2$ 次判断，具体方法为：取出第一条弧段，与其他 $n-1$ 条弧段进行相交判断，求得交点后，将交点分别插入第一条弧段和与其相交弧段的对应位置上，并记录位置。将第一条弧段与所有其他弧段的相交关系判断完毕后，通过记录下的交点位置将第一条弧段分割，然后依次取出下一条弧段进行同样的处理，直到所有弧段处理完毕。

由于 GIS 的数据量大，造成了判断的工作量大、效率低下的弊端，在判断两条弧段的关系时，应尽可能地减少计算量。减少计算量的工作可以分两步来做，首先是判断两条弧段的最小矩形壁包(minimum bounding rectangle，MBR)是否相交或具有包含关系，如果不相交或没有包含关系，那么可以断定两条弧段是互不相交的；如果相交或具有包含关系，则进一步判断第一条弧段的每一条组成线段是否和第二条弧段的 MBR 相交或被包含，如果不相交或没有被包含则可以判断这一部分线段不会和第二条弧段相交，否则可以使用这一条线段与组成第二条弧段的各个线段进行相交关系的判定来确定交点。

弧段相交打断处理的算法描述如下：

```
//计算两直线段的交点情况
bool LineCross(Line * first, Line * second, Point & p1)
{
    double dx1=first->end->x-first->head->x;
    double dx2=second->end->x-second->head->x;
    double dy1=first->end->y-first->head->y;
    double dy2=second->end->y-second->head->y;
    double cx=second->head->x-first->head->x;
    double cy=second->head->y-first->head->y;
    double temp=dx1 * dy2-dy1 * dx2;
    double u= (cx * dy2-cy * dx2)/temp;
    double v=(cx * dy1-cy * dx1)/temp;
    if(u>=0 && u<=1 && v>=0 && v<=1)
    {
        p1.x=first->head->x+dx1 * u;
        p1.y=first->head->y+dy1 * u;
        return true;
    }
    return false;
}
class Line
```

```
{
  friend LineCross(Line * first,Line * second,Point & p1,Point & p2);
  public:
    Line(Point * ,Point * );
    ~Line();
  private:
    Point * head;
    Point * end;
  public:
    OtherMethod();
}
//判断两个矩形是否相交或具有包含关系
bool RectangleCross(Rectangle one,Rectangle two)
{
    if(one.bottom>two.top || one.right<two.left || one.left>two.right || one.
top >two.bottom)
{
    return false;
}
return true;
}
//判断线段是否与矩形相交或被矩形包含
bool LineCrossRectangle(Line line,Rectangle rect)
{
    Rectangle rectofline=line.MBR();
    return RectangleCross(rectofline,rect);
}
//记录插入点的位置
void RecordPosition(vector<int >& v, int p)
{
    for(vector<int>::iterator it=v.begin(); it!=v.end(); it++)
    {
        if( * it>=p)
        {
           * it+=1;
        }
    }
    v.push_back(p);
```

```
}
//处理两弧段相交
    void. TwoLineCross(Arc<Point>& one,Arc<Point>& two, vector<int>&
    forone, vector<int> & fortwo)
{
    if(RectangleCross(one.MBR(),two.MBR()))
{
    vector<Point> v=one.Points();
    Line * templine=0;
    for(vector<Point>::iterator it=v.begin(); v.end()-it>1 ;)
{
    templine=new Line( * it, * (++it))
    if(LineCrossRectangle( * templine,two.MBR()))
    {
        vector<Point> v2=two.Points();
        for(vector<Point>::iterator it2=v2.begin(); v2.end()-it2>1 ;)
        {
            templine2=new Line( * it2, * (++it2));
            Point pt;
            If(LineCross(templine,templine2,pt))
            {
                v.insert(it,pt);
                int p=it-v.begin();
                RecordPosition(forone,p);
                v2.insert(it2,pt);
                p=it2-v2.begin();
                RecordPosition(fortwo,p);
            }
        }
    }
}
}
}
//弧段群交打断
void ArcsBreak()
{
    vector<int> * v=new vector<int>[NewArcs.size];
    int i=0;
```

```
    for(List<Arc *>::iterator it=NewArcs.begin(); NewArcs.end()-it>1;
    it++,i++)
    {
        int j=i+1;
        for(List<Arc *>::iterator it2=it+1; it2!=NewArcs.end(); it2++,
        j++)
        {
            TwoLineCross(*it, * it2,v[i],v[j]);
        }
if(! v[i].empty())
{
    sort(v[i].begin(),v[i].end());
    for(vector<int>::iterator it=v[i].begin(); it!=v[i].end(); it++)
    {
        依次在各点将弧段打断为两截,并存入弧段集合;
    }
    从弧段集合中,删除本弧段;
}
    }
}
```

5.3.3 结点匹配算法

处理完弧段以后,就可以进行结点匹配了。结点匹配就是把一定容差范围内的弧段的结点合并成为一个结点,其坐标值可以是取多个结点的平均值,或者选中一个结点作为所有结点的坐标区中心的坐标,如图 5.22 所示。

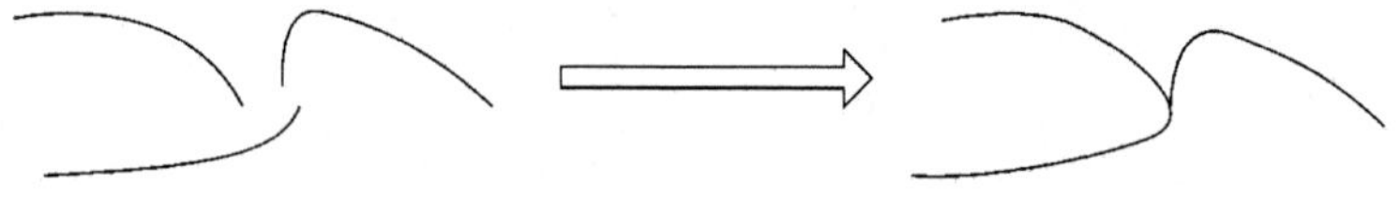

图 5.22　结点匹配

每条弧段对应着两个结点,每个结点在合并前对应着一条弧段,在合并结点的过程中,需要将结点对应的弧段也合并在一起。具体的思路是将所有的结点加入结点集合,从结点集合中取出一个结点作为中心点,从余下的结点中找出容差范围内的其他结点,将这些结点所对应的弧段加入中心结点的弧段集合中,同时将弧段的对应的结点变为中心结点,并修改弧段的相应坐标。算法如下:

```
//计算两点间的距离
double Distance(Point & one, Point & two)
{
  double dx=two.x-one.x;
double dy=two.y-one.y;
return sqrt(dx * dx+dy * dy);
}
//删除结点
void RemoveNode(vector<Node * >Nodes,Node * node)
{
for(vector<Node * >::iterator it=Nodes.begin(); it!=Nodes.end() ; it++)
{
  if( * it= =node)
  {
Nodes.erase(it);
Break;
 }
}
}
//判断是否存在重复弧段
bool Contain(vector<Arc<Point > * > Arcs, Arc * arc)
{
for(vector<Arc<Point > * >::iterator it=Arcs.begin() ; it! = Arcs.end() ;
it++)
{
  if( * it==arc) return true;
}
return false;
}
//合并结点
void MergeNode()
{
vector<Node * > Nodes;
vector<Node * > DeleteNodes;
for(List<Arc * >::iterator it=NewArcs.begin() ; it != NewArcs.end() ; it++)
{
Nodes.push_back( * it.Head);
Nodes.push_back( * it.Tail);
```

```
}
while(! Nodes.empty())
{
vector<Node * >::iterator it=Nodes.begin();
Node * n= *(it++);
for( ; it!=Nodes.end() ; it++)
{
  if(Distance(( * ( * it)->point), * (n->Point) )<Tolerence)
  {
取出结点 * it 所对应的弧段集合,将它们所定影的结点变为结点 n,对应的坐标序列修改为 n->point,然后将弧段集合中的弧段(n 中不存在的弧段)加入 n 的弧段集合中
  DeleteNodes.push_back( * it);
  }
}
  依次删除 DeleteNodes 集合中的结点。
}
}
```

5.3.4　建立拓扑关系

1. 计算结点关联弧段的方位角,并按由小到大排序

每个结点都关联有若干条弧段,结点或者为弧段的头结点或者为弧段的尾结点,设结点为 N,则弧段的方位角定义为:结点 N 与弧段上与其最接近结点 V 的连线与 x 轴的正向夹角,如图 5.23 所示。

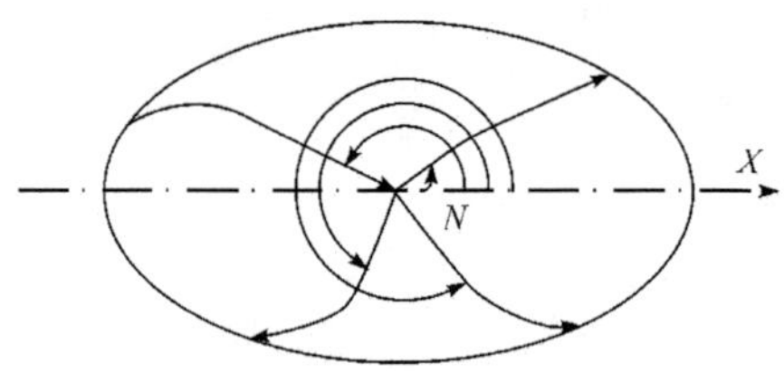

图 5.23　结点弧段排序

设结点 N 的坐标为(x_0, y_0),节点 V 的坐标为(x_1, y_1),则有:$dx = x_1 - x_0$, $dy = y_1 - y_0$,那么有:

(1) 当 $dx=0$ 时,

$$\alpha=\begin{cases}\pi/2, & dy>0\\ 3\pi/2, & dy<0\end{cases}$$

(2) 当 $dx\neq 0$ 时，

$$\alpha=\begin{cases}\arctan|dy/dx|, & dx>0, dy\geqslant 0\\ \pi-\arctan|dy/dx|, & dx<0, dy\geqslant 0\\ \pi+\arctan|dy/dx|, & dx<0, dy\leqslant 0\\ 2\pi-\arctan|dy/dx|, & dx>0, dy<0\end{cases}$$

计算出结点 N 所关联的弧段的方位角后，按角的大小将这些弧排序，形成排序的关联弧段集合。

2. 左转算法

左转算法的基本思想是：从组成多边形边界的某一条弧段开始，如果该弧段的方向角最小或介于同一结点的其他弧段方向角之间，则逆时针方向寻找最小夹角偏差所对应的弧段为多边形的后续弧段；如果该弧段与 x 轴正向夹角为最大，则从该弧段的同一结点出发的其他弧段中，方向角最小的弧段是该多边形的后续弧段。算法描述如下：

(1) 顺序取一个结点作为起始结点，取完为止；取过该结点的方位角最小的未使用过的或仅使用过一次，且使用过的方向与本次相反的弧段作为起始弧段。

(2) 取这条弧段的另一个结点，找这个结点关联的弧段集合中的本条弧段的下一条弧段，如果本条弧段是最后一条弧段，则取弧段集合的第一条弧段，作为下一条弧段。

(3) 判断是否回到起点，如果是，则形成了一个多边形，记录下它，并且根据弧段的方向，设置组成该多边形的左右多边形信息；否则转(2)。

(4) 取起始点上开始的，刚才所形成多边形的最后一条边作为新的起始弧段，转(2)；若这条弧段已经使用过两次，即形成了两个多边形，转(1)。

在构建多边形时要注意悬挂结点和悬挂线的标识，一般可以采用栈的形式处理。

图 5.24 解释了多边形的创建过程：

(1) 从 N_1 结点开始，选择具有最小方位角的弧段 N_1N_2 作为起始弧段；转入 N_2 点，根据左转算法选择 N_2N_5 弧段，转入 N_5 结点选择 N_5N_1 弧段，形成多边形 A_1，设置组成多边形 A_1 的弧段的左右多边形信息。

(2) A_1 的结束弧段为 N_5N_1，选 N_1 作为起始点，N_1N_5 作为起始弧段，根据左转算法，形成多边形 A_2，设置左右多边形信息。

(3) A_2 的结束弧段为 N_4N_1，选 N_1 作为起始点，N_1N_4 作为起始弧段，根据左转算法，形成多边形 A_3，这个多边形的方向是逆时针方向，对于逆时针方向的多

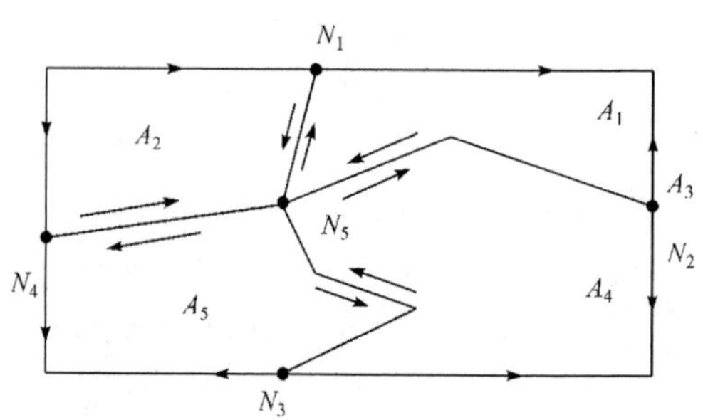

图 5.24　左转算法

边形,不设置左右多边形信息。

(4) A_3 的结束弧段为 N_2N_1,N_1N_2 已经被使用过两次,所以选取下一个结点 N_2 作为起始结点。从 N_2 结点开始,具有最小方位角的弧段是 N_2N_1,但 N_2N_1 已经被使用两次,不选;

继续选取下一条弧段 N_2N_5;然而上一次该弧段的访问方向与本次相同,所以也不选;继续选取下一条弧段 N_2N_3 作为起始弧段,形成多边形 A_4。

(5) 依照此规则形成多边形 A_5,即完成了图 5.24 的拓扑构建,共可形成 A_1、A_2、A_3、A_4、A_5 五个多边形。

3. 岛的判断

岛的判断是指找出多边形互相包含的情况,即寻找复杂多边形。找到岛后才可以完成多边形的拓扑关系的建立。

根据左转算法,由单条弧段或多条弧段顺序构成的且不与其他多边形相交的多边形即单多边形会被追踪两次,形成两个多边形,一个多边形节点方向是顺时针的,另一个多边形的节点方向是逆时针的,如果一个多边形包含另一个多边形,则必然是顺时针多边形包含逆时针多边形,如图 5.25 所示。

基于此岛的判断决定于多边形节点的顺序问题,多边形节点的顺序问题可以通过计算多边形的面积加以解决。任意多边形的面积可以通过积分来解决,设多边形的节点坐标串为$(x_1, y_1), (x_2, y_2), \cdots, (x_n, y_n)$,那么多边形的面积可以表示为

$$\int_a^b f(x)\mathrm{d}x = \frac{1}{2}(y_1 + y_2)\Delta x + \frac{1}{2}(y_2 + y_3)\Delta x + \cdots + \frac{1}{2}(y_{n-1} + y_n)\Delta x$$

式中,$\Delta x = x_{i+1} - x_i$。所以多边形的面积可以表示为

$$\mathrm{A}_{\mathrm{polygon}} = \frac{1}{2}\sum_{i=1}^{n}(y_{i+1} + y_i)(x_{i+1} - x_i)$$

根据此公式,当多边形由顺时针方向构成时,面积为正;否则,面积为负。据此

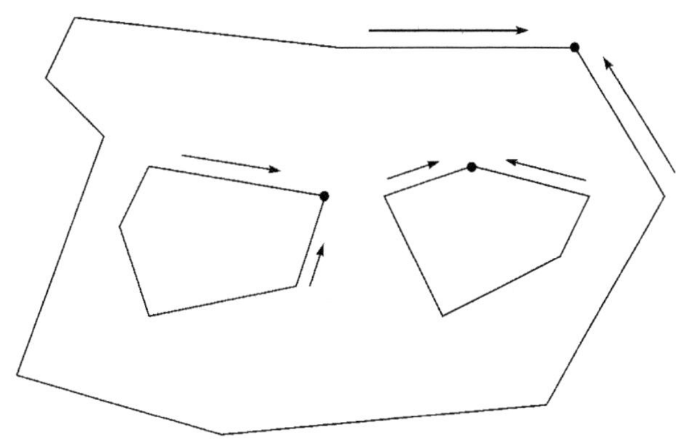

图 5.25　岛的判断

得到解决岛的判断问题的算法如下：

(1) 计算所有多边形的面积。

(2) 分别对面积为正的多边形和面积为负的多边形排序，分别形成正多边形和负多边形集合。

(3) 如果负多边形集合的个数为 1，结束程序；否则，从面积为正的多边形集合中，顺序取出一个多边形，如果正多边形已经都被访问过，则程序结束。

(4) 依次从负多边形集合中取出负多边形，判断当前取出的正多边形是否包含该负多边形，如果包含，就将该负多边形加入当前取出的正多边形中，形成复杂多边形，设置负多边形的组成弧段的拓扑信息，并从负多边形集合中删除该负多边形。当所有负多边形都被访问一遍后转(3)。

在上述算法中，判断负多边形是否被正多边形包含是关键，具体的算法为：

(1) 判断负多边形面积的绝对值是否小于正多边形的面积，如果不小于，则负多边形必不为正多边形所包含，结束程序；否则执行下一步。

(2) 判断负多边形的最小外接矩形是否和正多边形的最小外接矩形相交或被包含，如果不相交或不被包含，则负多边形必不被正多边形所包含，结束程序；否则执行下一步。

(3) 依次取负多边形上的点，判断点是否在正多边形中，如果所有点都在正多边形中则负多边形被正多边形所包含，否则，负多边形不被正多边形所包含。

思　考　题

1. 编写道格拉斯-普克算法程序实现矢量数据压缩，并设计计算 ε 值的模型。

2. 编写四叉树算法程序实现栅格数据的压缩。

3. 编写拓扑关系生成程序实现依据点-弧关系构建多边形。

第 6 章　空间度量算法

6.1　直线和距离

距离计算是计算机图形学和计算几何中的基础问题，并且有许多大家熟知的公式。然而根据对象表达方式的不同，有不同的解决方法。

关于两点间距离的定义，我们使用标准的欧几里得距离 L^2，它基于毕达哥拉斯定理。也就是说，对一个 n 维的矢量 $v=(v_1, v_2, \cdots, v_n)$，它的长度 $|v|$ 为

$$|v|^2 = v_1^2 + v_2^2 + \cdots + v_n^2 = \sum_{i=1}^{n} v_i^2$$

对于两点 $P(p_1, p_2, \cdots, p_n)$ 和 $Q(q_1, q_2, \cdots, q_n)$ 的距离为

$$d(P, Q) = |P - Q| = \sqrt{\sum_{i=1}^{n} (p_i - q_i)^2}$$

6.1.1　直　　线

最初定义一条直线 L 的方法是给出直线上的不同的两点 P_0 和 P_1。事实上，这定义了一条有限的从 P_0 到 P_1 的线段。这就是希腊人理解的直线，它符合我们对方向和两点间最短路径的自然的直觉。延伸这条线段的任意一个端点会得到无限长的射线。当同时延长两个端点则将得到一条概念上的无限长的直线，这也是我们现在所理解的直线的概念。

直线 L 也可以通过一个点和方向来定义。令 P_0 是 L 上的一点，v_L 是一个非零矢量，v_L 给出了直线的方向。这个定义等同于两点的定义，因为我们可以设定 $v_L=(P_1-P_0)$，或给出 P_0 和 v_L，可以选择 $P_1=P_0+v_L$ 为直线上的第二个点。如果 v_L 被规范化为单位矢量，$u_L=v_L/|v_L|$ 那么它的每个系数就是 L 的各个方向角的余弦。也就是说，在 n 维中，令 $\theta_i(i=1,\cdots,n)$ 是 L 和第 i 个坐标轴 a_i 的夹角（例如，在二维中，a_1 是 x 轴，a_2 是 y 轴）。那么矢量 $v_L=(v_i)$，其中 $v_i=\cos\theta_i, i=1,\cdots,n$，是 L 的一个方向矢量。在二维中，如图 6.1 所示，如果 θ 是 L 与 x 轴的夹角，那么 $\cos\theta_2=\sin\theta$，并且 $v_L=(\cos\theta_1, \cos\theta_2)=(\cos\theta, \sin\theta)$ 是 L 的一个单位方向矢量。因为 $\cos^2\theta+\sin^2\theta=1$。同样，对于任意维，各个方向余

弦的平方和为 1,即 $\sum_{i=1}^{n}\cos^2\theta_i=1$。

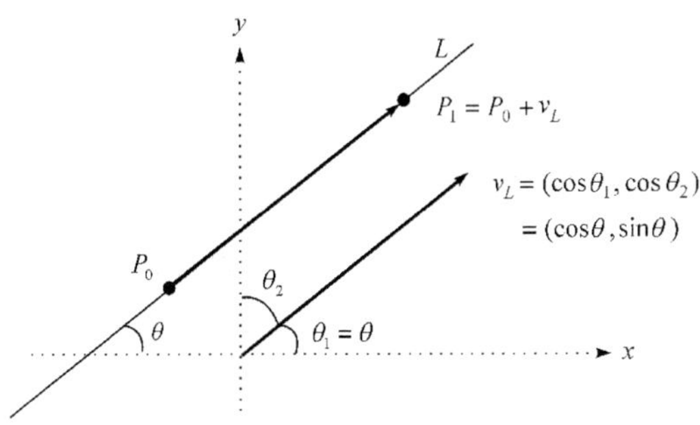

图 6.1　通过一个点和方向定义直线

6.1.2　直线方程

直线也可以使用方程来定义,方程中的未知数是点的坐标。在实践中常会遇到的有以下几种方程:

类型	方程 Equations	用法
显式二维	$y=f(x)=mx+b$	非垂直的二维直线
隐式二维	$f(x,y)=ax+by+c=0$	任意二维直线
参数	$P(t)=P_0+t\,v_L$	任意维数的直线

二维显式方程是最先接触到的一个方程,但它在计算机软件中并不是最灵活的。隐式方程更有用些,并且很容易将显式方程转化为隐式方程。注意到隐式方程的前两个系数总是定义了一个矢量 $n_L=(a,b)$,这个矢量垂直于直线 L。因为对于直线 L 上的任意两个点 $P_0=(x_0,y_0)$ 、$P_1=(x_1,y_1)$,我们有 $n_L\cdot v_L=(a,b)\cdot(P_1-P_0)=a(x_1-x_0)+b(y_1-y_0)=f(P_1)-f(P_0)=0$。因此,给定一个直线 L 的法线矢量 $n_L=(a,b)$和 L 上的一个点 P_0,法线式的隐式方程为

$$n_L\cdot(P-P_0)=ax+by-n_L\cdot P_0=0$$

如果 $a^2+b^2=1$ 则称这个方程是规范化的,并且 n 是一个单位法线矢量。

但是,仅一个隐式或显式方程只能定义二维中的一条直线,而在三维中定义了一个平面,在 n 维中,它定义了一个$(n-1)$维的超平面。

另一方面,在任意 n 维的空间中,参数方程是有效的并且是最通用的。对于一个用两点 P_0 和 P_1 定义的并且带有方向矢量 v_L 的直线,其方程有以下几种写法,即

$$P(t)=P_0+tv_L=P_0+t(P_1-P_0)=(1-t)P_0+tP_1$$

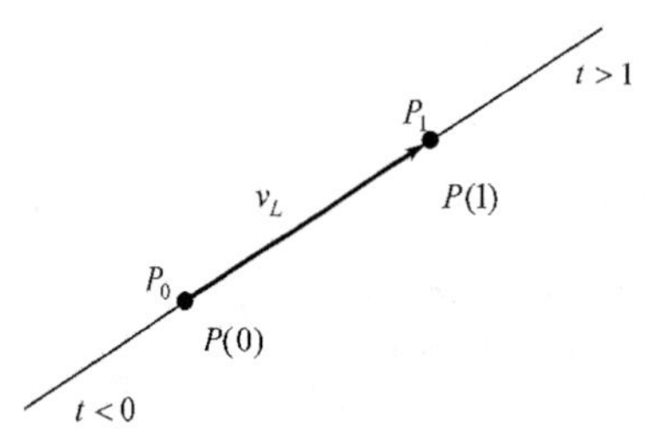

图 6.2 直线的参数方程定义

式中，t 为实数。在这个表达中，$P(0)=P_0$，$P(1)=P_1$，$P(t)(0<t<1)$是线段 P_0P_1 上的一点，其中 $t=d[P_0,P(t)]/d(P_0,P_1)$。因此 $P(1/2)=(P_0+P_1)/2$ 是线段的中点。进一步看，如果 $t<0$，那么 $P(t)$位于线段之外，并且是在 P_0 一边；如果 $t>1$，$P(t)$也位于线段之外，但在 P_1 一边，见图 6.2。

出于方便的需要，可以在这三种方程表示形式中相互转换。例如，已知二维直线上的两点 $P_0=(x_0,y_0)$，$P_1=(x_1,y_1)$，我们可以根据这两点生成一个隐式的方程。由于 $v_L=(x_v,y_v)=P_1-P_0=(x_1-x_0,\ y_1-y_0)$是直线的方向矢量，可得 $n_L=(-y_v,x_v)=(y_0-y_1,x_1-x_0)$，$n_L$ 是直线 L 的法线矢量(因为 $n_L\cdot v_L=0$)。那么，直线 L 的一个隐式方程为

$$(y_0-y_1)x+(x_1-x_0)y+(x_0y_1-x_1y_0)=0$$

式中，x 和 y 的系数就是 n_L 中的各个组成部分。

例如，在二维中，θ 是直线 L 与 x 轴的夹角，$v_L=(\cos\theta,\ \sin\theta)$是单位方向矢量，因此 $n_L=(-\sin\theta,\ \cos\theta)$是一个单位法线矢量。如果 $P_0=(x_0,y_0)$是直线 L 上的某个点，那么一个规范化的 L 的方程为

$$-x\sin\theta+y\cos\theta+(x_0\sin\theta-y_0\cos\theta)=0$$

因为 $\sin^2\theta+\cos^2\theta=1$。再进一步，参数方程为

$$P(t)=(x_0+t\cos\theta,\ y_0+t\sin\theta)$$

6.1.3 点到直线的距离

已知直线 L 和任意一个点 P，设 $d(P,L)$表示点 P 到 L 的距离。这是点 P 到直线L 的最短距离。如果 L 是一个有限的线段，那么 P 在L 上的基点(过 P 点作 L 的垂线，垂线和 L 的交点成为P 在 L 上的基点)可能在线段之外，这就需要一个不同的计算最短距离的方法。首先要考虑点到一条直线的垂直距离。

1. 两点定义的直线

在二维和三维中，当 L 是通过两个点 P_0、P_1 给出的，我们可以使用矢量积直接计算出点 P 到L 的距离。若是二维的，可以嵌入到三维中，令第三个坐标 $z=0$。两个三维矢量的矢量积的模等于两矢量构成的平行四边形的面积，因为$|v\times$

$w| = |v|\ |w|\ |\sin\theta|$，其中 θ 是两个矢量 v 和 w 的夹角。但是，平行四边形的面积也等于底和高的乘积。令 $v_L = P_0P_1 = (P_1 - P_0)$ 、$w = P_0P = (P - P_0)$，如图 6.3 所示，这样点 P 到直线 L 的距离就是底 P_0P_1 的高。

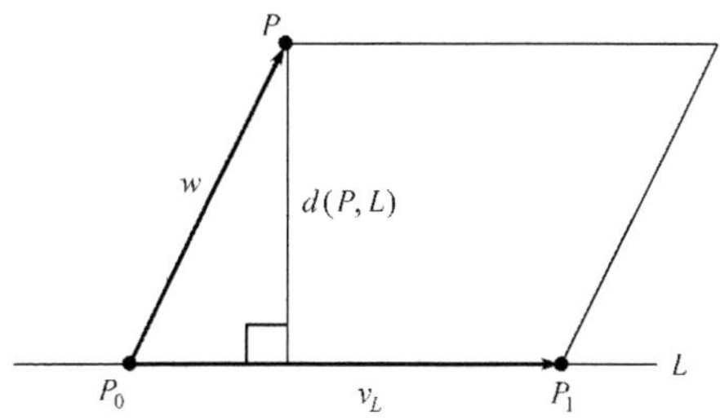

图 6.3　点到显式二维方程定义的直线的距离

那么，$|v_L \times w| = \text{Area}$(平行四边形$(v_L, w)$) $= |v_L|\ d(P, L)$，这得出了

$$d(P,L) = \frac{|v_L \times w|}{|v_L|} = |u_L \times w|$$

式中，$u_L = v_L / |v_L|$ 为直线 L 的单位方向矢量。若要计算多个点到同一条直线的距离，则首先计算 u_L 是最高效的。

对一个嵌入三维中的二维的情况，点 $P = (x, y, 0)$ 矢量积变为

$$\begin{aligned} v_L \times w &= (x_1 - x_0, y_1 - y_0, 0) \times (x - x_0, y - y_0, 0) \\ &= \left(0, 0, \begin{vmatrix} (x_1 - x_0) & (y_1 - y_0) \\ (x - x_0) & (y - y_0) \end{vmatrix}\right) \end{aligned}$$

距离公式则变为

$$d(P,L) = \frac{(y_0 - y_1)x + (x_1 - x_0)y + (x_0y_1 - x_1y_0)}{\sqrt{(x_1 - x_0)^2 + (y_1 - y_0)^2}}$$

这里没有计算分子的绝对值，这就使公式计算出的结果是带有符号的距离，正的表示 P 点在直线的一边，负的表示在直线另一边。这个有时候是有用的。其他情况下，我们可能希望获得绝对值。同时可以看出，分子的形式与直线隐式方程的形式相似。

2. 二维隐式方程定义的直线

在二维中，有许多情况下，直线 L 是很容易通过一个隐式方程来定义 $f(x, y) = ax + by + c = 0$。对于任意二维，点 $P = (x, y)$、距离 $d(P, L)$ 可以直接用这个方程计算出。

矢量 $n_L = (a, b)$ 是直线 L 的法线矢量，利用 n_L 我们可以计算任意点 P 到 L 的距离。首先在 L 上任意选一点 P_0，然后将矢量 P_0P 投影到 n_L，如图 6.4 所示。

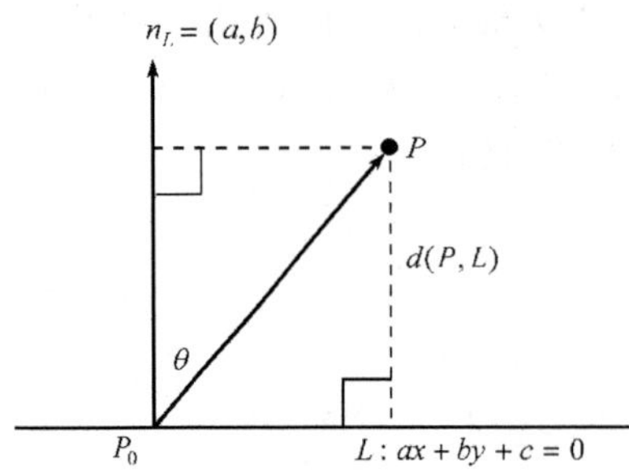

图 6.4 点到二维隐式方程定义的直线的距离

具体如下：

(1) 因为 a 和 b 不同时为零，设 $a<0$ 或 $a>0$，则 $P_0=(-c/a,0)$ 位于直线 L 上；相反，如果 $a=0$，则 $b<0$ 或 $b>0$，则 $P_0=(0,-c/b)$，最后的结果是相同的。

(2) 对在 L 上的任意点 P_0 有：$n_L \cdot P_0P = |n_L|\,|P_0P|\cos\theta = |n_L|\,d(P,L)$。

(3) 对选定的点 P_0：$n_L \cdot P_0P=(a,b)\cdot(x+c/a,\ y) = ax+by+c = f(x,y) = f(P)$等同于(2)。

最后得出公式

$$d(P,L)=\frac{f(p)}{|n_L|}=\frac{ax+by+c}{\sqrt{a^2+b^2}}$$

进一步，可以用$|n_L|$除 $f(x,y)$的每个系数，使隐式方程规范化，即$|n_L|=1$。这样则得出非常高效的公式

$$d(P,L)=f(p)=ax+by+c，当\ a^2+b^2=1$$

对每个距离计算，这个公式只用了 2 次乘法运算和 2 次加法运算。因此，在二维中，若需要计算多个点到同一条直线 L 的距离，那么先得到规格化的隐式方程，然后使用这个公式。同时注意到，只是比较距离（也就是说，寻找离直线最近或最远的点），这时则不需要规范化。因为它只是通过乘以一个常数因子来改变距离的值。

当 θ 为 L 与 x 轴的夹角并且 $P_0=(x_0,y_0)$是 L 上的点，那么规范化后的隐式方程有：$a=-\sin\theta$，$b=\cos\theta$，和 $c=x_0\sin\theta-y_0\cos\theta$。

3. 参数方程定义的直线

在 n 维空间中，已知直线 L 的参数方程为 $P(t)=P_0+t(P_1-P_0)$，P 为任意 n 维空间中的任意一点。为了计算点 P 到直线 L 的距离 $d(P,L)$，从点 P 作直线 L 的垂线，交于点 $P(b)$。则向量 $P_0P(b)$是矢量 P_0P 在线段 P_0P_1 上的投影，如图 6.5 所示。

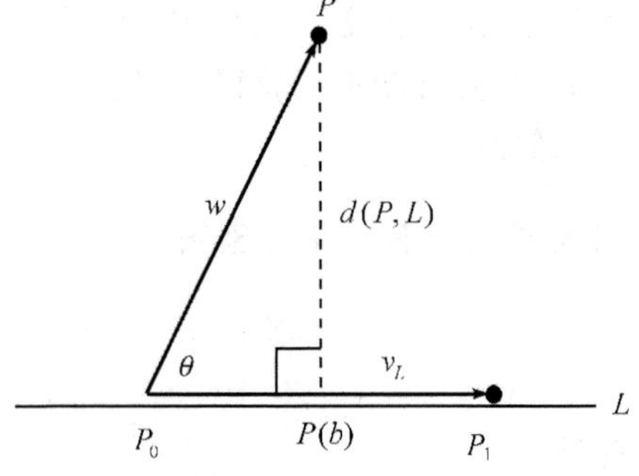

图 6.5 点到参数方程定义的直线的距离

设 $v_L=(P_1-P_0)$ 和 $w=(P-P_0)$，则得到

$$b=\frac{d(P_0,P(b))}{d(P_0,P_1)}=\frac{|w|\cos\theta}{|v_L|}=\frac{w\cdot v_L}{|v_L|^2}=\frac{w\cdot v_L}{v_L\cdot v_L}$$

因而

$$d(P,L)=|P-P(b)|=|w-bv_L|=|w-(w\cdot u_L)u_L|$$

式中，u_L 为直线 L 的单位方向矢量。

这个公式很适于在 n 维空间中使用，同时在计算基点 $P(b)$也很有用。在三维空间中，和矢量积公式同样高效。但在二维中，当 $P(b)$不是必须时，隐式公式的方法更好，尤其是计算多个点到同一条直线的距离。

4．点到射线或线段的距离

射线以某个点 P_0 为起点，沿某个方向无限延伸。它可以用参数方程 $P(t)$表达，其中 $t\geqslant 0$、$P(0)=P_0$ 是射线的起点。一个有限的线段由一条直线上两端点 P_0、P_1 间的所有点组成。同样也可以用参数方程 $P(t)$表达，其中 $P(0)=P_0$、$P(1)=P_1$ 为两个端点，并且点 $P(t)(0\leqslant t\leqslant 1)$是线段上的点。

计算点到射线或线段的距离与点到直线的距离的不同点是，点 P 到直线 L 的垂线与 L 的交点可能不位于射线或线段之外。在这种情况下，实际的最短距离是点 P 到射线的起点的距离(图 6.6)或是线段的某个端点的距离(图 6.7)。

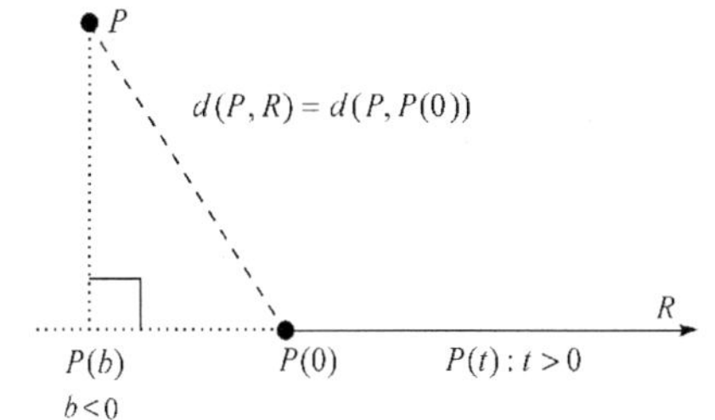

图 6.6　点到射线 R 的距离

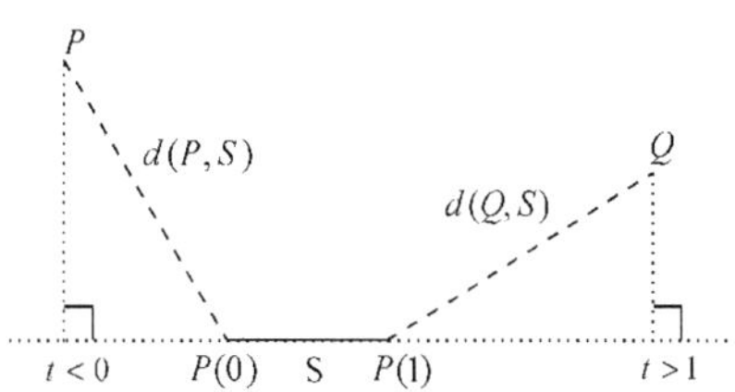

图 6.7　点到线段 S 的距离

对于图 6.6，只有一个选择，就是计算 P 到射线端点的距离；而对于一条线段，则必须判断哪一个端点离 P 更近。可以分别计算点到两个端点的距离，然后取最短的，但这不是最高效的办法，见图 6.7。而且，同时要判断点 P 在直线 L 上的基点，是否在线段外。有一个简便的方法：考虑 P_0P_1、P_0P 的夹角，P_1P、P_0P_1 的夹角，如果其中有个角为 90°，则对应的线段的端点就是 P 在 L 上的基点 $P(b)$。如果不是直角，P 的基点必然落在端点的一边或另一边，要看角是锐角还是钝角，如图 6.8 和图 6.9 所示。这些考虑可以通过计算矢量的数量积是正的、负的还是零来判断。最终得出应该计算点 P 到 P_0 还是到 P_1 的距离，或者是 P 到直线 L 的垂直距离。这些技术可以用到 n 维空间中。

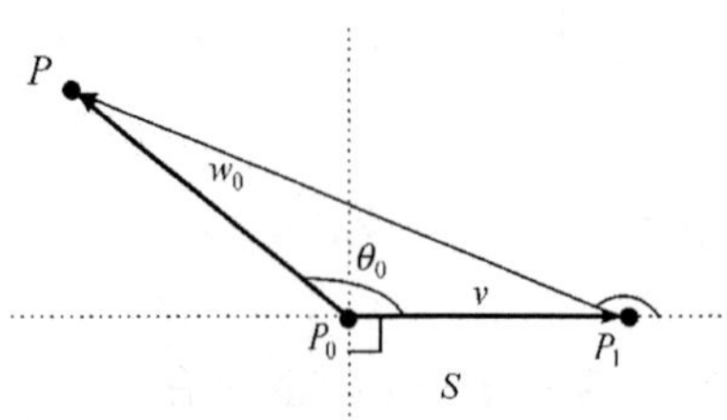

图 6.8 计算 P_0P_1 与 P_0P 的夹角

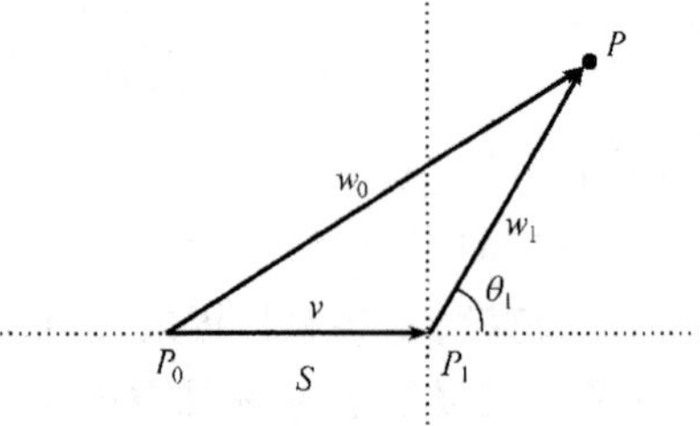

图 6.9 锐角时的情况

$$w_0 = P - P_0, \theta_0 \in [-180°, 180°]$$
$$w_0 \cdot v \leqslant 0$$
$$\Leftrightarrow |\theta_0| \geqslant 90°$$
$$\Leftrightarrow d(P, S) = d(P, P_0)$$
$$w_1 = P - P_1, \theta_0 \in [-180°, 180°]$$
$$w_1 \cdot v \geqslant 0$$
$$\Leftrightarrow w_0 \cdot v \geqslant v \cdot v$$
$$\Leftrightarrow |\theta_0| \leqslant 90°$$
$$\Leftrightarrow d(P, S) = d(P, P_1)$$

进一步,我们注意到对两个夹角的测试,可以只用两个数量积运算,即 $w_0 \cdot v$ 和 $v \cdot v$,同时 $w_0 \cdot v$ 和 $v \cdot v$ 是求 P 点在直线 L 上的基点的 $P(b)$ 的参数 b 的分子和分母,这样我们可以依次测试和计算,伪代码如下:

```
distance(Point P, Segment P0:P1)
{
    v = P1 - P0
    w = P - P0
    if ((c1 = w•v) <= 0)
        return d(P, P0)
    if ((c2 = v•v) <= c1)
        return d(P, P1)
    b = c1 / c2
    Pb = P0 + bv
    return d(P, Pb)
}
```

但在二维中,如果我们要计算多个点到同一条射线或线段的距离,使用一个规范化的隐式方程来做一个最初的判断,一个点 P 到 L 是否有一个新的最小的距离的测试,还是很高效的。

6.2 角度量算

(1) 求直线 $a_0x+b_0y+c=0$ 与直线 $a_1x+b_1y+c=0$ 的夹角公式为

$$\alpha=\arctan\frac{b_1}{a_1}-\arctan\frac{b_0}{a_0}=\arctan\frac{a_0b_1-a_1b_0}{a_0a_1+b_0b_1}$$

当 $a_0b_1-a_1b_0=0$,则两直线平行。

当 $a_0a_1+b_0b_1=0$,则两直线垂直。

(2) 求矢量 A(x_a,y_a,z_a)(二维情形时 A(x_a,y_a),这里指的是三维情形)与矢量 B(x_b,y_b,z_b)的夹角。

那么,矢量 A、B 的点积表示为:$\boldsymbol{a}\cdot\boldsymbol{b}=x_ax_b+y_ay_b+z_az_b$,则两个矢量的夹角为

$$\cos\theta=\frac{\boldsymbol{a}\cdot\boldsymbol{b}}{|\boldsymbol{a}||\boldsymbol{b}|}$$

6.3 多边形面积的量算

6.3.1 三角形面积量算

1. 古代的三角形

在毕达哥拉斯(古希腊哲学家、数学家)之前,人们就知道平行四边形(包括矩形和正方形)的面积等于平行四边形的底和高的乘积。两个相同三角形合在一起构成一个平行四边形,这样三角形的面积是三角形的底和高乘积的一半,如图 6.10所示。因此,对这些简单但常出现的情况有

平行四边形:$A=bh$

三角形:$A=\frac{1}{2}bh$

可是,除了在某些特定的情况下以外,三角形的高都需要通过计算顶点到边的垂直距离来获得。

例如,如果知道一个三角形两条边 a、b 的长度和边 a、b 的夹角,那么欧几里得认为这些条件足以决定一个三角形和它的面积。采用三角函数,三角形的边 b 上的高 $h=a\sin\theta$,因此三角形的面积为(图 6.11)

$$A=\frac{1}{2}ab\sin\theta$$

另一个经常被使用的计算方法来自于以下事实:两个三角形的三条边都相等,

那么这两三角形是全等三角形，面积也相等。欧几里得(公元前 300 年左右)观测到此事实，海伦(Heron of Alexandria，公元 50 年左右)得出了通过三条边计算三角形面积的公式(图 6.12)，即

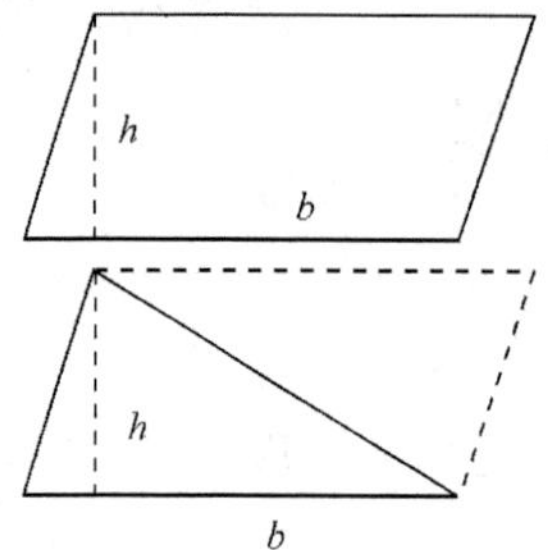

图 6.10　平行四边形与三角形面积的计算

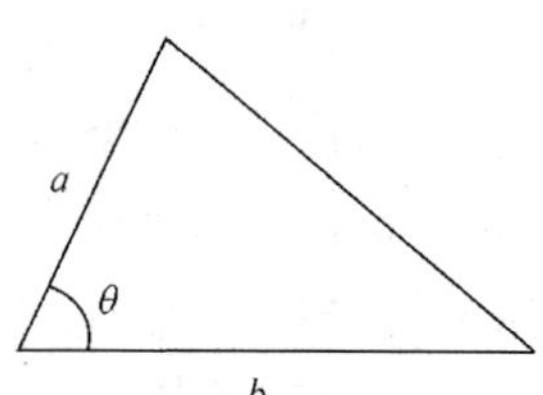

图 6.11　利用三角函数计算三角形面积

$$A=\sqrt{s(s-a)(s-b)(s-c)},\ s=\frac{1}{2}(a+b+c)$$

式中，a、b、c 为边的长度；s 为周长的一半。通过代数变换，产生以下令人感兴趣的公式

$$A=\frac{1}{4}\sqrt{4a^2b^2-(a^2+b^2-c^2)^2}$$

这个公式(即 Heron 公式)中只需要边长的平方，这样则避免了通过三角形的三个顶点坐标计算边长时而产生的开平方运算。

还有一个典型的确定一个三角形条件是：已知两个角和一个边，如图 6.13 所示。知道了三角形的两个角即知道了第三个角，因此，假定角 θ 和 φ 是边 b 的两个相邻的角。那么，面积公式如下

$$A=\frac{b^2}{2(\cot\theta+\cot\varphi)}$$

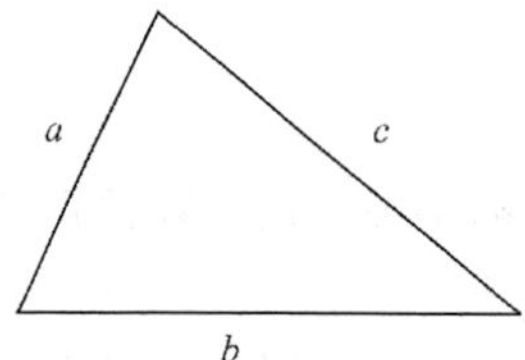

图 6.12　通过三条边计算三角形面积

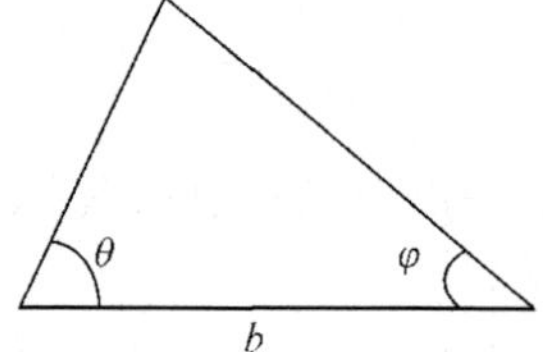

图 6.13　通过一条边及该边相邻角计算三角形面积

2. 现代的三角形

近代，从 17 世纪的笛卡儿(Descartes)、费马(Fermat)开始，线性代数产生了新的简单的面积计算公式。在三维空间中，平行四边形和三角形的面积可以表示为

两个矢量边的矢量积的模，$|v\times w| = |v\| w\| \sin\theta|$，其中 θ 是矢量 v 和 w 的夹角，因此，对于一个由顶点 v_0、v_1、v_2 构成的三维三角形（图 6.14），令 $v=v_1-v_0$、$w=v_2-v_0$，得到

$$A=\frac{1}{2}|v\times w|=\frac{1}{2}|(v_1-v_0)\times(v_2-v_0)|$$

一个二维矢量可以认为是嵌入三维中的、第三个维被设为 0 的三维矢量（图 6.15）。这样就可以计算二维的矢量的叉积，并且用它计算面积。给出三角形的顶点，$v_i=(x_i, y_i)=(x_i, y_i, 0)$，其中 $i=0,1,2$，可以计算：

$$(v_1-v_0)\times(v_2-v_0)=\left(0,\quad 0, \begin{vmatrix}(x_1-x_0) & (x_2-x_0)\\ (y_1-y_0) & (y_2-y_0)\end{vmatrix}\right)$$

计算出的矢量的模是三角形面积的两倍。但是，不计算绝对值而是让面积带有符号也是很有用的。

$$2A=\begin{vmatrix}(x_1-x_0) & (x_2-x_0)\\ (y_1-y_0) & (y_2-y_0)\end{vmatrix}=\begin{vmatrix}x_0 & y_0 & 1\\ x_1 & y_1 & 1\\ x_2 & y_2 & 1\end{vmatrix}$$
$$=(x_1-x_0)(y_2-y_0)-(x_2-x_0)(y_1-y_0)$$

这里 $v_i=(x_i, y_i)$。

这个面积公式非常高效，不需要计算开方根或三角函数计算，只是 2 次乘法运算和 5 次加法运算，可能还需一个除 2 运算（有时可以避免）。

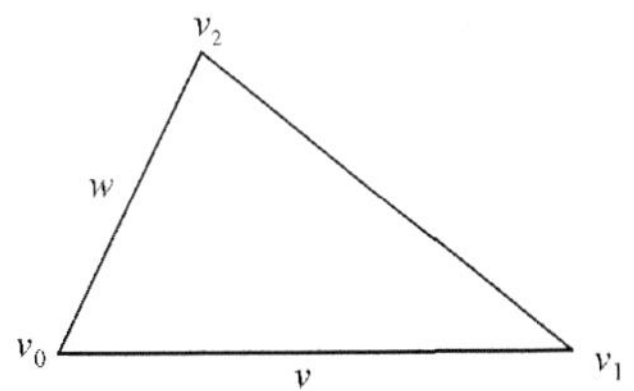

图 6.14　三维三角形示例

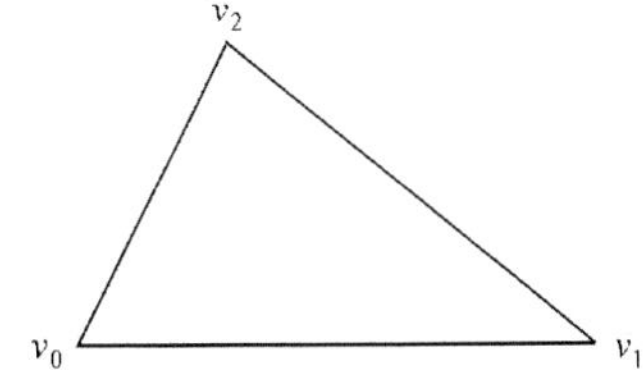

图 6.15　二维三角形示例

注意：若 v_0、v_1、v_2 是逆时针排列，面积是正数；若 v_0、v_1、v_2 是顺时针排列，面积则是负数。因此，面积计算可以用来判断三角形顶点的排列方向。有符号的面积可以用来判断点 v_2 在方向线段 v_0v_1 的左边（正的）还是右边（负的）。因此，面积计算是个非常有用的基本公式，并且有个如此高效的计算公式。

6.3.2　四边形面积量算

希腊人将正方形、长方形、平行四边形、梯形挑出特殊对待。然后，对任意四边

形会构造一个面积相等的平行四边形或正方形。平行四边形的面积等于底和高的乘积。但是,没有给出一个通用的计算公式。

印度人婆罗摩笈多(Brahmagupta 公元 620 年左右)对 Heron 的三角形面积公式进行扩展,用来计算四边形的面积。但是,这个公式仅对共圆四边形有效,共圆四边形是指四个顶点都在某个圆上的四边形。对于一个共圆四边形,令其四个边的长度为:a、b、c、d,$s=(a+b+c+d)/2$。那么,共圆四边形的面积公式为

$$A=\sqrt{(s-a)(s-b)(s-c)(s-d)}$$

这个公式令人惊讶的对称。如果某个边的长度为 0,设 $d=0$,则四边形即变成了三角形(这个三角形的三个顶点也在某个圆上),这个公式就退化成 Heron 公式了。

在现在的线性代数中,平面平行四边形的面积是两个邻接边的矢量积的模(图 6.16),因此,对任意三维平面四边形 $v_0 v_1 v_2 v_3$,有

$$A(v_0 v_1 v_2 v_3)=\left|(v_1-v_0)\times(v_3-v_0)\right|$$

在二维中,顶点 $v_i=(x_i, y_i)=(x_i, y_i, 0)$。其中 $i=0,1,2,3$,面积公式变为

$$A=\begin{vmatrix}(x_1-x_0) & (y_1-y_0)\\(x_3-x_0) & (y_3-y_0)\end{vmatrix}=(x_1-x_0)(y_3-y_0)-(x_3-x_0)(y_1-y_0)$$

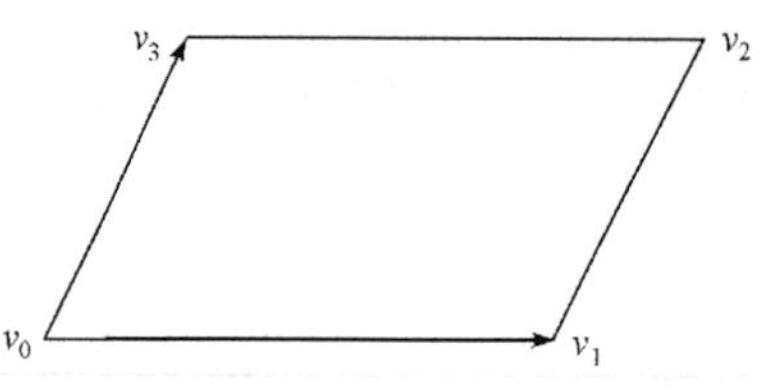

图 6.16 平面平行四边形的面积量算

这同样是个有符号的面积,就像对三角形所采用的那样。

对一个任意四边形,我们可以通过 Pierre Varignon 所发现的平行四边形(发表于 1731 年)计算其面积。很令人惊讶,希腊人错过了 Varignon 的简单结论,在欧几里得后的 2000 年才发现这个结论。对任意一个四边形,取四个边的中点为顶点,构成一个新的四边形。很容易发现,这个四边形是个平行四边形,称为"Varignon parallelogram",这个平行四边形的面积是原始的四边形的面积的一半。因此,对于任意四边形 $v_0 v_1 v_2 v_3$,令其四条边中点构成的平行四边形为 $M_0 M_1 M_2 M_3$,如图 6.17 所示。

由基本的几何学知识可以知道,三角形 $v_0 v_1 v_2$ 中,中点线 $M_0 M_1$ 平行于底 $v_0 v_2$。所以,$M_0 M_1 /\!/ M_3 M_2$。同样,$M_0 M_3 /\!/ M_1 M_2$,$M_0 M_1 M_2 M_3$ 是平行四边形。面积关系很容易证明,我们可以按如下方式计算四边形的面积:

$$\begin{aligned}A_{四边形}&=2A(M_0 M_1 M_2 M_3)\\&=2\left|(M_1-M_0)\times(M_3-M_0)\right|\\&=2\left|\left(\frac{v_1+v_2}{2}-\frac{v_0+v_1}{2}\right)\times\left(\frac{v_3+v_0}{2}-\frac{v_0+v_1}{2}\right)\right|\end{aligned}$$

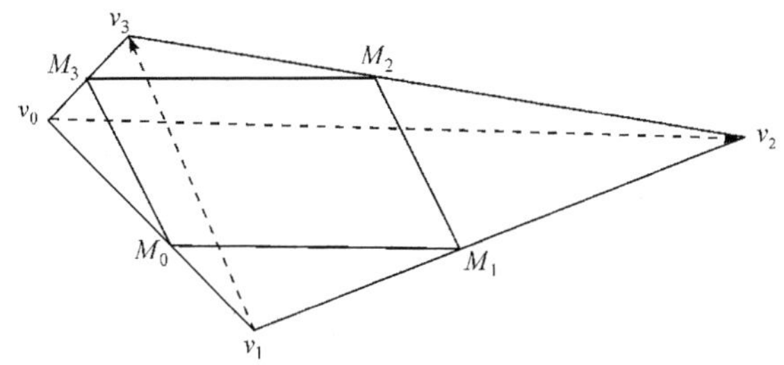

图 6.17　任意四边形面积计算

$$=\frac{1}{2}\left|(v_2-v_0)\times(v_3-v_1)\right|$$

四边形面积等于四边形的两个对角线的矢量积的模。这个公式可以用于任意的三维平面四边形。当这个公式在二维中使用时，则变成如下面积公式：

$$2A=\begin{vmatrix}(x_2-x_0) & (y_2-y_0)\\(x_3-x_1) & (y_3-y_1)\end{vmatrix}$$

$$=(x_2-x_0)(y_3-y_1)-(x_3-x_1)(y_2-y_0)$$

这个公式用于任意四边形很高效，就像用于任意三角形的公式那么高效，只用了 2 次乘法和 5 次加法运算。对于简单四边形，当顶点逆时针排列时面积是正数；顺时针时面积是负数。但是，它也可以用于非简单四边形，等于四边形的两个边界区域的面积之差。例如，I(图 6.18)是非简单四边形 $v_0v_1v_2v_3$ 的自相交点，有

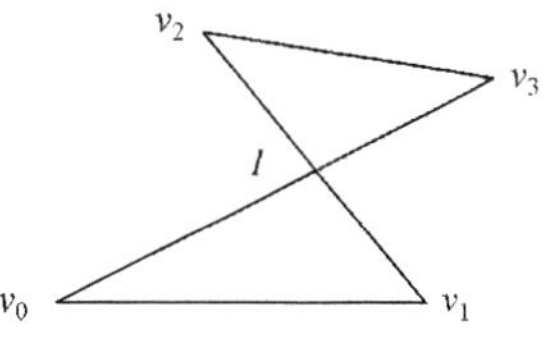

图 6.18　非简单四边形示例

$$A_{四边形}=A(\triangle v_0v_1I)+A(\triangle Iv_2v_3)$$

$$=A(\triangle v_0v_1I)-A(\triangle Iv_3v_2)$$

6.3.3　任意二维平面多边形面积量算

一个二维多边形可以被分解为多个三角形。对计算面积而言，有一个非常容易的分解简单多边形(不自相交)的方法。如图 6.19 所示，令一个多边形 Ω 的顶点为 $V_i=(x_i,y_i)$，$i=0,\cdots,n$，$V_n=V_0$。P 为一任意点。这样对多边形的每个边 V_iV_{i+1}与点 P 构成三角形$\triangle_i=\triangle PV_iV_{i+1}$。则多边形的面积为所有三角形的符号面积之和。有

$$A_{多边形}=\sum_{i=0}^{n-1}A(\triangle_i),\triangle_i=\triangle PV_iV_{i+1}$$

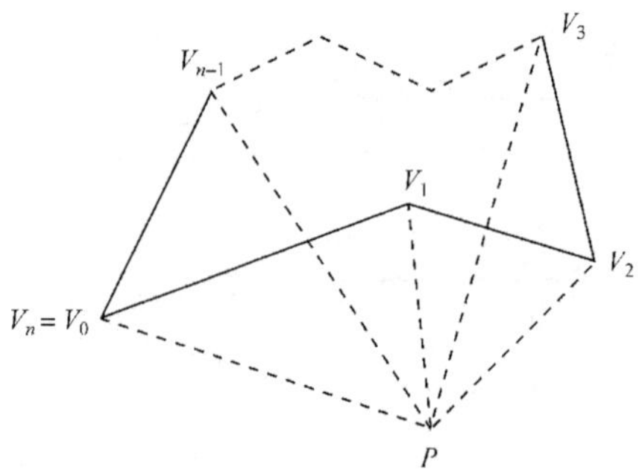

图 6.19 任意二维平面多边形面积量算

注意：对于一个逆时针多边形，当点 P 在边 V_iV_{i+1}的左边，并且位于多边形内，则$\triangle_i$的面积是正的；相反，当点 P 在边 V_iV_{i+1}的右边，并且位于多边形外部，则$\triangle_i$ 的面积是负的。如果是一个顺时针多边形，则符号相反，并且内部的三角形面积为负的。

例如，在上面的图中，三角形$\triangle_2=\triangle PV_2V_3$ 和$\triangle_{n-1}=\triangle PV_{n-1}V_3$ 的面积是正的。但是很容易观察到，$\triangle_2$ 和$\triangle_{n-1}$只有一部分是在多边形内部，有一部分在外部。另一方面，三角形$\triangle_0$ 和 $\triangle_1$ 的面积是负的，这样就抵消了面积为正数的三角形在多边形外部的那部分面积。最终，外部的面积会被全部抵消掉。

可以通过设定特定的点 P 和扩展条件，使公式更清楚。选 $P=(0,0)$（图 6.20），每个三角形的面积简化为 $2A(\triangle_i)=(x_iy_{i+1}-x_{i+1}y_i)$。这样就产生了

$$
\begin{aligned}
2A_{\text{多边形}} &= \sum_{i=0}^{n-1}(x_iy_{i+1}-x_{i+1}y_i) \\
&= \sum_{i=0}^{n-1}(x_i+x_{i+1})(y_{i+1}-y_i) \\
&= \sum_{i=1}^{n}x_i(y_{i+1}-y_{i-1})
\end{aligned}
$$

这里，$V_i=(x_i,y_i)$。

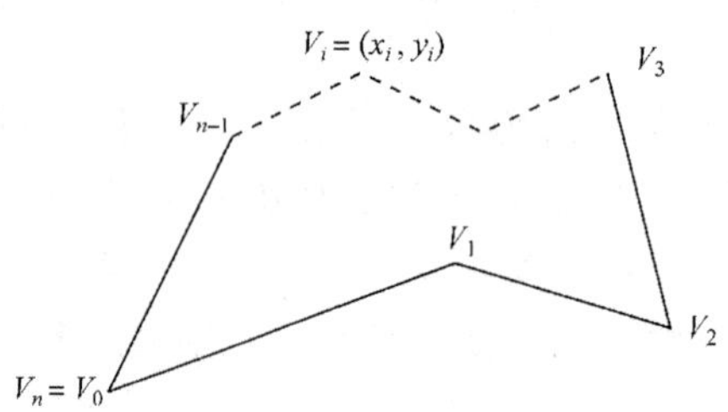

图 6.20 点 P 为(0,0)时的情况

只需少许的代数运算，即可看出第二和第三个求和公式等价与第一公式。对一个有 n 个顶点的多边形。第一个公式用了 $2n$ 次乘法运算和 $(2n-1)$ 次加法运算；第二个公式用了 n 次乘法运算和 $(3n-1)$ 次加法运算；第三个只用了 n 次乘法运算和 $(2n-1)$ 次加法运算。所以，第三个公式是最高效的，但是为了避免计算 $i \bmod n$，必须将多边形的顶点数组升为 $V_{n+1}=V_1$。

这个计算对于一个多边形会产生一个符号面积，就像一个三角形的符号面积那样。当顶点是逆时针排列时面积是正的，顺时针时面积是负的。因此，面积计算可以判断多边形的整体方向。但是，有其他的高效的方法判断多边形的方向。最简单的一个方法是找到最右边的最低的顶点，然后判断进入这个顶点和离开这个点的边的方向。这个判断可以通过检查离开边的最后顶点是否在进入边的左边，左边即意味着是逆时针。

6.3.4　任意三维平面多边形面积量算

1. 经典算法

另一个重要问题是如何在三维空间中计算平面多边形的面积。前面已展示了一个三维的三角形 $\triangle V_0V_1V_2$ 的面积为它的两个边的矢量积的模的一半，即 $\frac{1}{2}|V_0V_1\times V_0V_2|$。

这有一个经典的计算三维多边形的标准公式，这个公式扩展了三角形的矢量积公式。它来自于斯托克斯定理(Stokes Theorem)。但是，这里会展示如何从三维的三角形分解得到这个公式，三角形分解在几何上会更直观。

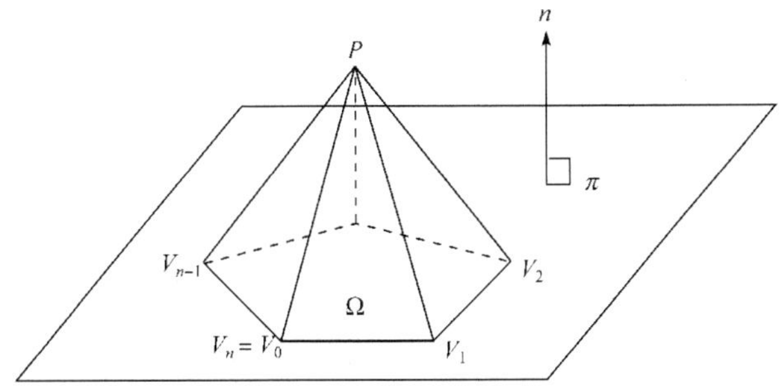

图 6.21　三维平面多边形的分解

如图 6.21 所示，一个一般的三维平面多边形 Ω 包含顶点 $V_i=(x_i, y_i, z_i)$ 其中 $i=0,\cdots,n$，$V_n=V_0$。所有的顶点都在一个相同的三维平面 π 上，此平面具有单位法线矢量 n。现在，就像在二维空间中，令 P 是一个任意的三维点(并不要求

在平面 π 上)；对 Ω 的每个边 $e_i = V_iV_{i+1}$，构成三维三角形$\triangle_i = \triangle PV_iV_{i+1}$。我们要找到这些三角形面积的和与多边形 Ω 的面积之间的关系。但是现在已有的是一个以多边形为底，P 为顶点的锥形。我们需要将这些三角形的边投影到平面 π 上。计算经过投影的三角形的符号面积。如果我们能够这样做，那么经过投影的面积的总和等于平面多边形的面积。

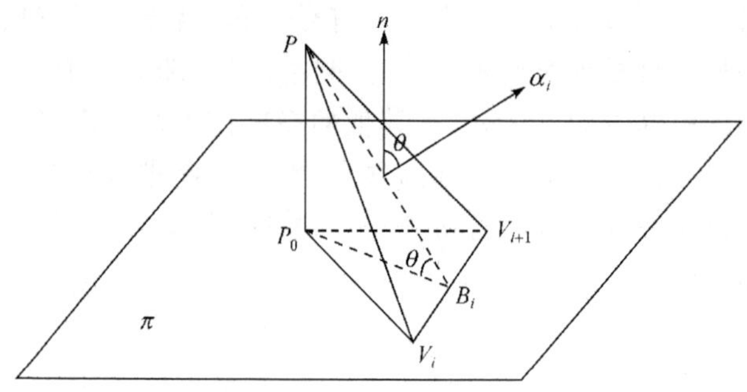

图 6.22　三角形投影面积的计算

如图 6.22 所示为了能够这样做，首先，对每个三角形$\triangle_i$ 关联一个面积矢量 $\alpha_i = 1/2(PV_i \times PV_{i+1})$，这个面积矢量垂直于三角形$\triangle_i$，并且面积矢量的模等于三角形的面积。然后，作点 P 到平面 π 的垂线，交平面于点 P_0，则投影过的三角形为 $T_i = \triangle P_0V_iV_{i+1}$。作边 $e_i = V_iV_{i+1}$的垂线 P_0B_i，交边于点 B_i。因为，PP_0 垂直于 e_i，三个点 PP_0B_i 定义的平面与 e_i 垂直，并且 PB_i 是点 P 到边 e 的垂线。所以，$|PB_i|$是三角形$\triangle_i$ 的高，并且$|P_0B_i|$是三角形 T_i 的高。进一步看，$|PB_i|$和$|P_0B_i|$的夹角$=\theta=n$ 和 α_i 的夹角。这样有如下公式：

$$\begin{aligned}A(T_i) &= \frac{1}{2}|V_iV_{i+1}||P_0B_i| = \frac{1}{2}|V_iV_{i+1}||PB_i|\cos\theta \\ &= A(\triangle_i)\cos\theta = |n||a_i|\cos\theta \\ &= n \cdot a_i\end{aligned}$$

从矢量 n 所指的方向看平面 π，如果 T_i 的顶点方向是逆时针，面积是正的。如同二维的情况一样，我们可以将所有的三角形 T_i 的符号面积相加，获得多边形的面积。公式如下

$$\begin{aligned}A_{多边形} &= \sum_{i=0}^{n-1} A(T_i) \\ &= \sum_{i=0}^{n-1} n \cdot a_i \\ &= \frac{n}{2} \cdot \sum_{i=0}^{n-1}(PV_i \times PV_{i+1})\end{aligned}$$

最后,选 P 点为 $P=(0,0,0)$(见图 6.23),则 $PV_i=V_i$ 产生如下简化的公式:

$$2A_{多边形}=n\cdot\sum_{i=0}^{n-1}(V_i\times V_{i+1})$$

这个公式用了 $6n+3$ 次乘法运算和 $4n+2$ 次加法运算。

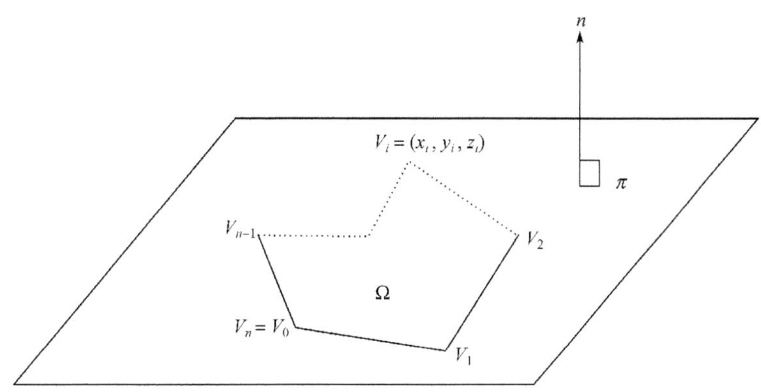

图 6.23　点 P 为(0,0,0)时的情况

与二维空间中相似,从矢量 n 所指的方向看平面 π,如果多边形的定向方向是逆时针,则面积是正的。

2. 四边形分解

使用四边形分解代替三角形分解来可以提高多边形面积的计算速度。分析三维平面四边形 $V_0V_1V_2V_3$ 的面积等于其对角线的矢量积的模,即

$$2A_{四边形}=n\cdot[(V_2-V_0)\times(V_3-V_1)]$$

这个公式将原来四个叉积运算降到一个叉积运算。

然后,任何顶点数大于 4 的多边形可以被分解为多个四边形。四边形由 V_0 和其他三个有序的顶点 V_{2i-1}、V_{2i}、V_{2i+1}构成,$i=1,\cdots,h$。其中,h 是小于或等于$(n-1)/2$ 的最大整数。如果 n 是奇数,那么最后一个是三角形。公式如下:

$$2A_{四边形}=n\cdot\left(\sum_{i=1}^{h-1}(V_{2i}-V_0)\times(V_{2i+1}-V_{2i-1})+(V_{2h}-V_0)\times(V_k-V_{2h-1})\right)$$

式中,当 n 为奇数时 $k=0$;n 为偶数时 $k=n-1$。这个公式使计算叉积的次数减少到一半(被矢量减运算代替)。这个公式总共需要 $3n+3$ 次乘法运算和 $5n+1$ 次加法运算,大致上快一倍。

3. 投影到二维平面

将三维的多边形投影到二维的平面上,可以提高计算的速度。然后,用二维的

多边形面积计算公式计算，再乘以一个比例因子就可以得到三维多边形的面积。可以通过忽略三维多边形的某个坐标轴上的值，投影到另两个轴构成的平面上。为了避免退化和提高计算的健壮性，检查平面的法线矢量 $n(ax+by+cz+d=0)$，将系数绝对值最大的坐标轴忽略。令 $\mathrm{Proj}_c(n)$是忽略了坐标 $c=x$、y 或 z 的投影。则投影过的多边形的面积与原始多边形的面积之比为

$$\frac{A_{\text{投影后的多边形}}}{A_{\text{三维多边形}}}=\frac{|n_c|}{|n|},\ c=x\text{、}y\text{ 或 }z$$

式中，n 为原始多边形的法线矢量 $n=(n_x, n_y, n_z)$；n_c 为 n_x, n_y, n_z 中的一个。所以，三维平面面积的计算多一个额外乘法运算，这个算法总共用了 $n+5$ 个乘法运算，$2n+1$ 个加法运算，一个开方运算(当 n 不是一个单位矢量)，加上选择投影平面所需的消耗。这对于标准的公式来讲是个显著的提高，提高了几乎 6 倍。

思 考 题

1. 编写程序实现点到直线距离的计算。
2. 编写程序实现两直线夹角的计算。
3. 编写程序实现多边形面积的计算。

第7章　空间数据索引算法

空间索引就是指依据空间对象的位置和形状或空间对象之间的某种空间关系，按一定的顺序排列的一种数据结构，其中包括空间对象的概要信息，如对象的标识、外接矩形及指向空间对象实体的指针。空间索引是对存储在介质上的数据位置信息的描述，用来提高系统对数据获取的效率。

空间索引的提出是由两方面决定的：其一是由于计算机的体系结构将存储器分为内存、外存两种，访问这两种存储器一次所花费的时间一般为 30～40ns、8～10ms，可以看出两者相差 10 万倍以上。尽管现在有“内存数据库”的说法，但绝大多数数据是存储在外存磁盘上的。如果对磁盘上数据的位置不加以记录和组织，每查询一个数据项则要扫描整个数据文件。这种访问磁盘的代价则会严重影响系统的效率，因此系统的设计者必须将数据在磁盘上的位置加以记录和组织，通过在内存中的一些计算来取代对磁盘漫无目的的访问，才能提高系统的效率。尤其是 GIS 涉及的是各种海量的复杂数据，索引对于处理的效率是至关重要的。其二是 GIS 所表现的地理数据多维性使得传统的 B 树索引并不适用，因为 B 树所针对的字符、数字等传统数据类型是在一个良序集之中，即都是在一个维度上，集合中任给两个元素，都可以在 这个维度上确定其关系只可能是大于、小于、等于三种。若对多个字段进行索引，必须指定各个字段的优先级形成一个组合字段。而地理数据的多维性，在任何方向上并不存在优先级问题，因此 B 树并不能对地理数据进行有效的索引，所以需要研究特殊的能适应多维特性的空间索引方式。

7.1　B 树与 B^+ 树

B 树索引结构是关系数据库中用的最广泛的索引，虽然 B 树与 B^+ 树并不适应空间数据的管理，但 B 树的设计思想对空间索引的研究提供了思路，起到了重要作用，所以在这里有必要介绍一下 B 树。B 树的实现主要依赖于索引域中排序的存在。前面提到空间数据不存在特定依赖的索引域，所以空间数据索引的研究关键是设计索引域，对空间数据进行分类和排序。对空间数据进行分类和排序会破坏空间数据的相邻性，也正是因为破坏了空间数据的相邻性，才将多维的空间信息映射到一维的索引域。

7.1.1 B树索引结构

1. B树定义

B树是一种平衡的多路查找树，其定义如下：

一个 m 阶的B树，或为空树，或是为满足下列特征的 m 叉树。

(1) 树中每个结点至多有 m 棵子树；

(2) 若根结点不是叶子结点，则至少有两棵子树；

(3) 除根之外的所有非终端结点至少有 $\lceil m/2 \rceil$ 棵子树；

(4) 所有的非叶结点中包含下列信息数据：

$$(A_0, <K_1, A_1, D_1>, <K_2, A_2, D_2>, \cdots, <K_n, A_n, D_n>)$$

式中，$K_i(i=1,\cdots,n)$ 为关键字，且 $K_i<K_{i+1}(i=1,\cdots,n-1)$；$A_i(i=0,\cdots,n)$ 为指向子树根节点的指针，且指针 A_{i-1} 所指的子树中所有结点的关键字均小于 $K_i(i=1,\cdots,n)$；A_n 所指的子树中所有结点的关键字均大于 K_n；D_n 为数据指针，指向关键字 K_n 所在的数据记录。

$<K, A, D>$ 称为结点的一个元素。

(5) 所有的叶子结点都出现在同一层次上，并且不带信息(可以看作是外部结点查询失败的结点，实际上这些结点不存在，指向这些结点的指针为空)。

2. B树的存储结构

B树的所有结点都储存在外部存储设备中(如磁盘)中，通常一个结点的大小为磁盘块的整数倍数，树中的指向子树的指针都是外部存储设备的地址。在B树的所有算法中都会尽力减少磁盘的读写次数，提高效率。

3. B树查找算法

设查找关键字为K，首先将根结点读入内存，在结点中查找关键字K，若找到则取出关键字K对应的数据指针D，查找结束。若未找到K，则需找出 K_i，使得 $K_{i-1}<K<K_i$，读出 A_i 所指的磁盘中的结点，如同在根结点中搜索一样继续查找，直到叶结点。在查找 K_i 的过程中，若 $i=1$，则读出 A_0 所指的磁盘中的结点。

在搜索过程中，从根至外部结点路径上的所有内部结点都有可能被搜索到，因此，磁盘访问次数最多是 h(h 是B树的高度)。

例如，在图7.1所示的B树中搜索K＝27。首先读入根结点 c，比较 $27<35$，读左结点 b，$27>18$，读右结点 e，找到了27，查找结束。在查找过程中读磁盘3次。

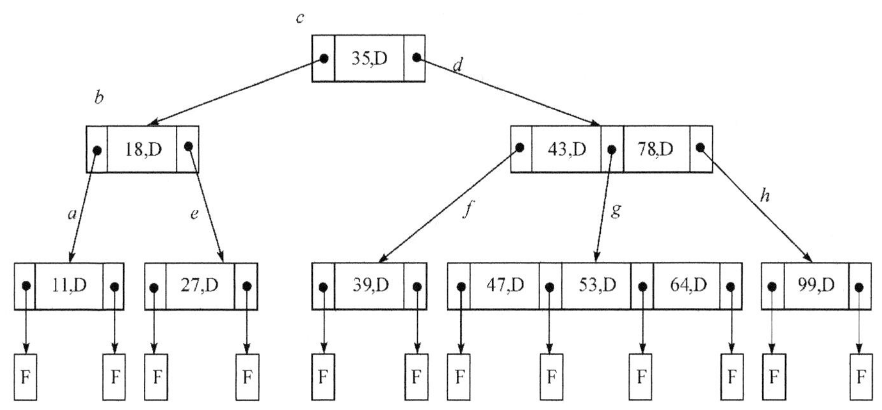

图 7.1　一个 4 阶的 B 树,每个结点最多有 4 棵子树,除根结点外所有非叶结点至少有两棵子树

4．树的插入算法

设将元素<K,A,D>插入 B 树中。

(1) 首先在树中查找 K,若查找到,算法结束(假定 B 树中不容许有相同的关键字存在)。若没查找到,设最后查找的结点为 N。将关键字 K 插入结点 N 中,若结点 N 的元素的个数小于等于 $m-1$,将 A 指向叶结点,插入结束。若结点 N 的元素关键字的个数为 m,则需分裂结点 N。

(2) 设插入关键字 K 后的 N 的结点情况如下:

$$(A_0, <K_1, A_1, D_1>, <K_2, A_2, D_2>, \cdots, <K_m, A_m, D_m>)$$

创建一新结点 L,将 N 中的第$\lceil m/2+1 \rceil$以及其后的所有元素,共 $m-\lceil m/2 \rceil$ 个元素移入新结点 L 中。再将元素$<K\lceil m/2 \rceil, A\lceil m/2 \rceil, D\lceil m/2 \rceil>$移出 N,插入结点 N 的父结点。N 的父结点还可能需要分裂,最坏的情况是分裂一直延续到根结点,最后产生一新的根结点,树高增加 1。

当插入操作引起了 s 个结点的分裂时,磁盘访问的次数为 h(读取搜索路径上的结点)$+2s$(回写两个分裂出的新结点)$+1$(回写新的根结点或插入后没有导致分裂的结点)。因此,所需要的磁盘访问次数是 $h+2s+1$,最多可达到 $3h+1$。

例如,在图 7.1 中插入<48,D>。首先查找 K=48,未查到 K=48;最后访问的结点是 g。将 K=48 插入此结点中,(<47,D>,<48,D>,<53,D>,<64,D>),元素个数 4>3,结点需分裂。

(<47,D>,<48,D>,<53,D>,<64,D>)分裂为两个结点(<47,D>)、(<53,D>,<64,D>)。将元素<48,D>插入(<47,D>,<48,D>,<53,D>,<64,D>)的父结点 d,结果如下(图 7.2):(<43,D>,<48,D>,<78,D>)此结点满足要求,不需要进一步分裂。插入算法结束,结果 B^+ 树为:

整个插入算法共分裂一次，所需磁盘访问次数为 3＋2＋1＝6 次。

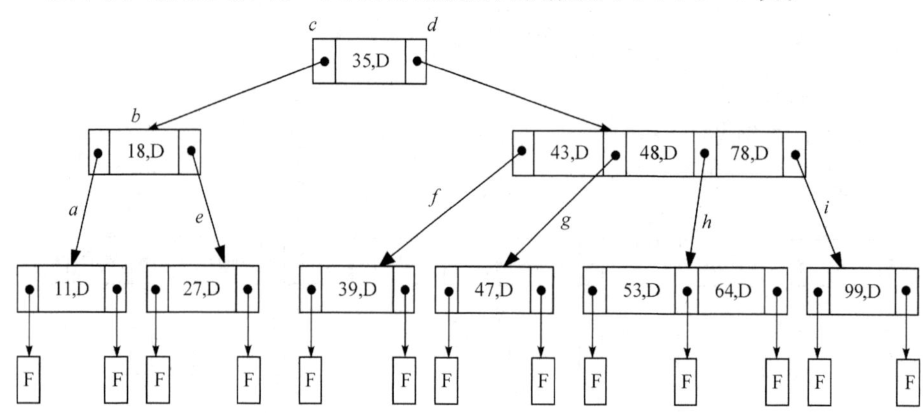

图 7.2　在图 7.1 中插入<48,D>的结果

5．B 树的删除算法

设待删除的元素的关键字为 K，所在的结点为 N。删除操作分为两种情况：①K 所在的结点为最下层的非叶结点。②K 所在的结点不是最下层的非叶结点，可以用左相邻子树中的最大元素，也可以用右相邻子树中的最小元素来替换被删除元素，这样② 就转化为①。以下讨论情况①的删除操作，有三种可能。

(1) K 所在的结点 N 中元素的个数不小于$\lceil m/2\rceil$，则只需从其中删除元素<K,A,D>，树的其余部分不变。

(2) K 所在的结点 N 中元素的个数等于$\lceil m/2\rceil-1$，而与其相邻的左兄弟(或右兄弟)结点中元素的个数大于$\lceil m/2\rceil-1$，则需将其兄弟结点中的最小(或最大)的关键字上移至父结点中，而将父结点中小于(或大于)且紧靠该上移关键字的关键字下移至被删除关键字所在的结点中。这样被删除的结点中的元素的个数就等于$\lceil m/2\rceil-1$，满足条件。

(3) K 所在结点 N 的左右兄弟结点中的元素个数都等$\lceil m/2\rceil-1$。设元素<K_i,A_i,D_i>中，A_i 指向 N 的右兄弟(或左兄弟)结点。将删除后的 N 中剩余的元素加上元素<K_i,A_i,D_i>一同移至 N 的右兄弟(或左兄弟)结点。如果因此 N 的父结点的个数为$\lceil m/2\rceil-2$，则依次类推。

对于高度为 h 的 B 树的删除操作，最坏情况出现在当合并发生在 h，$h-1$，…，3，2 层时，需要从最相邻兄弟中获取一个元素。最坏情况下磁盘访问次数是 $3h$＝(找到包含被删除元素需要 h 次读访问)＋(获取第 2 至 h 层的最相邻兄弟需要 $h-1$ 次读访问)＋(在第 3 至 h 层的合并需要 $h-2$ 次写访问)＋(对修改过的根结点和第 2 层的两个结点进行 3 次写访问)。

例如，在图 7.1 中，删除元素＜11，D＞，此时结点 a 变空，其右兄弟结点 e 的元素个数为 $\lceil m/2 \rceil-1$（$m=4$），属于第(3)种情况，元素＜18，D＞指向(＜27，D＞)。需将元素＜18，D＞与＜27，D＞合并，合并后结点 b 变空，其右结点 d 的元素个数为 $\lceil m/2 \rceil$（$m=4$），属第(2)种情况，需将元素＜43，D＞移到根结点中，＜35，D＞移到 b 原来所在的结点中，最终结果如图 7.3 所示。

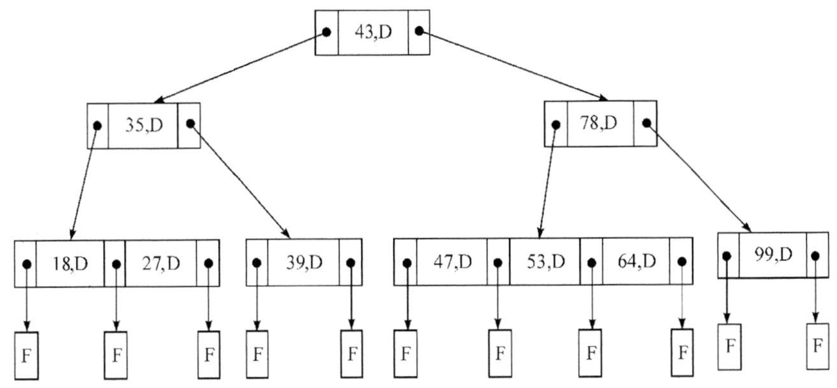

图 7.3　删除结点后的结果

6. 算法实现示例

以下算法简要描述了 B 树的查找操作的实现。

由于 B 树主要用作文件的索引，它涉及外存的存取，在此略去外存的读写，只作示意性描述。假设结点类型如下说明。

```
#define m 4                         //树的阶，暂定为 4
typedef struct BTNode
{
  int              keynum;          //结点中关键字的个数
  struct BTNode    * parent;        //指向父结点
  KeyType          * key[m+1];      //关键字，0 号单元未用
  Struct BTNode    * ptr[m+1];      //子树指针矢量
  Record           * recptr[m+1];   //记录指针矢量，0 号单元未用
}
Typedef struct
{
  BTNode * pt;                      //指向找到的结点
  int     i;                        //1...m，在结点中的关键字序号
  int     tag;                      //1:查找成功，0:查找失败
```

```
} Result

Result SearchBTree(BTree T,KeyType K)
{
  //在 m 阶 B 树上查找关键字 K,返回结果(pt,i,tag)。若查找成功,则特征值 tag=1,
  //指针 pt 所指结点中第 i 个关键字等于 K;否则特征值 tag=0,等于 K 的关键字应插入
  //在指针 pt 所指结点中第 i 和第 i+1 个关键字之间。
  P=T;q=NULL;found = FALSE; i=0;//初始化,p 指向待查结点,q 指向 p 的父结点
  while (p && ! found )
  {
    n=p->keynum; i=Search(p, K);       //在 p->key[1...keynum]中查找 i,使得:
                                       //p->key[i] <= K<p->key[i+1]
    if (i>0 && p->key[i]==K) found = TRUE;  //找到待查关键字
    else
    {
      q=p;p=p->ptr[i];
    }
  }
  If (found) return (p,i,1);             //查找成功
  else return (q,i,0);                   //查找不成功,返回 K 的插入位置信息
} //Search BTree
```

7.1.2　B^+树索引结构

B^+树是 B 树的改进,在 B 树中,数据指针可以出现在树的任一级。在 B^+树中,数据指针仅出现在叶结点。B^+树的叶结点的结构与内结点的结构不同。在内结点中出现的每一个关键字,在叶结点中都存在。

一棵 m 阶的 B^+树必须满足下列条件:

(1) 每个结点至多有 m 棵子树。

(2) 除根结点和叶结点以外,每个结点至少有$\lceil m/2\rceil$棵子树。如果根结点不是树的唯一一个结点,它至少有两棵子树。

(3) 每个内结点包含下列信息数据。

($<A_1, K_1>$, $<A_2, K_2>$, …, $<A_{n-1}, K_{n-1}>$, $<A_n,K_n>$),其中,K_i($i=1,\cdots,n$)是关键字,且 $K_i<K_{i+1}$($i=1, \cdots, n-1$);A_i($i=1, \cdots, n$) 为指向子树的指针,且指针 A_{i-1}所指的子树中所有结点的关键字均小于等于 K_i($i=1,\cdots,n$),A_n 所指的子树中所有结点的关键字均大于 K_n。

(4) 有 n 棵子树的结点中含有 n 个关键字。

(5) 所有的叶子结点中包含了全部关键字的信息及指向含这些关键字记录的指针,且叶子结点本身依关键字的大小自小而大顺序连接。

(6) 所有的非叶子结点可以看成是索引部分,结点中仅含有其子树(根结点)中的最大(或最小)关键字。

B^+ 树的查找算法、插入和删除的过程基本上与 B 树类似。只是在查找时非叶结点上的值等于关键字时,查找并不停止,而是一直到叶结点,因为数据指针在叶结点,如图 7.4 所示。

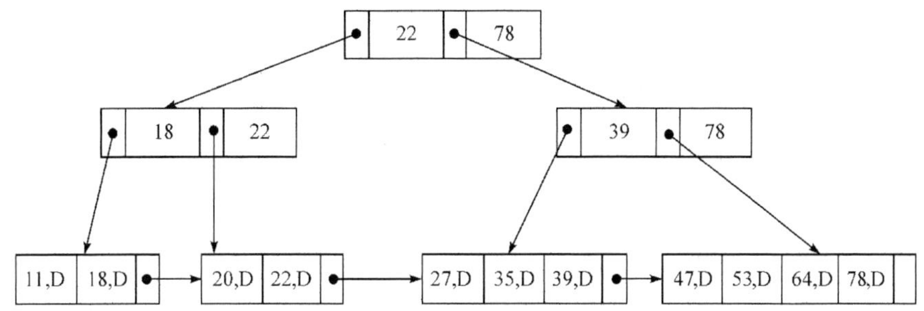

图 7.4　B^+ 树实例

7.2　R 树结构

Guttman 受到 B^+ 树的启发,在 1984 年提出了 R 树, R 树的查询效率高,且适用范围广,能够支持高维的空间对象。此后,Sellis 等(1987)、Greene(1989)、Beckmann 等(1990)、Kamel(1994)和 García(1998)等在其基础上不断地进行改进,提出了 R 树的多种变形,形成了一个 R 树类索引体系。

7.2.1　R 树定义

R 树是一种类似于 B 树的动态平衡树(图 7.5)。R 树的结点由若干个结构为(I,PointerToChild)的单元组成。

$$I=(I_1,I_2,\cdots,I_n)$$

式中,n 为空间对象的空间维数;I_i 则为第 i 维上的坐标范围$[a,b]$,为一闭区间。在非叶子结点中,I 为包含其所有子结点的最小包含矩形(MBR)。如图 7.5 中的虚线矩形。而在叶子结点中,I 为空间对象的 MBR。

PointToChild 是个指针,指向子结点。但在叶子结点中,是空间对象的标识符

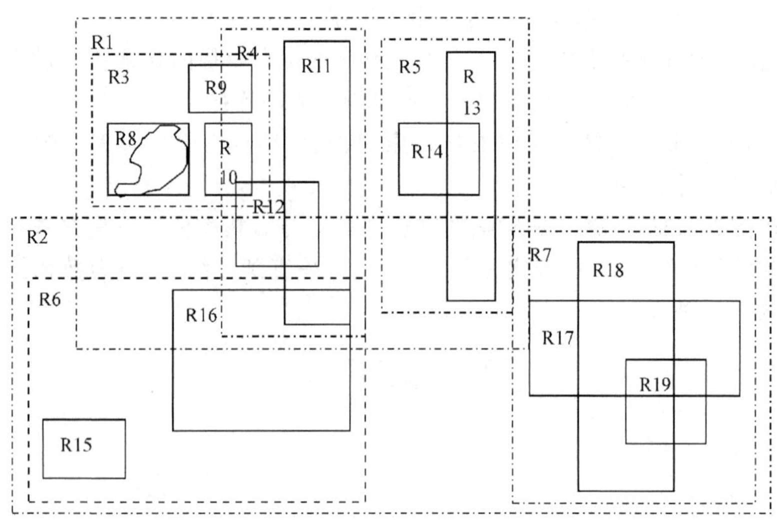

图 7.5 R 树的结构

(identifier,ID)。根据 ID,可以检索到空间对象的详细信息。

Guttman(1984)参照 B 树的定义形式,给出了 R 树的定义。其中设 M 为结点中单元的最大数目,$m(1\leqslant m\leqslant M/2)$为非根结点中单元个数的下限。

(1) 每个叶子结点包含的单元个数介于 m 与 M 之间,除非它同时是根结点。

(2) 每个叶子结点中的单元(I,SpatialObjectID)中,I 是包含该 n 维空间对象的 MBR,SpatialObjectID 是该空间对象的 ID。

(3) 每个非叶子结点的子结点数介于 m 和 M 之间,除非它是根结点。

(4) 每个非叶子结点的单元(I,PointerToChild)中,I 是包含子结点的 MBR,PointerToChild 是指向子结点的指针。通过该指针能访问到子结点。

(5) 根结点最少有两个子结点,除非它同时是叶子结点。

(6) 所有的叶子结点都处于树的同一层上。

7.2.2 R 树索引的主要操作算法

在定义了 R 树结构的基础上,Guttman(1984)还给出了 R 树的搜索、插入、删除、分裂等主要操作的算法。

1. 搜索算法

类似于其他树的搜索算法,R 树的搜索算法也是一个递归过程。设搜索区域为 S,则搜索区域 S 内空间对象的过程如下:

(1) [子树的搜索]——从 R 树的根结点 T 开始，如果 T 结点不是叶子结点，则依次判断该结点中各单元的 I 与区域 S 的空间关系，如果 I 与搜索区域 S 相交，则以该单元所指的结点为子树的根节点，重复上面的操作。如果 T 结点是叶子结点则转至第二步。

(2) [叶子结点的搜索]——如果 T 是叶子结点，依次判断其中各空间对象与搜索区域 S 的空间位置关系，如果空间对象落在搜索区域 S 内，表明其满足搜索条件。

2. 插入算法

R 树的另一个重要操作是在 R 树中插入一个新的空间对象。该插入算法与 B 树的插入算法相类似，能够保证树的平衡，使所有叶子结点都处在树的同一层上。

新空间对象的插入操作：

(1) [为新的空间对象，寻找一个合适的叶子结点]——选择合适的叶子结点 L(该过程在下面另外介绍)来存放新的空间对象。

(2) [将新的空间对象记录到叶子结点中]——如果结点 L 中尚有空位(单元数小于 M)，则在 L 中记录新空间对象的 MBR 和 ID。如果没有空位，则将 L 结点中的单元(包括新的空间对象)，分成两个部分，分别记录在结点 L 和新生成的结点 LL 中。结点的分裂方法另外介绍。

(3) [调整树的结构]——从叶子结点 L 开始，对 R 树结构进行调整。

(4) [生成新的根结点]——如果由于子结点的分裂，导致根结点中单元个数超过 M，则需将根结点分裂成两个结点，并再生成一个新结点作为 R 树的根结点，而原根结点分裂成的两个结点作为其子结点。此时 R 树增加 1 层。

选择合适的叶子结点：

(1) [初始化]——令 N 为 R 树的根结点。

(2) [判断是否为叶子结点]——如果 N 为叶子结点，则返回 N。N 即为要找的叶子结点。

(3) [选择合适的子树]——如果 N 结点不是叶子结点，将新空间对象依次加入到该结点的各单元，分别计算 I 的面积，其中面积增加最小的单元所在的子树即为合适的子树。令 N 为该单元所指的子结点，从(2)开始重复进行上面的步骤。

调整树的结构：

(1) [初始化]——令 N 为叶子结点 L，NN 为因新空间对象的插入而分裂生成的新的结点(如果有的话)。

(2) [判断是否是根结点]——如果 N 为根结点，则停止返回。

(3) [调整父结点相应单元的 I]——调整结点 N 的父结点 P 中与其相应单元

的 I,使其正好包含 N 结点中的所有单元。

(4)［根据需要进一步分裂父结点］——如果存在因分裂生成的新结点 NN,则在 N 的父结点 P 中加入指向该结点的单元,如果 P 结点中单元个数超过 M,则需分裂结点 P,从而生成一个新的结点 PP,并令 $N=P$, $NN=PP$。从(2)步开始重复上面的步骤。

通过上面的分裂算法可以动态地加入新的空间对象,且不破坏 R 树的平衡。

3. 删除算法

类似于插入算法,删除算法也能保证 R 树的平衡。

空间对象的删除操作:

(1)［确定删除空间对象所在的叶子结点］——通过 R 树的搜索算法,确定删除空间对象所在的叶子结点 L。

(2)［删除空间对象］——将结点 L 中空间对象所在的单元删除。

(3)［调整 R 树］——从叶子结点 L 开始调整 R 树的操作。这一步保证结点(根结点除外)中单元数不低于其下限 m。

(4)［调整根结点］——如果 R 树调整后,根结点只有一个孩子,则将根结点删除,让其孩子结点成为 R 树的根结点,此时 R 树减少 1 层。

由于空间对象的删除会导致结点的单元数小于 m,为了避免这种情况,提高结点的利用率,需要将 R 树进行调整,保证每个结点(根结点除外)的单元数不小于 m。

R 树的调整算法:

(1)［初始化］——令 N 为被删除单元的叶子结点 L。Q 为结点的集合,用以存放被删除的结点,初始化为空。

(2)［寻找 N 在父结点中的相应单元］——如果 N 为根结点则转至步骤(6)。反之查找其父结点 P,并找到与 N 结点相对应的单元 E_N。

(3)［删除单元数小于 m 的结点］——如果结点 N 的单元数小于 m,则在结点 P 中删除单元 E_N,并将结点 N 加入集合 Q 中。

(4)［调整相应的 MBR］——如果结点 N 没有被删除,则调整单元 E_N 中 I,使其正好包含结点 N 中的所有单元。

(5)［调整上一层］——令 $N=P$,从步骤(2)开始重复上述操作。

(6)［被删除结点重新插入到 R 树中］——采用 R 树的插入算法,将 Q 中的所有被删除的结点重新插入到 R 树中。

4．分裂算法

R 树的结点分裂算法是 R 树的一个重要算法。如何将一个矩形集分成适当的两部分(图 7.6)，是影响 R 树检索效率的一个重要因素。Guttman(1984)以面积作为标准，即分裂后的两部分 MBR 面积和最小。该算法基于穷举的思想，列出各种符合要求的组合，从中选取面积和最小的组合。

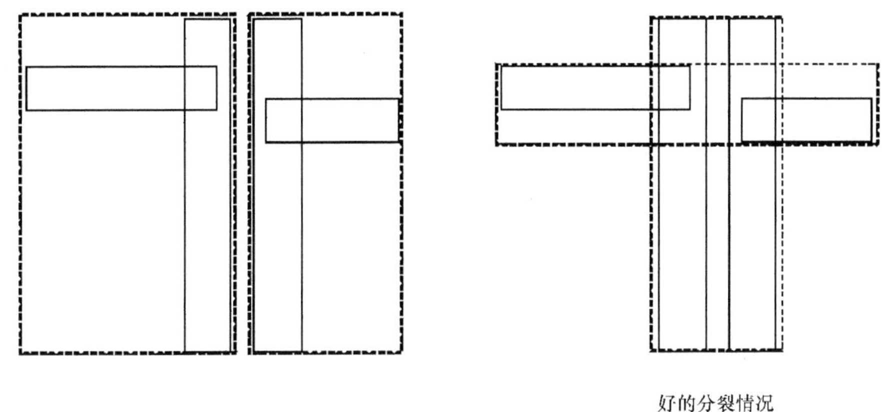

图 7.6　结点分裂算法比较

但该算法存在较大的缺陷，即复杂度太高，近似于 2^{M-1}，随着 M 的增大，耗费的时间呈指数上升。同时在 R 树插入空间对象时，结点分裂算法被频繁调用，这会导致建立 R 树索引耗时增加。Guttman 为此提出了复杂度分别为平方和线性的两个近似算法。本文着重介绍平方耗费算法(Quadratic-Cost Algorithm)。

该算法为一近似算法，复杂度为 M^2。算法分两步，首先从要分裂的矩形集中选取在分裂后最不可能在同一类中的两个矩形作为种子，作为两类中的第一个矩形，然后将剩下的矩形依次分配到这两类中。但该算法不能保证分裂后的面积和为最小。

平方耗费算法：

(1) [为两类选取第一个矩形]——选择两个最不可能在同一类的矩形作为种子，分别赋给两类，作为类中的第一个矩形。

(2) [是否需要停止分配]——如果矩形集中的矩形均已分配完毕，则分裂操作结束，返回。如果将矩形集中剩下的矩形都加入到某一类中，才能使其矩形的个数等于 m，则将所剩矩形都分配给该类，并结束分裂操作，返回。

(3) [分配矩形]——对矩形集中剩下的矩形进行分配，选取其中的某一个矩形，加入到其中一类，基本判据是该类在加入该矩形后，MBR 面积增加最小。若两类面积增加值相等，则选未加入前 MBR 面积最小者。若此前 MBR 面积相等，则选矩形数最少者。若矩形数也相等，则可将该矩形分配给其中的任何一类。从步骤(2)开始重复上面的操作。

选取种子矩形(pick seeds)：

(1) [计算各对矩形的 D 值]——对于矩形集中的任何两个矩形 A 和 B，设 J 为包含 A、B 矩形的 MBR，计算 $D=\text{Area}(J)-\text{Area}(A)-\text{Area}(B)$；

(2) [选取种子矩形对]——选择 D 值最大的矩形对作为种子矩形。

选择进行分配的矩形：

(1) [计算各矩形的 D_1 与 D_2 值]——对于矩形集中其余矩形，分别计算并进行分配，各类 MBR 的面积增长 D_1 与 D_2 的值；

(2) [选取矩形]——选取 D_1 与 D_2 相差最大的矩形作为要分配的矩形。

Guttman 还给出了一个复杂度更低的分裂方法——线性耗费算法(Line-Cost Algorithm)。该算法与 Quadratic-Cost Algorithm 类似，但在选择种子矩形和分配矩形时采用更为简单的方法，相应的分裂结果比上面的方法更为粗略。

7.2.3 R* 树算法

在 Guttman 之后，Sellis 等(1987)和 Green(1989)从局部优化的角度对 R 树进行了改进，德国不莱梅大学的 Beckmann 兼顾局部优化和整体优化，于 1990 年提出了 R* 树是 R 树发展过程中的一个重要里程碑。Sellis(2000)在 ACM SIGMOD Digital Review 上撰文对 R* 树进行了回顾和展望，充分肯定了 R* 树的重要地位。

以下是 Beckmann 对 R 树所作的改进。

1. 局部优化——衡量指标的多元化

在分裂结点和选取最优子树的衡量指标的多元化，除采用面积指标外，还引入了周长和重叠部分面积作为判定指标(Beckman et al.，1990)。

(1) 在结点分裂上，Beckmann 等采用与 Green(1989)相类似的近似分裂算法，同时加入周长和重叠部分作为判定的指标；

(2) 在选择子树过程中，对于非叶子结点层子树的选择还是沿用 Guttman 的面积增量作为标准，而叶子结点层子树的选择采用互相重叠部分增量作为标准。

2. 整体优化——强制重新插入算法(Forced Reinsert Algorithm)

上面曾提及，对于同一个空间对象集合，空间对象插入的顺序不同，会得到结构不同的 R 树。这表明新空间对象的加入受到先前插入的空间对象的影响。在新空间对象加入后，原先的空间索引未必还能较好地反映空间对象之间的空间位置关系。而这势必影响到后面空间对象的插入，最终导致的整个 R 树整体结构合理性的降低，影响了查询的效率。针对上述问题，R^* 树提出对索引中已有结点中的单元进行有选择的重新插入，以优化 R 树的整体结构。

强制重新插入算法的思路：当新空间对象的插入导致结点中单元数超标时，对结点中的单元重新判断，并在索引树中同层的其他结点中进行动态调整，以推迟结点的分裂，从而达到对 R 树的整体结构进行优化的目的。该算法的详细过程如下。

溢出处理——处理单元数超过 M 的结点 N（N 不是根结点），选择结点中的适当的单元重新插入，或分裂结点 N。

(1) 若 N 是所在层的第一个溢出结点，则调用重新插入过程，选择 N 结点中若干个适当的单元重新插入；

(2) 反之，则分裂结点 N。

重新插入机制——从指定结点 N 中选择若干个适当的单元，重新插入到同层的其他结点中。

(1) 分别计算结点 N 中的 $M+1$ 个单元的 MBR 的中心到结点 N 的 MBR 的中心的距离 D；

(2) 将各单元按 D 值从大到小排列，取出前 $P(1\leqslant P\leqslant M-m+1)$ 个单元，调用插入算法，插入到同层的其他结点中。

7.3　四叉树结构

区域型物体的四叉树（Quad-tree）表示方法最早出现在加拿大地理信息系统 CGIS 中。20 世纪 80 年代以来，四叉树编码在图像分割、数据压缩、地理信息系统等方面进行了大量研究，对四叉树数据结构提出了许多编码方案。

7.3.1　常规四叉树

四叉树分割的基本思想是首先把一幅图像或一幅栅格地图（$2^n\times 2^n$，$n>1$）等分成 4 部分，逐块检查其栅格值。若每个子区中所有栅格都含有相同值，则该子区不再往下分割。否则，将该区域再分割成 4 个子区域。如此递归地分割，直到每个子块都含有相同的灰度或属性值为止。这样的数据组织称为自上往下（Top-to-Down）的常规四叉树。四叉树也可自下而上（Down-to-Top）地建立。这时，从底层开始对每个栅格数据的值进行检测，对具有相同灰度或属性的四等分的子区进行合并，如此递归向上合并。

图 7.7 表示了四叉树的分解过程。图中对 $2^3\times 2^3$ 的栅格图，利用自上而下方

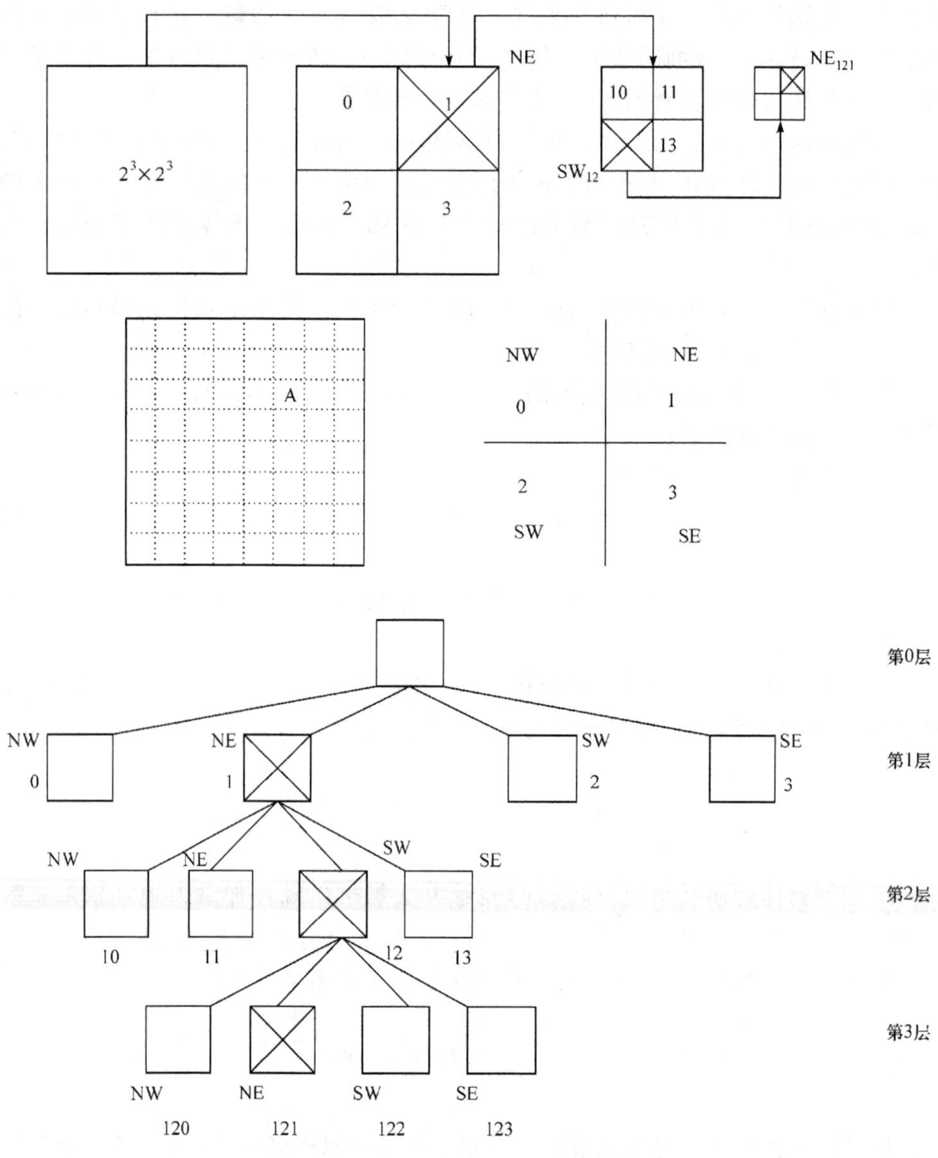

图 7.7 常规四叉树及其分解过程

法表示了寻找栅格 A 的过程。从四叉树的特点可知,一幅 $2^n\times 2^n$ 栅格阵列图,具有的最大深度数为 n,可能具有的层次为 0,1,2,3,…,n。

每层的栅格宽度,即为每层边长上包含的最大栅格数,反映了所在叶结点表示的正方形集合的大小。其值为

$$2^{(\text{最大深度}-\text{当前层次})}$$

例如，一幅 $2^3 \times 2^3$ 的栅格阵列，它具有最大深度为 3，可能层次分别为 0，1，2，3。其中：

第 0 层边长上的最大栅格数为 $2^{3-0}=8$；

第 1 层边长上的最大栅格数为 $2^{3-1}=4$；

第 2 层边长上的最大栅格数为 $2^{3-2}=2$；

第 3 层边长上的最大栅格数为 $2^{3-3}=1$；

当栅格阵列为非 $2^n \times 2^n$ 时，为了便于进行四叉树编码可适当增加一部分零使其满足 $2^n \times 2^n$。

常规四叉树所占的内外存空间比较大，因为它不仅要记录每个结点值，还需记录结点的一个前趋结点及四个后继结点，以反映结点之间的联系。对栅格数据进行运算时，还要作遍历树结点的运算。这样就增加了操作的复杂性。所以实际上，在地理信息系统或图像分割中不采用常规四叉树，而用线性四叉树（linear Quadtree）。

7.3.2　线性四叉树

从数据结构角度看，树数据结构本身属于非线性数据结构。这里所说的线性四叉树编码是指用四叉树的方式组织数据，但并不以四叉树方式存储数据。也就是说，它不像常规四叉树那样存储树中各个结点及其相互间关系，而是通过编码四叉树的叶结点来表示数据块的层次和空间关系。所说的叶结点都具有一个反映位置的关键字，亦称位置码，以此表示它所处位置。其实质是把原来大小相等的栅格集合转变成大小不等的正方形集合，并对不同尺寸和位置的正方形集合赋予一个位置码。

图 7.8(a)显示的栅格数据图，其中属性值为 1，背景值为 0。该图的线性四叉树表示可通过 19 个叶结点来描述。图中叶结点(1)～(19)分别表示不同尺寸的正方形集合。所以，线性四叉树的关键是如何对叶结点进行编码，通常说的各种四叉树编码法的差异，主要在于表示位置码的编码方法不同。

7.3.3　线性四叉树的编码

讨论对线性四叉树编码之前，首先讨论一下四叉树编码中采用的自上而下分割以及自下而上的合并过程。设一个 $n \times n$ 的栅格阵列（$n=2^k$，$k>1$）对其进行自上而下分割过程，可如下用四进制码说明。

第一次分割得第一层，这里用 P_0，P_1，P_2，P_3，表示如下

0	0	0	0	0	0	0	0
0	0	0	0	0	0	0	0
1	1	0	0	0	0	0	0
1	1	1	1	0	0	0	0
1	1	1	1	1	0	0	0
1	1	1	1	0	0	0	0
0	0	0	0	0	0	0	0
0	0	0	0	0	0	0	0

(1) 0 (2) 0 (8) 0
(3) 1 (4) (5) (6) (7)
(9) 1 (10) 1 (13) (14) (15) (16) (17) 0
(11) 0 (12) 0 (18) 0 (19) 0

(a)

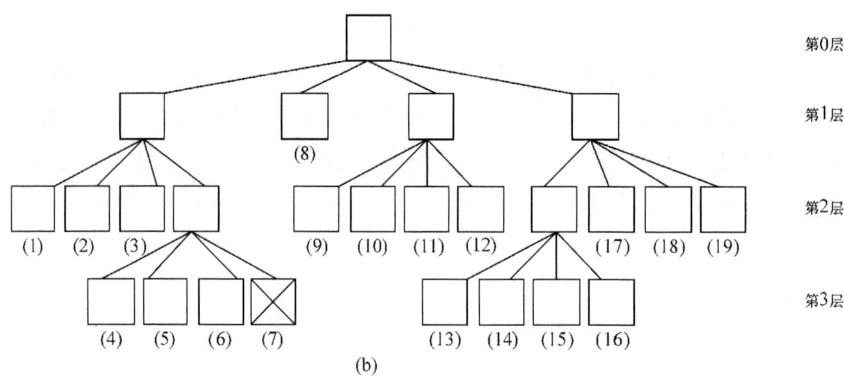

(b)

图 7.8 线性四叉树编码

$$P_0 \supset P[i,j] \qquad \left(i=1,\frac{1}{2}n;\ j=1,\frac{1}{2}n\right)$$

$$P_1 \supset P[i,j] \qquad \left(i=1,\frac{1}{2}n;\ j=\frac{1}{2}n+1,\ n\right)$$

$$P_2 \supset P[i,j] \qquad \left(i=\frac{1}{2}n+1,\ n;\ j=1,\frac{1}{2}n\right)$$

$$P_3 \supset P[i,j] \qquad \left(i=\frac{1}{2}n+1,\ n;\ j=\frac{1}{2}n+1,\ n\right)$$

第二次分割得第二层，这里用

$P_{00}, P_{01}, P_{02}, P_{03}, P_{10}, P_{11}, P_{12}, P_{13}, P_{20}, P_{21}, P_{22}, P_{23}, P_{30}, P_{31}, P_{32}, P_{33}$表示如下

$$P_{00} \supset P[i,j] \qquad \left(i=1,\frac{1}{4}n;\ j=1,\frac{1}{4}n\right)$$

$$P_{01} \supset P[i,j] \qquad \left(i=1,\frac{1}{4}n;\ j=\frac{1}{4}n+1,\frac{1}{2}n\right)$$

⋮

$$P_{10} \supset P[i,j] \qquad \left(i=\frac{1}{4}n+1,\frac{1}{2}n;\ j=1,\frac{1}{4}n\right)$$

$$P_{11} \supset P[i,j] \quad \left(i=\frac{1}{4}n+1,\frac{1}{2}n;j=\frac{1}{4}n+1,\frac{1}{2}n\right)$$

$$\vdots$$

$$P_{33} \supset P[i,j] \quad \left(i=\frac{3}{4}n+1,n;j=\frac{3}{4}n+1,n\right)$$

…

以下以此类推。

上述各式中"⊃"表示包含；0、1、2、3 分别表示左上、右上、左下、右下，即 NW、NE、SW、SE 部分。

其中位置码的位数决定分割的层数，图形越复杂，分割的层数越多，相应的位置码的位数亦越多。

这种自上而下的分割方法需要大量重复运算，效率比较低，从而出现了自下而上的合并法。

自下而上的合并法，首先根据栅格阵列的行列值转换成最大位数的位置码，然后对上述编码进行排序，依次检查 4 个相邻位置码的属性值是否相同，若相同将其进行合并，并除去一位最低位置码，这样不断循环直到没有可合并子块为止。这种自下而上合并法，因效率高而得以采用。

下面进一步介绍几种线性四叉树的编码。

1. 基于深度和层次码的线性四叉树编码

它通过记录叶结点的深度码和层次码来描述叶结点的位置码。

对一幅 $2^n \times 2^n$ 栅格图，具有 n 层，选用 $2n$ 位作层次码。

图 7.8 所示的线性四叉树中叶结点(7)的编码如表 7.1 所示

表 7.1　叶结点(7)的编码

层次码			深度码
第一层	第二层	第三层	
00	11	11	00 11

该位置码的十进制值为

$$2^0+2^1+2^4+2^5+2^6+2^7=243$$

表 7.2 表示了图 7.8 所示的 19 个叶结点的全部编码值。

2. 基于四进制的线性四叉树编码

四叉树的"四等分"概念，从数据结构的角度看很适合用四进制来表示。

例如，一幅 $2^n \times 2^n$ 的栅格图，用四叉树描述时最多有 n 层，所以可用 n 位四进制数表示所有位置码。图 7.8 的 $2^3\times 2^3$ 栅格图中,叶结点(7)的编码如表 7.3 所示。

表 7.2 叶结点位置码

叶结点号	二进制码										十进制码		
1	0	0	0	0	0	0	0	0	1	0			2
2	0	0	0	1	0	0	0	0	1	0		6	6
3	0	0	1	0	0	0	0	0	1	0	1	3	0
4	0	0	1	1	0	0	0	0	1	1	1	9	5
5	0	0	1	1	0	1	0	0	1	1	2	1	1
6	0	0	1	1	1	0	0	0	1	1	2	2	7
7	0	0	1	1	1	1	0	0	1	1	2	4	3
8	0	1	0	0	0	0	0	0	0	1	2	5	7
9	1	0	0	0	0	0	0	0	1	0	5	1	4
10	1	0	0	1	0	0	0	0	1	0	5	7	8
11	1	0	1	0	0	0	0	0	1	0	6	4	2
12	1	0	1	1	0	0	0	0	1	0	7	0	6
13	1	1	0	0	0	0	0	0	1	1	7	7	1
14	1	1	0	0	0	1	0	0	1	1	7	8	7
15	1	1	0	0	1	0	0	0	1	1	8	0	3
16	1	1	0	0	1	1	0	0	1	1	8	1	9
17	1	1	0	1	0	0	0	0	1	0	8	3	4
18	1	1	1	0	0	0	0	0	1	0	8	9	8
19	1	1	1	1	0	0	0	0	1	0	9	6	2

表 7.3 基于四进制的叶结点(7)的位置码

第一层	第二层	第三层
0	3	3

下面以自下而上方法,说明四进制编码过程。首先将栅格阵列的行列值分别转换成二进制码,得二进制行号 I_{y_b},列号 I_{x_b}。然后求出四进制四叉树编码 $M=2\times I_{y_b}+I_{x_b}$。如二进制第 001 行,第 101 列的 M 码为 $M=2\times1+101=103$;二进制第 111 行,第 111 列的 $M=2\times111+111=333$。

反之,已知四叉树四进制编码值,也可求二进制行列值。其算法为,首先明确 M 码对行,列方向的贡献,归纳如下:

若该位的编码值为 0,1 则对行号 I_{y_b} 贡献值为 0;

若该位的编码值为 2,3 则对行号 I_{y_b} 贡献值为 1;

若该位的编码值为 0,2 则对列号 I_{x_b} 贡献值为 0；

若该位的编码值为 1,3 则对列号 I_{x_b} 贡献值为 1。

这样，如果已知 M 码为 103，则二进制行列值如下：

M 码	1	0	3
二进制行值 I_{y_b}	0	0	1
二进制列值 I_{x_b}	1	0	1

这表示 M 码为 103 单元处于第 1 行第 5 列，同样如果已知 M 码为 333，则其二进制行列值为

M 码	3	3	3
二进制行值 I_{y_b}	1	1	1
二进制列值 I_{x_b}	1	1	1

这表示 M 码为 333 的单元，处于第 7 行第 7 列，利用上述方法，对每个栅格进行编码得图 7.9(a)编码表。然后将编码值排序。检查相邻 4 个码的属性值，如相同，进行合并，除去最低位。例如图 7.9(a)中，000、001、002、003 相邻四位码具有相同属性值，为此进行合并，其编码值改成为 00。以此类推，这样经过一次全检测后，再检测上层的相邻四个块编码的属性值，如相同再合并。如此循环直到没有能够合并的子块为止，最后得图 7.9(b)。

I_{x_b}

Mg	000	001	010	011	100	101	110	111
000	000	001	010	011	100	101	110	111
001	002	003	012	013	102	103	112	113
010	020	021	030	031	120	121	130	131
011	022	023	032	033	122	123	132	133
100	200	201	210	211	300	301	310	311
101	202	203	212	213	302	303	312	313
110	220	221	230	231	320	321	330	331
111	222	223	232	233	322	323	332	333

I_{y_b}

(a)

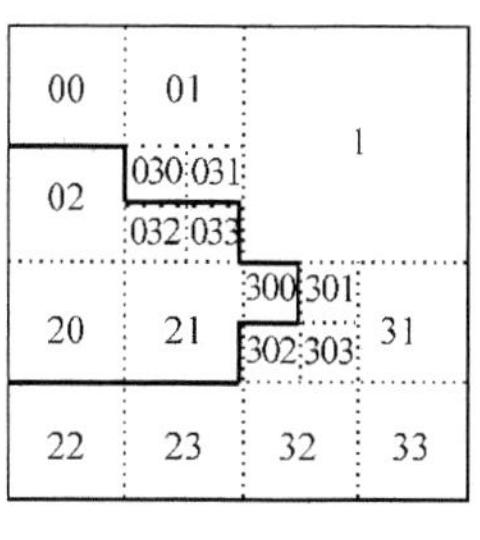

(b)

图 7.9　四叉树的四进制编码

这种编码的优点是便于实现行列值及编码值之间的转换。由于栅格数据结构中的数据通常用二维矩阵来表示，实现这种转换，便于对四叉树的操作。

这种编码的缺点是存储器开销大，加上一般软件都不支持四进制码，通常要用十进制码来表示每位四进制码。显然，这样既浪费了存储空间，也影响运算效率。从而出现了基于十进制的线性四叉树编码。

3. 基于十进制的线性四叉树编码

这种编码方法的建立过程类似于前面的基于四进制的线性四叉树编码。

图 7.8 的线性四叉树的十进制编码如图 7.10(a)所示，经自下而上归并得图 7.10(b)。

Mg	000	001	010	011	100	101	110	111
000	0	1	4	5	16	17	20	21
001	2	3	6	7	18	19	22	23
010	8	9	12	13	24	25	28	29
011	10	11	14	15	26	27	30	31
100	32	33	36	37	48	49	52	53
101	34	35	38	39	50	51	54	55
110	40	41	44	45	56	57	60	61
111	42	43	46	47	58	59	62	63

I_{x_b}　I_{y_b}

(a)

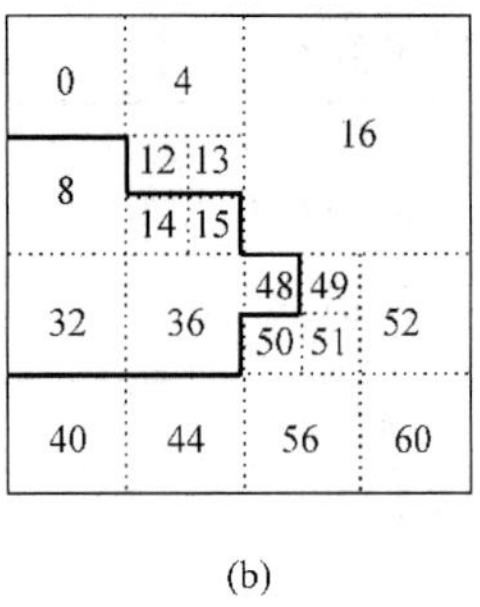

(b)

图 7.10　四叉树的十进制编码

归并时，首先将图 7.10(a)中码进行排序，依次检查四个相邻叶结点的属性代码是否相同，若相同归并成一个父结点，记下地址及代码，否则不予归并。然后，再归并更高一层的父结点，如此循环，直到最后。

同基于四进制的线性四叉树编码一样，十进制四叉树编码其栅格阵列的行列号之间可方便地进行转换。

已知栅格阵列的行列号转换成四叉树的十进制码的方法，如上所述，首先将栅格阵列的行列号，分别以二进制形式表示，得到二进制的行号 I_{y_b} 和列号 I_{x_b}。然后，分别将二进制的行列号按位交错排列，即可得到四叉树叶结点的二进制地址码，进而将二进制码转成十进制码得四叉树的十进制编码 M。

例如，求图 7.10(a)中第 3(011)行，第 2(010)列所对应的 M 码，结果如图 7.11 所示：

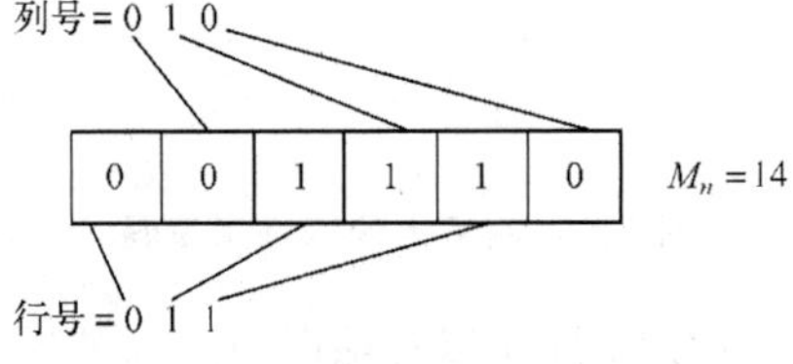

图 7.11　列号向十进制码的转换

同样，已知十进制 M 码，可将其转换成二进制码，然后，隔位抽取便可得到相应的二进制行号，列号，这就是十进制 M 码在栅格阵列中所处的行列位置。

四叉树的十进制编码不仅比四进制编码节省存储空间，而且，前后两个 M 码之间差即代表了叶结点的大小，从而还可进一步利用游程编码对数据进行压缩。图 7.10 所示栅格数据的线性四叉树的十进制编码可归纳成图 7.12(a)，并进一步用块式编码(二维游程长度编码)如图 7.12(b)所示。

Md 码	属性值
0	0
4	0
8	1
12	0
13	0
14	1
15	1
16	0
32	1
36	1
40	0
44	0
48	1
49	0
50	0
51	0
52	0
56	0
60	0

(a)

→

Md 码	属性值
0	0
8	1
12	0
14	1
16	0
32	1
40	0
48	1
49	0

(b)二维游程码表

图 7.12　四叉树游程编码

7.3.4　Z 曲线和 Hibert 曲线算法

因为在空间数据所处的多维空间中根本没有天然的顺序，所以为了在一维存储设备上实现高效的空间数据存储和查询，需要一个从高维空间向一维空间的映射。该映射是距离不变的，这样空间上邻近的元素映射为直线上接近的点，而且一一对应，即空间上不会有两个点映射到直线的同一个点上。为达到这一目标，提出了许多映射方法(它们都不能完全理想地满足这一目标)。最突出的方法包括 Z 曲线、格雷码和 Hibert 曲线。

空间填充曲线是利用一个线性顺序来填充空间，可以获得以下从一端到另一端的曲线，如图 7.13 所示。

前面 7.3.3 介绍的线性四叉树是 Z 曲线生成算法中的典型算法，以基于十进制的线形四叉树编码为例，由图 7.10 的编码结果得到图 7.14。

Hilbert 曲线的生成算法(图 7.15)如下：

(1) 读入 x 和 y 坐标的 n 比特二进制表示。

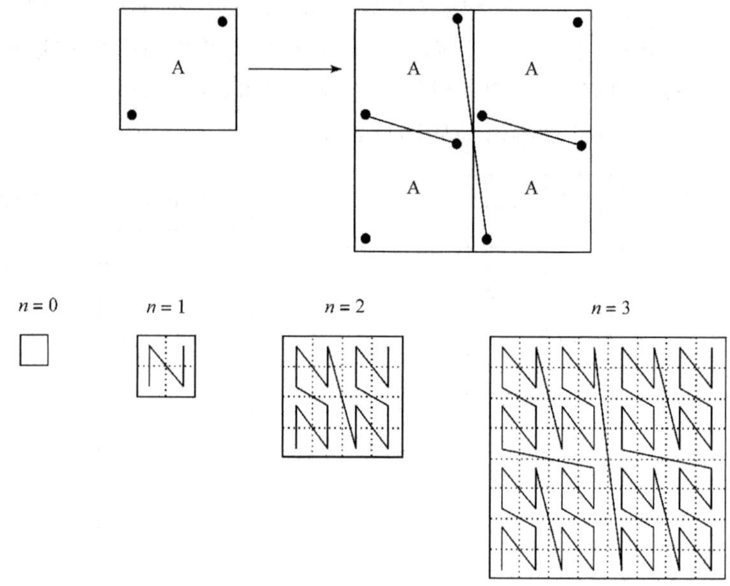

图 7.13　生成一条 Z 曲线

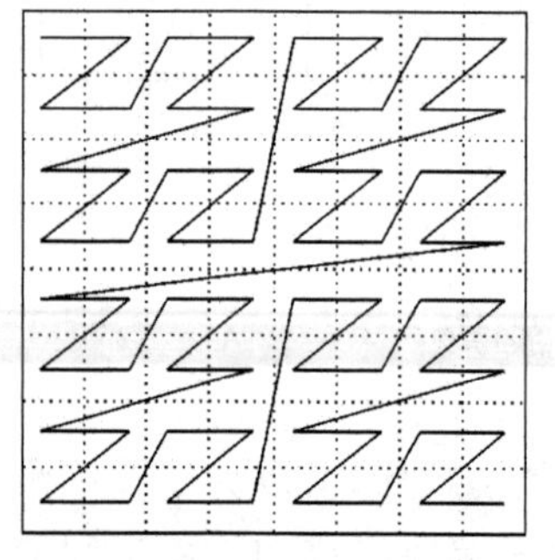

图 7.14　基于十进制编码得到的 Z 曲线

(2) 隔行扫描二进制比特到一个字符串。

(3) 将字符串自左至右分成 2bit 长的串 s_i，其中 $i=1,\cdots,n$。

(4) 规定每个 2bit 长的串的十进制值 d_i，例如"00"等于 0，"01"等于 1；"10"等于 3，"11"等于 2。

(5) 对于数组中每个数字 j，如果 $j=0$，则把后面数组中出现的所有 1 变成 3，并把所有出现的 3 变成 1；如果 $j=3$，则把后面数组中出现的所有 0 变成 2，并把所有出现的 2 变成 0。

(6) 将数组中每个值按步骤(5)转换成二进制表示(2bit 长的串)，自左至右连接所有的串，并计算其十进制值。

图 7.16 是使用以上算法进行转换的一个例子。

比较二者在空间数据检索上的效率，Hilbert 曲线的方法要比 Z 曲线好一些，因为它没有斜线。不过，Hilbert 曲线算法和精确入口点及出口点的计算量都要比 Z 曲线复杂。

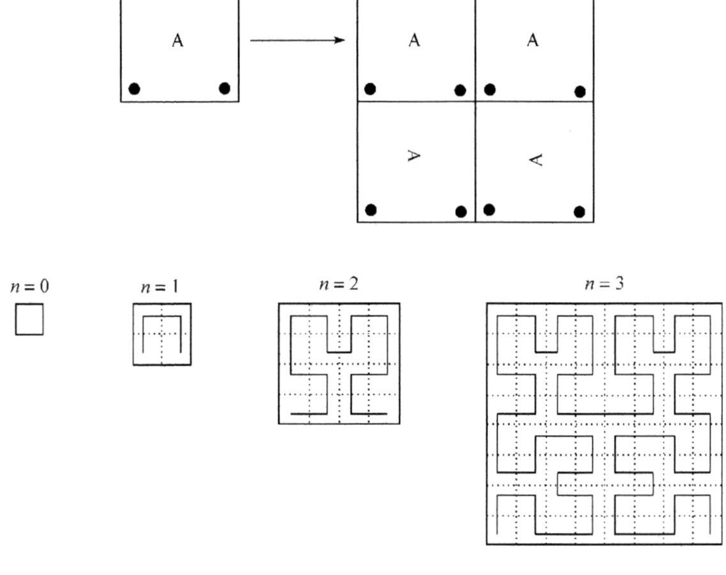

图 7.15　生成一条 Hilbert 曲线

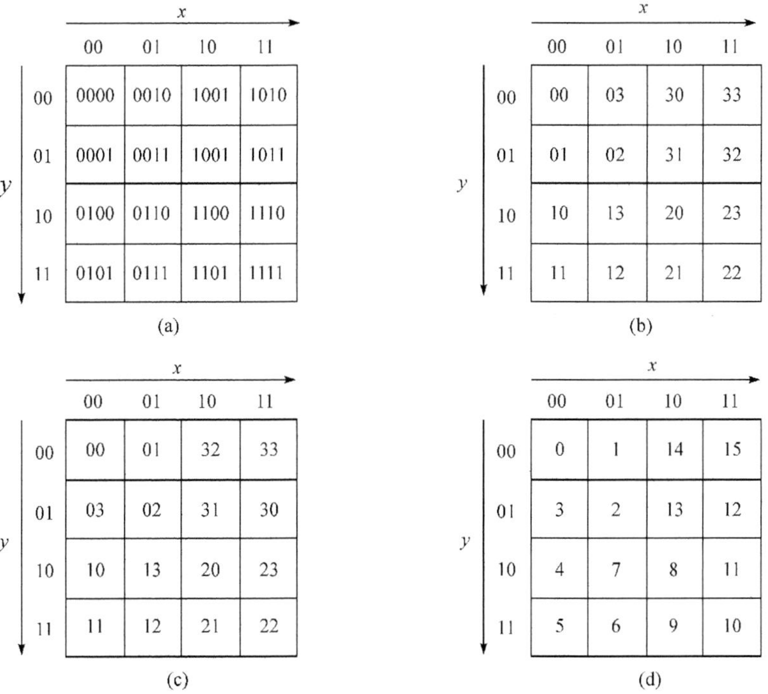

y \ x	00	01	10	11
00	0000	0010	1001	1010
01	0001	0011	1001	1011
10	0100	0110	1100	1110
11	0101	0111	1101	1111

(a)

y \ x	00	01	10	11
00	00	03	30	33
01	01	02	31	32
10	10	13	20	23
11	11	12	21	22

(b)

y \ x	00	01	10	11
00	00	01	32	33
01	03	02	31	30
10	10	13	20	23
11	11	12	21	22

(c)

y \ x	00	01	10	11
00	0	1	14	15
01	3	2	13	12
10	4	7	8	11
11	5	6	9	10

(d)

图 7.16　Hilbert 曲线转换的例子

思　考　题

1. 编写程序实现 R^* 树结构。

2. 编写程序实现四叉树结构，以及常规四叉树向线形四叉树的转换。

第8章 空间数据内插算法

8.1 概　　述

空间数据内插可以分为几何方法、统计方法、空间统计方法、函数方法、随机模拟方法、物理模型模拟方法和综合方法。每一种方法均有其适用范围、算法和优缺点，因此，没有绝对最优的空间内插方法，必须对数据进行空间探索分析，根据数据的特点，选择最优方法；同时，应对内插结果进行严格的检验。

根据已知地理空间的特性探索未知地理空间的特性是许多地理研究的第一步，也是地理学的基本问题。常规方法无法对空间中所有点进行观测，但是我们可以获得一定数量的空间样本。这些样本反映了空间分布的全部或部分特征，并可以据此预测未知地理空间的特征。在这一意义上，空间数据内插可以被定义为根据已知的空间数据估计(预测)未知空间的数据值。其目标可以归纳为：①缺值估计。估计某一点缺失的观测数据，以提高数据密度。②内插等值线。以等值线的形式直观地显示数据的空间分布。③数据网格化。把无规则分布的空间数据内插为规则分布的空间数据集，如规则矩形格网、三角网等。

空间数据内插的分类有多种依据，如①确定或随机；②点与面；③全局或局部等标准分类；④内插方法的基本假设和数学本质。下面依据内插方法的基本假设和数学本质进行分类说明。

8.1.1 几何方法

几何方法是最简单的空间内插方法。几何方法基于“地理学第一定律”的基本假设，即邻近的区域比距离远的区域更相似。几何方法的优点是计算开销少，具有普适性，不需要根据数据的特点对方法加以调整。当样本数据的密度足够大时，几何方法一般能达到满意的精度。几何方法的最大问题是无法对误差进行理论估计。最常用的几何方法有泰森多边形(最近距离法)和反距离加权方法。

8.1.2 统计方法

统计方法的基本假设是一系列空间数据相互相关，预测值的趋势和周期是与它相关的其他变量的函数。统计方法的优点是计算开销不大，有一定的理论基础，能够对误差作出整体上的估计。但是，其前提是一定要有好的采样设计。如果采样过程不能反映出表面变化的重要因素，如周期性和趋势，则内插一定不能取得好的效果。常用的统计方法有趋势面方法和多元回归方法。

8.1.3 空间统计方法

空间统计又称地质统计学，于 20 世纪 50 年代初开始形成，60 年代在法国统计学家 Matheron 的大量理论研究工作基础上逐渐趋于成熟。其基本假设是建立在空间相关的先验模型之上的。假定空间随机变量具有二阶平稳性，或者是服从空间统计的本征假设。则它具有这样的性质：距离较近的采样点比距离远的采样点更相似，相似的程度或空间协方差的大小，是通过点对的平均方差度量的。点对差异的方差大小只与采样点间的距离有关，而与它们的绝对位置无关。空间统计内插的最大优点是以空间统计学作为其坚实的理论基础，可以克服内插中误差难以分析的问题，能够对误差作出逐点的理论估计；它也不会产生回归分析的边界效应。其缺点是复杂，计算量大，尤其是变异函数是几个标准变异函数模型的组合时，计算量很大；另一个缺点是变异函数需要根据经验人为选定。空间统计方法以克里金(Kriging)法及其各种变种为代表。

8.1.4 函数方法

函数方法是使用函数逼近曲面的一种方法。函数方法在空间内插领域大多用于一些特殊场合，如利用高密度的高程数据产生等高线、为提高格网数据的空间分辨率而内插数据等。对于利用有限的观测数据进行缺值预测和内插格网，函数方法多不适合，因为它难以满足内插的精度，也难以估计误差。函数方法的特点是不需要对空间结构的预先估计，不需要做统计假设。其缺点是难以对误差进行估计，点稀时效果不好。常用的函数方法有：傅里叶级数、样条函数、双线性内插、立方卷积法等。

8.1.5 随机模拟方法

随机模拟方法的基本假设与空间统计方法不同，随机模拟认为地理空间具有非平稳性，是空间异质的。它通过空间分布现象的可选的、等概的、数值表达(地图)来对空间不确定性建模。对应不确定性，可以接受可选的多个答案。与空间统计方法不同，随机模拟方法不是产生唯一的估计结果，它产生一系列可选的结果，它们都与实际数据一致，而且相关模型将它们联系起来。随机模拟方法的最大优点是定义了各种随机变量之间的空间相关，这类相关可以根据相邻数据把高度不确定性的先验分布更新为低不确定性的后验分布。其缺点是建模困难，计算量大。常用的随机模拟方法有高斯过程、马尔科夫过程、蒙特卡罗方法、人工神经网络方法等。

8.1.6　确定性模拟

确定性模拟的基本假设是变量的空间分布受物理定律控制。因此，可以使用物理模型或半经验、半物理的模型模拟空间分布。对于这一类内插，往往是使用有限的观测值获得一些必需的经验参数，再把这些参数代入到物理模型之中。典型的例子是，GCM 是一个纯物理模型，但它的参数化使用了经验方法。在山区气候变量的内插过程中，也大量使用这种方法。确定性模拟的最大优点即它的确定性，它不依赖或很少依赖观测样本。但空间现象是否可以被确定性地预测以及我们是否可以持这一乐观的信念十分值得怀疑。

8.1.7　综合方法

综合方法是以上几种方法的综合。对于空间变量，一般能够用不同的方法分别对结构化变量、随机变量和观测误差（残差）建模。综合方法还适宜于能够得到辅助性数据，如遥感数据的场合。通过从辅助性数据中提取空间模式，在合理的数据结构，如四叉树的支持下，划分空间同质的区域，从而逼近最佳的预测值。

下面就常见的空间数据内插方法作一介绍。

8.2　分段圆弧法

已知两点 $P_i(x_i, y_i)$，$P_{i+1}(x_{i+1}, y_{i+1})$及其切线方向：

$$\begin{aligned} k_i &= \tan\theta_i \\ k_{i+1} &= \tan\theta_{i+1} \end{aligned} \tag{8.1}$$

可作两相切之圆弧分别过 P_i 与 P_{i+1}，且在 P_i、P_{i+1}之切线方向分别为 k_i 与 k_{i+1}，两圆弧相切于 P，如图 8.1 所示。利用上述条件，一般可解得多对满足条件

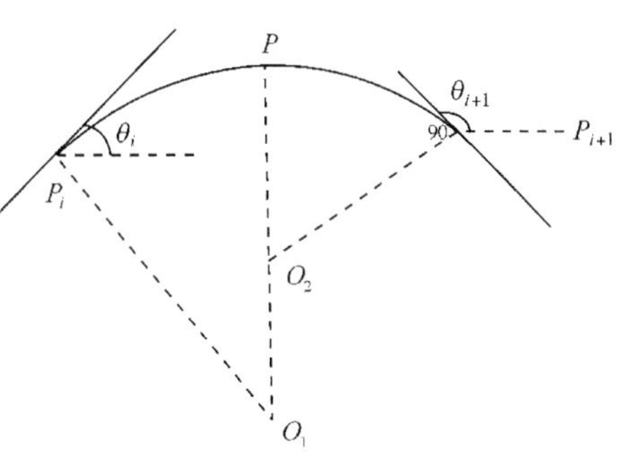

图 8.1　分段圆弧内插

的圆弧，但在一定假设条件限制下，可得到唯一解。

若假设 $P_i P_{i+1}$ 与 $O_1 O_2$ 互相垂直（O_1 与 O_2 分别为两圆弧的圆心），$P_i P_{i+1}$ 的方向角为 α：

$$\tan\alpha = (y_{i+1} - y_i)/(x_{i+1} - x_i) \tag{8.2}$$

令

$$\begin{aligned}\Delta\alpha_1 &= |\alpha - \theta_1| = \angle P_i O_1 P \\ \Delta\alpha_2 &= |\alpha - \theta_{i+1}| = \angle P_{i+1} O_2 P\end{aligned} \tag{8.3}$$

由条件

$$\begin{aligned}P_i P_{i+1} &= r_1 \sin\Delta\alpha_1 + r_2 \sin\Delta\alpha_2 \\ r_1 - r_1\cos\Delta\alpha_1 &= r_2 - r_2\cos\Delta\alpha_2\end{aligned} \tag{8.4}$$

并令

$$d = P_i P_{i+1} = \sqrt{(x_{i+1} - x_i)^2 + (y_{i+1} - y_i)^2} \tag{8.5}$$

可解得

$$\begin{aligned}r_1 &= d \Big/ \left(\sin\Delta\alpha_1 + \frac{1-\cos\Delta\alpha_1}{1-\cos\Delta\alpha_2}\cdot\sin\Delta\alpha_2\right) \\ r_2 &= r_1 \cdot \frac{1-\cos\Delta\alpha_1}{1-\cos\Delta\alpha_2}\end{aligned} \tag{8.6}$$

进而可解算 O_1 与 O_2 的坐标以及 $O_1 P_i$ 与 $O_2 P_{i+1}$ 的方位角。

8.3 分段三次多项式插值法

8.3.1 三 点 法

假定某一点 $P_i(x_i, y_i)$ 上的切线垂直于该节点相对于相邻两点 $P_{i-1}(x_{i-1}, y_{i-1})$ 与 $P_{i+1}(x_{i+1}, y_{i+1})$ 张角的角平分线，即点 P_i 处的切线方向角为

$$\theta_i = \frac{\pi}{2} + \frac{1}{2}\left(\arctan\frac{y_{i+1} - y_i}{x_{i+1} - x_i} + \arctan\frac{y_i - y_{i-1}}{x_i - x_{i-1}}\right) \tag{8.7}$$

另一种三点法确定切线方向的方法是假定点 $P_i(x_i, y_i)$ 处的切线方向等于其相邻两点 $P_{i-1}(x_{i-1}, y_{i-1})$ 与 $P_{i+1}(x_{i+1}, y_{i+1})$ 确定的方向，即

$$\tan\theta_i = \frac{y_{i+1} - y_{i-1}}{x_{i+1} - x_{i-1}} \tag{8.8}$$

8.3.2 五点法（Akima 法）

Akima 法由相邻的 5 个点 $P_K(x_K, y_K)$（$K = i-2, i-1, i, i+1, i+2$）解算曲

线在 P_i 点的斜率 $\tan\theta_i$，它是点 P_i 为端点的两弦斜率的加权平均值，其权 P_r 与 P_l 分别等于 P_i 点前两弦斜率差的绝对值与后两弦斜率差的绝对值：

$$\tan\theta_i=\frac{P_l\tan\dfrac{y_{i-1}-y_i}{x_{i+1}-x_i}+P_r\tan\dfrac{y_i-y_{i-1}}{x_i-x_{i-1}}}{P_l+P_r} \tag{8.9}$$

其中

$$\begin{aligned}P_l&=\left|\tan\frac{y_i-y_{i-1}}{x_i-x_{i-1}}-\tan\frac{y_{i-1}-y_{i-2}}{x_{i-1}-x_{i-2}}\right|\\P_r&=\left|\tan\frac{y_{i+2}-y_{i+1}}{x_{i+2}-x_{i+1}}-\tan\frac{y_{i+1}-y_i}{x_{i+1}-x_i}\right|\end{aligned} \tag{8.10}$$

由训练有素的绘图员在数据点间内插出一组曲线，通过不同的内插方法与这组曲线进行比较，Akima 法最接近于徒手绘制的曲线。当至少有 3 个数据点处在同一条直线上时，Akirna 法内插出一条直线段，而其他非线性内插法却没有这种特性。其缺点是在节点处曲线的二阶导数不能保证连续。

8.4　趋势面插值算法

多项式回归分析是描述长距离渐变特征的最简单方法。多项式回归的基本思想是用多项式表示的线或面按最小二乘法原理对数据点进行拟合，线或面多项式的选择取决于数据是一维还是二维。

地理特征 z 是 x 的线性函数：表达式 $z=b_0+b_1x$。其中，b_0、b_1 为多项式系数(图 8.2)。

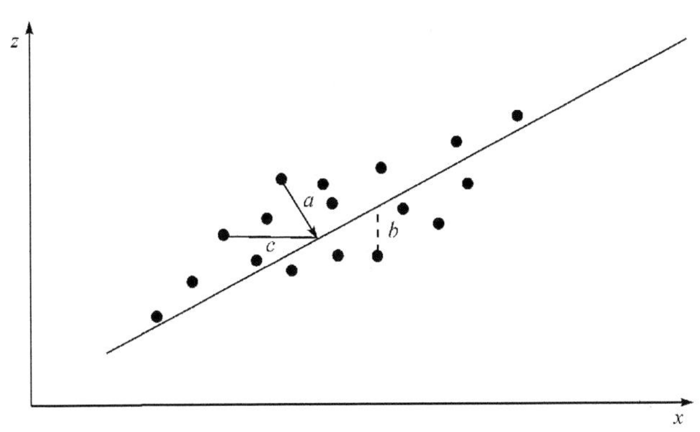

图 8.2　x 距离内特征 z 的最佳匹配线性回归线

许多情况下 z 不是 x 的线性函数，而是以更为复杂的方式变化，在这种情况下需用二次或更高次的多项式：$z=b_0+b_1x+b_2x^2+\cdots$来拟合更复杂的曲线（图 8.3）。

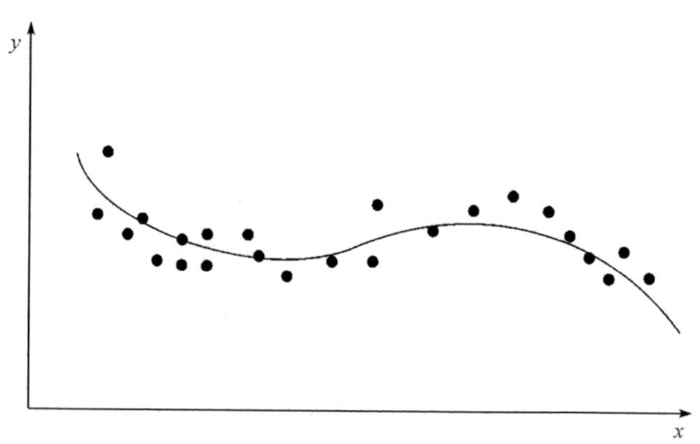

图 8.3　高次多项式

一次趋势面的数学模型（二维）：

$$z=b_0+b_1x+b_2y \tag{8.11}$$

二次趋势面的数学模型（二维）：

$$z=b_0+b_1x+b_2y+b_3x^2+b_4xy+b_5y^2 \tag{8.12}$$

三次趋势面的数学模型（二维）：

$$z=b_0+b_1x+b_2y+b_3x^2+b_4xy+b_5y^2+b_6x^3+b_7x^2y+b_8xy^2+b_9y^3 \tag{8.13}$$

趋势面分析的优点是：它是一种极易理解的技术，至少在计算方法上是易于理解的。另外，大多数数据特征可以用低次多项式来模拟。

趋势面拟合程度的检验，同多元回归分析一样可用 F 分布进行检验，其检验统计量为

$$F=\frac{U/P}{Q/(n-p-1)} \tag{8.14}$$

式中，U 为回归平方和；Q 为残差平方和（剩余平方和）；P 为多项式的项数（但不包括常数项 b_0）；n 为使用资料的数目。当 $F>F_a$ 时，则趋势面拟合显著，否则不显著。

举例：

图 8.4 显示 5 个已知值的气象站点，围绕着未知数值的 0 号站点。下表显示各个点的 x、y 坐标，用格网单元大小为 2 000m 的行和列来表示，它们的已知值是 Z：

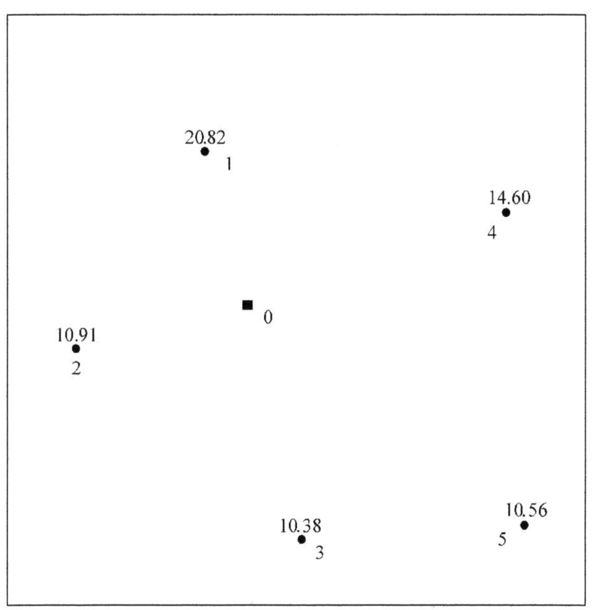

图 8.4　0 号站点的未知值由其周围具有已知值的 5 个站点插值

站点	x	y	z 值
1	69	76	20.820
2	59	64	10.910
3	75	52	10.380
4	86	73	14.600
5	88	53	10.560
0	69	67	?

本例说明如何用公式(8.11),或是一个线性趋势面来对未知值的 0 号站点进行插值。最小二乘法通常用于计算公式(8.11)中 b_0、b_1 和 b_2 系数。因此,第一步是建立如下 3 个法方程,与回归分析的方程相似。

$$\sum z = b_0 n + b_1 \sum x + b_2 \sum y$$

$$\sum xz = b_0 \sum x + b_1 \sum x^2 + b_2 \sum xy$$

$$\sum yz = b_0 \sum y + b_1 \sum xy + b_2 \sum y^2$$

以上方程可以改写成矩阵形式:

$$\begin{bmatrix} n & \sum x & \sum y \\ \sum x & \sum x^2 & \sum xy \\ \sum y & \sum xy & \sum y^2 \end{bmatrix} \cdot \begin{bmatrix} b_0 \\ b_1 \\ b_2 \end{bmatrix} = \begin{bmatrix} \sum z \\ \sum xz \\ \sum yz \end{bmatrix}$$

用 5 个已知点的值，我们能计算出统计值并将代入方程：

$$\begin{bmatrix} 5 & 377 & 318 \\ 377 & 29\,007 & 23\,862 \\ 318 & 23\,862 & 20\,714 \end{bmatrix} \cdot \begin{bmatrix} b_0 \\ b_1 \\ b_2 \end{bmatrix} = \begin{bmatrix} -10.094 \\ 0.020 \\ 0.347 \end{bmatrix}$$

将左边的第一个逆矩阵与右边的矩阵相乘，我们能算出系数 b：

$$\begin{bmatrix} 23.210 & -0.163 & -0.168 \\ -0.163 & 0.002 & 0.000 \\ -0.168 & 0.000 & 0.002 \end{bmatrix} \cdot \begin{bmatrix} 67.270 \\ 5034.650 \\ 4445.800 \end{bmatrix} = \begin{bmatrix} -10.094 \\ 0.020 \\ 0.347 \end{bmatrix}$$

0 号站点的未知值可用这些系数由下式估算：

$$p_0 = -10.094 + (0.020)(69) + (0.347)(67) = 14.669$$

8.5 反距离权重插值算法

反距离权重插值方法是一种局部插值方法，它假设未知值的点受较近控制点的影响比较远控制点的影响更大。这种方法通常用在计算机辅助制图方面。影响的程度（或权重）用点之间距离乘方的倒数表示。乘方为 1.0 意味着点之间数值变化率为恒定，该方法称为线性插值法。乘方为 2.0 或更高则意味着越靠近已知点，数值的变化率越大，远离已知点趋于平稳。反距离权重方法的通用方程是

$$z_0 = \frac{\sum_{i=1}^{s} z_i \frac{1}{d_i^K}}{\sum_{i=1}^{s} \frac{1}{d_i^K}} \tag{8.15}$$

式中，z_0 为点 0 的估计值；z_i 为控制点 i 的 z 值；d_i 为控制点 i 与点 0 间的距离；s 为在估算中用到的控制点的数目；K 为指定的幂。

8.6 双线性插值算法

双线性插值算法是一种数字图像处理、DEM 数据处理等方面使用比较多的局部插值方法。

如图 8.5 所示，设 $f(0,0)=z_1$，$f(1,0)=z_2$，$f(0,1)=z_3$，$f(1,1)=z_4$，求

$f(x,y)$点的值，其中 $x,y\in[0,1]$。将 $f(0,0)$、$f(1,0)$、$f(0,1)$、$f(1,1)$代入双线性内插方程：

$$f(x,y)=ax+by+cxy+d \tag{8.16}$$

求出各参数 a、b、c、d 的值，再将 x、y 代入，解得 $f(x,y)$。

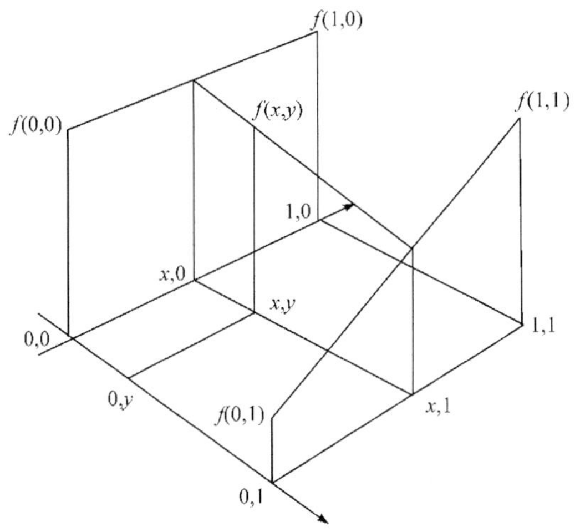

图 8.5　双线性插值

在数字图像处理中，对于求解一个目的像素的值，设置坐标通过反向变换得到的浮点坐标为$(i+u,j+v)$，其中，i、j 均为非负整数，u、v 为$[0,1)$区间的浮点数，则这个像素的值 $f(i+u,j+v)$可由原图像中坐标为(i,j)、$(i+1,j)$、$(i,j+1)$、$(i+1,j+1)$所对应的周围四个像素的值决定，即

$$\begin{aligned}f(i+u,j+v)=&(1-u)(1-v)f(i,j)+(1-u)vf(i,j+1)\\&+u(1-v)f(i+1,j)+uvf(i+1,j+1)\end{aligned} \tag{8.17}$$

式中，$f(i,j)$为原图像(i,j)处的像素值。

8.7　薄板样条函数法

8.7.1　薄板样条函数法

除了在空间插值中是应用于面而非线以外，空间插值样条函数与直线推广样条函数在概念上是相似的。薄板样条函数建立一个通过控制点的面，并使所有点的坡度变化最小。换言之，薄板样条函数以最小曲率面拟合控制点。薄板样条函数的估计值由下式计算：

$$Q(x,y)=\sum A_i d_i^2 \log d_i+a+bx+cy \tag{8.18}$$

式中，x 和 y 为要被插值的点的 x、y 坐标；$d_i^2=(x-x_i)^2+(y-y_i)^2$；$x_i$ 和 y_i 分别为控制点 i 的 x、y 坐标。薄板样条函数包括两个部分：$(a+bx+cy)$ 表示局部趋势函数，它与线性或一阶趋势面具有相同的形式，$d_i^2\log d_i$ 表示基本函数，可获得最小曲率的面。相关系数 A_i，a、b 和 c 由以下线性方程组决定

$$\begin{aligned}&\sum_{i=1}^{n}\mathrm{A}_i d_i^2\log d_i+a+bx+cy=f_i\\&\sum_{i=1}^{n}\mathrm{A}_i=0\\&\sum_{i=1}^{n}\mathrm{A}_i x_i=0\\&\sum_{i=1}^{n}\mathrm{A}_i y_i=0\end{aligned}\tag{8.19}$$

式中，n 为控制点的数目；f_i 为控制点 i 的已知值；系数的计算要求 $n+3$ 个联立方程。

其他算法也可用于建立最小曲率的面，例如，在上述方程中不用基本函数 $d^2\log d$，而用双调和格林函数 $d^2(\log d-1)$。

薄板样条函数的一个主要问题是在数据贫乏地区的坡度较大，经常涉及如同过伸的情况。各种用于订正过伸的方法已被提出，包括薄板张力样条、规则样条和规则张力样条等。

8.7.2 规则样条函数

规则样条函数的近似值与薄板样条函数有相同的局部趋势函数，但是基本函数取不同形式：

$$\frac{1}{2\pi}\left\{\frac{d^2}{4}\left[\ln\left(\frac{d}{2\tau}\right)+c-1\right]+\tau^2\left[\mathrm{K}_0\left(\frac{d}{\tau}\right)+c+\ln\left(\frac{d}{2\pi}\right)\right]\right\}\tag{8.20}$$

式中，τ 为样条法中要用到的权重；d 为待定值的点和控制点 i 间的距离；c 为常数 0.577 215；$\mathrm{K}_0(d/\tau)$为修正的零次贝塞耳函数。它可由一个多项式方程估计。τ 值通常被设为 0～0.5 之间，因为更大的值会导致在数据贫乏地区趋于过伸。

8.7.3 薄板张力样条法

薄板张力样条法有如下表达形式：

$$a+\sum_{i=1}^{n}\mathrm{A}_i R(d_i)\tag{8.21}$$

式中，a 为趋势函数。基本函数 $R(d)$ 为

$$-\frac{1}{2\pi\phi^2}\left[\ln\left(\frac{\mathrm{d}\phi}{2}\right)+c+\mathrm{K}_0(\mathrm{d}\phi)\right] \tag{8.22}$$

式中，ϕ 为本张力法要用到的权重。如果 ϕ 的权重被设为接近于 0，则用张力法与基本薄板样条法得到的估计值相似。较大的 ϕ 值降低了薄板的刚度，结果插值的值域使得插值成的面与通过控制点的膜状形态相似。

薄板样条函数及其变种被推荐用于平滑和连续的面，如高程面或水位面。样条法也被用于对气候数据（如平均降水量）的插值。

8.8 克里金法

克里金法（Kriging）是一种用于空间插值的地理统计方法。克里金法的原理是假设某种属性的空间变化（如一个矿体内品位的变化）既不是完全随机也不是完全确定。反之，空间变化可能包括三种影响因素：空间相关因素，代表区域变量的变化；偏移或结构，代表趋势；还有随机误差。偏移出现与否和对区域变量的解释导致了用于空间插值的不同克里金法的出现。

8.8.1 普通克里金法

假设不存在偏移，普通克里金法关注于空间相关因素。衡量所选已知点之间空间相关程度的测度是半方差，由下式计算：

$$\gamma(h)=\frac{1}{2n}\sum_{i=1}^{n}(z(x_i)-z(x_i+h))^2 \tag{8.23}$$

式中，h 为已知点之间的距离，常用于作为滞后系数；n 为被 h 分开的成对样本点的数量；z 为属性值。半方差随着 h 的增大而增大。

在不同距离的半方差值算出后，它们被绘成半方差图，y 轴代表偏差，x 轴代表已知点之间的距离（图 8.6 的半方差图显示沿 y 轴的半方差和沿 x 轴的距离。）半方差可分成三部分：熔核、值域和基台。熔核是在距离为 0 处的半方差，代表无关的空间噪音。值域是半方差的空间相关部分，它显示半方差随着距离递增。超过值域范围，半方差趋平于相对恒定值。达到恒定的半方差称为基台。

半方差图将半方差与距离关联起来。它可单独用作空间相关的测度，与空间自相关相似。但在克里金法中用作插值器，半方差图必须与数学函数或模型拟合，如高斯、线性、球面、圆形和指数模型（图 8.7）。拟合的半方差图便可用于估算任何给定距离的半方差。

普通克里金法在空间插值中直接使用拟合半方差图。估算某点的 z 值的通

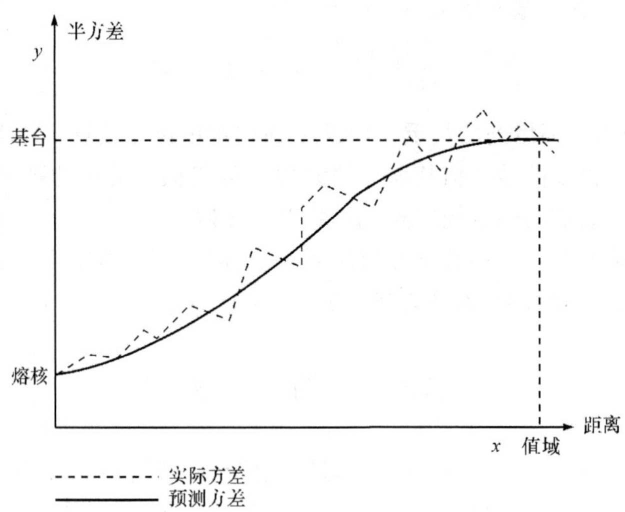

图 8.6　半方差图显示沿 y 轴的半方差和沿 x 轴的距离

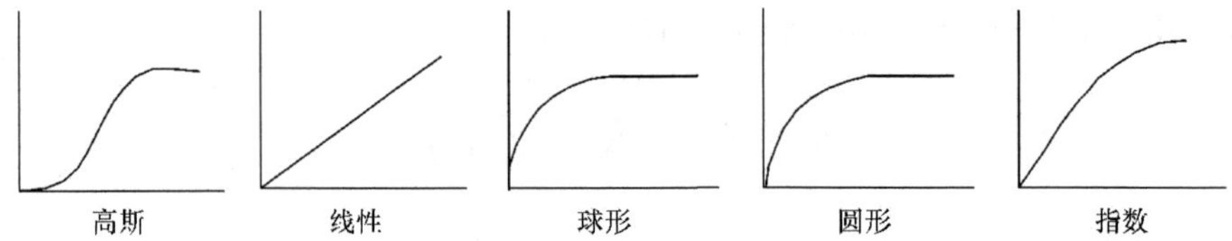

图 8.7　五种拟合半方差图的数学模型：高斯、线形、球形、圆形、指数

用方程是

$$z_0 = \sum_{i=1}^{s} z_x W_x \tag{8.24}$$

式中，z_0 为估计值；z_x 为已知点的值；W_x 为与每个已知点关联的权重；s 为用于估算的已知点的数目。权重可由对一组联立方程的求解得到。例如，下列联立方程是由 3 个已知点估算 1 个未知点的值所必需的

$$\begin{aligned} W_1 \gamma(h_{11}) + W_2 \gamma(h_{12}) + W_3 \gamma(h_{13}) + \lambda &= \gamma(h_{10}) \\ W_1 \gamma(h_{21}) + W_2 \gamma(h_{22}) + W_3 \gamma(h_{23}) + \lambda &= \gamma(h_{20}) \\ W_1 \gamma(h_{31}) + W_2 \gamma(h_{32}) + W_3 \gamma(h_{33}) + \lambda &= \gamma(h_{30}) \\ W_1 + W_2 + W_3 + 0 &= 1.0 \end{aligned} \tag{8.25}$$

式中，$\gamma(h_{ij})$为已知点 i 和 j 间的半方差；$\gamma(h_{i0})$为已知点和未知点之间的半方差，又是拉格朗日系数，它的加入是为了确保把估算误差降到最小。上面的方程可改写成矩阵形式

$$\begin{bmatrix} \gamma(h_{11}) & \gamma(h_{12}) & \gamma(h_{13}) & 1 \\ \gamma(h_{21}) & \gamma(h_{22}) & \gamma(h_{23}) & 1 \\ \gamma(h_{31}) & \gamma(h_{32}) & \gamma(h_{33}) & 1 \\ 1 & 1 & 1 & 0 \end{bmatrix} \cdot \begin{bmatrix} W_1 \\ W_2 \\ W_3 \\ \lambda \end{bmatrix} = \begin{bmatrix} \gamma(h_{10}) \\ \gamma(h_{20}) \\ \gamma(h_{30}) \\ 1 \end{bmatrix} \tag{8.26}$$

将左边的逆矩阵乘以右边的矩阵，可解得权重矢量。一旦知道了权重，方程便可用于估算 z_0：

$$z_0 = z_1 W_1 + z_2 W_2 + z_3 W_3 \tag{8.27}$$

上例表明，在克里金法中用的权重不仅包括估算点和已知点之间的半方差，而且包括已知点之间的半方差。这与反距离权重插值法不同，后者只用适用于已知点和估算点的权重。克里金法和其他局部方法之间的另一个重要区别是：克里金法对每个估算点产生一个方差测度来衡量估算值的可靠性。上例中，方差可由下式计算：

$$s^2 = W_1 \gamma(h_{10}) + W_2 \gamma(h_{20}) + W_3 \gamma(h_{30}) + \lambda \tag{8.28}$$

8.8.2　通用克里金法

通用克里金法假设除了已知点之间的空间关系外，空间变量在二值上还有偏移或有结构因素。一般地说，通用克里金法具体表现为一个趋势。例如，在克里金过程中的一个趋势面方程。这里列举两种通用克里金法。

(1) 使用一个平面，定义为如下一阶多项式：

$$M = b_1 x_i + b_2 y_i \tag{8.29}$$

式中，M 为偏移；x_i 和 y_i 分别为已知点 i 的 x 和 y 坐标；b_1 和 b_2 为要估计的偏移系数。

(2) 用二阶曲面，它被定义为一个二阶多项式：

$$M = b_1 x_i + b_2 y_i + b_3 x^2 + b_4 x_i y_i + b_5 y_i^2 \tag{8.30}$$

在多项式方程中的系数 b_i 必须按权重估算，这意味着通用克里金法比普通克里金法要求更多的联立方程用于估算未知值。

思 考 题

1. 编写五点法多项式插值法程序实现折线的光滑。
2. 编写反距离权重插值算法程序实现由离散高程点构建 DEM。

第9章　Delaunay三角网与Voronoi图算法

9.1　概　　述

Delaunay 三角网与 Voronoi 图是两个被普遍接受和采用的分析研究区域离散数据的有利工具。在地学领域，经常需要处理大量分布于地域内的离散数据。由于这些数据分布的不均匀性，就产生了一个如何合理有效地使用这些宝贵数据的问题。1908 年，G. Voronoi 首先在数学上限定了每个离散点数据的有效作用范围，即其有效反映区域信息的范围，并定义了二维平面上的 Voronoi 图（简称 V 图）。1911 年，A. H. Thiessen 应用 V 图进行了大区域内的平均降水量研究。1934 年，B. Delaunay 由 V 图演化出了更易于分析应用的 Delaunay 三角网（简称 D 三角网）。从此，V 图和 D 三角网则成了被普遍接受和广泛采用的分析研究区域离散数据的有利工具。

在 GIS 中，2.5 维的分析处理由 DTM（数字地形模型）模型进行。DTM 主要由规则网格（栅格）与不规则网格（TIN）两种数据格式来表示，而以后者更为重要。TIN 是表达表面的一种有效方法，具有高效率的存储，数据结构简单，与不规则的地面特征和谐一致，可以表示线性特征和叠加任意形状的区域边界，易于更新，可适应各种分布密度的数据等优点。栅格也被用来表面建模，但 TIN 在表面发生显著变化处体现数据密度改变方面更有优势。一般地，在表现表面的时候，表面平缓的地区只要求少数几个采样点，而在那些表面相对起伏的地区则需要更多的数据采样点。

TIN 是由点生成的，每个点具有一个反映高程值的连续型实数值。当然，也可以使用 TIN 来表示其他类型的表面值，如化学物质的浓度、地下水位或降水量。TIN 是根据采样数据点的值计算出来的，表现为一个连续的三维的表面。TIN 是一系列非重叠的三角形或面，这些三角形或面完全充填一个区域。因为三角网表现的是具有矢量要素（点、线、面）的表面，它们可以精确地模拟具有断线（breakline）的表面中的不连续区域。断线通常是指河流、山脊和公路等，在这些地方表面的坡度会发生显著的变化。

由于 TIN 本身的这些特点，决定了它在现代地理科学与计算机科学中的不可忽视的地位。在分析研究区域（二维）的离散数据时，都可以尝试一下采用 Delaunay 三角网或 Voronoi 图的分析途径。如 GIS 中的网络分析。描述地表形态的一种最佳方法，是地表（地貌和地物）数字化表现的手段和分析工具。当然，它的应用不仅适用于地学，而且活跃于所有与 2.5 维分析有关的领域，而且还将活跃于地图信息识别领域。

9.2　Voronoi 图

设 p_1、p_2 是平面上两点，L 是线段 p_1p_2 的垂直平分线，L 将平面分成两部分 L_L 和 L_R，位于 L_L 内的点 p，具有特性：$d(p_l, p_1) < d(p_l, p_2)$，其中 $d(p_l, p_i)$ 表示 p_l 与 p_i 之间的欧几里得距离，$i=1,2$。这意味着，位于 L_L 内的点比平面其他点更接近点 p_l，换句话说，L_L 内的点是比平面上其他点更接近于 p_l 的点的轨迹，记为 $V(p_l)$，如图 9.1 所示。如果用 $H(p_1, p_2)$ 表示半平面 L_L，而 $L_R = H(p_2, p_1)$，则有 $V(p_1) = H(p_1, p_2)$，$V(p_2) = H(p_2, p_1)$。

给定平面上 n 个点的点集 S，$S = \{p_1, p_2, \ldots, p_n\}$。定义 $V(p_i) = \bigcap_{i \neq j} H(p_i, p_j)$，即 $V(p_i)$ 表示比其他点更接近 p_i 的点的轨迹是 $n-1$ 个半平面的交，它是一个不多于 $n-1$ 条边的凸多边形域，称为关联于 p_i 的 Voronoi 多边形或关联于 p_i 的 Voronoi 域。图 9.2 中表示关联于 p_1 的 Voronoi 多边形，它是一个四边形，而 $n=6$。

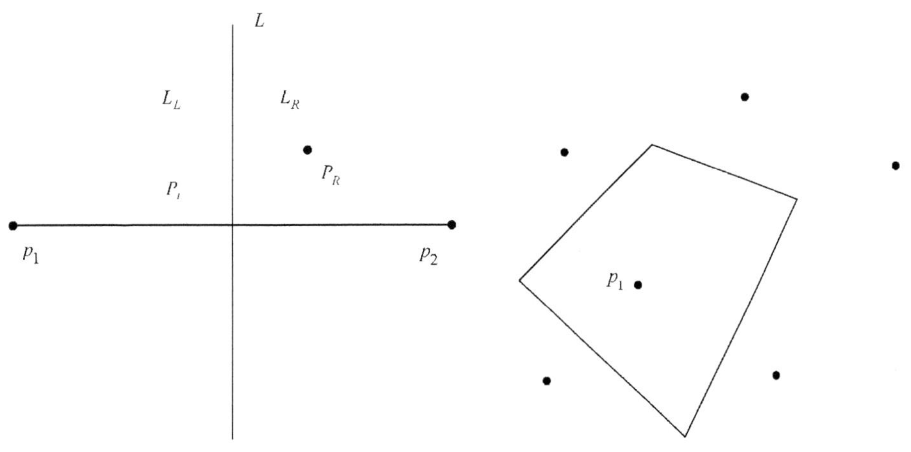

图 9.1　$V(p_1)$、$V(p_2)$ 的图示　　　图 9.2　$n=6$ 时的一种 $V(p_1)$

对于 S 中的每个点都可以做一个 Voronoi 多边形，这样的 n 个 Voronoi 多边形组成的图称为 Voronoi 图，记为 Vor(S)，如图 9.3 所示。该图中的顶点和边分别称为 Voronoi 顶点和 Voronoi 边。显然，$|S| = n$ 时，Vor(S) 划分平面成 n 个多边形域，每个多边形域 $V(p_i)$ 包含 S 中的一个点而且只包含 S 中的一个点。Vor(S)

的边是 S 中某点对的垂直平分线上的一条线段或者半直线，从而为该点对所在的两个多边形域所共有。Vor(S)中有的多边形域是无界的。n 个点的点集 S 的 Voronoi 图至多有 $2n-5$ 个顶点和 $3n-6$ 条边。

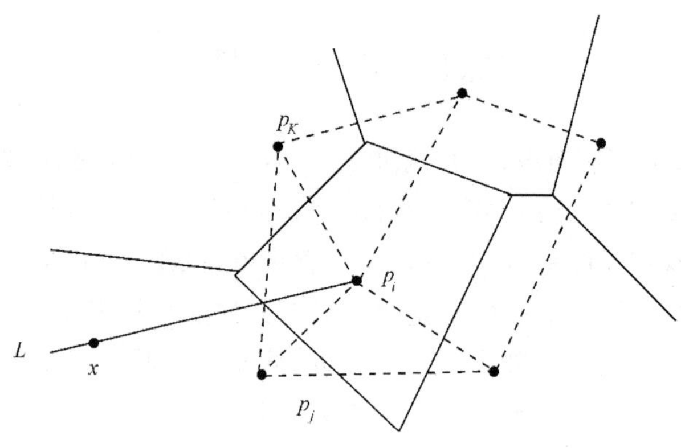

图 9.3 Voronoi 图及其对偶图

9.3 Delaunay 三角形

Delaunay 三角网是 Voronoi 图的伴生图形，它是通过连接具有公共顶点的 3 个 Vor(S)多边形的生长中心而生成的(Delaunay 三角网和 Voronoi 图的关系如图 9.3所示)，这个公共顶点就是形成的 Delaunay 三角形外接圆的圆心。

Delaunay 三角网是一系列相连的但不重叠的三角形的集合，而且这些三角形的外接圆不包含这个面域的其他任何点。它具有两个特有的性质。

(1) 保证最邻近的点构成三角形，即三角形的边长之和尽量最小，且每个 Delaunay 三角形的外接圆不包含面内的其他任何点，称之为 Delaunay 三角网的空外接圆性质，这个特征已经作为创建 Delaunay 三角网的一项判别标准；

(2) 它的另一个性质最大最小角性质：在由点集 V 中所能形成的三角网中，Delaunay 三角网中三角形的最小内角尽量最大，即三角形尽量接近等边三角形。

9.4 Voronoi 图生成算法

9.4.1 半平面的交

利用等式 $V(p_i)=\bigcap_{i\neq j} H(p_i, p_j)$ 构造 $n-1$ 个半平面的交，得到点 p_i 的 Voronoi 多边形，然后逐点构造各点的 Voronoi 多边形便得到 S 的 Voronoi 图。这

就是利用半平面的交求 Voronoi 图的算法，该算法的时间复杂性为 $O(n^2)$。

9.4.2　增量构造方法

假设点集 $S=\{p_1, p_2, \cdots, p_n\}$，并设已经构造出 $k(k<n)$ 个点的 Voronoi 图 $Vor(\{p_1, p_2, \cdots, p_k\})$，再增加点 p_{k+1} 之后，要求构造 Voronoi 图 $Vor(\{p_1, p_2, \cdots, p_k, p_{k+1}\})$。若 p_{k+1} 位于以 Voronoi 顶点 v_i 为圆心的圆内，即 $C(v_i)$ 内，那么 $Vor(\{p_1, p_2, \cdots, p_k\})$ 顶点不一定是 $Vor(\{p_1, p_2, \cdots, p_k, p_{k+1}\})$ 顶点。如图 9.4(a)所示，图中 $k=4$，凸壳用虚线表示，实线为 $Vor(\{p_1, p_2, p_3, p_4\})$，该 Voronoi 图有两个 Voronoi 顶点 v_1 与 v_2。

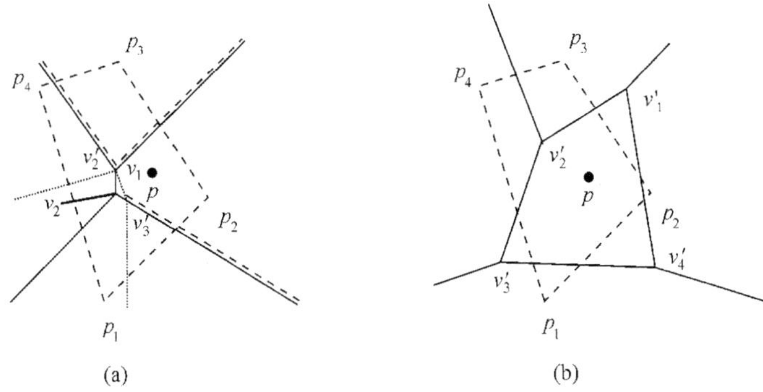

图 9.4　构造 Voronoi 图的增量算法[新增点 p 位于点集凸壳的内部或圆 $C(v_2)$ 内]

考虑增加的点 p 在圆内并位于点集凸壳之外[图 9.4(a)]，此时先确定 p 的位置是在凸壳的哪条边之右侧，或一条边的右侧、一条边的左侧(设凸壳顶点按逆时针方向排列)；然后修改相应的 Voronoi 多边形及 Voronoi 点。在图 9.4(a)中，点 p 位于凸壳边 $\overline{p_4 p_1}$ 的右侧，图中点线表示 $Vor(\{p_1, p_2, \cdots, p_4, p'\})$，该 Voronoi 图有 3 个 Voronoi 点 v_1、v'_2 与 v'_3。显然，v'_2 与 v'_3 不是 $Vor(\{p_1, p_2, p_3, p_4\})$ 的顶点；v_2 是 $Vor(\{p_1, p_2, p_3, p_4\})$ 的顶点，但不是 $Vor(\{p_1, p_2, p_3, p_4\})$ 的顶点。

假设新增加的点 p 位于点集凸壳内[图 9.4(b)]，此时应先确定点 p 所在的 Voronoi 多边形域，点 p 位于点 p_2 相关的 Voronoi 多边形内。然后修改该 Voronoi 多边形的边与顶点，图 9.4(b)中产生 4 个新的 Voronoi 点 v'_1、v'_2、v'_3 与 v'_4，而原来的 Voronoi 点 v_1 与 v_2 不再是 Voronoi 点[图 9.4(a)]。

考虑新增加的点 p 位于凸壳的外部并且不在圆 $C(v)$ 内，其中 v 为 Voronoi 点，如图 9.5 所示。此时分两种情况讨论：①点 p 位于凸壳的一条边之右侧，如图 9.5(a)所示。图中点 p 在 $\overline{p_1 p_2}$ 的右侧，修改点 p 所在 Voronoi 多边形的边界，得到点线所示的新增 Voronoi 多边形，并且 v_3 是新增加的 Voronoi 点。②点 p 位

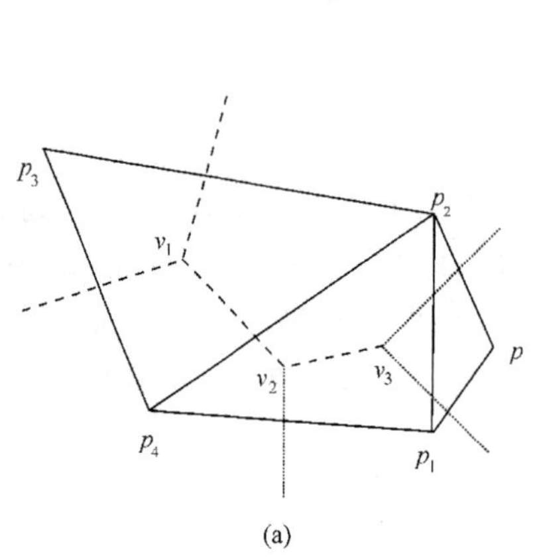

(a)

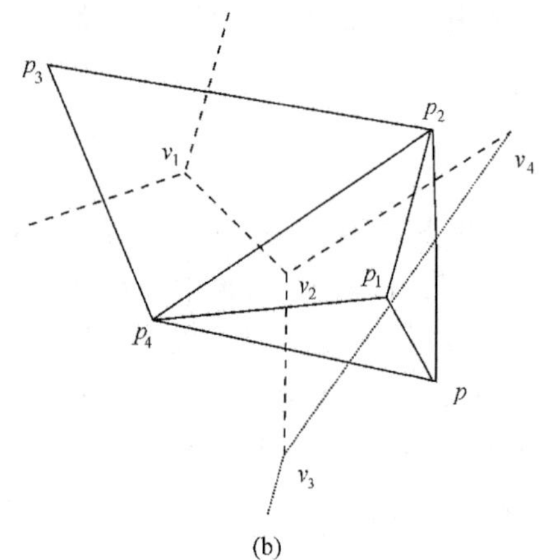

(b)

图 9.5　构造 Voronoi 图的增量算法[新增点 p 位于点集凸壳的外部或圆 C(v_2)的外部]

于凸壳的两条边的右侧,如图 9.5(b)所示。图中点 p 在$\overline{p_4 p_1}$的右侧及$\overline{p_1 p_2}$的右侧,修改点 p 所在 Voronoi 多边形的边界,得到点线所示的新增 Voronoi 多边形,并且 v_3、v_4 是新增加的 Voronoi 点。

1) 脱机增量算法

输入:点集 S={ p_1, p_2,…, p_n}。

输出:点集 S 的 Voronoi 图。

步 1:任取三点 p_i、p_j、p_k,并连接成三角形 $p_ip_jp_k$。

步 2:计算三角形 $p_ip_jp_k$ 外接圆圆心及半径,设为 v 和 d。

步 3:计算距离 $d(p_b, v)(b=1, n, b\neq i, j, k)$,并将距离由小到大分类,设相应点列为 $p_1, p_2, \cdots, p_{n-3}$, $l\leftarrow 1$。

步 4:if $d(p_b, v)>d$ 则进入步 6,否则进入步 5。

步 5:改取三点 p_l、p_j、p_k 或 p_i、p_l、p_k 或 p_i、p_j、p_l,并连接成三角形,或有多个点 $p_1, p_2, \cdots, p_m$ 在圆 C(v)内,则取 p_1、p_2、p_3 连接成三角形。goto 步 2(修改相应的下标)。

步 6:判定 p_l 在已有凸壳哪条边之右侧或两条边的右侧,如图 9.5 所示。

步 7:修改 p_l 所在 Voronoi 多边形的边界及顶点。

步 8: $l\leftarrow l+1$,goto 步 6,直到 $l>n-3$。

算法中步 8 至步 6 的每次循环都是在条件"p_l 之不在圆 C(v)内"下执行的,其中 v 是已求得的 Voronoi 点。

算法中步 1 与步 2 只需要常数时间,步 3 要求 $n-3$ 次距离计算及 $n\log n$ 次比较。步 4 与步 5 耗费常数时间,步 5 至步 2 的循环为常数次。步 6 需要 a 次判断,其

中 a 为已计算子点集凸壳的边数，每次判断要求 6 次乘法，步 7 的耗费为常数，步 8 至步 6 循环 $n-3$ 次，耗费为 $\sum_{a=3}^{n-1} a = O(n^2)$。因此，算法的时间复杂性为 $O(n^2)$。

2）联机增量算法

假设点集中的点以随机方式并间隔一段时间产生，最初只产生一个点 p_1，间隔 Δt 时间后产生第二个点 p_2，产生 p_2 后，算法立即执行，求出两个点的 Voronoi 图，即 $\overline{p_1 p_2}$ 的中垂线。随后产生第三个点 p_3，算法求三个点的 Voronoi 图 Vor($\{p_1, p_2, p_3\}$)，依此类推。要求算法在 Δt 时间内能完成计算增加一个点之后的 Voronoi 图的工作。在已有 Vor($\{p_1, p_2, \cdots, p_k\}$)的基础上，随机增加点 p_{k+1}之后，为了计算 Vor($\{p_1, p_2, \cdots, p_k, p_{k+1}\}$)，首先要判定点 p_{k+1}位于 Vor($\{p_1, p_2, \cdots, p_k\}$)中哪个 Voronoi 多边形域内，然后修改相应 Voronoi 多边形的边与顶点即可求得 Vor($\{p_1, p_2, \cdots, p_k, p_{k+1}\}$)。

只要分别计算 p_{k+1}与 $p_1, p_2, \cdots, p_k$ 的距离，然后求其最小距离，便可判定点 p_{k+1}落入哪个 Voronoi 多边形域内。设 p_{k+1}位于与 p_i 关联的 Voronoi 多边形域内，例如图 9.4(a)中，p 位于与 p_2 关联的 Voronoi 多边形域内并且 p 在凸壳内，该多边形的边是由 p_2 分别与 p_1、p_3、p_4 的中垂线组成。修改与 p_2 关联的 Voronoi 多边形时，只要分别计算 p 与 p_1、p_2、p_3，p_4 的中垂线，如图 9.4(b)所示。如果 p 不在凸壳内，如图 9.4(b)中点 p，此时 p 位于与 p_1 关联的 Voronoi 多边形域内，该多边形的边是由 p_1 分别与 p_2、p_4 的中垂线组成，修改与 p_1 关联的 Voronoi 多边形时，只要分别计算 p 与 p_1、p_2、p_4 的中垂线，不必计算 p 与 p_3 的中垂线，从而节省了计算量。

构造 Voronoi 图的联机增量算法如下。

步 1：while 产生 p_1，p_2 do 作 $\overline{p_1 p_2}$的中垂线，输出 Voronoi 图为中垂线。

步 2：while 产生 p_3 do 连接 p_1、p_2、p_3 成三角形，作三边中垂线，其交点为 Voronoi 点，从该点引出的三条中垂线构成 Voronoi 图。

步 3：$i \leftarrow 4$。

步 4：while 产生 p_i do 判定 p_i 落入哪个 Voronoi 多边形域内，修改该 Voronoi 多边形及相应 Voronoi 多边形的边与顶点。

步 5：$i \leftarrow i+1$，goto 步 4，直至产生点的工作终止。

算法中步 1、步 2 与步 3 均耗费常数时间。利用分别计算 p_i 至 $p_1, p_2, \cdots, p_{i-1}$ 的距离及 $i-2$ 次比较可以求得与 p_i 最近的点，例如 p_j，从而判定 p_i 落入与 p_j 关联的 Voronoi 多边形内，这个工作需要计算 $i-1$ 次距离及 $i-2$ 次比较。修改与 p_j 关联的 Voronoi 多边形边与顶点时，其边的数目决定了计算复杂性，n 个点的 Voronoi 图至多有 $3n-6$ 条边和 $2n-5$ 个顶点，所以每个 Voronoi 多边形边的数目为一常数,因此修改 Voronoi 多边形边与顶点耗费常数时间。设步 5 至步 4 的循环次数为 n 则算法时间复杂性为 $\sum_{i=4}^{n}(i-1)=O(n^2)$。

第 i 次执行步 4,需要 $i+2$ 次距离计算和 $i+1$ 次比较,另外还要修改相应的 Voronoi 多边形边和顶点,设修改工作所需要的时间为 C。如果用 Δt_i 表示第 i 次执行步 4 所需要的时间,那么 $\Delta t_i=$ 计算 $(i+2)$ 次距离的时间 $+(i+1)$ 次比较的时间 $+$ C,这也是产生点 p_{i+3} 后,要间隔 Δt_i 时间再产生点 p_{i+4}。显然,该间隔时间是逐步增加的。

9.4.3 分治算法

构造 Voronoi 图的分治算法是由 Shamos 和 Hoey 于 1975 年提出的,复杂性为 $O(n\log n)$。算法的基本思想是按点的 x 坐标的中值(或先按点的二坐标分类,然后从中间分割)分割点集 S 为 S_1 与 S_2,使 $|S_1|=|S_2|=\frac{1}{2}|S|$。如果 S_1、S_2 含点数目大于 4,则继续分割点集,直至子点集规模小于或等于 4,对每个小子点集利用 9.4.1 或 9.4.2 节中的方法求 Voronoi 图,然后不断合并相邻子点集的 Voronoi 图,直至得到 Vor(S)。算法描述如下:

步 1:划分 S 为规模近似相等的两个子集 S_1 和 S_2。

步 2:递归地构造 Vor(S_1)和 Vor(S_2)。

步 3:构造折线 B,分开 S_1 和 S_2,并使 $d(a,v)=d(b,v)$,其中 $a\in S_1$,$b\in S_2$,v 为折线上的点。

步 4:删去位于 B 左侧的 Vor(S_2)的所有边及位于 B 右侧的 Vor(S_1)的所有边,得到集合 S 的 Voronoi 图 Vor(S)。

组成折线 B 的每条线段是 S_1 和 S_2 中某两点连线的垂直平分线。假设已知 CH(S_1)和 CH(S_2),在线性时间内可以求得 CH(S_1)和 CH(S_2)的正切线。设 $\overline{p_1p_2}$ 为所求的正切线,$p_1\in S_1$,$p_2\in S_2$。作 $\overline{p_1p_2}$ 的垂直平分线。设想由上向下沿该垂直平分线下移的 z 点遇到 Vor(S_2)或者 Vor(S_1)的一条边,比如遇到 Vor(S_2)的一条边,如图 9.6 所示。图中点 p_7 和 p_{14} 分别属于 $S_1=\{p_1,p_2,\cdots,p_8\}$ 和 $S_2=\{p_9,p_{10},\cdots,p_{16}\}$,$\overline{p_{14}p_7}$ 的向下垂直平分线首先与 Vor(S_2)的边相交,即与 $\overline{p_{11}p_{14}}$ 的垂直平分线相交,交点为 q_1,留下折线 B 的第一段(半直线)。点 q_1 是 $\overline{p_{11}p_{14}}$ 的垂直平分线与 $\overline{p_{14}p_7}$ 的垂直平分线的交点,因此 q_1 是三角形 $p_{14}p_7p_{11}$ 的外接圆的圆心,所以下一段折线为 $\overline{p_7p_{11}}$ 的垂直平分线上的一条线段,此时寻找 $\overline{p_7p_{11}}$ 的垂直平分线与 p_7 关联的 Voronoi 多边形的哪条边相交,图中示出 $\overline{p_7p_{11}}$ 的

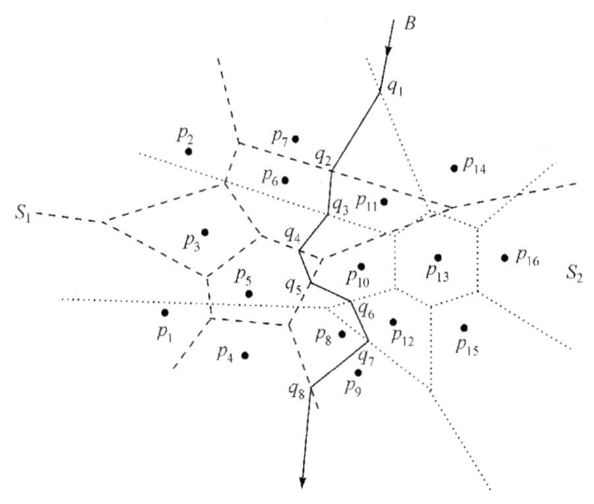

图 9.6　构造 Voronoi 图的分治算法

垂直平分线与$\overline{p_7 p_6}$的垂直平分线相交，交点为 q_2。$\overline{q_2 q_3}$为$\overline{p_{11} p_6}$的垂直平分线上的一条线段，即寻找$\overline{p_{11} p_6}$的垂直平分线与 p_{11}关联的 Voronoi 多边形的哪条边相交，如果与 p_{11}关联的 Voronoi 多边形的多条边相交，则以比 q_2 的 y 坐标小的点作为 B 的下一个顶点 q_3，q_3 为$\overline{p_{11} p_6}$的垂直平分线与$\overline{p_{11} p_{10}}$的垂直平分线的交点。同理，$\overline{q_3 q_4}$为$\overline{p_6 p_{10}}$的垂直平分线上的一条线段（q_4 为$\overline{p_6 p_{10}}$的垂直平分线与$\overline{p_6 p_5}$的垂直平分线的交点），$\overline{q_4 q_5}$为$\overline{p_{10} p_5}$的垂直平分线上的一条线段（q_5 为$\overline{p_5 p_{10}}$的垂直平分线与$\overline{p_8 p_5}$的垂直平分线的交点），$\overline{q_5 q_6}$为$\overline{p_{10} p_8}$的垂直平分线上的一条线段（q_6 为$\overline{p_{10} p_8}$的垂直平分线与$\overline{p_{10} p_{12}}$的垂直平分线的交点），$\overline{q_6 q_7}$为$\overline{p_8 p_{12}}$的垂直平分线上的一条线段（q_7 为$\overline{p_{12} p_8}$的垂直平分线与$\overline{p_{12} p_9}$的垂直平分线的交点），$\overline{q_7 q_8}$为$\overline{p_8 p_9}$的垂直平分线上的一条线段（q_8 为$\overline{p_8 p_9}$的垂直平分线与$\overline{p_8 p_4}$的垂直平分线的交点），q_8 向下的射线是$\overline{p_9 p_4}$的垂直平分线上的一条射线。折线 B 的构造过程如图 9.7 所示。

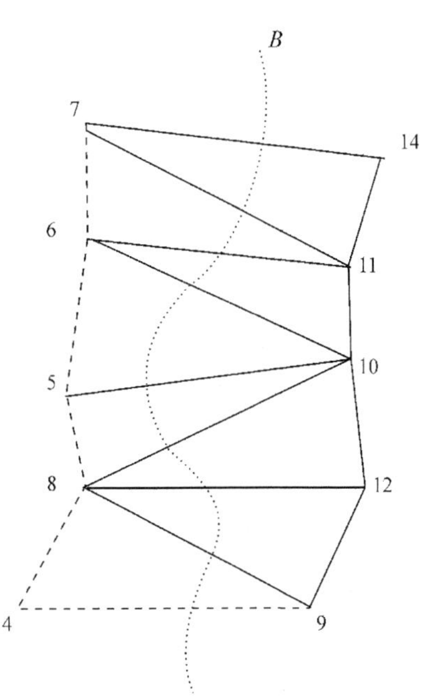

图 9.7　构造折线 B 的过程

总之，该过程可以看成是三角形序列

的演变过程，也就是 $p_{14}p_7p_{11}\rightarrow p_7p_{11}p_6\rightarrow p_{11}p_6p_{10}\rightarrow p_6p_{10}p_5\rightarrow p_5p_{10}p_8\rightarrow p_{10}p_8p_{12}\rightarrow p_{12}p_8p_9\rightarrow p_8p_9p_4$，称为三角形顶点转移法。

设 $S_1=\{a_1,a_2,\cdots,a_k\}$，$S_2=\{b_1,b_2,\cdots b_{k'}\}$，并假设已求得 $CH(S_1)$ 和 $CH(S_2)$。构造折线 B 的算法如下：

步 1：计算 $CH(S_1)$ 和 $CH(S_2)$ 的正切线，设为 $\overline{p_{a_1}p_{b_1}}$ 和 $\overline{p_{a_k}p_{b_{k'}}}$，$p_{a_1}$ 的 y 坐标大于 p_{a_k} 的 y 坐标，p_{b_1} 的 y 坐标大于 $p_{b_{k'}}$ 的 y 坐标。

步 2：作 $\overline{p_{a_1}p_{b_1}}$ 的垂直平分线 $l_{a_1b_1}$，$l_{a_1b_1}$ 与 p_{b_1}（或 p_{a_1}）关联的 Voronoi 多边形边（$\overline{p_{b_1}p_{b_2}}$ 的垂直平分线或 $\overline{p_{a_1}p_{a_2}}$ 的垂直平分线）相交。如果有多个交点，则取 y 坐标值最大的点为 B 的第一个顶点 q_1；否则，交点为 B 的新顶点。

步 3：用三角形顶点转移法选择新的三角形，并用步 2 的方法计算 B 的新顶点，直至作出 $\overline{p_{a_k}p_{b_{k'}}}$ 的垂直平分线。

执行步 2 时需要确定 $l_{a_1b_1}$，与 p_{b_1} 关联的 Voronoi 多边形边的哪条边相交，这只要判断该 Voronoi 多边形的端点对是否位于 $l_{a_1b_1}$ 的两侧即可，如果位于两侧，则相交；否则，不相交。如果相交，则求出交点，得到 B 的一个新顶点。

步 1 需要线性时间。折线 B 穿过 $Vor(S_1)$ 和 $Vor(S_2)$ 时，组成 B 的线段数目不超过 $|S_1|+|S_2|=n$。求每条线段只需常数时间，所以构造 B 仅用线性时间。设 $T(n)$ 表示用分治法构造 n 个点的点集 S 的 Voronoi 图所需要的时间，则 $T(n)$ 满足下述递归关系式

$$T(n)=2T\left(\frac{n}{2}\right)+O(n)$$

式中，$O(n)$ 为合并 $Vor(S_1)$ 和 $Vor(S_2)$ 所需要的时间。该递归关系式的解为 $T(n)=O(n\log n)$。

9.4.4 减量算法

已知点集 $S=\{p_1,p_2,\cdots p_n\}$ 的 Voronoi 图，现删去点 p_i 之后，要求构造 Voronoi 图 $Vor(\{p_1,p_2,\cdots,p_{i-1},p_{i+1},\cdots,p_n\})$。

如果 p_{i-1}、p_i、p_{i+1} 是 $BCH(S)$ 上的连续顶点，则删去点 p_i 及 p_i 关联的 Voronoi 多边形的边和顶点。之后，如果 p_{i-1} 与 p_{i+1} 成为 $BCH(S-\{p_i\})$ 上相邻顶点，并设 p_i 关联的 Voronoi 多边形的边为 $e_1,e_2,\cdots,e_k$，这些边分别是 p_i 与 p_j，p_i 与 p_{j+1}，…，p_i 与 p_{j+k} 的垂直平分线，那么作 $\overline{p_{i-1}p_{i+1}}$ 的垂直平分线并且修改点 $p_{i-1},p_j,p_{j+1},\cdots,p_{j+k},p_{i+1}$ 关联的 Voronoi 多边形的边和顶点，便可求得 $Vor(\{p_1,p_2,\cdots,p_{i-1},p_{i+1},\cdots,p_n\})$。图 9.8(a) 中删去点 p_5 及 p_5 关联的 Voronoi 多边形的边和顶点，之后，点 p_4 与 p_1 成为 $BCH(\{p_1,p_2,p_3,p_4\})$ 上相邻的顶点，

点 p_5 关联的 Voronoi 多边形的边分别是 p_5 与 p_1、p_5 与 p_2、p_5 与 p_4 的垂直平分线，作 $\overline{p_1 p_4}$ 的垂直平分线，并且修改点 p_4，p_1，p_2 关联的 Voronoi 多边形的边和顶点，最后以点线表示 Vor($\{p_1, p_2, p_3, p_4\}$)。

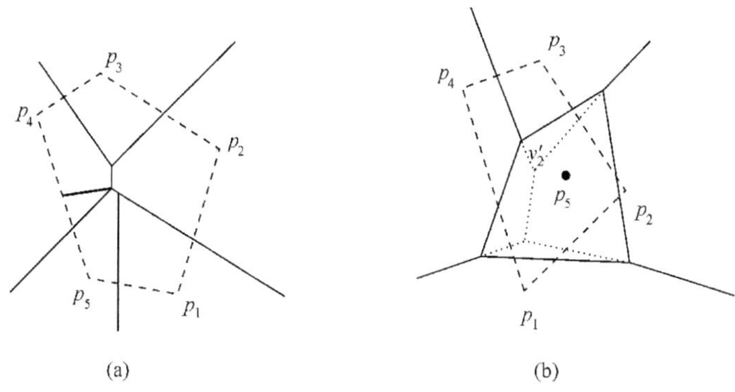

图 9.8 构造 Voronoi 图的减量算法

如果删去点 p_i 之后，p_{i-1} 与 p_{i+1} 不是 BCH(S－$\{p_i\}$)上相邻顶点，如图 9.5(b)所示，那么只要删去点 p_i(图 9.5(b)中点 p)及 p_i 关联的 Voronoi 多边形的边和顶点，并修改 BCH(S－$\{p_i\}$)上新顶点关联的 Voronoi 多边形的边和顶点，便可得到 Vor($\{p_1, p_2, \cdots, p_{i-1}, p_{i+1}, \cdots, p_n\}$)。图 9.5(b)，删去点 p 之后，点 p_1 是 BCH(S－$\{p\}$)上新顶点，点线为删去的点 p 关联的 Voronoi 多边形边，虚线为 Vor($\{p_1, p_2, p_3, p_4\}$)。

考虑删去的点 p_i 在凸壳内部，如图 9.8(b)中的点 p_5，此时删去点 p_5 关联的 Voronoi 多边形边和顶点，并修改点 p_1，p_2，p_3，p_4 关联的 Voronoi 多边形边和顶点，因为这些 Voronoi 多边形与 p_5 关联的 Voronoi 多边形有共同的边。

构造点集 S 的 Voronoi 图的减量算法如下。

步 1：**if** p_{i-1}，p_i，p_{i+1} 是 BCH(S)上连续的三个顶点 ∧ p_{i-1} 与 p_{i+1} 是 BCH(S－$\{p_i\}$)上相邻顶点 ∧ p_i 关联的 Voronoi 多边形边 e_{i_1}，e_{i_1}，…，e_{i_1} 分别是 p_i 与 p_j，p_i 与 p_{j+1}，…，p_i 与 p_{j+k} 的垂直平分线。

then 删去点 p_i 及 p_i 关联的 Voronoi 多边形边和顶点，作 $\overline{p_{i-1} p_{i+1}}$ 的垂直平分线并修改点 p_{i-1}，p_j，p_{j+1}，…，p_{j+k}，p_{i+1} 关联的 Voronoi 多边形的边和顶点。

else if p_{i-1}，$p_{k'}$，p_{i+1} 是 BCH(S－$\{p_i\}$)上连续的三个顶点。

then 删去点 p_i 及 p_i 关联的 Voronoi 多边形的边和顶点，并修改点 $p_{k'}$ 关联的 Voronoi 多边形的边和顶点。

步 2：**if** p_i 在 CH(S)内部 ∧ p_i 关联的 Voronoi 多边形边分别是 p_i 与 p_j，p_i 与 p_{j+1}，…，p_i 与 p_{j+k} 的垂直平分线。

then 删去点 p_i 及 p_i 关联的 Voronoi 多边形边和顶点，并修改点 $p_j, p_{j+1}, \cdots, p_{j+k}$关联的 Voronoi 多边形的边和顶点。

执行该算法时，首先判定点 p_i 是否为凸壳顶点或在凸壳内，这只要求出 CH(S)，再进行比较，其耗费为 O($n\log n$)。如果点 p_{i-1}、p_i、p_{i+1}是 BCH(S)上连续的三个点，删去点 p_i 之后，耗费 O($\log^2 n$)时间可以恢复 BCH(S－{ p_i})，即判定 p_{i-1}与 p_{i+1}之间是否有新的凸壳顶点。删去点 p_i 及 p_i 关联的 Voronoi 多边形的边和顶点，修改相应的 Voronoi 多边形的边和顶点，耗费常数时间。因此，算法的时间复杂性为 O($n\log n$)。

9.4.5 平面扫描算法

构造 Voronoi 图的平面扫描算法是 Fortune 于 1987 年提出的，其复杂性是 O($n\log n$)。

平面扫描算法通过平面上的一条扫描线由左向右扫描，在平面上已扫描过的部分就得到问题的解，而未扫描部分还没有形成问题的解。要使构造 Voronoi 图的平面扫描算法能在线已扫过的部分构造出 Voronoi 图，其困难是扫描线 L 在碰到决定 Voronoi 域 V(p_i)的点 p_i 之前会遇到该域的 Voronoi 边。为克服这一困难，先介绍下面的概念。

设点 p 位于三维坐标系的 xy 平面上，顶点在 p 并且其侧面以 45°倾斜的圆锥体垂直于 xy 平面。如果将第三个变元看成是时间，那么以 p 为顶点的圆锥体表示以单位速度在 p 周围扩张的圆，t 个单位时间之后，圆的半径为 t。

考虑以点 p_1 和 p_2 为顶点的两个圆锥体 Con(p_1)和 Con(p_2)，它们在三维空间中相交成一条曲线，该曲线位于垂直于 xy 平面的平面上，这个平面与 xy 平面的交是$\overline{p_1 p_2}$的垂直平分线。因此，虽然两个圆锥体的交线在三维空间中是一条曲线，但该曲线投影到 xy 平面上却是一条直线，而且是 Vor({ p_1, p_2})。同样，以点 p_1、p_2 和 p_3 为顶点的三个圆锥体的交(三条曲线)在 xy 平面上的投影形成 Vor({ p_1, p_2, p_3})。

构造 Voronoi 图的平面扫描算法的基本想法是，通过与 xy 平面成 45°倾斜的平面 π 扫描锥体，π 与 xy 平面的交线作为扫描线 L。假设 L 平行于 y 轴，并且它的 x 坐标是 l，如图 9.9 所示；另设平面 π 和锥体是不透明的，并从 $z=-\infty$向上观察平面 π 和锥体。

在图 9.9 中，L 的 $x=0$(点 p_1、p_2 的 x 坐标为 0)，此时从下往上观察，只能看见平面 π，点 p_1 和 p_2 在扫描线 L 上，但看不见锥体，这时是扫描的起始时刻。

随后，扫描平面 π 和扫描线 L 向右平移，在平移过程中，平面 π 切割 Con(p_1)，

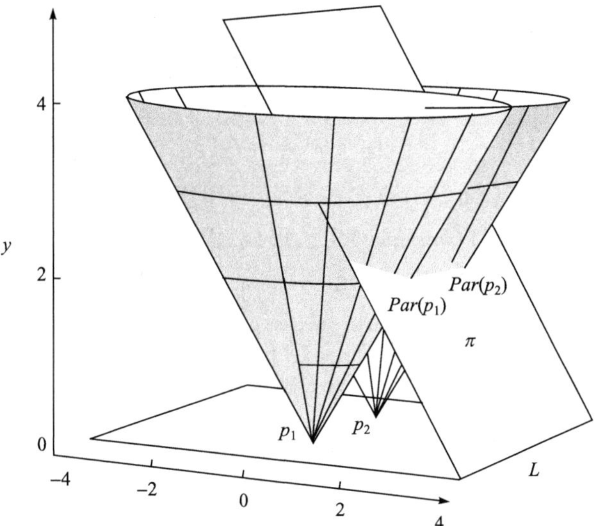

图 9.9 扫描平面 π 切割锥体，π 和 l 向右扫描

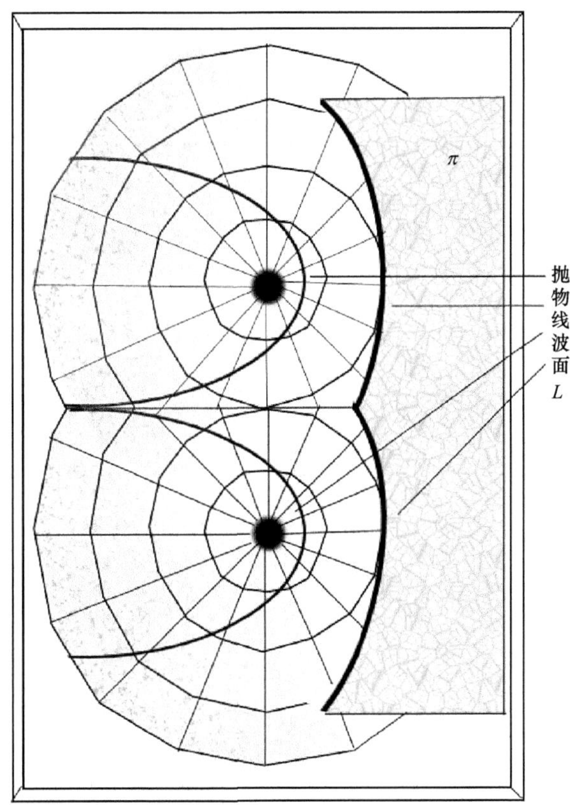

图 9.10 随着 π、L 的右移，抛物线波面的变迁

$Con(p_2)$分别形成抛物线 $Par(p_1)$和 $Par(p_2)$，然后将其投影到 xy 平面，称为抛物线波面，如图 9.10 所示。随着 π、L 的右移，两条抛物线 $Par(p_1)$和 $Par(p_2)$的交的轨迹构成一条抛物线 $Par(Con(p_1)\cap Con(p_2))$，该抛物线在 xy 平面上的投影即$\overline{p_1 p_2}$的垂直平分线。从 $z=-\infty$向上观察，抛物线 $Par(Con(p_1)\cap Con(p_2))$是一条直线段，并且是 $Vor(\{p_1, p_2\})$。在平面 π 和线 L 已扫描过的部分，点 p_1 和 p_2 及部分 $Par(Con(p_1)\cap Con(p_2))$均已形成，而未扫描部分 $Par(Con(p_1)\cap Con(p_2))$的剩余部分还未形成。直至平面 π 离开 $Con(p_2)$时，扫描终止，$Vor(\{p_1, p_2\})$完全形成。

思 考 题

1. 编写增量构造法算法程序实现由离散点高程点构建 TIN。
2. 编写减量算法程序实现由离散点高程点构建 TIN。
3. 编写平面扫描算法程序实现由离散点高程点构建 TIN。

第10章 缓冲区分析算法

10.1 概　述

缓冲区分析(buffer analysis)是地理信息系统中使用非常频繁的一种空间分析,是对空间特征进行度量的一种重要方法。缓冲区是根据空间数据库中的点、线、面地理实体或规划目标,自动建立其周围一定宽度范围的多边形。

根据地理实体的不同分为:点缓冲区、线缓冲区、面缓冲区和复杂实体缓冲区。点缓冲区,是围绕该点的半径为缓冲距的圆周所包围的区域;线缓冲区,是沿线的两侧距离不超过缓冲距的点组成的区域;面缓冲区,是沿该面边界线内侧或外侧距离不超过缓冲距的点组成的区域;复杂目标的缓冲区,则须经过复杂的计算和判断生成一个复杂多边形或多边形集合。不同类型空间目标的缓冲区如图 10.1 所示。

10.2 缓冲区边界生成算法基础

在缓冲区分析中,关键算法是缓冲区边界的生成、边线关系处理和多个缓冲区的合并。点目标的缓冲区生成算法,就是确定以点目标为中心,缓冲距为半径的圆;线目标的缓冲区生成算法,就是将线目标的轴线向两侧沿法线方向平移一个缓冲距,端点用半圆弧连接,所得到的点构成的多边形;面目标的缓冲区生成算法,就是将面目标的边界上的点向外侧沿法线方向平移一个缓冲距,所得到的点构成的多边形。这里,首先引入以下几个概念。

1. 轴线的左侧和右侧

以轴线的前进方向为准,前进方向的左侧称为轴线的左侧,前进方向的右侧称为轴线的右侧(图 10.2)。

2. 多边形的方向

多边形边界顺时针方向称为正方向,逆时针方向称为负方向。采用计算面积是为正或负值的方法判断多边形的方向,计算面积为正的多边形称为正向多边形,计算面积为负值的多边形称为负向多边形(图 10.3)。

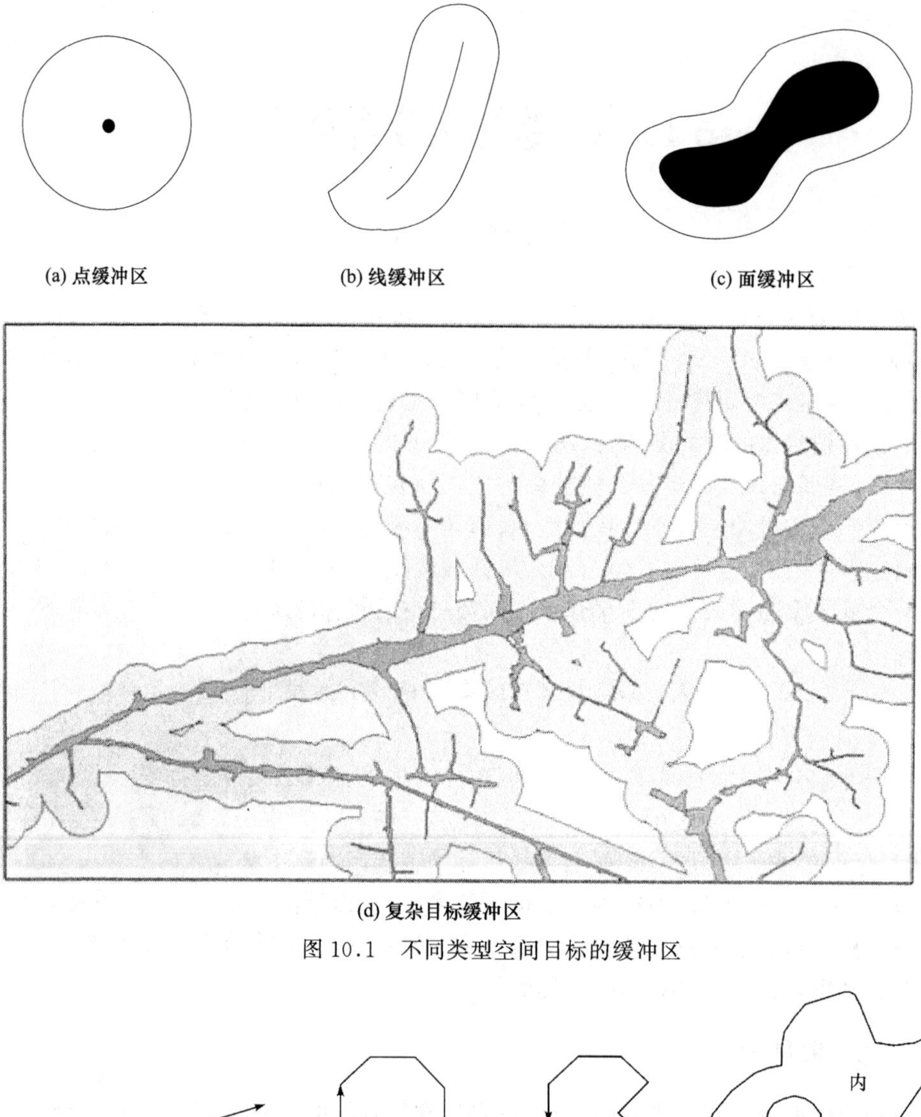

(a) 点缓冲区　　(b) 线缓冲区　　(c) 面缓冲区

(d) 复杂目标缓冲区

图 10.1　不同类型空间目标的缓冲区

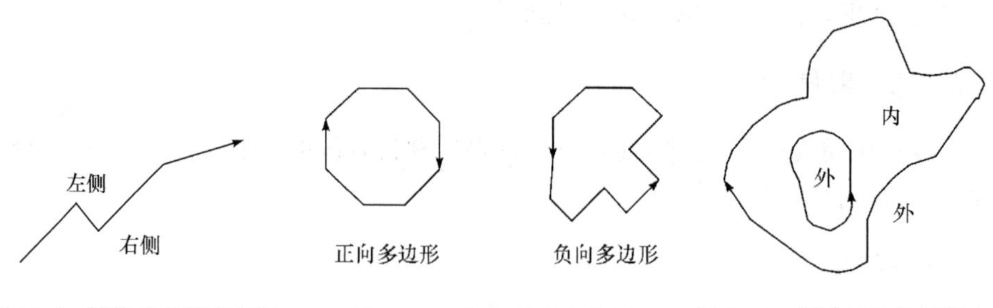

图 10.2　轴线的左侧和右侧　　图 10.3　多边形的方向图　　图 10.4　缓冲区的外侧和内侧

3．缓冲区的外侧和内侧

缓冲区的外边界是正向多边形，岛边界是负向多边形。以多边形前进方向为准，多边形边界的左侧称为缓冲区的外侧，多边形边界右侧称为缓冲区的内侧（图 10.4）。

4．轴线（边界）转折点的凸凹性

轴线或边界上的相邻三点 P_{i-1}、P_i、P_{i+1}，用右手螺旋法则，若拇指向下，则 P_i 点左侧为凸，右侧为凹；若拇指向上，则 P_i 点左侧为凹，右侧为凸。

10.3　点缓冲区边界生成算法

点目标的缓冲区是围绕点目标的半径为缓冲距的圆周所包围的区域，点目标缓冲区边界生成算法的关键是确定点目标为中心的圆周。为了便于进一步将多个点缓冲区合并，这里采用步进拟合的思想，即圆弧弥合的方法，它是将圆心角等分，用等长的弦代替圆弧，即用均匀步长的直线段逼近圆弧段（图 10.5）。显然，等分的圆心角越小，步长越小，误差越小；等分的圆心角越大，步长越大，误差越大。

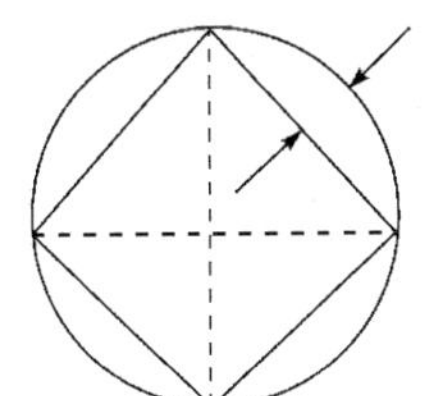
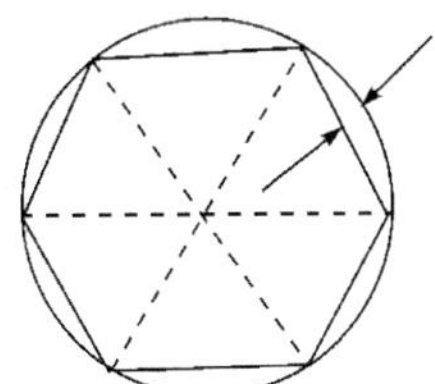
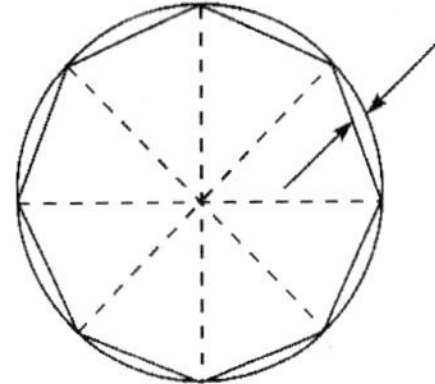

图 10.5　不同步长的圆弧弥合

圆弧弥合的思想从几何的角度比较容易理解。如图 10.6 所示，因为所求缓冲区外边界是正向多边形，故按顺时针方向弥合。已知半径为 R（缓冲距）的圆弧上的一点 A(a_x, a_y)，求顺时针方向的步长为 a 的弥合点 B(b_x, b_y)，即用弦长 AB 代替圆弧 AB。

假设 OA 的方向角为 β，OB 的方向角为 γ，则 $\gamma=\beta-\alpha$。于是有

$$\begin{cases} b_x = R\cos\gamma = a_x\cos\alpha + a_y\sin\alpha \\ b_y = R\cos\gamma = a_y\cos\alpha + a_x\sin\alpha \end{cases} \tag{10.1}$$

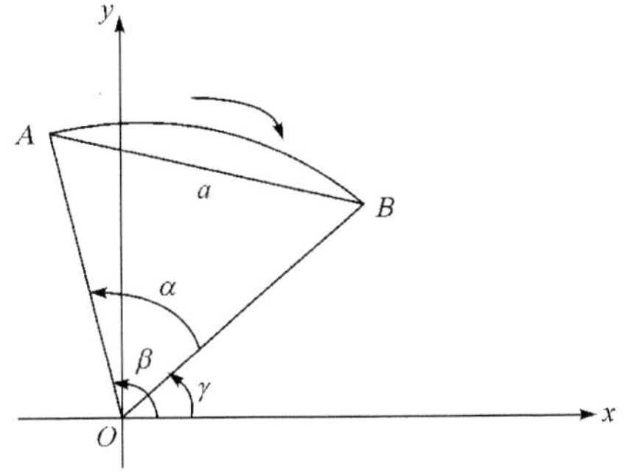

图 10.6　顺时针圆弧弥合

对整个圆周,根据精度要求,给定布点个数 n(圆周上弥合的点数),并计算步长。$a=[360/n]$。从点(R,O)开始,通过不断增加步长的倍数(小于或等于布点个数),依次求得弥合点,最后强制闭合回到点(R,O)。按弥合顺序连接这些点,就得到点目标的缓冲区边界。

同理,逆时针圆弧弥合的公式为

$$\begin{cases} b_x = a_x\cos\alpha - a_y\sin\alpha \\ b_y = a_x\cos\alpha + a_y\sin\alpha \end{cases} \tag{10.2}$$

10.4　线缓冲区边界生成算法

线目标缓冲区边界的生成比较复杂,分为以下几个步骤:先生成缓冲区边界,然后对可能出现的尖角和凹陷等特殊情况做进一步处理,最后进行自相交处理以区别缓冲区的外边界和岛边界。每个步骤的原理和具体算法如下。

1. 缓冲区边界生成

缓冲区边界生成的核心算法是双线问题,主要有角平分线法和凸角圆弧法。由于角平分线法难以最大限度地保证双线的等宽性、校正过程复杂、算法模型欠结构化,所以通常采用凸角圆弧法。

凸角圆弧法的基本思想是(图 10.7):在轴线的两端用半径为缓冲距的圆弧弥合;在轴线的各转折点,首先判断该点的凸凹性,在凸侧用半径为缓冲距的圆弧弥合,在凹例用与该点关联的前后两相邻线段的偏移量为缓冲距的两平行线的交点作为对应顶点。这样,在凸侧用圆弧拟合,保证平行线与轴线等宽;而在凹侧平行线交点在角平分线上。所以,凸角圆弧法能够最大限度地保证生成的缓冲区边界与轴线的等宽关系。将这些圆弧弥合点和平行线交点依一定的顺序连接起来,即形成闭合的缓冲区边界。凸角圆弧法的关键算法如下。

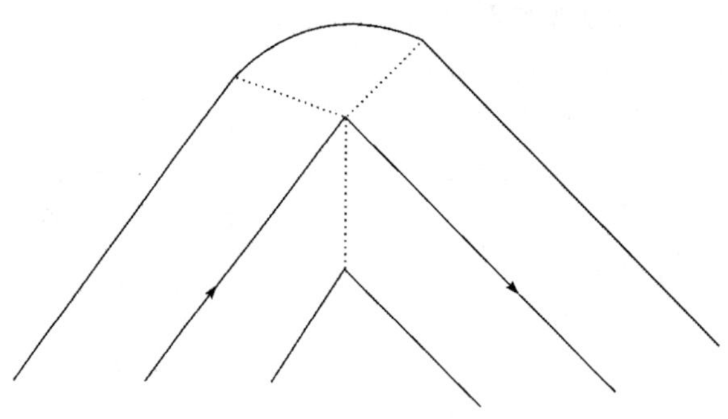

图 10.7　凸角圆弧法原理

1）判断轴线转折点的凸凹性

轴线转折点的凸凹性决定何处用圆弧弥合，何处用平行线求交。这个问题可以转化为两个矢量的叉积（图 10.8）：把与转折点相邻的两个线段看成两个矢量 P_{i-1}、P_i，其方向取坐标点序方向。若 P_{i-1} 以最小的角度扫向 P_i 时为逆时针，则该点左侧为凹，右侧为凸；若 P_{i-1} 以最小的角度扫向 P_i 时为顺时针，则该点左侧为凸，右侧为凹。

图 10.8　转折点的凹凸性与矢量的叉积

由矢量代数可知，在求矢量叉积时，遵循右手法则。即拇指向上，$P_{i-1}\,P_i\,P_{i+1}$ 呈逆时针方向，矢量 P_{i-1}、P_i 的叉积 S 为正；拇指向下，$P_{i-1}\,P_i\,P_{i+1}$ 呈顺时针方向，S 为负。矢量 $P_{i-1}\,P_i$ 可用其端点的坐标来表示，即

$$
\begin{aligned}
S &= P_{i-1} \cdot P_i \\
&= (xp_i - xp_{i-1})(yp_{i+1} - yp_i) - (xp_{i+1} - xp_i)(yp_i - yp_{i-1})
\end{aligned}
\tag{10.3}
$$

S 有如下三种情况：

$$
\begin{cases}
\text{若 S 为正，则 } P_{i-1}P_iP_{i+1} \text{ 呈逆时针方向} \\
\text{若 S 为负，则 } P_{i-1}P_iP_{i+1} \text{ 呈顺时针方向} \\
\text{若 S 为零，则 } P_{i-1}P_iP_{i+1} \text{ 三点共线}
\end{cases}
$$

2）求与转折点相邻的两线段的方向角

如图 10.9 所示，与转折点 P_i 相邻的两线段的方向角是以 P_i 为原点，从 x 轴正方向逆时针旋转到该线段的角度。确定与转折点相邻的两线段的方向角，是后续的圆弧弥合和平行线求交的前提。

3）求与 P_i 相邻的两线段平行线交点

在以转折点 P_i 为原点的坐标系中，假设相邻两线段的方向角分别为 a_1、a_2，缓冲距为 R，平行线交点 $P(x_p, y_p)$ 到转折点 P_i 的距离为 d，因平行线的交点在角平分线上，令角平分线的方向角为 a，则有

$$
\begin{cases}
R = d \times \sin(a - a_2) = y_p\cos a_2 - x_p\sin a_2 \\
R = d \times \sin(a_1 - a) = x_p\sin a_2 - y_p\cos a_1
\end{cases}
\tag{10.4}
$$

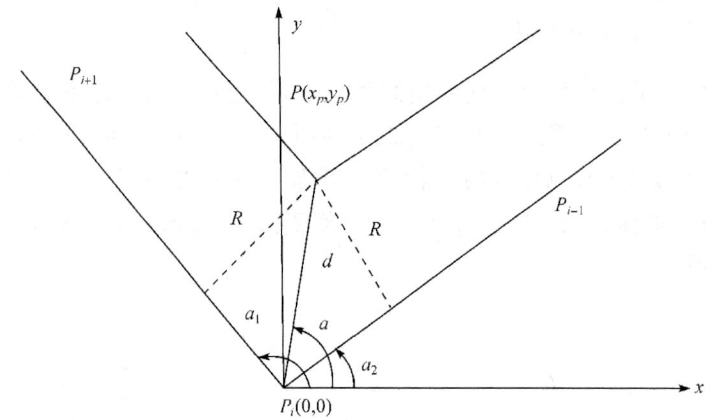

图 10.9　转折点相邻两线段方向角的求解

解得

$$\begin{cases} x_p = R(\cos a_1 + \cos a_2)/\sin(a_2 - a_1) \\ y_p = R(\sin a_1 + \sin a_2)/\sin(a_2 - a_1) \end{cases} \tag{10.5}$$

令转折点 P_i 的图面坐标为 x_{p_i}、y_{p_i}，平行线交点 P 的图面坐标为(x', y')。若平行线交点在轴线左侧，则 $x' = x_{p_i} + x_p$，$y' = y_{p_i} + y_p$；若平行线交点在轴线右侧，则 $x' = x_{pi} - x_p$，$y' = y_{p_i} - y_p$。

4）确定圆弧弥合的起始点、终止点和方向

如图 10.10 所示，圆弧弥合的起始点是转折点沿前一线段的法线方向向远离轴线方向平移一个缓冲距得到的点；终止点是转折点沿后一线段的法线方向向远离轴线方向平移一个缓冲距所得到的点；在起始点和终止点相同的情况下，若圆弧弥合方向不同，其结果是不同的，为保证生成的缓冲区边界是顺时针方向，必须考虑圆弧弥合的方向，即轴线左侧圆弧弥合是顺时针方向，轴线右侧圆弧弥合是逆时针方向。

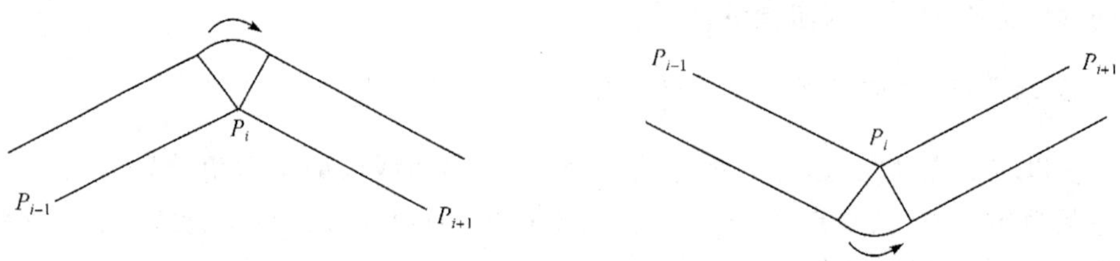

图 10.10　圆弧弥合的起始点、终止点和方向

2．失真现象处理

前述算法生成的缓冲区边界，轴线转角尖锐的转折点的平行线交点随缓冲距的增大将会迅速远离轴线，这就会出现尖角和凹陷的失真现象(图 10.11)，这是不合理的，必须进行修正。

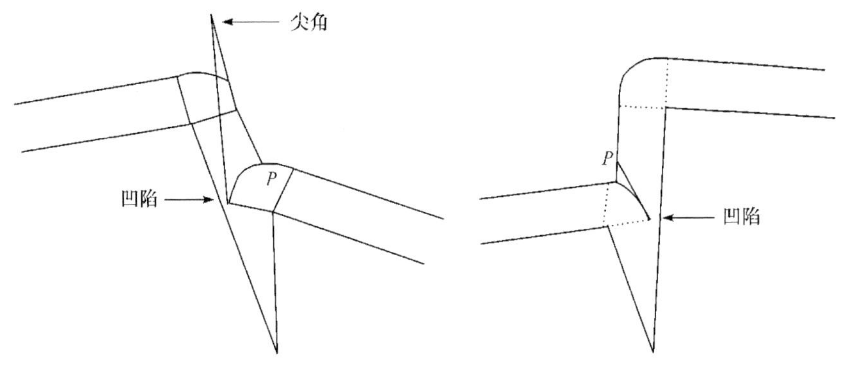

图 10.11　失真现象示意图

龚洁晖于 1999 年通过大量实验和分析总结，将缓冲区边界失真现象归纳为三类 16 种情况，针对不同的情况采用不同的修正处理方法。

在介绍三类情况的判断条件及修正方法之前，先对用到的符号作如下约定：

(1) $(i-1)$、i、$(i+1)$表示边界列表的相邻结点元素，可能是单点——平行线交点，也可能是点串——圆弧弥合点。

(2) 点 1、2、3、4、5 表示缓冲区边界上的点，其中，点 1 表示$(i-1)$的前一个结点元素的最后一个点；点 2 表示$(i-1)$的最后一个点；点 4 表示$(i+1)$的第一个点；点 5 表示$(i+1)$的后一个结点元素的第一个点；由于讨论的三类情况中，结点元素 i 总是单点，用点 3 表示。

(3) flag1 表示点 2 的凹凸性，flag1＝1 说明点 2 左侧凹右侧凸，flag1＝－1 说明点 2 左侧凸右侧凹；同理，flag2 表示点 4 的凹凸性，key 表示点 3 的凹凸性。

(4) K_1 表示点 2 与$(i+1)$位置关系，$K_1=1$，表示点 2 在$(i+1)$的左侧；$K_1=0$，表示点 2 在$(i+1)$的右侧。同理 K_2 表示点 4 与$(i-1)$的位置关系，$K_2=1$，表示点 4 在$(i-1)$的左侧；$K_2=0$，表示点 4 在$(i-1)$的右侧。

下面分别讨论三类情况的判断条件和修正方法。

第一类情况：$(i-1)$是圆弧弥合点串，i 是平行线交点，$(i+1)$是圆弧弥合点串。这类情况出现的失真现象的判断条件和修正方法见表 10.1。

表 10.1　第一类情况的判断条件和处理方法

判断条件		图例	求交线段(圆弧)	修正后点序
flag1=−1 key=1 flag2=−1		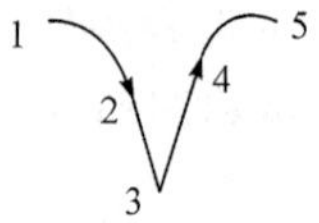	——	1,2,3,4,5 (无失真)
flag1=1 key=1 flag2=1	$K_1=1$ $K_2=0$	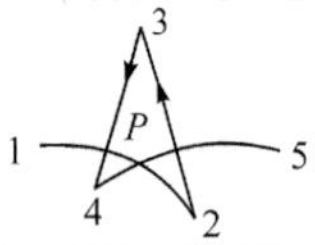	$(i-1),(i+1)$	1,P,5
	$K_1=1$ $K_2=0$	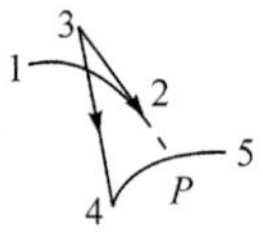	23,$(i+1)$	1,2,P,5
	$K_1=0$ $K_2=1$	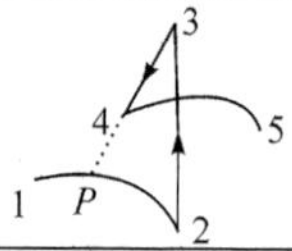	34,$(i-1)$	1,P,4,5
flag1=−1 key=−1 flag2=2		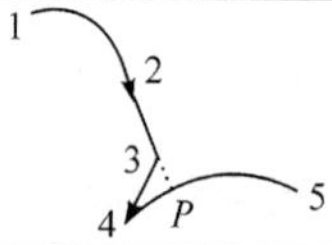	23,$(i+1)$	1,2,P,5
flag1=1 key=−1 flag2=−1		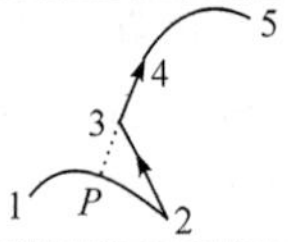	34,$(i-1)$	1,P,4,5

第二类情况：$(i-1)$是圆弧弥合点串，i是平行线交点，$(i+1)$是平行线交点。这类情况出现的失真现象的判断条件和修正方法见表 10.2。

第三类情况：$(i-1)$是平行线交点，i是平行线交点，$(i+1)$是圆弧弥合点串。这类情况出现的失真现象的判断条件和修正方法见表 10.3。

为方便表示，表中的图例均只给出生成的缓冲区边界，而未画出轴线。

表 10.2　第二类情况的判断条件和处理方法

判断条件		图例	求交线段(圆弧)	修正后点序
flag1=1 key=−1	$K_2=1$	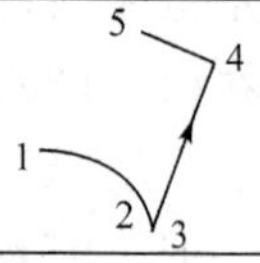	——	1,2,3,4,5 (无失真)
	$K_2=0$	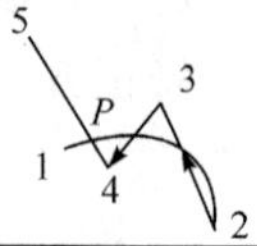	45,$(i-1)$	1,P,5

续表

判断条件		图例	求交线段(圆弧)	修正后点序
flag1=1 key=1 flag2=−1	$K_2=1$	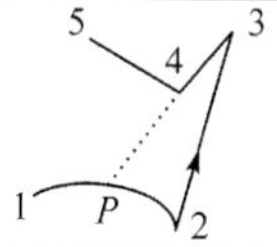	34,($i-1$)	1,P,4,5
	$K_2=0$	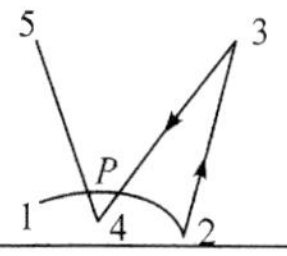	45,($i-1$)	1,P,5
flag1=1 key=−1		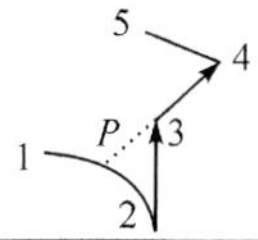	34,($i-1$)	1,P,4,5

表 10.3　第三类情况的判断条件和处理方法

判断条件		图例	求交线段(圆弧)	修正后点序
flag1=1 flag2=1	$K_2=1$	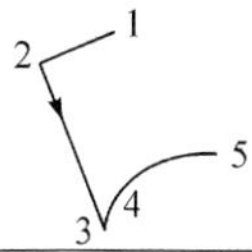	——	1,2,3,4,5 (无失真)
	$K_1=0$	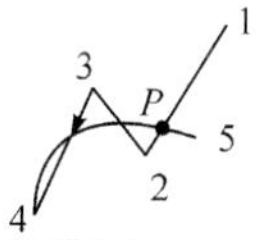	12,($i+1$)	1,P,5
flag1=1 key=1 flag2=−1	$K_1=0$	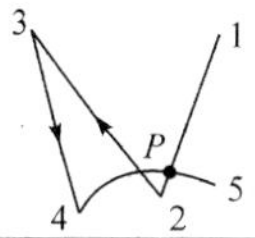	12,($i+1$)	1,P,5
	$K_1=1$	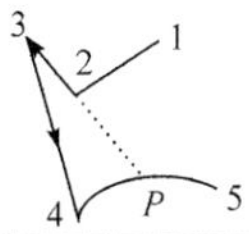	23,($i+1$)	1,2,P,5
flag2=1 key=−1		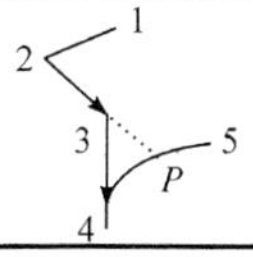	23,($i+1$)	1,1,P,5

3. 自相交处理

当轴线的弯曲空间不能容许缓冲区的边界自身无压盖地通过时,产生边界的自相交问题,形成多个自相交多边形。自相交现象形成的多边形分为两种情况,即岛屿多边形和重叠多边形。缓冲区边界自相交处理的关键是识别岛屿多边形和重叠区多边形。算法的基本思想是:求出缓冲区边界上的自相交点,判断这些点是入点还是出点,判断自相交点之间确定的自相交多边形的性质,是岛屿多边形则保留,否则保留面积最大的正向多边形为外边界。

自相交处理的关键算法如下:

1) 判断自相交点是入点还是出点

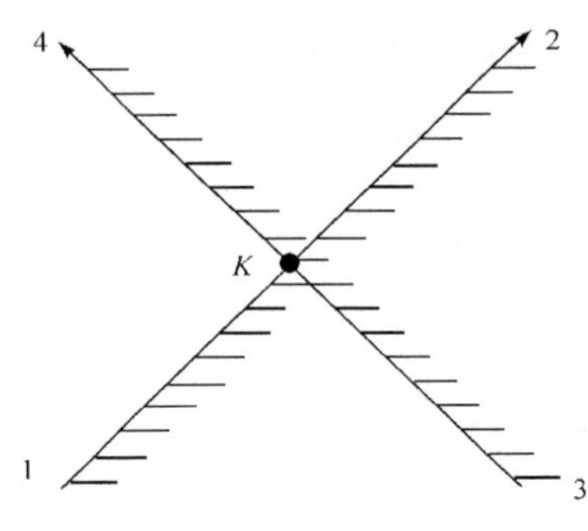

图 10.12 交点的入出特征

经过前述处理过程生成的缓冲区边界点串是顺时针方向,即轴线始终位于边界前进方向的右侧。入点是从缓冲区外侧进入内侧的自相交点,出点是从缓冲区内侧出到外侧的自相交点。同一个自相交点,对于相交的两线段具有相反的入出特性。如图 10.12 所示,交点 K(是线段 12 的入点,是线段 34 的出点)。

前面介绍的利用矢量叉积判断转折点凸凹性的思想,对于判断交点的入出特性同样适用。利用矢量叉积判断交点入出特性的基本方法是:求第一个线段的起点、交点 K 确定的矢量与交点 K、第二个线段的终点确定的矢量叉积,判断矢量叉积的方向,若为负,则交点 K 是第一个线段的出点,是第二个线段的入点;若为正,则 K 是第一个线段的入点,是第二个线段的出点。以图 10.12 为例把交点 K 作为转折点,考察线段 12 的起点 1、交点 K 确定的矢量和交点K、线段 34 的终点 4 确定的矢量的叉积方向,为正,则交点 K 是线段 12 的入点;考察线段 34 的起点 3、交点 K 确定的矢量和交点 K、线段 12 的终点 2 确定的矢量的叉积方向,为负,则交点 K 是线段 34 的出点。

2) 判断自相交多边形是岛屿还是重叠区

经过前述处理过程生成的缓冲区边界是顺时针方向,边界自相交形成的多边形中,负向多边形是岛屿,即岛屿的边界是逆时针方向;正向多边形中,面积最大者是外边界,其他都是重叠区。如图 10.13所示,实线表示外边界,阴影部分表示岛屿。

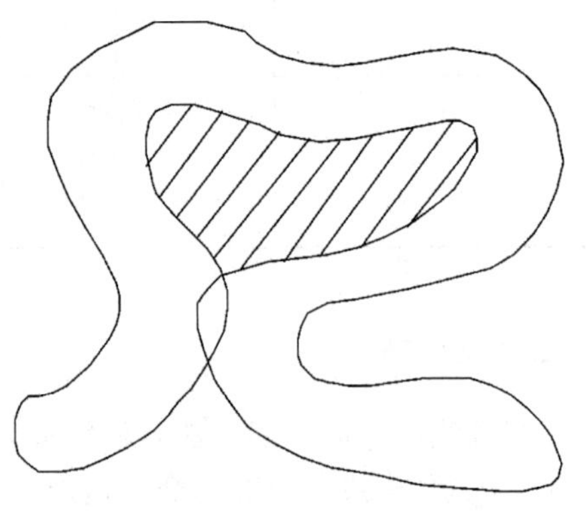

图 10.13 岛屿与外边界示意图

自相交处理的基本步骤如下:

第一步,初始化 $max=0$, $i=2$; max 保存最大正面积。

第二步，获取边界点串点数 count，由于在算法过程中有对边界的删除和插入操作，故 count 是变化的。

第三步，判断 $i<$count，若是则继续，否则结束。

第四步，取边界上的线段 $L_{i,i+1}$

第五步，依次由近及远取 $L_{i,i+1}$之前的线段 L_j, L_{j+1}，判断是否取完边界点串上 $L_{i,i+1}$之前的所有线段，若是则转第十步，否则继续。

第六步，$L_{i,i+1}$与 $L_{j,j+1}$是否相交，若是则继续，否则转第五步。

第七步，从边界上删除交点之间的点，构成一个自相交多边形 ring 是基本坐标点数组，保存交点之间构成的自相交多边形，把交点插入边界适当位置。

第八步，ring 的面积，若 $a>0$，ring 保存为 island(索引点数组，保存岛屿多边形，通过设置索引点的端点标志，可以表示多个岛屿多边形)；若 $a>0$，判断 $a>$max，是则 max$=a$，border 清空，ring 保存为 border(border 是基本坐标点数组，保存外边界)。

第九步，ring 清空，$i=j$，转第二步。

第十步，$i=i+1$，转第二步。

算法执行的结果，是生成顺时针方向的缓冲区外边界 border 和逆时针方向的多个岛边界 island。

10.5　面缓冲区边界生成算法

面目标缓冲区边界生成算法是单线问题，采用的依然是凸角圆弧法的基本思想。首先判断边界上每个转折点的凸凹性；在左侧为凸的转折点用半径为缓冲距的圆弧弥合，在左侧为凹的转折点用平行线求交；接下来是对生成的缓冲区边界进行特殊情况处理和自相交处理。具体方法与线目标缓冲区的相同。

10.6　多目标缓冲区合并算法

前面介绍的是单目标缓冲区边界生成的算法设计，对于由点目标、线目标和面目标组合而成的复杂目标的缓冲区，是在单目标缓冲区的基础上，多个单目标缓冲区合并，产生复杂目标的缓冲区。多个单目标缓冲区的合并一般采用两两合并的方法，即先进行两个缓冲区的合并，得到的新的缓冲区再与第三个缓冲区进行合并……直到所有的缓冲区合并完。显然，缓冲区合并的关键是如何进行两两缓冲区的合并，如图 10.14 所示。

以下介绍“GIS 缓冲区重叠合并的快速算法”。

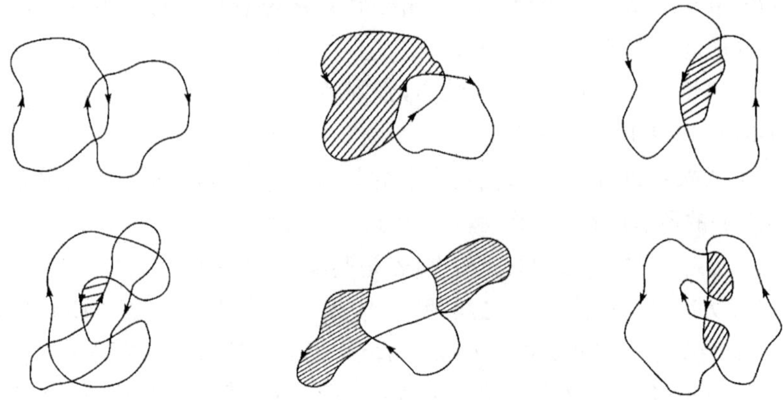

图 10.14　两个多边形合并(实线表示外边界,阴影表示岛屿)

1. 相关概念及性质

单个目标缓冲区多边形独立生成过程中产生的所有闭合缓冲区多边形分为正缓冲区多边形和负缓冲区多边形两种,它们的定义如下。

定义:闭合多边形包含的内部区域为缓冲区范围的多边形称为正缓冲区多边形,闭合多边形内部包含的区域不为缓冲区范围的多边形称为负缓冲区多边形。图 10.15 中的 A 多边形为正缓冲区多边形,B 多边形为负缓冲区多边形。由于缓冲区的重叠,缓冲区多边形边界线必然相交,其交点称为结点。构成结点的缓冲区边界线称为结点上的弧段。由四条弧段构成的结点称为四弧段结点。由四条以上弧段构成的结点称为非四弧段结点。构成结点的缓冲区多边形称为与结点有关的多边形。

性质 1:如果在独立生成每个地理目标(点、线、面)的缓冲区时,都限定先沿原曲线前进方向(坐标存储序列方向) 在其左侧生成一半缓冲区边界线,然后再沿原曲线前进方向的相反方向的左侧生成另一半缓冲区边界线,那么所有正缓冲区多边形的方向相对其多边形包含区域来讲都是顺时针,而负缓冲区多边形的方向相对其多边形包含区域来讲都是逆时针。图 10.15 中 A 多边形坐标存储序列方向相对多边形内部区域为顺时针,B 多边形坐标存储序列方向相对多边形内部区域为逆时针。

性质 2:每个结点上弧段的个数最少为 4,最多不限,但必为 2 的倍数(记为 $2n$) 。

性质 3:在每个结点的 $2n$ 条弧段中,相对结点而言,一定存在 n 条弧段的坐标存储序列方向指向结点,而另 n 条弧段的坐标存储序列方向则背离结点。本章将坐标存储序列方向指向结点的弧段称为当前结点的朝向弧,坐标存储序列方向

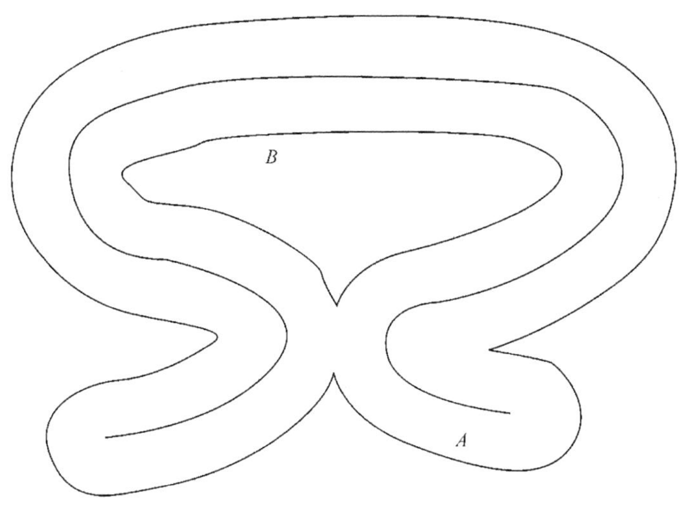

图 10.15　正、负缓冲区多边形示意图

背离结点的弧段被称为当前结点的背向弧。

性质 4:每个结点上的 $2n$ 条弧段一定来自 n 个缓冲区多边形,在 $2n$ 条弧段中有且仅有两个弧段属于同一个缓冲区多边形。

2. 不同线状目标缓冲区的重叠合并

1) 四弧段结点上弧段取舍规则

四弧段结点是缓冲区多边形重叠时形成的最常见和基本的结点,因此关于四弧段结点上弧段取舍的规则对有效地实现缓冲区多边形重叠合并至关重要。缓冲区多边形的重叠合并可分为两个正缓冲区多边形的重叠合并[图 10.16(a)]、一个正缓冲区多边形和一个负缓冲区多边形的重叠合并[图 10.16(b)]及两个负缓冲区多边形的重叠合并[图 10.16(c)]三种情况。从图中容易发现无论是两个什么样的缓冲区多边形发生重叠,经求交计算后,必然产生两个四弧段结点。在每个四弧段结点的四条弧段中,有一部分弧段是因缓冲区重叠合并需要删除的。根据不同类型缓冲区的重叠情况,弧段删除的规则不同,但都涉及到某一弧段是否落在特定多边形中的判断。例如,对于两个正缓冲区多边形的重叠合并问题需要先判断一条弧段是否落在对方缓冲区多边形内,如果是,则此弧段为需要删除的,否则,此弧段为需要保留的弧段。弧段与多边形包容关系判断等价于弧段上任意一点与多边形包容关系的判断。点与多边形包容关系的判断是矢量图形基本关系判断之一,需要一定的计算量。

为了提高缓冲区多边形重叠合并的计算效率,本章介绍了一种可以避免计算

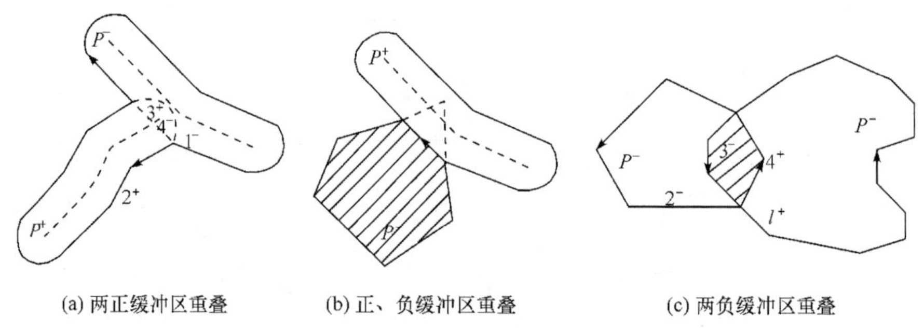

(a) 两正缓冲区重叠　(b) 正、负缓冲区重叠　(c) 两负缓冲区重叠

图 10.16　缓冲区多边形重叠合并的三种情况

点与多边形包容关系的弧段删除规则，即：弧段正负关系删除规则。具体思想是：在四弧段结点上，用负号"－"代表来向弧，用正号"＋"代表去向弧。在每条弧段上，分别选距结点最近的点与结点构成四条有向线段，有向线段的起始点均选在结点上。用有向线段所在弧段的来向或去向的正负号对每条有向线段进行标号(＋或－)。显然对于四条有向线段中的任意一条线段都可以找到其左右两条线段。表 10.4(a)、(b)、(c) 分别代表两个正缓冲区多边形的重叠合并、一个正缓冲区多边形和一个负缓冲区多边形的重叠合并及两个负缓冲区多边形的重叠合并三种情况下四弧段结点上每条有向线段左右弧段正负关系。表中线段号前带"3"号线段所在的弧段为合并过程中应保留的弧段。由三个表可以归纳出利用弧段左右正负关系进行弧段删除的规则为：当一个弧段的左弧段为来向弧段而右弧段为去向弧段时，此弧段为需保留的弧段，否则此弧段为需删除的弧段。根据此弧段删除规则图 10.16 中三种重叠情况的合并结果，如图 10.17 所示。

表 10.4　缓冲区多边形重叠合并三种情况下四弧段结点上有向线段左右弧段正负关系

线段号	左	右
＋1	－	＋
＋2	－	＋
3	＋	－
4	＋	－

(a) 两正缓冲区重叠

线段号	左	右
1	＋	－
＋2	－	＋
＋3	－	＋
4	＋	－

(b) 正、负缓冲区重叠

线段号	左	右
1	＋	－
2	＋	－
＋3	－	＋
＋4	－	＋

(c)两负缓冲区重叠

2) 三种特殊情况的处理

在实际计算缓冲区重叠合并中，有时会遇到三种特殊情况，即：①两缓冲区多边形正好相切在一个结点上；②三个以上缓冲区多边形重叠可能产生的非四弧段结点(结点上弧段数大于或等于 6)；③当每个地理目标单独生成缓冲区多边形的

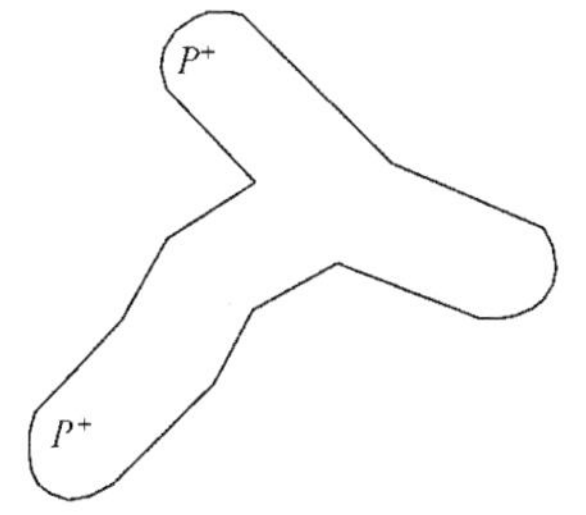

(a) 两正缓冲区重叠合并结果

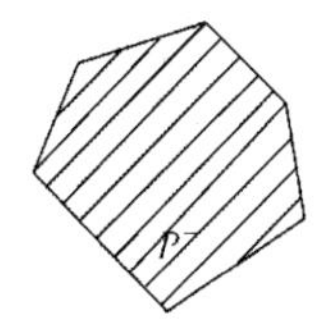

(b) 正、负缓冲区重叠合并结果

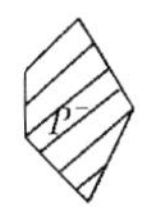

(c) 两负缓冲区重叠合并结果

图 10.17　缓冲区多边形重叠情况的合并结果

缓冲距离不等时，一些目标的缓冲区多边形可能完全被其他目标的缓冲区多边形覆盖。下面分别介绍这三种特殊情况的处理方法。对于第一种情况的处理方法比较简单，因为缓冲区相切形成的四弧段结点与缓冲区相交形成的四弧段结点的有向线段左右正负关系表明显不同，所以可以通过有向线段左右正负关系表将这两种四弧段结点区分开。缓冲区相切形成的四弧段结点没有必要进行重叠合并。处理非四弧段结点的基本思想是将非四弧段结点分解为多组四弧段结点进行处理。分解的原则是每组四弧段必须仅来自两个多边形。对于第三种特殊情况，需要在相交缓冲区重叠合并后，对未参加重叠合并的多边形与重叠合并后的多边形进行包容关系判断。这样做的原因是被其他目标的缓冲区多边形完全覆盖的缓冲区多边形不可能参与多边形边界相交重叠合并计算。

3. 缓冲区多边形重叠合并的具体过程

(1) 对根据所有目标生成的缓冲区多边形进行矢量曲线整体求交计算。生成表 10.5 所示的结点-弧信息表。

(2) 在结点-弧信息表中，删掉由于多边形相切而形成的四弧段结点，将非四弧段结点分解成多个四弧段结点，从而得到规范化的结点-弧信息表，即结点上弧段的个数均为 4。

(3) 按顺序从第一个结点开始，首先生成有向线段左右弧段正负关系表，然后根据本节提出的弧段删除规则对弧段进行删除操作。

(4) 将保留弧段根据结点连接信息进行连接，逐渐生成合并后的缓冲区多边形。

(5) 对未参加重叠合并的多边形与重叠合并后的多边形进行包容关系判断。

表 10.5 结点-弧的信息

结点标号:Node _ Id
结点上弧段的个数:Arc _ Numb(4,6, …,2 n)
第一条弧的出入特性码:In _ Out(+或-)
第一条弧所属的多边形的标号:Poly _ Id
第一条弧所属的多边形的特性码:Poly _ Feature(+或-)
第二条弧的出入特性码:In _ Out(+或-)
第二条弧所属的多边形的标号:Poly _ Id
第二条弧所属的多边形的特性码:Poly _ Feature(+或-)
…………………………………………
第 n 条弧的出入特性码:In _ Out(+或-)
第 n 条弧所属的多边形的标号:Poly _ Id
第 n 条弧所属的多边形的特性码:Poly _ Feature(+或-)

思 考 题

1. 编写缓冲区生成算法程序实现线状目标缓冲区的生成。

第 11 章　网络分析算法

11.1　概　　述

所谓网络(network),是指线状要素相互连接所形成的一个线状模式,是真实世界中网络系统(如交通网、通信网、自来水管网、煤气管网等)的抽象表示,如道路网、管线网、电力网、河流网等。网络的作用是将资源从一个位置移动到另外一个位置。资源在运送过程中会产生消耗、堵塞、减缓等现象,这表明网络系统中必须有一个合理的体制,使得资源能够顺利地流动。

网络功能用于模拟那些难以直接量测的行为。一个网络模型中,实际的网络要素由一套规则及数学函数描述。而基于空间信息系统的空间网络分析则往往是将这些规则及数字上的描述通过某些形式转换到空间及属性数据库中,以便于运算。

网络分析是在线状模式基础上进行的,线状要素间的连接形式十分重要,而这种连接以矢量数据结构最能描述,因而一般系统中的网络功能都以矢量数据来实现。但是,栅格数据模型通常也能完成类似的功能,极少数情况下可能更为方便。

网络分析是基于矢量数据的,其主要用途是:选择最佳路径、选择最佳布局中心的位置。所谓最佳路径是指从始点到终点的最短距离或花费最少的路线;最佳布局中心位置是指各中心所覆盖范围内任一点到中心的距离最近或花费最小;网流量是指网络上从起点到终点的某个函数,如运输价格、运输时间等。网络上任意点都可以是起点或终点。其基本思想则在于人类活动总是趋向于按一定目标选择达到最佳效果的空间位置。

11.2　网络数据模型

从数学的观点,可以把 GIS 中的网络看作图(graph),因而可以利用图论的研究成果来解决网络分析中的众多问题。图论中的术语“网络”,指的就是加权有向图,但 GIS 中涉及的网络与数学上探讨的图或网相比较,存在以下特殊性。① 网线和结点的空间位置是有意义的;② 除了网线可以具有权值外,结点也可以具有权值,并且权值可能是多重的,例如,网线可以有正向及逆向阻碍强度、需求、容量、耗费等多种权值;③ 结点可能具有转角数据;④ GIS 中的网络并不总是有向图。

对于水系、煤气管道系统等网络，由于内容物在网线中的流向是固定的，并且作相关分析时流向也是重要依据，所以它们应该作为有向图来考察；但像城市道路网这样的网络则应被看作无向图，对其中的若干单行道，可以通过对网线阻碍强度的设置来限定方向。

对地理网络进行地理分析和模型化，是地理信息系统中网络分析功能的主要目的。网络分析是运筹学的一个基本模型，它的根本目的是研究、筹划一项网络工程如何安排，并使其运行效果最好。这类问题在生产、社会、经济活动中不胜枚举，因此研究此类问题也具有重大意义。

网络中的基本组成部分和属性如下：

(1) 结点/结点集。网络中任意两条线段的交点为结点 v_i。网络系统(G)中所有结点的集合称为结点集 $V(G)=\{v_1,v_2,\cdots,v_n\}=[v_1 \quad v_2 \quad \cdots \quad v_n]^T$。

网络中的结点，如车站、街道交叉口、港口等，其状态属性包括阻力和需求等，结点又有下面几种特殊的类型。

第一，站点，在路径选择中资源增减的站点，如库房、汽车站等，其状态属性有要被运输的资源需求，如产品数。

第二，中心点，是接受或分配资源的位置，如水库、商业中心、电站等。其状态属性包括资源容量，如总的资源量；阻力限额，如中心与链之间的最大距离或时间限制。

第三，障碍点，禁止网络中链上流动的点。

第四，拐角点，出现在网络链中所有的分割结点上状态属性的阻力，如拐弯的时间和限制(如不允许左拐)。

(2) 边/边集(若边有方向，则为弧/弧集，用 a_i 和 A 表示；为叙述方便，以下简称边/边集)。网络中任意一条线段为边 e_i。网络系统(G)中所有边的集合称为边集 $E(G)=\{e_1,e_2,\cdots,e_n\}=[e_1 \quad e_2 \quad \cdots \quad e_n]^T$。边以点集中的某两个点为起点和终点，即 $e_{ij}=v_iv_j$，故边集也可以表示为：$E(G)=\{(v_i,v_j)/v_i\in V, v_j\in V\}$。若边的两个端点重合，该边称为环；若两条边的端点是同一对结点，则这两条边称为重边或重弧。

网络中的边，如网络中流动的管线，如街道、河流、水管等，其状态属性包括阻力和需求。

(3) 图。图是一个非空的有限结点与有限边的集合，表示为 $G(V,E)$。不考虑边的方向的图称为基础图，记为 $G(V,E)$；考虑边的方向的图称为有向图，记为 $D(V,A)$；既没有环也没有重弧的有向图称为简单有向图。

(4) 网络。给定有向图 $D(V,A)$，如果对图中的每一条弧 a_i 和结点赋予一个实数权重 $w(a_i)$ 或 $w(v_i)$，则称为赋权有向图，即网络，记为 $D=(V,A,W)$。$W=W(D)=\{w_1,w_2,\cdots,w_m\}=[w_1 \quad w_2 \quad \cdots \quad w_m]^T$ 称为 D 的权函数或权矩阵；只给网络中的弧赋权或只给网络中的结点赋权的网络，分别称为弧权网络或点权网络。

(5) 流。指网络 D 中任意一条弧 $a_{ij}=(v_i, v_j)$的物流量，记为 $f(a_{ij})=f_{ij}$，

$$f_{ij}=\sum_{(v_i,v_j)\in A} f_{ij}-\sum_{(v_j,v_i)\in A} f_{ij} \tag{11.1}$$

由于通用性的不同以及网络分析功能的侧重点不同，各个地理信息系统的网络模型也不尽相同，差异主要体现在对网络附属元素的分类和设定上。网络要素的属性除了一般 GIS 所要求的名称、关联要素、方向、拓扑关系等空间属性之外，还有一些特殊的非空间属性。

(1) 阻强：指物流在网络中运移的阻力大小，如所花时间、费用等。阻强一般与弧的长度、弧的方向、弧的属性及结点类型等有关。转弯点的阻强描述物流方向在结点处发生改变的阻力大小，若有禁左控制，表示物流在该结点的往左运动的阻力为无穷大或为负值。为了网络分析需要，一般要求不同类型的阻强要统一量纲。

(2) 资源需求量：指网络系统中具体的线路、弧段、结点所能收集的或可以提供给某一中心的资源量。如供水网络中水管的供水量、城市交通网络中沿某条街道的流动人口、货运站的货量等。

(3) 资源容量：指网络中心为满足各弧段的要求所能提供或容纳的资源总量，也指从其他中心流向该中心或从该中心流向其他中心的资源总量。如水库的容量、货运总站的仓储能力等。停靠点仅在选择最佳路线时使用，其属性有资源需求量，正值表示装载，负值表示下载。而中心点仅在寻求网络最佳状态时使用，其属性包括资源最大容量、服务范围(从中心至各可能路径的最大距离)和服务延迟数(在其他服务中心达到某项临界值时开始起动服务)。

(4) 事件：路径系统中的某一路径的分段属性。这些属性由用户定义，并用路径的度量来表示。事件分为点事件(与一个位置对应，用一个度量表示)、线事件(用两个度量表示一个区段)和连续事件(用一个度量表示一个区段的开始和下一个区段的开始)三类。

11.3　路径分析算法

路径分析是 GIS 中最基本的功能，其核心是对最佳路径和最短路径的求解。从网络模型的角度看，最佳路径求解就是在指定网络中两结点间找一条阻碍强度最小的路径。最佳路径的产生基于网线和结点转角(如果模型中结点具有转角数据)的阻碍强度。例如，如果要找最快的路径，阻碍强度要预先设定为通过网线或在结点处转弯所花费的时间；如果要找费用最小的路径，阻碍强度就应该是费用。当网线在顺、逆两个方向上的阻碍强度都是该网线的长度，而结点无转角数据或转角数据都是零时，最佳路径就成为最短路径。在某些情况下，用户可能要求系统能

一次求出所有结点对间的最佳路径，或者要了解两结点间的第二、第三乃至第 K 条最佳路径。

另一种路径分析功能是最佳游历方案的求解、网线最佳游历方案求解，是给定一个网线集合和一个结点，求解最佳路径，使之由指定结点出发至少经过每条网线一次而回到起始结点。结点最佳游历方案求解，则是给定一个起始结点、一个终止结点和若干中间结点，求解最佳路径，使之由起点出发遍历全部中间结点而达终点。

(1) 静态求最佳路径：由用户确定权值关系后，即给定每条弧段的属性，当需求最佳路径时，读出路径的相关属性，求最佳路径；

(2) 动态分段技术：给定一条路径由多段联系组成，要求标注出这条路上的千米点或要求定位某一公路上的某一点，标注出某条路上从某一千米数到另一千米数的路段；

(3) N 条最佳路径分析：确定起点、终点，求代价较小的几条路径，因为在实践中往往仅求出最佳路径并不能满足要求，可能因为某种因素不走最佳路径，而走近似最佳路径；

(4) 最短路径：确定起点、终点和所要经过的中间点、中间连线，求最短路径；

(5) 动态最佳路径分析：实际网络分析中权值是随着权值关系式变化的，而且可能会临时出现一些障碍点，所以往往需要动态地计算最佳路径。

11.3.1 单源点的最短路径

已知有向带权图(简称有向网)G=(V,E)，找出从某个源点 $s\in V$ 到 V 中其余各顶点的最短路径。

E. W. Dijkstra 提出了按路径长度递增的次序产生最短路径的算法。即若按长度递增的次序生成源点到其他顶点的最短路径，则当前正在生成的最短路径上除终点外，其余顶点的最短路径均已生成。

算法的基本思想如下：

假设网络 $G(V,E)$，V 为网络中所有结点的集合，E 为网络中所有边的集合，s 为起始结点，S 为已计算出最短距离的结点集合，则 V-S 就是最短距离待求解的结点集合。

第一步：初始化

初始时，只有起始结点 s 的最短距离是已知的，故 $S=\{s\}$；

第二步：计算未知点的最短路径

从当前 V-S 中选择最短距离的结点来扩充 S，以保证算法按路径长度递增的次序产生顶点的最短路径。根据这种思想，当前最短距离最小的未知结点 k 的最短路径是：

s，已知结点 1，已知结点 2，……，已知结点 n，未知结点 k

则距离为：s 到已知结点 n 的最短距离＋＜已知结点 n，未知结点 k＞边长。

注意当将 k 扩充至 S 后，V-S 的估计距离可能因此而减小，此时必须调整相应未知结点的估计距离。

第三步：重复第二步。仅当 V-S 中所有结点的最短距离为∞或为空时，s 到所有结点的最短路径已求解完毕。算法的时间复杂度为 $O(n^2)$。

```
单源最短路径的 Dijkstra 算法。

使用二叉堆挑选
总复杂度 O((e + v)logv)
const
  maxn = 100;
type
  link = ^node;          //邻接表类型
  node = record
          v,w   :integer;
          next  :link;
        end;
   htype = record          //堆节点
            v,d,p :integer;
          end;
 var
   n,s,hl        :integer;        //顶点数;源点;堆长度
   heap            :array[0..maxn]of htype;
   hpos            :array[1..maxn]of integer;     //hpos[v]:顶点 v 在堆中的位置
   g               :array[1..maxn]of link;       //邻接表

 procedure insert(u,v,w:integer);     //将权值为 w 的边(u,v)插入到邻接表
 var
   x       :link;
 begin
   new(x);
   x^.v: = v; x^.w: = w;
   x^.next: = g[u]; g[u]: = x;
 end;
```

```
procedure init;        //初始化
var
  u,v,w :integer;
begin
  assign(input,'g.in');reset(input);
  readln(n,s);
  while not eof do
    begin
      readln(u,v,w);
      insert(u,v,w);insert(v,u,w);
    end;
end;

procedure swap(a,b:integer);        //交换堆中下标为 a,b 的节点
begin
  heap[0]:=heap[a];heap[a]:=heap[b];heap[b]:=heap[0];
  hpos[heap[a].v]:=a;hpos[heap[b].v]:=b;
end;

procedure decrease(i:integer);        //减小键值并恢复堆性质
begin
  while (i<>1)and(heap[i].d<heap[i div 2].d) do
    begin
      swap(i,i div 2);
      i:=i div 2;
    end;
end;

procedure heapfy;        //恢复堆性质
var
  i :integer;
begin
  i:=2;
  while i<=hl do
    begin
      if(i<hl)and(heap[i+1].d<heap[i].d) then inc(i);
      if heap[i].d<heap[i div 2].d then
        begin
```

```
                swap(i,i div 2);
                i:=i*2;
            end
          else break

        end;
end;
procedure relax(u,v,w:integer);        //松弛操作
begin
   if w+heap[hpos[u]].d<heap[hpos[v]].d then
      begin
        heap[hpos[v]].p:=u;
        heap[hpos[v]].d:=w+heap[hpos[u]].d;
        decrease(hpos[v]);
       end;
end;
procedure dijkstra;        //主过程
var
  u :integer;
  p :link;
 begin
  for u:=1 to n do        //初始化堆
    begin
      heap[u].v:=u;
      heap[u].d:=maxint;
      hpos[u]:=u;
    end;

  heap[s].p:=s;heap[s].d:=0;swap(1,s);
  hl:=n;
  while hl>0 do
    begin
      u:=heap[1].v;
      swap(1,hl);dec(hl);heapfy;        //将堆的根节点移出堆并恢复堆性质
      p:=g[u];
      while p<>nil do
        begin
          if hpos[p^.v]<=hl then relax(u,p^.v,p^.w);     //对与u邻接且在堆中的顶
```

```
                                                              点进行松弛操作
        p: = p^.next;
        end;
      end;
end;

procedure path(i:integer);
begin
    if heap[hpos[i]].p<>s then path(heap[hpos[i]].p);
    write('-->',i);
end;

procedure show;
var
  i   :integer;
begin
  for i: = 1 to n do
    begin
       write(i:3,':',heap[hpos[i]].d:3,':',s);
       path(i);        //递归输出路径
       writeln;
     end
 end;
 {==========main============}
 begin
 init;
 dijkstra;
 show;
 end.
```

11.3.2 单目标最短路径问题

找出网络中每一结点 v 到指定结点 u 的最短路径。只需将图中每条边反向，即可将该问题转变为单源最短路径问题。

11.3.3 单结点对间最短路径问题

对于某对结点 u 和 v,找出从 u 到 v 的一条最短路径。求解以 u 为起始结点的单源最短路径问题，则得到该问题的求解，两问题的时间复杂度相同。

11.3.4 多结点对间最短路径问题

对网络中每对结点求解其最短路径，实际上转化成对单源点最短问题的处理，即调用多次该算法，当然也可以使用 Floyd 算法。无论何种算法，时间复杂度均为 $O(n^3)$。

Floyd 算法仍从图的带权邻接矩阵出发，其基本思想是：

假设求从顶点 v_i 到 v_j 的最短路径。如果从 v_i 到 v_j 有弧，则从 v_i 到 v_j 存在一条长度为 $\cos t[v_i, v_j]$ 的路径，该路径不一定是最短路径，尚需进行 n 次试探。首先考虑路径 (v_i, v_1, v_j) 是否存在(即判别弧 (v_i, v_1) 和 (v_1, v_j) 是否存在)。如果存在，则比较 (v_i, v_j) 和 (v_i, v_1, v_j) 的路径长度取长度较短者为从 v_i 到 v_j 的中间顶点的序号不大于 1 的最短路径。假如在路径上再增加一个顶点 v_2，也就是说，如果 $(v_i, \cdots, v_2)$ 和 $(v_2, \cdots, v_j)$ 分别是当前找到的中间顶点的序号不大于 1 的最短路径，那么 $(v_i, \cdots, v_2, \cdots, v_j)$ 就有可能是从 v_i 到 v_j 的中间顶点的序号不大于 2 的最短路径。将它和已经得到的从 v_i 到 v_j 中间顶点序号不大于 1 的最短路径相比较，从中选出中间顶点的序号不大于 2 的最短路径之后，再增加一个顶点 v_3，继续进行试探，以此类推。在一般情况下，若 $(v_i, \cdots, v_k)$ 和 $(v_k, \cdots, v_j)$ 分别是从 v_i 到 v_k 和从 v_k 到 v_j 的中间顶点的序号不大于 $k-1$ 的最短路径，则将 $(v_i, \cdots, v_k, \cdots, v_j)$ 和已经得到的从 v_i 到 v_j 且中间顶点序号不大于 $k-1$ 的最短路径相比较，其长度较短者便是从 v_i 到 v_j 的中间顶点的序号不大于 k 的最短路径。这样，在经过 n 次比较后，最后求得的必是从 v_i 到 v_j 的最短路径。按此方法，可以同时求得各对顶点间的最短路径。

现定义一个 n 阶方阵序列。

$$A^{(0)}, A^{(1)}, \cdots, A^{(k)}, \cdots, A^{(n)}$$

其中

$$A^0[i, j] = \cos t[i, j]$$

$$A^{(k)}[i, j] = \min\{A^{(k-1)}[i, j], A^{(k-1)}[i, k] + A^{(k-1)}[k, j]\} \qquad 1 \leqslant k \leqslant n$$

从上述计算公式可见，$A^{(1)}[i, j]$ 是从 v_i 到 v_j 的中间顶点的序号不大于 1 的最短路径的长度；$A^{(k)}[i, j]$ 是从 v_i 到 v_j 的中间顶点的序号不大于 k 的最短路径的长度，$A^{(n)}[i, j]$ 就是从 v_i 到 v_j 的最短路径的长度。

11.3.5 次短路径求解算法

在某些情况下，除了要求出两个给定点之间的最短路径之外，还可能要求出这两点之间的次最短路径、第 3 短路径、……及第 k 最短路径。可以在求出第 1 最短路径 P_1 之后，用枚举法求出与 P_1 有尽可能多公共边的次最短路径 P_2。

算法的基本思路是：假定第一最短路径 P_1 包含了 N 条有向弧，每次删除其中的一条弧，即得到 N 个与原网络只有一弧之差的新网络。按原最短路径算法分别求解这 N 个新网络的最短路径，然后比较这 N 条最短路径，其中最短的那条即为所求的次最短路径。依次进行，可以分别求解第 3 短路径、……及第 k 最短路径。

11.4 最佳路径算法

所谓最佳路径，是指网络两结点之间阻抗最小的路径。"阻抗最小"有多种理解，如基于单因素考虑的时间最短、费用最低、风景最好、路况最佳、过桥最少、收费站最少、经过乡村最多等，和基于多因素综合考虑的风景最好且经过乡村较多，或时间较短、路况较佳、且收费站最少等。最短路径问题是最优路径问题的一个单因素特例，即认为路径最短就是最优。最佳路径的求解算法有几十种，如基于贪心策略的最近点接近法、最优插入法，基于启发式搜索策略的分枝算法，基于局部搜索策略的对边交换调整法，以及广泛采用的 Dijkstra 算法等。这里分别介绍基于最大可靠性和最大容量的最优路径。

11.4.1 最大可靠路径

设网络 $D(V,A)$ 中的每条弧 $a_{ij}(v_i, v_j)$ 的完好概率为 p_{ij}，D 中的任意一条路径 P，其完好概率为

$$p(P) = \prod_{a_{ij} \in E(P)} p_{ij} \tag{11.2}$$

则网络 $D(V,A)$ 中所有 (v_s, v_t) 路径中的完好概率最大的路径为 (v_s, v_t) 的最大可靠路径。

利用最短路径算法也可以求解最大可靠路径。做法为

定义网络 $D(V,A)$ 中的每条弧 $a_{ij}(v_i, v_j)$ 的权为

$$w_{ij} = -\ln p_{ij} \tag{11.3}$$

因为 $0 \leqslant p_{ij} \leqslant 1$，所以 $w_{ij} \leqslant 0$。从而可以用前述的 Dijkstra 算法求出关于权 w_{ij} 的最短路径。由于 $\sum w_{ij} = -\ln(\prod p_{ij})$，所以，关于权 w_{ij} 的最短路径就是 (v_s, v_t) 的最大可靠路径，其完好概率为 $\exp(-\sum w_{ij})$。

11.4.2　最大容量路径

设网络 $D(V,E,W)$中的任意一条路径 P 的容量定义为该路径中所有弧的容量 c_{ij}的最小值,即

$$c(P)=\min\{c_{ij}\},\ c_{ij}\in E(P) \tag{11.4}$$

则网络 $D(V,A)$中所有(v_s, v_t)路径中的容量最大的路径即为(v_s, v_t)的最大容量路径。同样,可以将网络中每条边或弧的权值定义为通过该边或弧的时间,就可以求出时间最优路径;若定义为该弧的费用,则所求出的为费用最优路径。最优路径的求解有多种形式(图 11.1),两点间最优路径、多点间指定顺序的最优路径、多点间最优顺序最优路径、经指定点后回到起点的最优路径等。

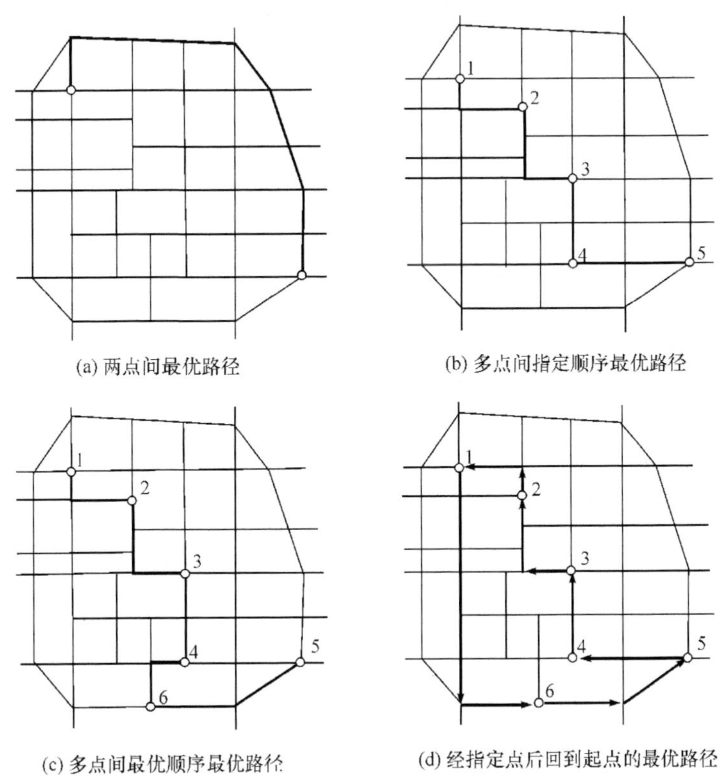

图 11.1　最优路径的几种典型形式

11.5 连通性分析算法

人们往往需要知道从某一结点或网线出发能够到达的全部结点或网线。这一类问题称为连通分量求解。另一连通分析问题是最少费用连通方案的求解,即在耗费最小的情况下使得全部结点相互连通。

连通性是衡量网络复杂性的量度,常用 γ 指数和 α 指数计算。其中,γ 指数等于给定空间网络体结点连线数与可能存在的所有连线数之比;α 指数用于衡量环路,结点被交替路径连接的程度称为 α 指数,等于当前存在的环路数与可能存在的最大环路数之比。连通分析问题对应于图的生成树求解。求连通分量往往采用深度优先遍历或广度优先遍历形成深度或广度优先生成树。最小费用连通方案问题就是求解图的最优生成树,一般使用 Prim 算法或 Kruskal 算法。

11.5.1 Prim 算法

设 $T=(U, T(E))$是存放 MST(最小生成树)的集合。所谓最小生成树是指对于连通的带权图(连通网) G,权最小的生成树。

(1) 在图 $G=(V, E)$(V 表示顶点,E 表示边)中,从集合 V 中任取一个顶点(例如取顶点 v_0)放入集合 U 中,这时 $U=\{v_0\}$,集合 $T(E)$为空。

(2) 从 v_0 出发寻找与 U 中顶点相邻(另一顶点在 V 中)权值最小的边的另一顶点 v_1,并使 v_1 加入 U。即 $U=\{v_0, v_1\}$,同时将该边加入集合 $T(E)$中。

(3) 重复(2),直到 $U=V$ 为止。

这时 $T(E)$中有 $n-1$ 条边,$T=(U, T(E))$就是一棵最小生成树。

```
#include <stdio.h>
#define inf 9999
#define max 40
prim(int g[][max],int n)
{
    int lowcost[max],closest[max];
    int i,j,k,min;
    for(i = 2;i< = n;i+ + )          //n 个顶点,n - 1 条边
    {
        lowcost[i] = g[1][i];         //初始化
        closest[i] = 1;               //顶点未加入到最小生成树中
    }
```

```
lowcost[1] = 0;                    //标志顶点 1 加入 U 集合
for(i = 2;i< = n;i + + )         //形成 n - 1 条边的生成树
{
    min = inf;
    k = 0;
    for(j = 2;j< = n;j + + )   //寻找满足边的一个顶点在 U,另一个顶点在 V 的最
                                 小边
    if((lowcost[j]<min)&&(lowcost[j]!  = 0))
    {
          min = lowcost[j];
          k = j;
}
printf("( % d, % d) % d \ t",closest[k],k,min);
lowcost[k] = 0;                    //顶点 k 加入 U
for(j = 2;j< = n;j ++ )          //修改由顶点 k 到其他顶点边的权值
if(g[k][j]<lowcost[j])
{
    lowcost[j] = g[k][j];
    closest[j] = k;
}
    printf(" \ n");
  }
}

int adjg(int g[][max])          //建立无向图
{
    int n,e,i,j,k,v1,v2,weight;
    printf("输入顶点个数,边的条数:");
    scanf(" % d, % d",&n,&e);
    for(i = 1;i< = n;i ++ )
        for(j = 1;j< = n;j ++ )
            g[i][j] = inf;                 //初始化矩阵,全部元素设为无穷大
    for(k = 1;k< = e;k ++ )
    {
         printf("输入第 % d 条边的起点,终点,权值:",k);
         scanf(" % d, % d, % d",&v1,&v2,&weight);
         g[v1][v2] = weight;
         g[v2][v1] = weight;
```

```
        }
        return(n);
    }

    void prg(int g[][max],int n)        //输出无向图的邻接矩阵
    {
        int i,j;
        for(i=0;i<=n;i++)
            printf("%d\t",i);
        for(i=1;i<=n;i++)
        {
            printf("\n%d\t",i);
            for(j=1;j<=n;j++)
                printf((g[i][j]==inf)?"\t":"%d\t",g[i][j]);
        }
        printf("\n");
    }

    main()
    {
        int g[max][max],n;
        n=adjg(g);
        printf("输入无向图的邻接矩阵:\n");
        prg(g,n);
        printf("最小生成树的构造:\n");
        prim(g,n);
    }
```

11.5.2 Kruskal 算法

设 $T=(U,T(E))$是存放 MST(最小生成树)的集合。

(1) 设 n 阶无向连通带权图 $G=(V,E)$,有 m 条边。不妨设 G 中没有环(否则,可以将所有的环先删去),将 m 条边按权从小到大顺序排列,设为 e_1, $e_2,\cdots,e_m$。

(2) 取 e_1 在 T 中,然后依次检查 $e_2,e_3,\cdots,e_m$。若 e_j 与 T 中的边不能构成回路,则取 e_j 在 T 中,否则弃去 e_j。

(3) 算法停止时得到的 T 为 G 的最小生成树。

该算法的时间复杂度为 O(elge)。Kruskal 算法的时间主要取决于边数。它较适合于稀疏图。

```
#include"stdio.h"
#include"stdlib.h"
#define N 10
#define MAXCOST 100
typedef struct wedge
{       int start;
        int end;
        int weight;
        int flag;
}W;
void klusker();
main()
{       int i,j;
        klusker();
        getch();
}
void klusker()
{       W b[N];
        int i,j,k;
        int n,m;
        int f[N];
        int t;
        int min;
        for(i=1;i<=N;i++)
        f[i]=0;
        printf("input the nodes number:");
        scanf("%d",&n);
        printf("input the wedge info:\n");
        printf("input the wedge number:\n");
        scanf("%d",&m);
        for(i=1;i<=m;i++)
        {       printf("the %dth:\n",i);
                printf("the start node:");
                scanf("%d",&b[i].start);
                printf("the end node:");
```

```
            scanf(" %d",&b[i].end);
            printf("the weight: \n");
            scanf(" %d",&b[i].weight);
            b[i].flag = 0;
        }
        k = 0;
        while(k<n)
        {       min = MAXCOST;
                while(j< = N)
                {       if(b[j].flag! = 1)
                        {    if(min>b[j].weight&&(b[j].start = 0||b[j].end = = 0))
                             {       min = b[j].weight;
                                     t = j;
                             }
                        }
                        j++;
                }
                f[b[t].start] = 1;
                f[b[t].end] = 1;
                printf(" %d--->%d\n",b[t].start,b[t].end);
                b[t].flag = 1;
                k++;
        }
}
```

11.6 资源分配算法

资源分配就是为网络中的网线和结点寻找最近(这里的远近是按阻碍强度的大小来确定的)的中心(资源发散或汇集地)。例如,资源分配能为城市中的每一条街道上的学生确定最近的学校,为水库提供其供水区等。资源分配是模拟资源如何在中心(学校、消防站、水库等)及其周围的网线(街道、水路等)、结点(交叉路口、汽车中转站等)间流动的。根据中心容量以及网线和结点的需求将网线和结点分配给中心,分配是沿最佳路径进行的。当网络元素被分配给某个中心时,该中心拥有的资源量就依据网络元素的需求而缩减,当中心的资源耗尽,分配就停止。用户可以通过赋予中心的阻碍限度来控制分配的范围。

资源分配网络模型由中心点(分配中心)及其状态属性和网络组成。分配有两种方式,一种是由分配中心向四周输出,另一种是由四周向中心集中。这种分配功能可以解决资源的有效流动和合理分配。其在地理网络中的应用与区位论中的中心地理论类似。在资源分配模型中,研究区可以是机能区,根据网络流的阻力等来研究中心的吸引区,为网络中的每一连接寻找最近的中心,以实现最佳的服务,还可以用来指定可能的区域。

资源分配模型可用来计算中心地的等时区、等交通距离区、等费用距离区等。可用来进行城镇中心、商业中心或港口等地的吸引范围分析,以用来寻找区域中最近的商业中心,进行各种区划和港口腹地的模拟等。

假设研究区域内有 n 个需求点和 p 个供应点,每个需求点的权重(需求量)为 w_i、t_{ij},和 d_{ij}。分别为供应点 j 对需求点 i 提供的服务和两者之间的距离。如果供应点的服务能够覆盖到区域内的所有需求点,则

$$\sum_{j=1}^{p} t_{ij} = w_i \quad (i = 1, \cdots, n) \tag{11.5}$$

若规定每个需求点只分配给离其最近的一个供应点,则有

$$\begin{cases} t_{ij} = w_i, d_{ij} = \min(d_{ij}) \text{时} \\ t_{ij} = 0 \qquad \text{其他诸情况} \end{cases} \tag{11.6}$$

网络整体的目标方程必满足:

$$\sum_{i=1}^{n} \sum_{j=1}^{p} c_{ij} = \min \tag{11.7}$$

其中,c_{ij}可以有以下几种基本理解(图 11.2)。

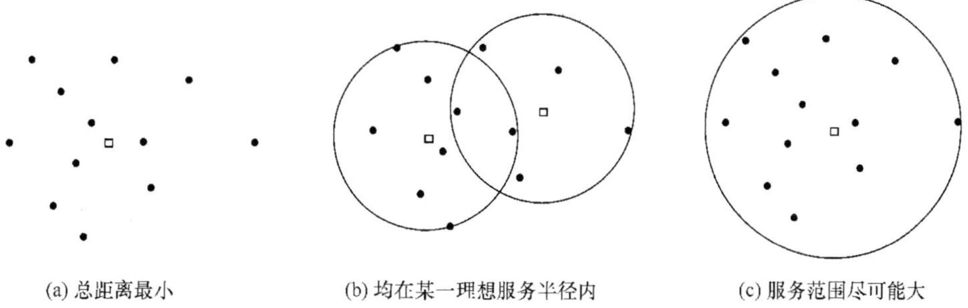

图 11.2　P-中心模型的基本形式

(1) 当要求所有需求点到供应点的距离最小时:

$$c_{ij} = w_i d_{ij} \tag{11.8}$$

(2) 当要求所有需求点均在某一理想服务半径之内时:

$$c_{ij} = \begin{cases} w_i d_{ij} & d_{ij} \leqslant s \\ +\infty & d_{ij} > s \end{cases} \tag{11.9}$$

(3) 当要求所有供应点的服务范围尽可能最大,即新增需求点的代价最低时:

$$c_{ij}=\begin{cases}0 & d_{ij}\leqslant s\\ w_i & d_{ij}>s\end{cases}\tag{11.10}$$

以上是资源分配问题的基本数学表达。在运筹学里，可以通过线性规划理论与方法求得其最佳解。但有一个问题，即当网络结点众多时(如超过 100 个点)，则计算量和需求量均非常大。

网络分析与图论和运筹学关系密切，它通过研究网络各组成部分的状态，来分析、研究和模拟资源在网络上的流动、分配情况，进而实现对网络结构及资源分配等的优化。GIS 中的网络分析在现实世界中纷繁复杂，虽然图论研究中得到的大量算法可以为其提供有力的理论支持，但还是和图这种理想的数学模型存在一定的差距，因而对网络分析产生很大影响。另外，我们往往讨论较多的是组合最优化问题，在实际的应用中还会碰到如系统稳定性分析、运行状态分析等情况。所以，在将图论算法进行推广修正以适应网络分析需要的同时，还应该考虑寻找更具广泛性的数学模型和数学方法。例如，可以将图论与系统论相结合，把网络看作一个系统，将网络元素作为系统单元，用终端图以及包含终端变量的一组一阶微分方程或一组代数联立方程来表示网络，求解相关问题。

思　考　题

1. 编写 Dijkstra 算法程序实现单点源最短路径的计算。
2. 编写 Prim 算法程序实现求解图的最优生成树。
3. 编写 Kruskal 算法程序实现求解图的最优生成树。

第12章 地形分析算法

12.1 数字地面模型的生成算法

数字地面模型(Digital Terrain Model,DTM)是定义于二维区域上的一个有限项的矢量序列,它以离散分布的平面点来模拟连续分布的地形。按平面上等间距规则采样,或内插所建立的数字地面模型,称为基于规则网格的数字地面模型,可以写成以下形式:

$$\mathrm{DTM}=\{Z_{i,j}\},\qquad i=1,2,3,\cdots,m-1,m;j=1,2,3,\cdots,n-1,n$$

式中,Z 为栅格(i,j)上的地面属性数据,包括土地权属、土壤类型、土地利用等。当该属性为海拔高程时,则该模型即为数字高程模型(Digital Elevation Model,DEM)。下面主要以 DEM 为例介绍数字地面模型的相关算法。

12.1.1 基于离散点的 DEM 规则网格的生成

基于规则网格的数字地面模型首先对研究区域在二维平面上进行格网划分(格网大小取决于 DEM 应用目的),形成覆盖整个区域的格网空间结构,然后利用分布在格网点周围的地形采样点内插计算格网点的高程值,最后按一定的格式输出,形成该地区的格网 DEM。图 12.1 表示了格网 DEM 的建立过程。

由图 12.1 中可看出,DEM 建立的关键环节是格网点上值的内插计算。从 DEM 概念提出至今,经过多年的发展和完善,已经提出多种高程内插方法。DEM 内插方法并没有统一的标准,例如从数据分布规律来讲,有基于规则分布数据的内插方法、基于不规则分布的内插方法和适合于等高线数据的内插方法等;按内插点的分布范围,内插方法分为整体内插、局部内插和逐点内插法;从内插函数与参考点的关系方面,又分为曲面通过所有采样点的纯二维插值方法和曲面不通过参考点的曲面拟合插值方法;从内插曲面的数学性质来讲,有多项式内插、样条内插、最小二乘配置内插等内插函数;从对地形曲面理解的角度,内插方法有克立金法、多层曲面叠加法、加权平均法、分形内插等,表 12.1 对各种分类方法进行了简要的总结和归纳。DEM 内插的根本是对地形曲面特征的认识和理解,具体到方法上,则是内插点邻域范围的确定、权值确定方法(自相关程度)、内插函数的选择等方面的问题。

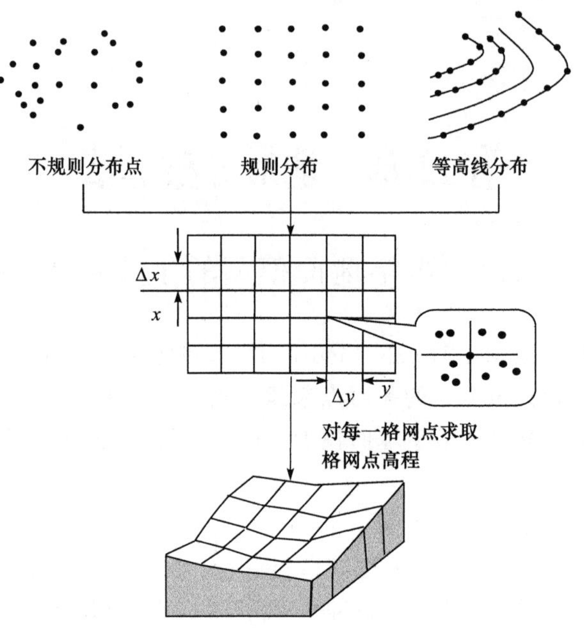

图 12.1　格网 DEM 建立流程

表 12.1　DEM 内插分类方法

<table>
<tr><td rowspan="18">DEM 内插</td><td rowspan="3">数据分布</td><td colspan="2">规则分布内插方法</td></tr>
<tr><td colspan="2">不规则分布内插方法</td></tr>
<tr><td colspan="2">等高线数据内插方法</td></tr>
<tr><td rowspan="3">内插范围</td><td colspan="2">整体内插方法</td></tr>
<tr><td colspan="2">局部内插方法</td></tr>
<tr><td colspan="2">逐点内插方法</td></tr>
<tr><td rowspan="2">内插曲面与参考点关系</td><td colspan="2">纯二维内插方法</td></tr>
<tr><td colspan="2">曲面拟合内插方法</td></tr>
<tr><td rowspan="6">内插函数性质</td><td rowspan="3">多项式内插方法</td><td>线性插值</td></tr>
<tr><td>双线性插值</td></tr>
<tr><td>高次多项式插值</td></tr>
<tr><td colspan="2">样条内插方法</td></tr>
<tr><td colspan="2">有限元内插方法</td></tr>
<tr><td colspan="2">最小二乘配置内插方法</td></tr>
<tr><td rowspan="4">地形特征理解</td><td colspan="2">克里金内插方法</td></tr>
<tr><td colspan="2">多层曲面叠加内插方法</td></tr>
<tr><td colspan="2">加权平均值内插方法</td></tr>
<tr><td colspan="2">分形内插方法</td></tr>
</table>

由于每一种内插方法都有其自身的特点和适用范围，因此了解方法的特点是本质所在。有关内插方面的内容参见本书第 8 章空间数据内插。

12.1.2　基于不规则三角网的 DEM 生成

基于不规则三角网的数字高程模型(Based on Triangulated Irregular Network DEM,简写为 Based on TIN DEM,俗称 TIN)就是用一系列互不交叉、互不重叠的连接在一起的三角形来表示地形表面。TIN 是 DEM 的又一个主要数据模型,TIN 的特点在其字面意思中表露无遗(图 12.2)。

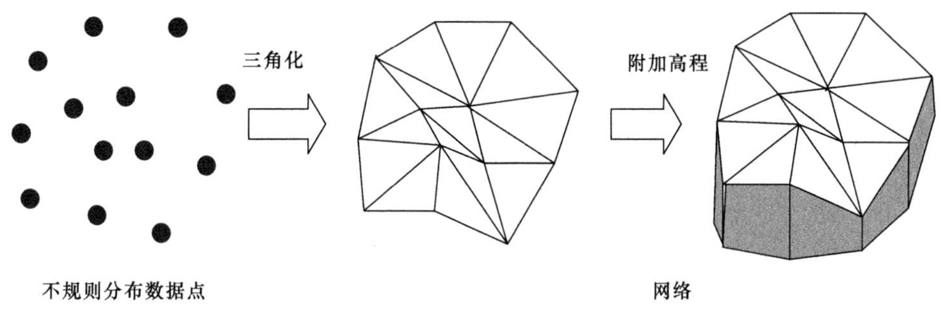

图 12.2　TIN 的生成

有关 TIN 的生成算法参见第 9 章 TIN 与 Voronoi 图分析。

12.1.3　DEM 数据结构的相互转换

不同结构之间的 DEM 可通过一定的算法实现相互转换。如图 12.3 所示,主要形式有 TIN 至 Grid、TIN 至 Contour、Grid 至 TIN、Grid 至 Contour、Contour 至 TIN、Contour 至 Grid 等。

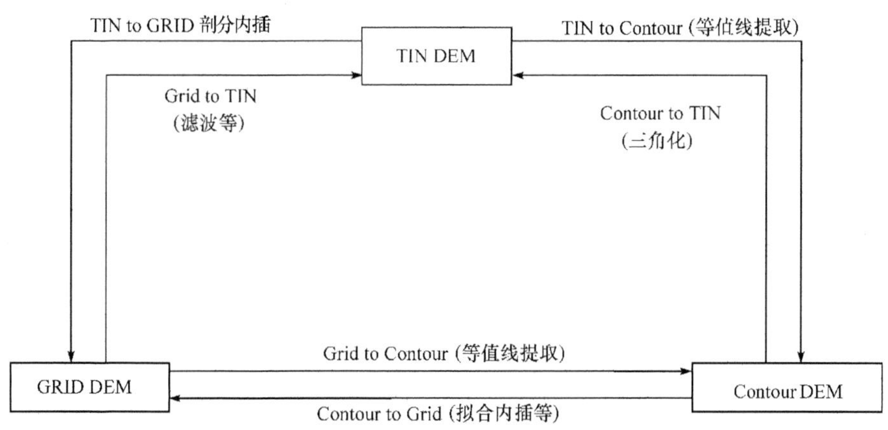

图 12.3　DEM 结构的相互转换

1. TIN 至 Grid 的转换

由 TIN 向 Grid 的转换，实际上是基于 TIN 的内插计算问题，具体参见本书第 8 章空间数据内插。

2. Grid 至 TIN 的转换

实质上，Grid 至 TIN 的转换过程是一种特殊的散点三角化过程。也可看成是 DEM 数据压缩、DEM 数据简化或基于 DEM 数据的综合过程。本质上，Grid to TIN 的转换是非常简单的，只要按一定规则将格网对角线相连即可形成相当精细的 TIN。但这样不能体现出 TIN 的优势，即用较少的点最大限度地模拟地形表面。因此，格网 DEM 向 TIN 的转换的核心问题是从大量的格网点中筛选出能够表达地形特征的点集，如山顶点、山脊线点、山谷线点、鞍部点等，然后再对这些点进行三角剖分形成 TIN。上述过程涉及两个问题：① 选点原则，即采用什么样的标准选择格网点；② 终止条件，停止格网点判断的条件。

目前实现格网 DEM 到 TIN 转换的代表性算法有基于对格网点重要性进行标识的重要点法（Very Important Point，VIP）、保留特征点法和基于最大 z 容差法（Maximum z Tolerance）的启发丢弃法、逐点精细算法等。表 12.2 是格网 DEM 转换成 TIN 的算法分类。

表 12.2 Grid 至 TIN 的转换算法分类

DEM to TIN	格网点重要程度	VIP 法
		保留特征点法
	最大 z 容差法	启发丢弃算法
		逐点精细算法

1) 基于格网点重要性标识的 Grid 至 TIN 算法

基于格网点重要性标识的 Grid 至 TIN 算法本质上是一种散点的三角剖分过程。它首先对整个 DEM 的格网点进行判断，选择具有特殊意义的地形格网点，然后对这些格网再进行三角剖分。根据对格网点重要性程度判断的方式，可分为重要点法和保留特征法两类。

(1) VIP 法。VIP 法认为，地面一点的重要性可通过该点偏离平均地形表面的偏离程度来衡量，偏离程度越大，该点就越重要。该法对格网点重要性的评价是在 DEM 局部范围进行的，通常为 3×3 局部窗口中，即通过考察当前处理点与周围邻接点的关系来评价该点的重要程度。

如图 12.4，设当前格网点为 P，P 的重要性可通过 P 点的实际高程值与分布其周围的 8 个格网点所形成的 4 个断面来估算（上下、左右、左上右下、右上左下）。

例如在 GC 剖面上，通过 G、C 可计算 P 点在该剖面上的高程为

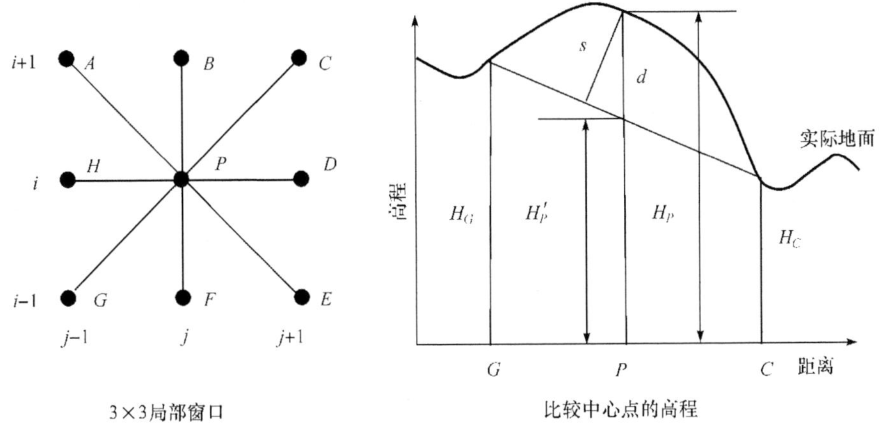

图 12.4　VIP 评价中心点的重要程度

i 为行号；j 为列号；H_P'为在 GC 剖面上的计算高程；H_P 为 P 点的实际地面高程

$$H_P' = H_G + \frac{H_C - H_G}{2} \tag{12.1}$$

H_P'与 H_P 的差 d_{GC}反映了 P 点的 GC 剖面的偏离程度：

$$d_{GC} = H_P - H_P' \tag{12.2}$$

但由于地形表面的各向异性，一般在 4 个剖面上下 BF、左右 HD、左上右下 AE、右上左下 GC 分别计算出 P 的 4 个偏差，并取其平均值为 P 的重要性度量指标。即 P 点的重要性程度可通过下式来计算：

$$d = \frac{d_{AE} + d_{BF} + d_{CG} + d_{HD}}{4} \tag{12.3}$$

要说明的是，式(12.3)是通过铅垂线方向上的高差变化来衡量偏离程度。据相关的研究报道，无论在平地还是坡地，用 P 到剖面的垂直距离 s 比高差要好。

该算法使用 VIP 法度量每一个格网点与真实地表的偏离程度，然后通过重要性指标可选择用来构建 TIN 的数据点。数据点选择既可基于所要求的点的数目，也可基于指定的重要性水平(阈值)。最后对所选的点进行三角剖分即可。

(2) 保留特征点法。该法首先在格网 DEM 中找出地形特征点线，如山顶、鞍部、谷底点、山脊线等，然后在 TIN 中保留这些点线。这种方法的关键是特征点的识别和特征线的提取。

2) 基于最大 z 容差法 DEM 至 TIN 算法

最大 z 容差法也是一种格网点重要程度的度量指标，但与重要点法有所不同。

该方法将重要点的选择作为一个优化问题进行处理，在给定一个格网 DEM 和转换后 TIN 中节点的数量限制条件下，寻求一个 TIN 与规则格网 DEM 的最佳拟合。

该算法的基本思想是利用格网点原始高程和通过已存在且包含该点的三角形估算的高程之差来进行该点的取舍。这是一动态过程，即首先构建一个初始的不规则三角网，然后对这个不规则三角网中的每个三角形计算格网中每一点与所落入三角形面的高差，并确定出差值最大的点。如果差值大于指定的容许值，便标记该点并将该点添加到不规则三角网中。现存不规则三角网中的每个三角形都被检测后，以选中添加的点重新计算三角网。整个过程持续到格网点里所有的三角形都在指定容许值范围即可。

根据算法实现的不同，分为启发丢弃算法和逐步精细算法两类。两种算法都开始于一个已存在的三角网，但启发丢弃算法的初始三角形为整个 DEM 的精细三角网，通过逐步判断而丢弃一些点，形成较少格网点组成的 TIN；而逐步精细算法则开始于一个非常粗糙的三角形，通过不断的添加格网点而形成 TIN，如图 12.5所示。

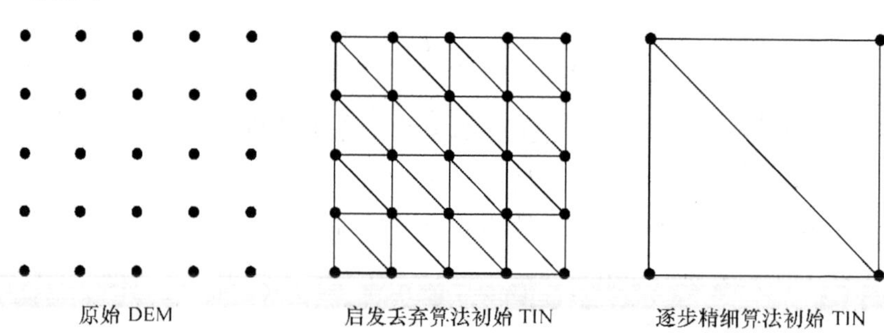

图 12.5　启发丢弃算法和逐步精细算法初始 TIN

(1) 启发丢弃算法。启发丢弃算法是基于一个已存在的三角网(格网 DEM 可通过对角线连接转换成 TIN，图 12.6)。该过程是一个重复循环过程，每次去掉一个点，直到没有点可丢弃为止。

丢弃点的原则是已知高程和估算高程(通过格网点所在的三角形内插得到)的差值。参见图 12.6，启发丢弃算法的步骤如下。

第一步，对于 TIN 中的每一个结点 p，做如下的工作：① 从 TIN 中暂时移去 p；② 对移去 p 点后所形成的多边形进行三角化；③ 判断 p 点所在的三角形，并在该三角形中内插计算 p 点的高程；④ 计算 p 点的内插高程和实际高程的差值 $e(p)$并存储；⑤ p 点放回原来的 TIN 中。

第二步，考察所存储的每一结点的差值 $e(p)$，如果具有最小的差值 $e(p)$的格网点(设为 q)大于给定的阈值(视为比较重要的点)，则算法结束并输出 TIN，反之

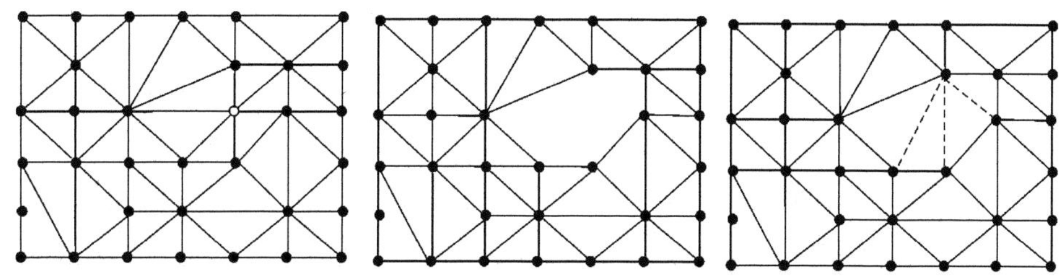

图 12.6　启发丢弃算法

进行下一步。

第三步，从 TIN 中提取与 q 相邻的结点，设为 $w_1, w_2, \cdots, w_m$，并从 TIN 中删除 q 点；对删除 q 点后所形成的多边形 $w_1, w_2, \cdots, w_m, w_1$ 进行三角剖分。

第四步，按照第一步中的方法重新计算多边形 $w_1, w_2, \cdots, w_m, w_1$ 中每一个顶点的误差值 $e(w_i)$，返回第二步。

(2) 逐步精细算法。逐步精细算法是一个逐步精化过程。它与启发丢弃算法的过程刚好相反，是从一个初始三角网开始，不断地向其中加入新点。当加入新点后的 TIN 与原始格网的误差在允许范围内，过程停止。

该算法是在整体上获得与原始 Grid 最接近的 TIN，过程与逐点插入法比较类似，但要判断何时终止循环。参见图 12.7，逐步精细算法过程如下：

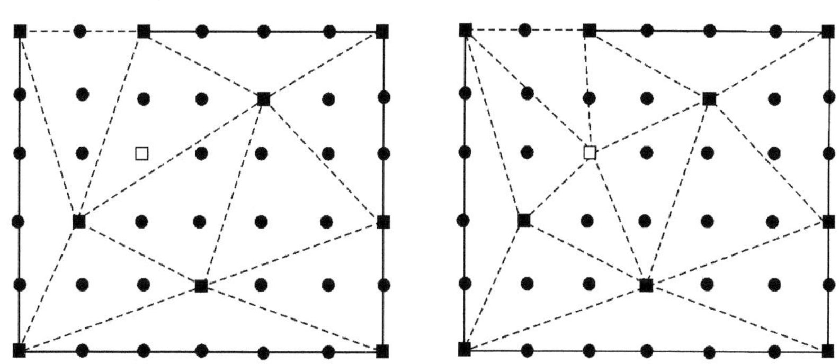

图 12.7　逐步精细算法

第一步，形成初始三角网 TIN(图 12.7)；

第二步，判断 DEM 中每个格网点的所在的三角形，并计算在该三角形中的内插高程值和实际高程之差(称为误差)；

第三步，如果所有网点的误差值都在最大的容许范围之内，则程序结束，输出 TIN，反之进行下一步；

第四步，将具有最大误差的格网点插入已存在的 TIN 中，返回第二步。

3. Grid 至等高线的转换

1) 等值点内插及其定位

设规则格网 DEM 是由 $m\times n$ 个网格数据点组成,沿 X 方向单位网格边长为 CN_1,沿 Y 方向单位网格边长为 CN_2,沿 X 方向的分割记为 $j=1,2,\cdots,n$;沿 Y 方向的分割记为 $i=1,2,\cdots,m$,于是可用 BB_{ij}表示任一网格点的数据。由上可计算得任意网格点的坐标:

$$\begin{cases} x_{i,j}=j\cdot CN_1 \\ y_{i,j}=i\cdot CN_2 \end{cases}$$

对于 $m\times n$ 个网格点组成的 DEM 区域,纵边数为$(m-1)\cdot n$,横边数为$(n-1)\cdot m$。对于位于任一边上的等值点位置,可表示为

$HH_{i,j}(i=1,2,\cdots,m-1;j=1,2,\cdots,n)$表示位于纵边上的等值点;

$SS_{i,j}(i=1,2,\cdots,m;j=1,2,\cdots,n-1)$表示位于横边上的等值点。

为了计算等值点在网格边上的位置,首先要确定等值线与网格边相交的条件。设等值线高程值为 W,显然,边上存在等值点的条件是 W 值处于相邻网格点数值之间。因此,可以用下式来判断格网边上是否存在等高线点:

当$(BB_{i,j}-W)\cdot(BB_{i,j+1}-W)<0$ 时,横边上存在等值点;

当$(BB_{i,j}-W)\cdot(BB_{i+1,j}-W)<0$ 时,纵边上存在等值点。

如果上式成立,即可采用线性内插方法计算出等值点位置。设有一 ABDC 网格(图 12.8),其高程值依次为 $BB_{i,j}$、$BB_{i,j+1}$、$BB_{i+1,j}$和 $BB_{i+1,j+1}$,A′为横边 AB 边的内插等值点,$SS_{i,j}$为 A′离 A 点的距离,则

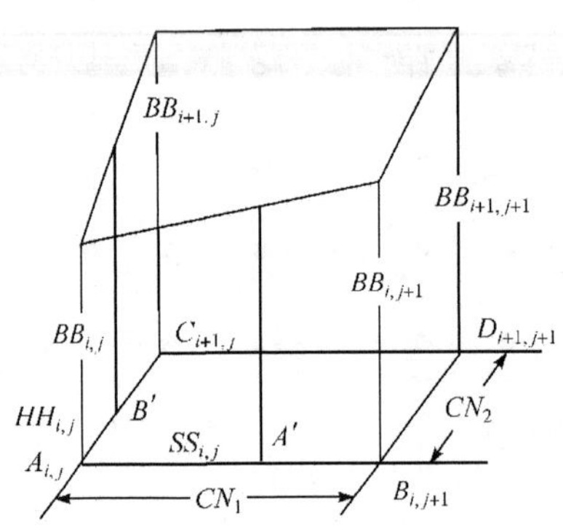

图 12.8　等值点内插及其定位

$$\frac{W-BB_{i,j}}{BB_{i,j+1}-BB_{i,j}}=\frac{SS_{i,j}}{CN_1}$$

令 $CN_1=1$ 得

$$SS_{i,j}=\frac{W-BB_{i,j}}{BB_{i,j+1}-BB_{i,j}}$$

在此,$SS_{i,j}$表示 A′到 A 点的距离与横边长的相对比值,$0\leqslant SS_{i,j}\leqslant 1$。

同理,B′是 AC 边的内插等值点,$HH_{i,j}$是 B′到 A 的距离,令 $CN_2=1$,则可得 $HH_{i,j}=(W-BB_{i,j})/(BB_{i+1,j}-BB_{i,j})$,同样 $0\leqslant HH_{i,j}\leqslant 1$。

这样就可以使用上式对任一数值等值线的各等值点位置进行计算,并分别存

储于 SS(i,j)和 $HH(i,j)$两个数组。只有当这两个数组的数值大于 0 和小于 1 时,才有等值点通过,因此也可以利用 SS(i,j)和 $HH(i,j)$值来作为判断有无等值点通过的条件。即当其小于或等于 0、大于或等于 1 时,则表示该边无等值点通过,或等值点就是本身网格点。为了区别,可采用 $SS_{i,j}=-2$ 和 $HH_{i,j}=-2$ 来表示网格边无等值点。

2) 等值点追踪

在给定的等高线 W 的所有等值点位置内插完后,应该想到这些等值点可能组成若干条等值线,而且可能是开曲线或闭合曲线。为了逐条绘制等值线,必须找到每条等值线的线头并顺序追踪到线尾。即把一条等值线的全部等值点按顺序排列好,这是保证等值线合理连接和不相交的重要条件,先讨论追踪问题。

(1) 为了确定追踪方案,要研究某一等值线在矩形网格内走向的几种可能,并通过确定等值线走向与等值点坐标之间的关系来建立跟踪条件。由于等值点位于网格边上,所以等值线通过相邻网格的走向只有四种可能:自下而上,自左向右,自上而下,自右向左。因此,如果找到某一等值线头位于某一网格边上,该网格边往往是相邻网格的公共边,既是前一网格的出口边又是后一网格的进入边,则进入边的方向对于每一个网格都有上、下、左、右四种情形,即追踪等值点有四种可能。① 自下而上追踪:由图 12.9(a)可以看到,在方格Ⅰ上有等值点 a_1,它的位置有三种状况,即 $HH(i,j)$、SS(i,j)和 $HH(i,j+1)$,Ⅱ号方格上 a_2 等值点为 SS($i+1,j$)。显然,我们比较 a_1 和 a_2 的坐标位置,可以得出 a_1 点取整的纵坐标一定小于 a_2 点取整的纵坐标。因此,只要满足 $i_{a_1}<i_{a_2}$ 的条件,即可自下而上地追踪。如果有 a_3 点,它一定是位于方格Ⅱ的另外三边上。② 自左向右追踪:图 12.9(b)表示位于Ⅰ号方格内的等值点 a_1 同样有三种可能位置:$HH(i,j)$、SS(i,j)和 SS($i+1,j$),a_2 点位于Ⅱ号方格,进入边记为 $HH(i,j+1)$。这时比较 a_1 和 a_2 的坐标,只要满足 $j_{a_1}<j_{a_2}$ 的条件,即可自左向右追踪。此时,a_3 点一定位于Ⅱ号方格的另外三边上。③ 自上而下追踪:图 12.9(c)中位于Ⅰ号方格内的 a_1 点有三种可能位置:$HH(i,j)$、$HH(i,j+1)$和 SS($i+1,j$)。位于Ⅱ号方格进入边的 a_2 点为 SS(i,j)。这时比较 a_1 和 a_2 点的位置,就不能建立追踪条件,由于考虑了排除自下而上和自左至右走向的可能,因而可以用 a_2 点取整横坐标小于 a_2 点的绝对值,即 INT(x_{a_2})< x_{a_2} 或者 $j_{a_2}\cdot CN_1<x_{a_2}$ 的条件来判断。满足上述条件时,自上而下的追踪 a_3 点,如有 a_3 点,定位于Ⅱ号方格的东、西、南三边上。④ 自右向左追踪:当不满足上述三种条件时,即可确定是自右向左追踪。实际上可用关系式 $i_{a_2}\cdot CN_2<y_{a_2}$ 来判断向左追踪的条件,如图 12.9(d)所示。

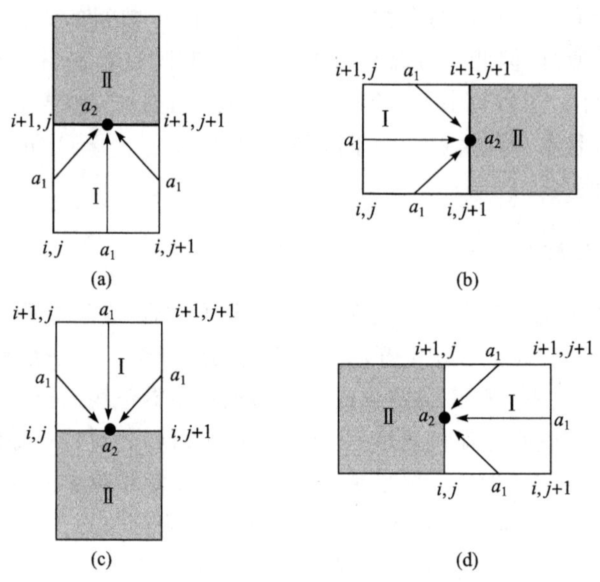

图 12.9　追踪等值点的四种情况示意图

表 12.3 对上述四种情况进行了总结。

表 12.3　四类追踪情况判断方法

追踪方向	自下而上	自左而右	自上而下	自右而左
判断条件	$i_{a_1}<i_{a_2}$	$j_{a_1}<j_{a_2}$	$j_{a_2}\cdot \mathrm{CN}_1<x_{a_2}$	$i_{a_2}\cdot \mathrm{CN}_2<y_{a_2}$
追踪判断顺序	——————————————→			

综上所述，追踪等值点是在任意两个相邻网格内进行的，首先是在已知 a_1 和 a_2 点的位置时，并且 a_2 点位于Ⅰ和Ⅱ号方格的公共边上，a_1 是位于Ⅰ号方格的其他三边上。而且我们用方格的左下角标(i,j)表示Ⅰ号方格的序号，则$(i+1,j)$、$(i,j+1)$、$(i-1,j)$、$(i,j-1)$为Ⅱ号方格的四种情况的序号。显然，i,j 是始终处于动态变化中。

(2) 已知 a_3 点是位于Ⅱ号方格的其余三边上，那么最终如何确定是其中的哪一边呢？这是一个十分重要的问题。类似于手工勾绘等值线产生多义的情况，必须合理地选择位于其余三边上的一个等值点。不然，将会出现同一等值线的交叉和分支走向不确定的多义性。例如，某一网格上的四点连接的状况可能有三种(图 12.10)，a、b 即为多义，c 是不允许的，必须排除。对于等值线连接的多义性，情况是比较复杂的。如图 12.11 所示，对于相同等值点可以有多种方式连接。这些问题不仅在自动勾绘等值线时会经常出现，手工勾绘等值线时，也会遇到。这种情况的处理往往根据制图人员的实践经验作出，即参考周围等值线的走向和趋势，为强调等值线之间协调一致，突出表现区域特征而作出各种选择。但是，自动勾绘等值线时必须对上述情况预先作出判断，这只能根据一般的规律比较合理地解决。通常，首先是考虑等值线原来前进的方向，即顺着原来等值线走向延伸下去，其次是根据距离远近来选择 a_3 点，下面给出一种具体判别方法。

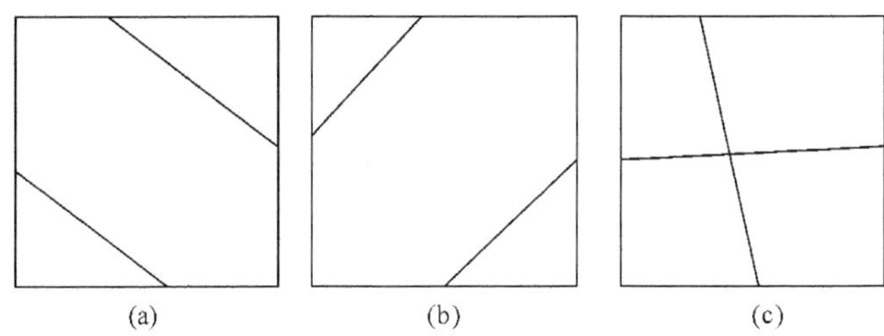

图 12.10　等值点连接的几种可能情形

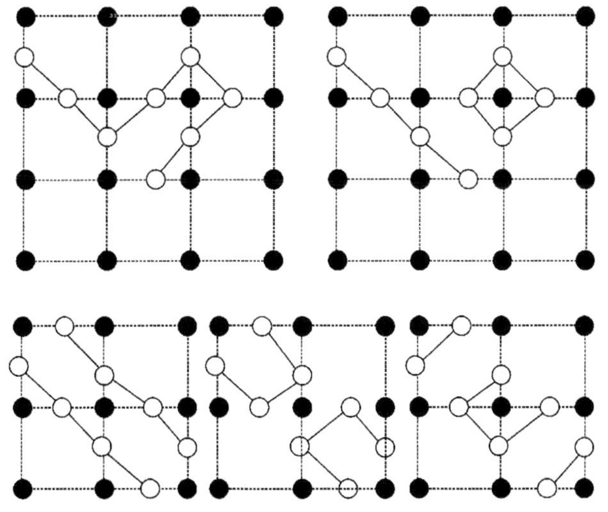

图 12.11　等值点连接的几种可能情形

设我们已知某一等值线的起点 a_1 和 a_2 点，现在要追踪 a_3 点，可以作如下的选择。① $i_{a_1}<i_{a_2}$时，即自下而上追踪等值点，a_3 只能在 $HH(i_2,j_2)$、$HH(i_2,j_2+1)$和 $SS(i_2+1,j_2)$三边寻找。在此情况下，选择 a_3 点的顺序为：当 $HH(i_2,j_2)$和 $HH(i_2,j_2+1)$都有等值点时，则选取其中较小的(即距离近的)为 a_3 点；当 $HH(i_2,j_2)$和 $HH(i_2,j_2+1)$只有一个等值点时，该点即为 a_3 点；当纵边上没有等值点时，则 $SS(i_2+1,j_2)$中必有等值点 a_3。② $j_{a_1}<j_{a_2}$时，即自左向右追踪等值点，a_3 点只能在 $SS(i_2,j_2)$、$SS(i_2+1,j_2)$和 $HH(i_2,j_2+1)$三边中找。在该种情况下，选取

a_3 点的顺序是:在 SS(i_2,j_2)和 SS(i_2+1,j_2)两横边上都有等值点时,则取其中距离较小的点为 a_3;在 SS(i_2,j_2)和 SS(i_2+1,j_2)两横边只有一个等值点时,该点选为 a_3;若在两横边没有等值点,则 a_3 点必位于 $HH(i_2,j_2+1)$纵边上。③ $j_{a_2}\cdot CN_1<x_{a_2}$时,即自上而下追踪等值点时,$a_3$ 点在 $HH(i_2-1,j_2)$、$HH(i_2-1,j_2+1)$和 SS(i_2-1,j_2)中找。在此种情况下选取 a_3 的顺序是:若 $HH(i_2-1,j_2)$和 $HH(i_2-1,j_2+1)$纵边上都有等值点,则取其较大一点为 a_3;在 $HH(i_2-1,j_2)$中只有一边有等值点,该点即为点 a_3;若 $HH(i_2-1,j_2)$和 $HH(i_2-1,j_2+1)$中均没有等值点,则 a_3 点必在 SS(i_2-1,j_2)边上。④ 若以上三种情况均不成立,即从右至左追踪等值线时,a_3 等值点在 SS(i_2+1,j_2-1)、SS(i_2,j_2-1)和 $HH(i_2,j_2-1)$中找,此时 a_3 点选取的顺序是:若 SS(i_2+1,j_2-1)和 SS(i_2,j_2-1)横边上都有等值点,则选取较大距离的点为 a_3,若 SS(i_2+1,j_2-1)和 SS(i_2,j_2-1)横边上只有一边有等值点,则该点为 a_3;若 SS(i_2+1,j_2-1)和 SS(i_2,j_2-1)边上都没有等值点,则 a_3 必位于 $HH(i_2,j_2-1)$边上。

(3) 起始、终止等值点的寻找和分支识别:上面已经说明,追踪某一等值线的首要条件是要找到该等值线的起始点。开等值线和闭合等值线在寻找线头时有不同的地方。从制图区域网格边界开始又结束于网格边界的等值线称开等值线,位于制图区域网格边内部开始于任一点又结束于该点的等值线称闭合等值线。所以,开等值线的线头要从制图区域的 4 个边界上去找,闭合等值线的线头只能从制图区域的内部网格上去找。其算法介绍如下:① 在底边($i=1$)上找起始点。只要 SS($1,j$)($j=1,2,\cdots,n-1$)有等值点,即令它为 a_2 点,然后虚设 a_1 点,让点 $i_{a_1}=0$,采用 $i_{a_1}<i_{a_2}$的条件去追踪 a_3 点。② 在西边($j=1$)上找起始点。只要 $HH(i,1)$($i=1,2,\cdots,m-1$)有等值点,即令它为 a_2 点,然后虚设 a_1 点,让点 $j_{a_1}=0$,采用 $j_{a_1}<j_{a_2}$的条件去追踪 a_3 点。③ 在上边($i=m$)找起始点。只要 SS(m,j)($j=1,2,\cdots,n-1$)有等值点,即令它为 a_2 点,然后虚设 a_1 点,让点 $i_{a_1}=m+1$,采用 $i_{a_1}\cdot CN_1<x_{a_2}$的条件去追踪 a_3 点。④ 在东边($j=n$)找起始点。只要 $HH(i,n)$($i=1,2,\cdots,m-1$)有等值点,即令它为 a_2 点,然后虚设 a_1 点,让点 $j_{a_1}=n+1$,采用 $j_{a_1}\cdot CN_2<y_{a_2}$的条件去追踪 a_3 点。

这样找到每条等值线的起、始两等值点 a_2、a_3 后,我们就可按照上述四种条件顺序寻找各等值点,每追踪一点就记录该点,并且每次均需要改变或上推各等值点的顺序标号和相应的下标变量。即 $a_3\Rightarrow a_2,a_2\Rightarrow a_1,j_{a_2}\Rightarrow j_{a_1},j_{a_3}\Rightarrow j_{a_2},i_{a_3}\Rightarrow i_{a_2}$。继续追踪一直到 a_3 点位于边界上为止,即满足 $x_{a_3}=CN_1$、$y_{a_3}=CN_2$、$j_{a_3}=n$、$i_{a_3}=m$ 之中任一条件时,再停止追踪。

对于闭合等值线必须在制图区域内的网格边上去寻找等值线的起始点,而且只要是矩形内部网格任意边上的等值点均可作为起始点。可以采用这样的方案，即在各条纵边上顺次找出初始等值点，即从 $j=1$ 到 $n-1$ 和从 $i=1$ 到 $m-1$ 各条横边上逐次找出等值点。当 $0<HH(i,j)<1[i=1,2,3,\cdots,m-1;j=1,2,3,\cdots,n-1]$ 时即有等值点存在，并令该点为 a_2，然后虚设 a_1 点，并 $j_{a_1}=0$，即可采用 $j_{a_1}<j_{a_2}$ 的条件，从西向东追踪 a_3 等值点，这样得到起始 a_2、a_3 点，经过上推和改变下标变量，即可采用上述四种追踪条件，一直追踪到起始点本身为止。关于追踪等值点的起始方向和顺序，如图 12.12 所示。

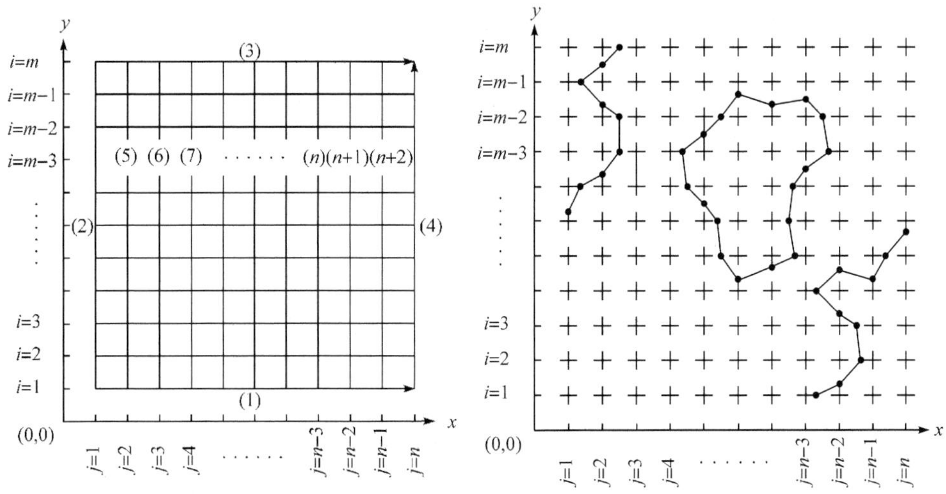

图 12.12　追踪等值点的起始方向和顺序　　图 12.13　相同值等值线的不同分支

由于任一数值的等值线可能有多个分支(图 12.13)，因此，我们追踪任一分支等值线时都必须记录并加以区别。在程序中可以这样安排：每当追踪一个等值点时，要随时从 $HH(i,j)$ 和 $SS(i,j)$ 场中抹去，以免下次重复使用。追踪的该等值点需计算绝对坐标，存放于专门绘图用的数据场内。这样，一条开等值线分支追踪完毕，马上使用专门记录追踪等值点的数据场存放的等值点 x，y 坐标值，绘出该条等值线。绘完开等值线后，再追踪闭合等值线，只有当 $HH(i,j)$ 和 $SS(i,j)$ 全部数值为 -2 时，才标志着 W 值等值线全部分支绘完。然后就可以内插新的 W 值等值点，反复上述过程，直到全部等值线绘完。

(4) 等值点绝对坐标值计算和特殊条件的处理：为了最后绘制光滑等值线，必须将内插得到的等值点相对位置转换为同一坐标原点的绝对坐标。为此设参数 $S=1$，表示等值点位于横边上，$S=0$ 时，表示等值点位于纵边上，则 a_1、a_2、a_3 等值点的绝对坐标计算公式为

$$\begin{cases} x_{a_1}=[j_1+S\cdot SS(i_1,j_1)]\cdot CN_1 \\ y_{a_1}=[i_1+(1-S)\cdot HH(i_1,j_1)]\cdot CN_2 \\ x_{a_2}=[j_2+S\cdot SS(i_2,j_2)]\cdot CN_1 \\ y_{a_2}=[i_2+(1-S)\cdot HH(i_2,j_2)]\cdot CN_2 \\ x_{a_3}=[j_3+S\cdot SS(i_3,j_3)]\cdot CN_1 \\ y_{a_3}=[i_3+(1-S)\cdot HH(i_3,j_3)]\cdot CN_2 \end{cases}$$

使用上述公式，在每追踪出新的等值点时，即要随时计算该点的绝对坐标值，按顺序存储于专门数据场内并记数，以便为下一步绘制光滑曲线使用。

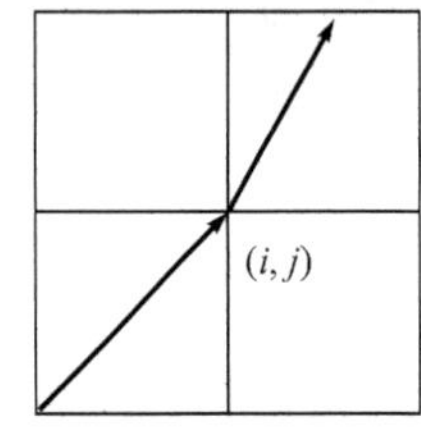

图 12.14　等值线通过网格交点的情况

我们在内插等值点时，当遇到网格高程值和等值线相等的情况，此时等高线必然通过网格点。而该网格点同时又是4个相邻网格的公共交点(图 12.14)。这样，在4个相邻横边和纵边上得到不是0就是1的4个值[即 $SS(i,j)=0$，$HH(i,j)=0$，$SS(i,j-1)=1$，$HH(i-1,j)=0$]，而同一等值点分别存放于4个存储单元中，所以在追踪等值点时，一定会发生重复使用和追踪混乱的问题。对此情况，必须预先处理。其方法是对该网格点加上一个足够小的数值予以纠正，应该选择这样的小数，使其不致影响绘图精度，而又避免直接利用网格点。

4. TIN 至等高线的转换

1) 等值点内插方法及其平面位置确定

建立三角网信息后，为了绘出等值线，还必须找出位于各原始数据点间等值点的平面位置。显然，等值点的内插都是在三角形的边上进行的，因此先分析任一三角形的各边上是否有等值点的几种情形。

(1) 若三角形的三个顶点的高程相等，则三角形的边上无等值点。如果三顶点的高程等于等值线的高程，即 $z=z_1=z_2=z_3$，则三顶点就是等值点，由于顶点可能被两个以上三角形共用，所以在本三角形中将不考虑这种情况，如图 12.15(a)所示。

(2) 若三角形三顶点高程值不相等，那么，当每条边二端点高程满足：

$(z-z_1)\cdot(z-z_2)\geqslant 0$ 时，则该边无等值点，否则必有等值点；

$(z-z_1)\cdot(z-z_3)\geqslant 0$ 时，则该边无等值点，否则必有等值点；

$(z-z_2)\cdot(z-z_3)\geqslant 0$ 时，则该边无等值点，否则必有等值点；

但是，一个三角形不可能三条边上都有等值点，只可能在两条边上有等值点，即只要在一条边上有等值点，在其余两边上必有一边存在等值点。这是最常见的现象，如图 12.15(b)所示。

(3) 若三角形三顶点高程不等，而其中有一个顶点高程等于等值线高程，则如果该三角形还存在一个等值点，必须是位于该顶点的对边上，如图 12.15(c)所示。凡是一个三角形只有两个等值点的情况，都必须加以考虑。

(4) 若三角形有两个顶点高程相等，该三角形如果存在等值点，必位于靠近第三点的两边上，如图 12.15(d)或者该相等的两顶点就是等值点[图 12.15(e)]。后一种情况将不在本三角形中考虑。

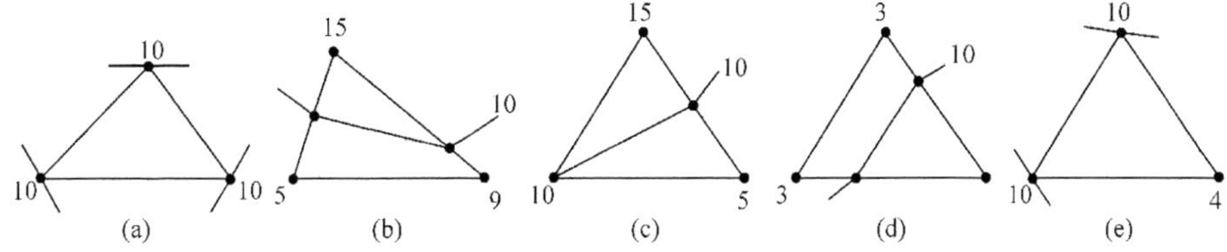

图 12.15　三角形内插等值点的各种情形

在确定三角形边上存在等值点后，用内插法求得等值点的坐标，其线性插值公式参考图 12.16 可写为

$$
\begin{cases}
x_{B_1} = x_1 + \dfrac{x_2 - x_1}{z_2 - z_1}(z - z_1) \\
y_{B_1} = y_1 + \dfrac{y_2 - y_1}{z_2 - z_1}(z - z_1) \\
x_{B_2} = x_2 + \dfrac{x_3 - x_2}{z_3 - z_2}(z - z_2) \\
y_{B_3} = y_2 + \dfrac{y_3 - y_2}{z_3 - z_2}(z - z_2)
\end{cases}
$$

式中：x_1、y_1、z_1、x_2、y_2、z_2、x_3、y_3、z_3 分别为三角形三顶点坐标；z 为等高线值，显然等值点坐标应为制图地区采用的同一原点的坐标值。

2) 起始等值点定位

具有 z 值的等值点往往组成一条以上的等值线。它们可能是开曲线，也可能是闭合等高线，无论绘制哪种等值线，都必须首先找出起始等值点，该点被称为线头。闭合等值线一定位于制图区域内部，其内部三角形边上任一等值点均可作为线头和线尾。开曲等值线一定开始于制图区域的边界又结束于边界，所以起始等值点和终止等值点一定位于边界三角形的最外边上。找出边界上等值点的方法可参考图 12.17，该图有 9 个三角形和 7 个等值点，其中 a、g 两个等值点是等值线的线头和线尾。显然 a、g 两点具有的数学特征可以这样判别：在任一三角形中如存在两个等值点，其中一点必然是等值线通过该三角形的入口点，另一个是等值线走出该三角形的出口点。但是，如果等值点不是位于边界之上（如图 12.17 中 b、c、d、e、f 点），则该点既是前一个三角形的出口点，又是下一个相邻三角形的入口点。而如果该点是位于边界上的等值点，它只能是该三角形的入口点或者是出口点，不可能同时是入口点又是出口点。

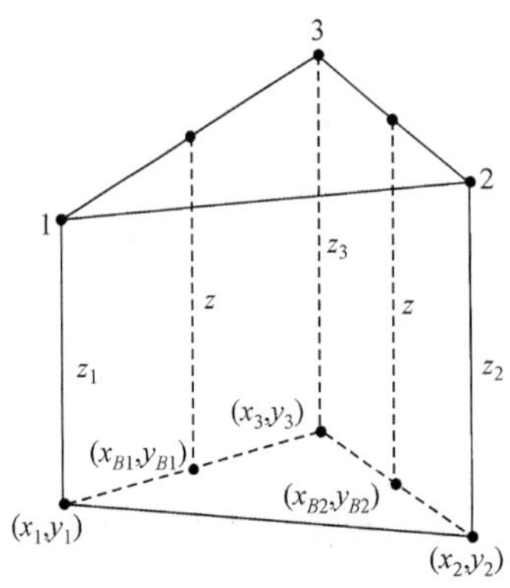

图 12.16　TIN 内插等值点示意图

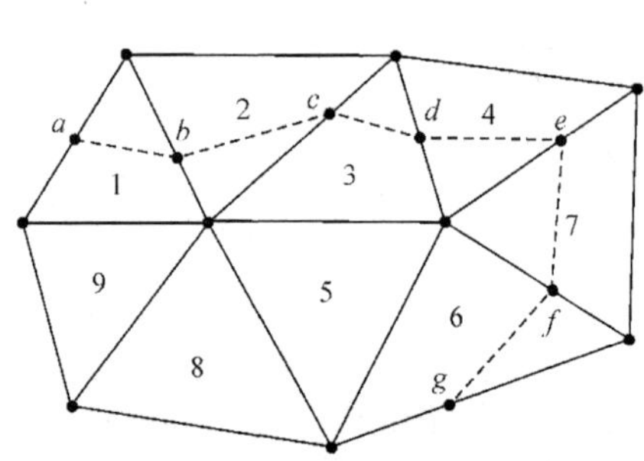

图 12.17　寻找开等值线的起始点和终止点

为了找出位于边界上的等值点，首先按三角形的序号找出有等值点的三角形，例如 L 号三角形，它的入口等值点坐标记为 $X_B(1,L)$、$Y_B(1,L)$，使用该等值点坐标同全部三角形入口等值点坐标 $X_B(1,I)$、$Y_B(1,I)$ 以及出口等值点坐标 $X_B(2,I)$、$Y_B(2,I)$（$I=1,2,\cdots,K$，K 为三角形号数）作比较，其比较结果在 $L=I$ 的条件下，必然产生 $X_B(1,L)=X_B(1,I)$，$Y_B(1,L)=Y_B(1,I)$，即为一个三角形的同一等值点，此时 M 记数器置 1。作全等比较又可能是在 $L\neq I$ 的情况下，$X_B(1,L)=X_B(2,I)$，$Y_B(1,L)=Y_B(2,I)$，即在三角形序号不等的情况下 L 号三角形进点等于相邻三角形的出点，此时计数器 $M=M+1$。所以，根据上述起始和终止等值点的数学特征可以判断：当 $M=1$ 时，该等值点位于边界上，即为线头；当 $M=2$ 时，等值点不在边界上，故不可能是线头。同理，再使用 L 号三角形出口等值点坐标 $X_B(2,L)$ 和 $Y_B(2,L)$ 作上述比较，则获得完全相同的结果。在程序设计中使用 $L_B(L)$ 场存放 M 值，当 $L_B(L)=1$ 时，即为要寻找的等值线线头。

3）等值点追踪

线头找到后，就要顺序地追踪出一条等值线的全部等值点，并计算出总共有多少个等值点。由内插得到的等值点是按三角形的序号排列的，是不规则的，为了按一条等值线通过的先后顺序排列，必须顺着线头按照一定算法进行追踪。显然，按顺序排列的等值点只存在于相邻的三角形中。所以，可利用一等值点既是某个三角形的出口点，又是相邻三角形的入口点的原理，建立追踪的算法。具体方法如下：

(1) 首先从 $L_B(L)$ 场找到数值为 1 的三角形号，即找到开曲等值线的线头。并将该等值点（进入点）x、y 坐标记录在专门数据场中，即 $X_{D_0}(L_{D_1})=X_B(1,L)$、$Y_{D_0}(L_{D_1})=Y_B(1,L)$，$L_{D_1}$ 为等值点记数。

(2) 按三角形顺序使用该等值点坐标同全部三角形的所有等值点进行全等比较，在找到该点后即满足 $X_{D_0}(1)=X_B(1,I)$、$Y_{D_0}(1)=Y_B(1,I)$ 的条件下，立即记录该三角形另一等值点，并使等值点记数器加 1，即从 $L_{D_1}=L_{D_1}+1$，$X_{D_0}(2)=X_B(2,I)$，$Y_{D_0}(2)=Y_B(2,I)$。之后要抹去该三角形的等值点，以免以后重复使用，即 $L_B(L)=0$。随后用被记录的该等值点同全部三角形所有等值点比较，在某一三角形等值点同该记录等值点相等的情况下，即满足 $X_{D_0}(L_{D_1})=X_B(1,I)$、$Y_{D_0}(L_{D_1})=Y_B(1,I)$，然后再抹去该点。下面再用被记录的等值点和其余未被追踪的等值点作全等比较，重复以上过程，一直追踪到边界等值点为止。

(3) 当某一数值等值线全部追踪后，即调用曲线光滑子程序，把离散等值点连接成光滑曲线。这里要注意的是对于某一数据值等值线可能有多条分支。此时，应同样先绘出所有开曲等值线、在不出现记录开曲等值线线头的 $L_B(L)$ 场为 1 的情况下，转入绘闭合等值线。闭合等值线的线头可以从任一三角形等值点开始，并按上述方法追踪和光滑连接。绘完某一数值等值线后，再开始下一个数值等值线的绘制，直到完成全部等值线的绘制为止。

12.2　基本地形因子分析算法

12.2.1　坡面因子提取的算法基础

1. DEM 格网数据的空间矢量表达

在 DEM 中，具有空间矢量特征的坡面地形因子的自动提取，通常采用基于空间矢量分析原理的差分计算方法完成。因此，建立 DEM 模型每一格网的标准矢量 $\mathbf{P}_{i,j}$（图 12.18），是理解、掌握坡面地形因子科学涵义的基础。

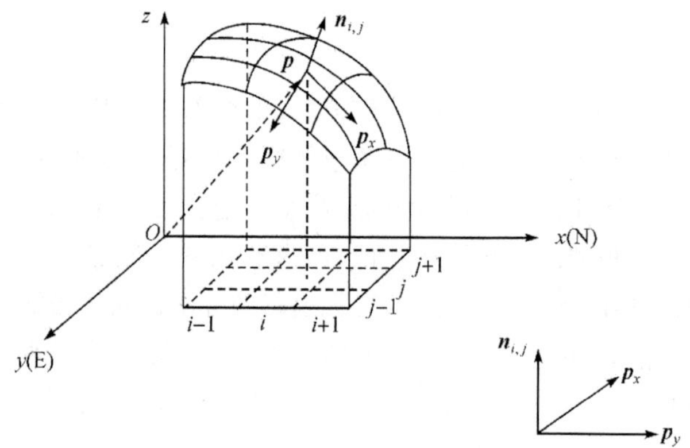

图 12.18　DEM 格网数据的空间矢量模型

对于每个由相邻 8 个格网点确定的地表微分单元，令矢量 $\boldsymbol{p}_{i,j}=\{x_{i,j}, y_{i,j}, z_{i,j}\}$的基本矢量为 $\boldsymbol{p}_x$、$\boldsymbol{p}_y$（$\boldsymbol{p}_x$ 与 xOz 平面平行，$\boldsymbol{p}_y$ 与 yOz 平面平行）。$\boldsymbol{p}_x$、$\boldsymbol{p}_y$ 计算公式如下

$$\boldsymbol{p}_x=\boldsymbol{p}_{i+\Delta x,j}-\boldsymbol{p}_{i-\Delta x,j}=\{2\Delta x,0,2\Delta x\cdot f_x\} \tag{12.4}$$

$$\boldsymbol{p}_y=\boldsymbol{p}_{i,j+\Delta y}-\boldsymbol{p}_{i,j-\Delta y}=\{0,2\Delta y,2\Delta y\cdot f_y\} \tag{12.5}$$

式中，f_x 为 x 方向高程变化率；f_y 为 y 方向高程变化率。基本矢量 $\boldsymbol{p}_x$、$\boldsymbol{p}_y$ 完全确定了微分单元在空间的特征，由 $\boldsymbol{p}_x$、$\boldsymbol{p}_y$ 可得地表微分单元法矢量 $\boldsymbol{n}_{ij}$：

$$\begin{aligned}\boldsymbol{n}_{ij}=\boldsymbol{p}_x\times\boldsymbol{p}_y&=\begin{vmatrix}\boldsymbol{i} & \boldsymbol{j} & \boldsymbol{k}\\ 2\Delta x & 0 & 2\Delta x\cdot f_x\\ 0 & 2\Delta y & 2\Delta y\cdot f_y\end{vmatrix}\\ &=\{-4\Delta x\cdot\Delta y\cdot f_x,\quad -4\Delta x\cdot\Delta y\cdot f_y,\quad 4\Delta x\Delta y\}\\ &=\{f_x,\quad f_y,\quad -1\}\end{aligned} \tag{12.6}$$

根据法矢量 $\boldsymbol{n}_{ij}$，就可以完成微观地形因子的自动提取。实际进行坡面因子分析时，对于 f_x 和 f_y 的计算通常采用简化的差分原理求得。

2．基于空间矢量模型的差分计算

由式(12.6)知，求解 $\boldsymbol{n}_{ij}$，关键是求解 f_x 和 f_y，可以用以求解 f_x 和 f_y 的算法很多，主要有数值分析法、局部曲面拟合算法、空间矢量法、快速傅里叶变换等（图 12.19）。其中数值分析方法中差分算法原理简洁、明确，非常适合栅格 DEM 数据结构。考虑到地面高程的相关性，在数值差分分析或曲面拟合分析时，有时要考虑局部窗口中周围点对中心点的影响，即权的问题，常用定权方法是反距离权：

$$p=1/D^m \tag{12.7}$$

式中：m 为任意常数，一般取 1 或 2；D 为分析窗口中周围点到中心点的距离，取值为 d 或 $\sqrt{2}\,d$（设格网间距为 d）。

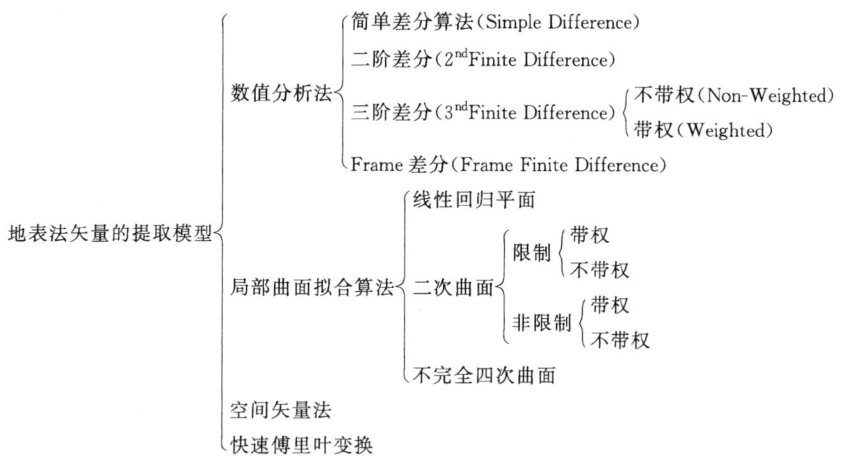

图 12.19　DEM 提取地表法矢量的数学模型（刘学军，2002）

围绕差分原理产生了多种计算 f_x 和 f_y 方法，如图 12.20 所示，设中心格网点为 (i, j)，相应坐标为 (x_i, y_j)，局部地形曲面设为 $z=f(x, y)$，d 为格网间距，则在 (i, j) 处的 Taylor 级数展开式为（取至一次项）：

$$f(x_i+kd, y_j+kd)=f(x_i, y_j)+kdf_x+kdf_y \tag{12.8}$$

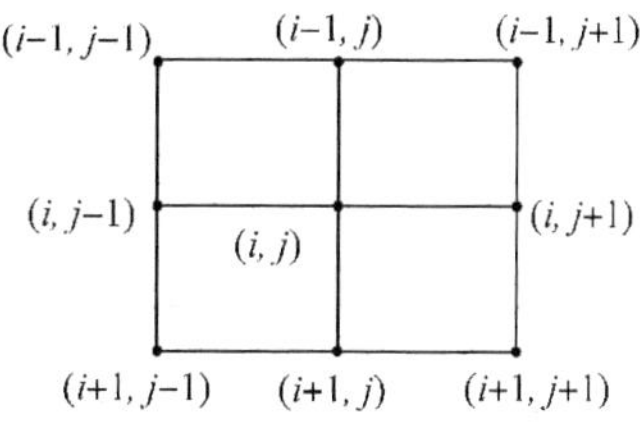

图 12.20　差分 DEM 计算示意图

式中，k（$k=-1,0,1$）为展开范围，按照不同 k 的取值和定权方式，将产生不同的 f_x 和 f_y 计算模型。目前常用的是二阶差分和三阶反距离平方权差分。它们的解算公式如下：

对二阶差分，$k=-1$，$k=1$，在中心网格 (i, j) 的前后两点为展开范围，有

$$f_x=\frac{f(x_i+d, y_j)-f(x_i-d, y_j)}{2d}=\frac{z_{i+1,j}-z_{i-1,j}}{2d} \tag{12.9}$$

$$f_y=\frac{f(x_i, y_j+d)-f(x_i, y_j-d)}{2d}=\frac{z_{i,j+1}-z_{i,j-1}}{2d} \tag{12.10}$$

式中，d 为 DEM 栅格大小。对三阶反距离平方权差分，$p=1/D^2$，考虑了不同距离上的点对中心格网点偏导数计算的影响。可以得到

$$f_x = \frac{(z_{i+1,j-1} + 2z_{i+1,j} + z_{i+1,j+1} - z_{i-1,j-1} - 2z_{i-1,j} - z_{i-1,j+1})}{8d}$$
$$f_y = \frac{(z_{i+1,j+1} + 2z_{i,j+1} + z_{i-1,j+1} - z_{i-1,j-1} - 2z_{i,j-1} - z_{i+1,j-1})}{8d}$$
(12.11)

3. 提取坡面因子的常用分析窗口

窗口分析(邻域分析)是在DEM数据中提取坡面信息的主要分析方法,它的基本原理是:对栅格数据系统中的一个、多个栅格点或全部数据,开辟一个有固定分析半径的分析窗口,并在该窗口内进行诸如极值、均值、标准差等一系列统计计算,或进行差分及与其他层面信息的复合分析等,实现栅格数据有效的水平方向扩展分析。在坡面信息提取中,按照分析窗口的形状,可以将分析窗口划分为以下4类(图12.21)。

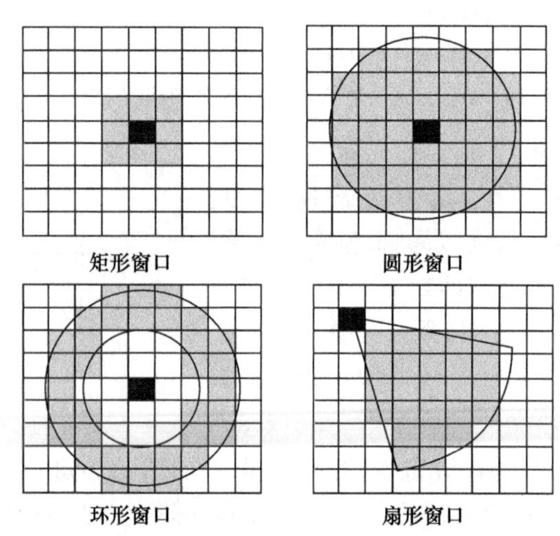

图12.21 分析窗口的类型

(1) 矩形窗口:以目标栅格为中心,分别向周围8个方向扩展一层或多层栅格,从而形成如图12.21中所示的矩形分析区域;

(2) 圆形窗口:以目标栅格为中心,向周围作一等距离搜索区,构成一圆形分析窗口;

(3) 环形窗口:以目标栅格为中心,按指定的内外半径构成环形分析窗口;

(4) 扇形窗口:以目标栅格为中心,按指定的起始和终止角度构成扇形分析窗口。

矩形窗口最为常用,一般采用3×3位基本分析窗口,然而,按照分析的需要,分析窗口也可以扩大为5×5、7×7或更大(图12.22)。

此外,在坡面因子的提取中,也使用栅格追踪分析方法。所谓追踪分析,指对于特定的栅格数据系统,由某一个或多个起点按照一定的追踪线索进行追踪目标

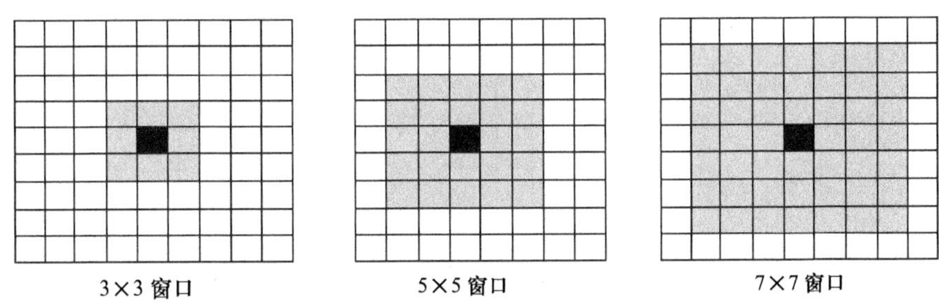

图 12.22　不同大小的分析窗口

或追踪轨迹信息的空间分析方法。例如，在坡长提取中，根据水流方向信息，常采用逆水流方向或顺水流方向追踪水流轨迹，从而提取坡长信息。

12.2.2　坡度、坡向

坡面姿态（坡度及坡向）是指局部地表坡面在空间的倾斜程度和朝向。

1. 坡度的提取

严格地讲，地表面任一点的坡度是指过该点的切平面与水平地面的夹角。坡度表示了地表面在该点的倾斜程度，在数值上等于过该点的地表微分单元的法矢量 $\boldsymbol{n}$ 与 z 轴的夹角（图 12.23），即

$$\text{Slope}=\arccos\left(\frac{\boldsymbol{z}\cdot\boldsymbol{n}}{|\boldsymbol{z}|\cdot|\boldsymbol{n}|}\right) \tag{12.12}$$

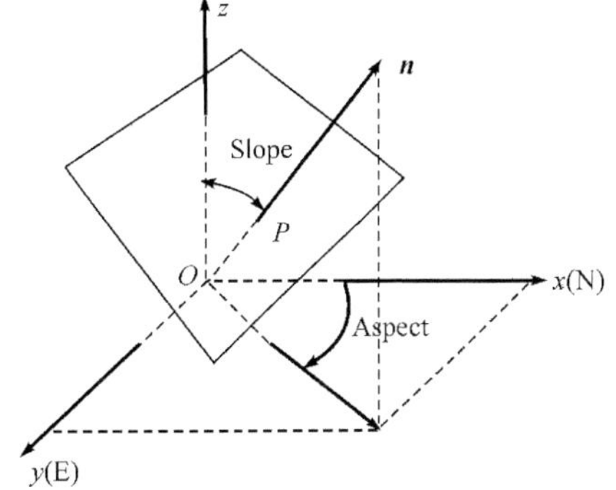

图 12.23　地表单元坡度示意图

当具体进行坡度提取时，常采用简化的差分公式，完整的数学表示为

$$\text{Slope}=\arctan\sqrt{f_x^2+f_y^2}\times180/\pi \tag{12.13}$$

式中，f_x 为 x 方向高程变化率；f_y 为 y 方向高程变化率。

地面坡度实质是一个微分的概念，地面上每一点都有坡度，它是一个微分点上的概念，是地表曲面函数 $z=f(x,y)$ 在东西、南北方向上的高程变化率的函数。实际应用中，坡度有两种表示方式（图 12.24）。

（1）坡度（degree of slope）：即水平面与地形面之间夹角；

（2）坡度百分比（percent of slope）：即高程增量（rise）与水平增量（run）之比的百分数。

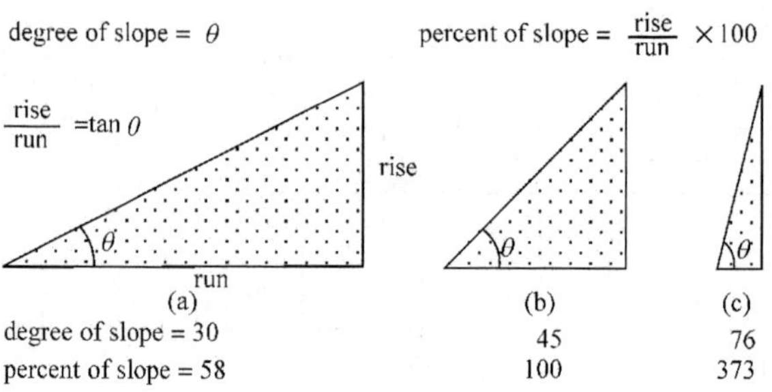

图 12.24　坡度的两种表示方法

2. 坡向的提取

坡向定义为：地表面上一点的切平面的法线矢量 $\boldsymbol{n}$ 在水平面的投影 $\boldsymbol{n}_{xOy}$ 与过该点的正北方向的夹角（如表 12.4 中的坡向示意图所示，x 轴为正北方向）。其数学表达公式为

$$\text{Aspect}=\arctan\left(\frac{f_y}{f_x}\right) \tag{12.14}$$

对于地面任何一点来说，坡向表征了该点高程值改变量的最大变化方向。在输出的坡向数据中，坡向值有如下规定：正北方向为 0°，按顺时针方向计算，取值范围为 0°～360°。

坡向可在 DEM 数据中用式(12.14)直接提取。但应注意，由于式(12.14)求出坡向有与 x 轴正向和 x 轴负向夹角之分，此时就要根据 f_x 和 f_y 的符号来进一步确定坡向值（表 12.4）。

表 12.4　坡向值的判断

f_x	f_y	$\alpha=\arctan\left(\frac{f_y}{f_x}\right)$	Aspect	坡向示意
=0	>0	—	90	x(N)；y(E)；α；360°+α；180°+α
	=0	—	0	
	<0	—	270	
>0	>0	0～90	α	
	=0	0	0	
	<0	−90～0	360+α	
<0	>0	−90～0	180+α	
	=0	0	180	
	<0	0～90	180+α	

注：上述情况假定所建立的 DEM 数据从南向北获取的，且 x 轴与正北方向重合，否则上述公式求得的坡向值，还应加上 x 轴偏离正北方向的夹角值。

12.2.3 坡　　形

坡形是指局部地表坡面的曲折状态。宏观上讲，一般可分为直线形斜坡、凸形斜坡、凹形斜坡和台阶形斜坡四种基本类型。从微观角度上，一般可采用地面曲率因子和地面变率因子度量地面表面一点的弯曲变化程度。

1. 宏观坡形因子

宏观上坡形大体形态如图 12.25 所示。

(1) 直线形斜坡：从分水岭到斜坡底部地面坡度基本上不变。

(2) 凸形斜坡：地面坡度随着距分水岭距离增加而增加。邻近分水岭附近的地面平缓，以后随坡长的增加，坡度亦增加。

(3) 凹形斜坡：斜坡上半部坡度较陡，下半部坡度较缓。此种坡形常以沉积为主，较多分布在山区与阶地平原接壤处或河谷的两岸。

(4) 台阶形斜坡：台阶形斜坡是斜坡与阶地相间的复式，可以看作是凸形坡与凹形坡的组合。

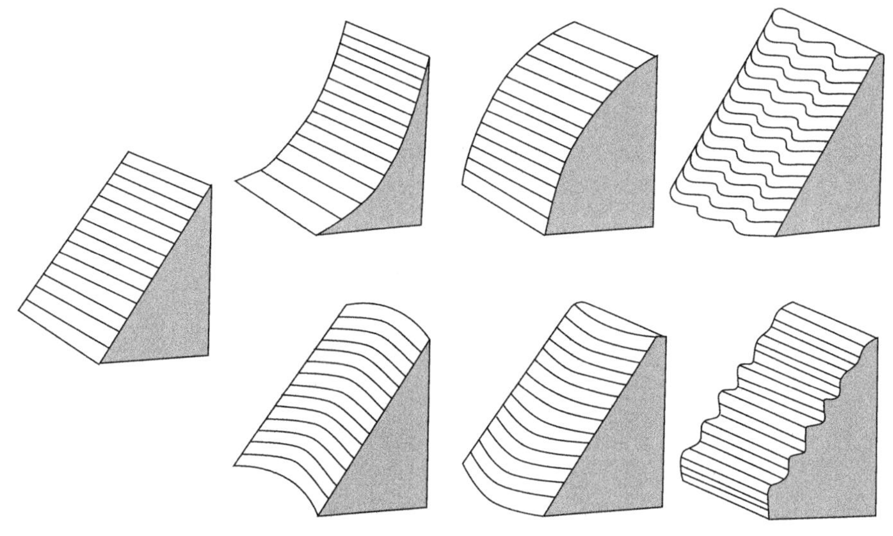

图 12.25　不同坡形的坡面

自然界中这几种坡形往往相互结合，形成一些复杂的坡面。如果一面坡的坡形是稳定、连续的，在 DEM 数据的支持下可利用窗口分析中的邻域分析法实现对不同坡面坡形的自动获取。其公式为

$$P = H_m - \frac{\sum_{i=1}^{n} H_i}{n} \tag{12.15}$$

式中，H 为高程；m 为待分析点；n 为分析区域内 m 的邻域点。当 $P>0$ 时，坡形为凸形坡；当 $P=0$ 时，坡形为直形坡；当 $P<0$ 时，坡形为凹形坡。

2. 地面曲率因子

地面曲率是对地形表面一点扭曲变化程度的定量化度量因子，地面曲率在水平和垂直两个方向上分量分别称为平面曲率和剖面曲率。

剖面曲率是对地面坡度的沿最大坡降方向地面高程变化率的度量。数学表达式为

$$K_v = -\frac{p^2 r + 2pqs + q^2 t}{(p^2 + q^2)\sqrt{1 + p^2 + q^2}} \tag{12.16}$$

平面曲率指在地形表面上，具体到任何一点 P，指用过该点的水平面沿水平方向切地形表面所得的曲线在该点的曲率值(图 12.26)。平面曲率描述的是地表曲面沿水平方向的弯曲、变化情况，也就是该点所在的地面等高线的弯曲程度。从另一个角度讲，地形表面上一点的平面曲率也是对该点微小范围内坡向变化程度的度量。数学表达式为

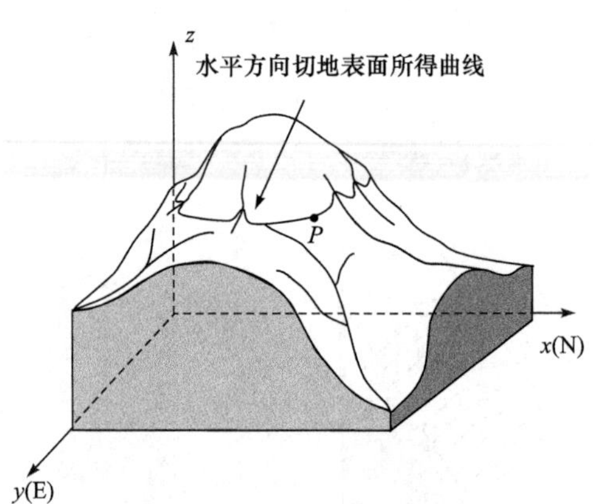

图 12.26　平面曲率示意图

$$K_h = -\frac{q^2 r - 2pqs + p^2 t}{(p^2 + q^2)\sqrt{1 + p^2 + q^2}} \tag{12.17}$$

曲率数学表达式中，我们利用离散的 DEM 数据把地表曲面数学模拟为一个连续的曲面 $H(x, y)$，x 和 y 为地面点的平面坐标值，$H(x, y)$ 为地面点高程值，式中其他符号所表示的意义为

$p=\frac{\partial H}{\partial x}$，是 x 方向高程变化率；

$q=\frac{\partial H}{\partial y}$，是 y 方向高程变化率；

$r=\frac{\partial^2 H}{\partial x^2}$，对高程值在 x 方向上的变化率进行同方向求算变化率，即 x 方向高程变化率的变化率；

$s=\frac{\partial^2 H}{\partial x \partial y}$，对高程值在 x 方向上的变化率进行 y 方向上求算变化率，即 x 方向高程变化率在 y 方向的变化率；

$t=\frac{\partial^2 H}{\partial y^2}$，对高程值在 y 方向上的变化率同方向上求算变化率，即 y 方向高程变化率的变化率。

曲率因子的提取算法的基本原理为：在 DEM 数据的基础上，根据其离散的高程数值，把地表模拟成一个连续的曲面，从微分几何的思想出发，模拟曲面上每一点所处的垂直于和平行于水平面的曲线，利用曲线曲率的求算方法的推导得出各个曲率因子的计算公式。利用公式求算出每一点的曲率值的关键在于确定得出式中各个参量的值，在 DEM 中求算高程的微分分量有一套独特的算法（见 12.2.1）坡面因子数学表达的算法基础，这里采用最常用的一种三阶反距离平方权差分算法，简述其计算的基本步骤。对每一个栅格点都确定一个 3×3 的以分析栅格点为中心的模板分析窗口，如图 12.27 所示。

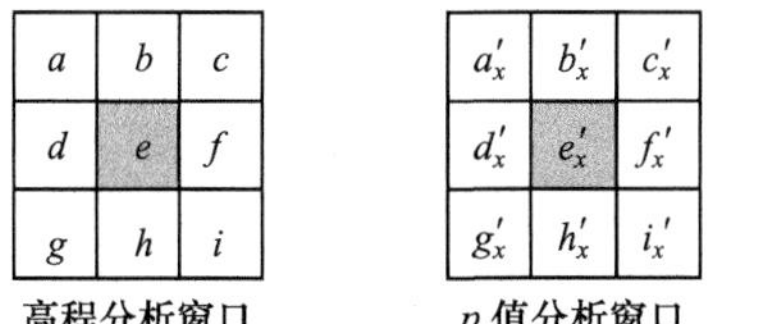

图 12.27　提取地面曲率的分析窗口

图 12.27 中 $a, b, c, d, e, f, g, h, i$ 分别代表各个栅格元的高程值。

则有：

$$p=\frac{\partial H}{\partial x}=\frac{(a+2d+g)-(c+2f+i)}{8 \cdot \text{Cellsize}} \tag{12.18}$$

$$q=\frac{\partial H}{\partial y}=\frac{(a+2b+c)-(g+2h+i)}{8 \cdot \text{Cellsize}} \tag{12.19}$$

式中，Cellsize 为栅格格网间距。

将 p 和 q 值求算出之后，分别组成两个栅格矩阵 p 值矩阵和 q 值矩阵。此时,以 p 值矩阵和 q 值矩阵为基础数据,按照上述 p、q 值求解过程再次进行差分运算,就可以得到对地表曲面 $H=f(x,y)$ 的二次导数 r、s、t。

$$r=\frac{\partial^2 H}{\partial x^2}=\frac{(a_x'+2d_x'+g_x')-(c_x'+2f_x'+i_x')}{8\cdot \text{Cellsize}} \tag{12.20}$$

$$s=\frac{\partial^2 H}{\partial x\partial y}=\frac{(a_x'+2b_x'+c_x')-(g_x'+2h_x'+i_x')}{8\cdot \text{Cellsize}} \tag{12.21}$$

$$t=\frac{\partial^2 H}{\partial y^2}=\frac{(a_y'+2b_y'+c_y')-(g_y'+2h_y'+i_y')}{8\cdot \text{Cellsize}} \tag{12.22}$$

将由上面计算公式得到的结果值代入曲率的计算公式即得到曲率结果。完整的计算步骤流程如图 12.28 所示。

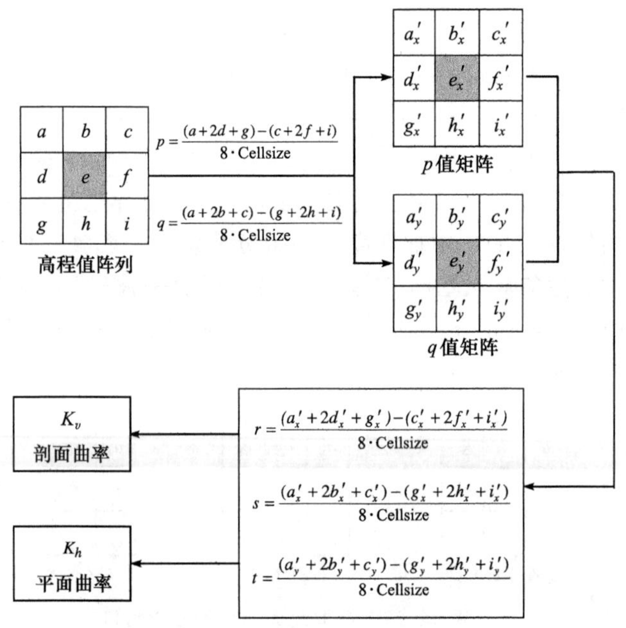

图 12.28 地面曲率提取步骤流程图

12.3 地形特征提取算法

特征地形要素,主要是指对地形在地表的空间分布特征具有控制作用的点、线或面状要素。特征地形要素构成地表起伏变化的基本框架。

12.3.1　地形特征点的提取

地形特征点主要包括山顶点(peak)、凹陷点(pit)、脊点(ridge)、谷点(channel)、鞍点(pass),平地点(plane)等。利用 DEM 提取地形特征点,可通过一个 3×3 或更大的栅格窗口,通过中心格网点与 8 个邻域格网点的高程关系来进行判断获取。即在一个局部区域内,用 x 方向和 y 方向上关于高程 z 的二阶导数的正负组合关系来判断(表 12.5)。

表 12.5　地形特征点类型的判断

名称	定　义	邻域高程关系
山顶点(peak)	是指在局部区域内海拔高程的极大值点,表现为在各方向上都为凸起	$\frac{\partial^2 z}{\partial x^2}>0,\ \frac{\partial^2 z}{\partial y^2}>0$
凹陷点(pit)	是指在局部区域内海拔高程的极小值点,表现为在各方向上都为凹陷	$\frac{\partial^2 z}{\partial x^2}<0,\ \frac{\partial^2 z}{\partial y^2}<0$
脊点(ridge)	是指在两个相互正交的方向上,一个方向凸起,而另一个方向没有凹凸性变化的点	$\frac{\partial^2 z}{\partial x^2}>0,\ \frac{\partial^2 z}{\partial y^2}=0$ 或 $\frac{\partial^2 z}{\partial x^2}=0,\ \frac{\partial^2 z}{\partial y^2}>0$
谷点(channel)	是指在两个相互正交的方向上,一个方向凹陷,而另一个方向没有凹凸性变化的点	$\frac{\partial^2 z}{\partial x^2}<0,\ \frac{\partial^2 z}{\partial y^2}=0$ 或 $\frac{\partial^2 z}{\partial x^2}=0,\ \frac{\partial^2 z}{\partial y^2}<0$
鞍点(pass)	是指在两个相互正交的方向上,一个方向凸起,而另一个方向凹陷的点	$\frac{\partial^2 z}{\partial x^2}<0,\ \frac{\partial^2 z}{\partial y^2}>0$ 或 $\frac{\partial^2 z}{\partial x^2}>0,\ \frac{\partial^2 z}{\partial y^2}<0$
平地点(plane)	是指在局部区域内各方向上都没有凹凸性变化的点	$\frac{\partial^2 z}{\partial x^2}=0,\ \frac{\partial^2 z}{\partial y^2}=0$

表 12.5 中的关于地形特征点的判断是在局部区域内利用 x、y 方向的凹凸性判断的,该判断法十分适合利用在 DEM 上判断地形特征点。在 DEM 中可以利用差分的方法得到 $\frac{\partial^2 z}{\partial x^2}$ 和 $\frac{\partial^2 z}{\partial y^2}$ 的值$\left(\text{关于}\frac{\partial^2 z}{\partial x^2}\right.$ 和 $\left.\frac{\partial^2 z}{\partial y^2}\text{的计算可参见 12.2.3 地面曲率因子算法的介绍}\right)$。除上述算法外,在一个 3×3 的栅格窗口中,也可以直接利用中心格网点与 8 个邻域格网点的高程关系来进行判断地形特征点。具体方法为

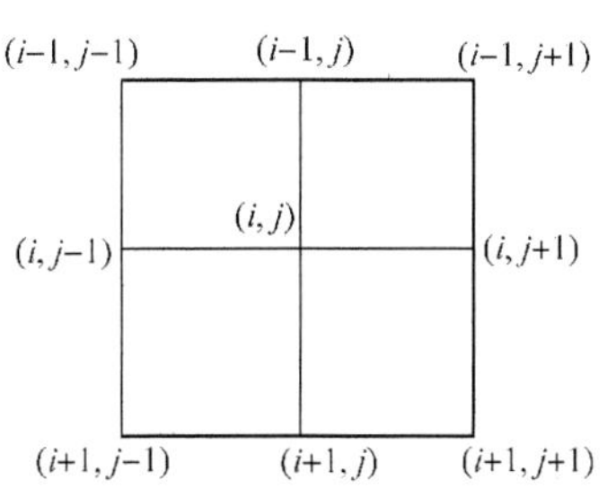

图 12.29　差分算法示意图

假设有一个如图 12.29 所示的 3×3 窗口。则

如果 $(Z_{i,j-1}-Z_{i,j})(Z_{i,j+1}-Z_{i,j})>0$

(1) 当 $Z_{i,j+1}>Z_{i,j}$ 则 $VR(i,j)=-1$

(2) 当 $Z_{i,j+1} < Z_{i,j}$则 $VR(i,j)=1$

如果$(Z_{i-1,j}-Z_{i,j})(Z_{i+1,j}-Z_{i,j})>0$

(3) 当 $Z_{i+1,j}>Z_{i,j}$则 $VR(i,j)=-1$

(4) 当 $Z_{i+1,j}<Z_{i,j}$则 $VR(i,j)=1$

如果(1)和(4)或(2)和(3)同时成立,则 $VR(i,j)=2$

如果以上条件都不成立,则 $VR(i,j)=0$

$$\text{其中 } VR(i,j)=\begin{cases}-1, \text{表示谷点} \\ 1, \text{表示脊点} \\ 2, \text{表示鞍点} \\ 0, \text{表示其他点}\end{cases}$$

12.3.2 基于规则格网 DEM 数据提取山脊与山谷线的典型算法

1. 基于图像处理技术原理的算法

因为规则格网 DEM 数据事实上是一种栅格形式的数据,可以利用数字图像处理中的技术来设计算法。利用数字图像处理技术设计的算法大都采用各种滤波算子进行边缘提取。这种方法提取山脊山谷线的主要过程有两步:

(1) 首先提取地形特征点(山脊点、山谷点、鞍点等);

(2) 将特征点连成地形特征线(山脊线、山谷线)。

T. K. Pecuker 和 D. H. Douglas 于 1975 年提出了一种简单移动窗口的算法。其算法的主要思路是:

(1) 设计一个 2×2 窗口以对 DEM 格网阵列进行扫描;

(2) 第一次扫描中,将窗口中的具有最低高程值的点进行标记,自始至终未被标记的点即为山脊线上的点;

(3) 第二次扫描中,将窗口中的具有最高高程值的点进行标记,自始至终未被标记的点即为山谷线上的点。

扫描结束后,DEM 中可能的特征点就被提取出来了。1986 年,L. E. Band 对这一算法进行了改进,采用标识河流段上下游的顶点并进行细化处理的方法将特征点连接成了特征线。以上方法存在两个主要缺陷:

(1) 提取特征点时必须排除 DEM 中噪声的影响;

(2) 将特征点连接成线时的算法设计较为困难。

2. 基于地形表面几何形态分析原理的算法

基于地形表面几何形态分析原理的典型算法就是断面极值法。其基本思想就是地形断面曲线上高程的极大值点就是分水点,而高程的极小值点就是汇水点。

该方法的基本过程为：

(1) 找出 DEM 的纵向与横向的两个断面上的极大、极小值点，作为地形特征线上的备选点；

(2) 根据一定的条件或准则将这些备选点划归各自所属的地形特征线。

这种算法存在两个主要缺陷：

(1) 由于这种方法对地形特征线上的点的判定与其所属的地形特征线的判定是分开进行的，在确定地形特征线时，全区域采用一个相同的曲率阈值作为判定地形特征线上点的条件。因此，它忽略了每条地形特征线必然存在的曲率变化现象。当阈值选择较大时，会丢失许多地形特征线上的点，导致后续跟踪的地形特征线间断且较短；如果选择过小，会产生地形特征线上点的误判，给后续地形特征线的跟踪带来困难。

(2) 由于该方法只选择纵、横两个断面来去确定高程变化的极值点，因此它所确定的地形特征线具有一定的近似性，与实际的地形特征线有一定的差异，有时候还会出现遗漏。因此，有学者提出在提取地形特征点的时候，增加规则格网对角线方向上的一组断面，以助于解决这一问题。

3. 基于地形表面流水物理模拟分析原理的算法

这种算法的基本思想是：按照流水从高至低的自然规律，顺序计算每一栅格点上的汇水量，然后按汇水量单调增加的顺序，由高到低找出区域中的每一条汇水线。根据得到的汇水线，通过计算找出各自汇水区域的边界线，就得到了分水线。这一算法采用了 DEM 的整体追踪分析的思路与方法，分析结果具有系统性好，还便于进行相应的径流成因分析。但是，该方法也存在以下两个明显的缺陷：

(1) 由于该算法所计算的汇水量与高程有关，计算的结果必然是高程值大的地形特征线上的点的汇水量小，高程值小的地形特征线上的点的汇水量大。因此，可能导致低处非地形特征线上的点的汇水量也较大而被误认为地形特征线上的点；而位于高处的地形特征线上的点会因为汇水量小而被排除；这就造成用该算法所确定的地形特征线(汇水线)的两端效果很差。

(2) 由于该算法将汇水区域的公共边界视为分水线，因此它所确定的分水线均为闭合曲线，这与实际的地形特征线(山脊线)不符。

4. 基于地形表面几何形态分析和流水物理模拟分析相结合的算法

由于基于地形表面几何形态分析原理和基于地形表面流水物理模拟的算法均存在一定的缺陷，因此有些学者提出将两者结合起来以实现地形特征线的提取。这种算法的基本思路是：首先采取较稀疏的 DEM 格网数据，按流水物理模拟算法去提取区域内概略的地形特征线；然后用其引导，在其周围邻近区域对地形进行几何分析,来精确地确定区域的地形特征线。

这一算法的关键在于:求出已提取的概略的地形特征线与DEM格网线的交点,在该交点附近的一个小区域内,对DEM数据进行几何分析,即找出该区域内与概略的地形特征线正交方向地形断面上高程变化的极值点,该点即为地形特征线的精确位置。这一算法的基本过程可归纳为:① 概略DEM的建立;② 地形流水物理模拟;③ 概略地形特征线提取;④ 地形几何分析;⑤ 地形特征线精确确定。

12.4 通视分析算法

可视性分析也称通视分析,它实质属于对地形进行最优化处理的范畴。比如,设置雷达站、电视台的发射站、道路选择、航海导航等,在军事上如布设阵地(如炮兵阵地、电子对抗阵地)、设置观察哨所、铺架通信线路等。

可视性分析的基本因子有两个,一个是两点之间的通视性(intervisibility),另一个是可视域(viewshed),即对于给定的观察点所覆盖的区域。

12.4.1 判断两点之间的可视性的算法

比较常见的一种算法基本思路如下:

(1) 确定过观察点和目标点所在的线段与XY平面垂直的平面S;

(2) 求出地形模型中与平面S相交的所有边;

(3) 判断相交的边是否位于观察点和目标点所在的线段之上,如果有一条边在其上,则观察点和目标点不可视。

另一种算法是"射线追踪法"。这种算法的基本思想是对于给定的观察点V和某个观察方向,从观察点V开始沿着观察方向计算地形模型中与射线相交的第一个面元,如果这个面元存在,则不再计算。显然,这种方法既可用于判断两点相互间是否可视,又可以用于限定区域的水平可视计算。

以上两种算法对于基于规则格网地形模型和基于TIN模型的可视分析都适用。对于线状地物和面状地物,则需要确定通视部分和不通视部分的边界。

12.4.2 计算可视域的算法

计算可视域的算法对于规则格网DEM和基于TIN的地形模型则有所区别。基于规则格网DEM的可视域算法在GIS分析中应用较广。在规则格网DEM中,可视域经常是以离散的形式表示,即将每个格网点表示为可视或不可视,这就是所谓的"可视矩阵"。

计算基于规则格网 DEM 的可视域，一种简单的方法就是沿着视线的方向，从视点开始到目标格网点，计算与视线相交的格网单元(边或面)，判断相交的格网单元是否可视，从而确定视点与目标视点之间是否可视。显然，这种方法存在大量的冗余计算。总的来说，由于规则格网 DEM 的格网点一般都比较多，相应的时间消耗比较大。针对规则格网 DEM 的特点，比较好的处理方法是采用并行处理。

基于 TIN 地形模型的可视域计算一般通过计算地形中单个的三角形面元可视的部分来实现。实际上基于 TIN 地形模型的可视域计算与三维场景中的隐藏面消去问题相似，可以将隐藏面消去算法加以改进，用于基于 TIN 地形模型的可视域计算。

可视区分析不仅显示了在一个区域内从一个或多个观察点可以观察到的区域范围，而且显示了对于一个可视位置，有多少观察点可以看到此位置。

思　考　题

1. 简述如何实现不同结构数字地面模型相互转换的技术路线和方法。

2. 说明坡面因子提取的主要算法依据及其优缺点。

3. 试用有关地理信息系统软件及 DEM 数据提取各坡面因子，并比较对于同种坡面因子各软件所用算法是否相同。

4. 简述利用规则格网 DEM 提取地形特征线(山脊线、山谷线)的各种算法优缺点?

5. 说明通视性算法的主要依据。

第13章 空间数据挖掘算法

13.1 概　　述

随着计算机与信息技术的飞速发展、因特网(Internet)技术应用的普及,人们获取和存储数据的方式变得更加快捷与廉价,致使现在的数据和信息量以空前的速度急剧增长。作为一种资源,数据只不过是人们用各种工具和手段观察外部世界所得到的原始材料,更有价值的是蕴藏在其中的信息和知识。因此,无论数据有多么大,如何从数据中获取有用的知识才是最根本的。在前几年,一个称为“数据发掘”和“数据库知识发现”的新领域因此得到了快速发展。

地理系统是由多种要素相复合而构成的复杂巨系统。空间数据挖掘为定性、定量地揭示地理系统中各种要素之间的联系,以及各种地理事物、现象所表现出来的地域分异规律提供了强有力的工具。

13.2 分类算法

13.2.1 数据分类的基本过程

数据分类一般分两步实现:第一步,对一个类别已经确定的数据集创建模型。用于创建模型的数据集称为训练集,训练集中单个元组称为训练样本。训练集中每一个元组都属于一个确定的类别,类别用类标号标识。第二步,使用创建的模型将类别未知的元组归入某个或某几个类中。使用模型进行分类需要评估分类模型的预测准确率。评估方法有多种,通常使用创建的模型在一个测试集上进行预测,并将结果与实际值进行比较,得出预测准确率。

数据分类需要进行数据准备,包括数据清洗、属性选择、数据转换等处理过程。数据清洗的任务是对数据进行预处理、消除或减少噪声、处理空缺值。属性选择的任务是通过相关性分析,找出与分类任务相关的属性,去掉那些不相关的或者冗余的属性,以提高分类的速度,防止分类过程被误导。数据转换的任务是对数据进行标准化或者对数据进行泛化。

评估分类模型可以根据下列标准来进行:预测准确率;模型的创建速度和使用速度;强壮性,即模型对具有噪声或空缺值的数据的适应能力;伸缩性,数据大量增加时模型的适应能力;可解释性,对模型的可理解程度。

13.2.2　决策树分类概述

决策树(decision tree)方法是应用最广泛的归纳学习,特别是在专家系统、工业过程控制、金融保险预测等领域。决策树的基本组成部分有:决策结点、分支和叶,树中每个内部结点表示一个属性上的测试,每个叶结点代表一个类。决策树中最上面的结点称为根结点,是整个决策树的开始。决策树的每个结点的子结点的个数与决策树使用的算法有关。例如,有的算法得到的决策树每个结点有两个分支,称为二叉树。允许结点含有多于两个子结点的树称为多叉树。每个分支或者是一个新结点,或者是树的叶结点。在沿着决策树从上到下进行搜索的过程中,在每个结点都会遇到一个问题,对每个结点上问题的不同回答导致不同的分支,最后到达一个叶结点。这个过程就是利用决策树进行分类的过程。利用几个变量可以判断元组所属的类别,其中每个变量对应一个问题,每个叶结点对应一个类别。

决策树的基本算法是"贪心"算法,它采用自上而下分而治之的方法。开始时,所有的数据都在根结点,然后用所选属性递归地对元组集合进行分裂,每个结点上的数据都是属于同一个类别,没有属性可以再用于对数据进行分裂时停止分裂。对每个分裂都要求分成的组之间的"差异"最大。各种决策树算法之间的主要区别就是对这个"差异"衡量方式的区别。属性的选择是基于一个启发式规则或者一个统计的度量,如信息熵。一般情况下,所选的属性都是分类属性,如果属性是连续的,需要将其离散化。建立一棵决策树可能只需要对数据库扫描几遍,因此决策树模型可以建得很快,也适用于对大型数据集的分类。

决策树方法既可用于解决分类又可用于解决回归问题。解决分类问题的决策树称为分类树,它的每个叶结点给出一个预测类别的类标签值。解决回归问题的决策树称为回归树,其每个叶结点可能是常数或者是预测输出值的回归方程。用决策树归纳的方法称为递归分裂(recursive partitioning)法,它的一个典型代表是既可分类又可回归的所谓分类回归树(classification and regression trees,CART)。CART 严格按照二叉树归纳,并采用再抽样技术估计误差和对树进行剪枝。

13.2.3　决策树的特点

在数据挖掘中使用决策树对数据集进行分类有伸缩性好、分类速度比较快、分类的准确率较高、具有相对快捷的学习速度、能够转换成容易理解的分类规则、擅长处理非数值型数据、数据挖掘查询可以容易地用于说明增强的决策树方法等优点。但在使用决策树方法时,需要注意以下一些问题。

(1) 在为一个结点选择怎样进行分裂时使用“贪心”算法，这种算法在决定结点的分裂时根本不考虑此次选择会对将来的分裂造成什么样的影响。换句话说，所有的分裂都是顺序完成的，一个结点完成分裂之后不可能再有机会回过头来考察此次分裂的合理性，每次分裂都是依赖于它前面的分裂结果，也就是说决策树中所有的分裂都受到根结点的第一次分裂的影响，只要第一次分裂稍有不同，由此得到的整个决策树就会完全不同。

(2) 通常的分裂算法在决定怎么在一个结点进行分裂时，都只考察一个预测变量。这样生成的决策树使得有些原本很明确的情况可能变得复杂而且意义不清，为此，目前新提出的一些算法使用了多个变量来决定一个结点的分裂。

(3) 由于递归地分裂，一些数据子集可能变得太小，使得进一步分裂它们就失去了统计意义。可以引入一个异常阈值来规定这种“无意义”的数据子集的最大尺寸。

(4) 决策树每个结点对应分裂的定义必须非常明确，不能含糊，但在实际生活中这种明确可能是不合理的。

13.2.4 二叉决策树算法与分类规则的生成

决策树一般都是自上而下来生成的。建立决策树的过程，即树的生长过程，是不断把数据按一定规则进行分裂的过程，在每个结点分裂使用一个相应的特征，使分裂后某种准则函数达到最优，不同的准则对应不同的分裂方法和不同的决策树。选择分裂的方法有好几种，但是目的都是一致的，即对目标类尝试进行最佳的分裂。当准则函数确定后，二叉树 CART 算法的基本过程是：

(1) 开始把训练数据归入某单个结点。

(2) 选择训练数据最佳分类的一个检验特征值进行数据分裂，然后进入到下一个结点。

(3) 在每个结点处，用同样的办法递归地形成下一个分裂，分裂过的特征以后不再考虑。

(4) 当下列条件之一满足时，递归分裂停止：①不再有可进一步分裂的特征；②已没有样本分裂某个检验特征。

从这个生长过程看，决策树方法实际上是在对数据库中的大量数据做信息量分析的基础上提取出反映类别的重要特征。

由决策树生成分类规则，可以用 IF-THEN 这种产生式形式来表现规则。从根到叶结点都有一条路径，这条路径就是一条规则。生成规则时，每个叶结点都创建一条规则，每个分裂都成为规则中的一个条件，叶结点中的类别就是 THEN 的内容。分类规则的一般形式为

IF（分裂条件 1）AND（分裂条件 2）AND … AND（分裂条件 n）THEN〈结论〉

大多数决策树实现方法能自动地进行规则的创建和简化过程。一旦规则被简化并且/或者被淘汰，则对规则进行排序以最大限度地减少错误。最后，选择一个缺省规则，缺省规则指出一个实例的分类不满足任何所列规则的前提条件。

13.2.5　决策树分类算法

一个典型的决策树生成算法是 ID3，伪代码描述如下。

算法一：决策树生成算法 Gen _ Des _ Tree。

输入：训练样本 samples，由离散值属性表示；候选属性的集合 attribute _ list。

输出：一棵决策树。

方法：

（1）创建结点 N；

（2）If samples 都在同一个类 C Then　　//开始根结点对应所有的训练样本返回 N 作为叶结点，以类 C 标记；

（3）If attribute _ list 为空 Then 返回 N 作为叶结点，标记为 samples 中最普通的类；　　//多数表决

（4）选择 attribute _ list 中具有最高信息增益的属性 test _ attribute；标记结点 N 为 test _ attribute；

（5）For 每个 test _ attribute 中的已知值 ai　　//准备分裂结点 N 所包含的样本集 samples

由结点 N 长出一个条件为 test _ attribute = ai 的分支；　　//表示测试条件

（6）设 si 是 samples 中 test _ attribute = ai 的样本的集合；　　//一个分裂

If si 为空 Then 加上一个叶结点，标记为 samples 中最普通的类；

Else 加上一个由 Gen _ Des _ Tree(si, attribute _ list _ test _ attribute)返回的结点。

Quinlan 在以上 ID3 算法的基础上又进行了深入的研究，发展为以下的 C4.5 算法。

决策树的创建仅仅使用最能区分所学概念的那些属性。首先，通过从训练集中选择实例的一个子集来创建决策树。然后，算法使用这些子集构建一个决策树。剩下的训练集实例用于检验所建决策树的准确度。如果决策树能正确地对实例进行分类，该过程结束。如果某实例的分类有误，则该实例就被添加到所选训练实例子集中，并构建一棵新树。该过程继续执行，直到创建了一个能正确分类所有未选实例的树，或者由整个训练集建立了这个决策树。下面给出了 C4.5 算法的简化

版本，它使用整个训练实例集来创建决策树。C4.5 算法的步骤如下：

(1) 假设 T 为训练实例集。

(2) 选择一个最能区别 T 中实例的属性。

(3) 创建一个树结点，它的值为所选择的属性。创建该结点的子链，每个子链代表所选属性的一个唯一值。使用子链的值，进一步将实例细分为子类。

(4) 对于步骤(3)所创建的每个子类：①如果子类中的实例满足预定义的标准，或者，如果树的这条路径的剩余可选属性集为空，为沿此决策路径的新实例指定类别；②如果子类不满足预定义的标准并且至少有一个属性能进一步细分树的路径，设 T 为当前子类实例集合，返回步骤(2)。

C4.5 算法的步骤(4)要求检查部分树的所有分支，以确定是否需要进一步执行树的创建过程。该算法说明了终止树的一条路径的两种可能性。首先，如果沿着一个给定分支的实例满足一个预定义的标准。例如，分支满足最小的训练集分类准确度，该分支就成为一条终止的路径。然后，为该路径赋予最频繁出现类的值。一个明显的终止标准是沿着一条特定路径的所有实例都必须来自相同的类。终止树的一条路径的第二种可能是，没有一个属性能继续树的分裂过程。如果选择了一个分类属性，它的值仅能对树分裂一次。然而，数值型属性能多次分裂一棵树，因此有两种途径可供选择：终止路径的进一步延伸或终止使用该属性来创建新的结点。

可以看出，CART 算法与 C4.5 算法非常相似，但也有一些区别。一个明显的区别是，不管属性是分类的还是数值的，CART 总是执行数据的二元分裂。第二个区别是，CART 调用检验数据以帮助修剪并由此泛化已创建的二叉树，而 C4.5 算法仅使用训练数据来创建最后的树结构。

13.2.6 决策树属性的选取

在将算法应用到一组数据之前，应该先进行属性选取，即 C4.5 算法步骤(2)。在建立决策树确定已建树的大小时进行属性选择。其中一个主要目标是使得树的层次和结点数最小，从而使数据泛化最大化。C4.5 算法使用信息论的方法帮助选择属性。其基本思想是，对于树中的任何选择点，C4.5 算法选择分裂数据的属性，以显示信息中最大的数量的增益。为此，假设有 n 个可能的结果(类)。这些结果所传送的信息可以用 $-\log_2(1/n)$ 二进制位来度量。例如，如果 $n=4$，就有 $-\log_2(1/4)=2$，即它用两位表示四个可能的结果(00、01、10 和 11)。即两位唯一地确定了 4 个类。假设属性 A 被选为下一个数据分裂。分裂的结果导致每条新树枝平均有两个类。因此，每条树枝平均需要 $-\log_2(1/2)=1$ 位来表示两个可能的结果。因此，选择属性 A 带来一位信息增益。在树的每一选择点上，C4.5 算法根据这个思想为所有可用的属性计算增益值。在决策树建立过程的每个选择点上，增益值最大的属性是用来进一步细分树结构而选取的属性。

属性的信息增益计算方法如下：

设 S 是训练样本的集合，其中每个样本的类标号都是已知的。假定有 m 个类，集合 S 中类别 C_i 的记录个数是 s_i 个，$i=1,\cdots,m$。一个给定的样本分类所需的期望信息是

$$E(A)=\sum_{j=1}^{v}\frac{s_{1j}+\cdots+s_{mj}}{S}I(s_{1j},\cdots,s_{mj})$$

设属性 A 具有值$\{a_1,\cdots,a_v\}$。属性 A 可以用来对 S 进行分组，将 S 分为子集 $S_1,\cdots,S_v$，其中 S_j 包含 S 中值为 a_j 的那些样本。设 S_j 包含类 C_i 的 S_{ij} 个样本。根据 A 的这种分裂的期望信息称为属性 A 的熵，为

$$I(s_1,s_2,\cdots,s_m)=-\sum_{i=1}^{m}\frac{s_i}{s}\log_2\frac{s_i}{s}$$

A 的信息增益为

$$\text{Gain}(A)=I(s_1,s_2,\cdots,s_m)-E(A)$$

在实际应用中，先计算每个属性的信息增益，然后用得到的信息增益值对属性进行排序。也可以根据需要，用一个属性选取过程的直观方法，即优度① 的概念来简化属性选择的复杂计算。

处理数值型决策树问题的常用方式是对数据值进行排序并考虑每对值之间的二元分裂，然后为每个可能的分裂点计算优度值。这样，每个分裂点看成是有两个值的分裂属性。对每个选择点进行此计算，找出优度值最大的分裂点作为最好的数据分裂点。

13.2.7 改进决策树性能的方法

作为分类结果的决策树，没有必要让其生长得太“枝繁叶茂”，否则，既降低了树的可理解性和可用性，同时也使决策树本身对训练集数据的依赖性增大。也就是说，这棵决策树对此训练集数据可能非常准确，但一旦应用到新的数据时其准确性却急剧下降。

为了使决策树蕴含的规则具有普遍意义，必须防止以上过分拟合现象，需要使用剪枝方法，解决该过分拟合问题。常用的方法有两种：其一是增加限制条件，如限制树的最大高度（层数）或限制每个结点所含数据的最小个数等。其二是对树进

---

① 优度：用准确度值（定义正确分类的样本数占训练集样本总数的百分比）除以分支总数，定义为属性的优度值，是属性概化能力的一个度量指标。

行剪枝(pruning),一般用统计度量来去掉不可靠的分枝,改进预报能力和分类速度。这里又有两个具体措施,一个是所谓先剪(prepruning),即在树生长前通过统计度量对分裂准则函数做出评价,如果达不到规定的要求就先剪掉该分枝;再一个是后剪(postpruning),即在树长成后再剪枝。

同时,决策树的可伸缩性也不容忽视。决策树的可伸缩性是指决策分类效果不随分类样本集的明显扩大或缩小而产生偏差。大部分决策树算法在运行时都要求全部训练样本数据一次性调入内存,因此,对于相对小的数据集有效,而对于相对大的数据集,其效果明显降低。为了保证分类效果,需要强调算法的可伸缩性。为了提高决策树归纳的可伸缩性,人们提出了一些新的基于决策树的分类方法,如SLIQ、SPRIN、PUBLIC、RainForest 等。

13.3 泛化规则算法

概念层次结构是所有数据挖掘的基础,而面向属性的方法经改进和扩充后可用于关系数据库的数据挖掘,称之为面向属性的泛化方法。该方法把机器学习,特别是示例学习技术,与面向集合的数据库操作结合起来,大大提高数据挖掘的功能和效率。这种方法不但用于关系数据挖掘,而且可用于嵌套关系数据库和演绎数据库中的知识发现。面向属性的泛化方法与统计方法相结合,还可以对含有噪声的数据进行数据挖掘。

13.3.1 概念层次

概念层次是表示数据挖掘中背景知识的重要手段,它与面向属性的方法相结合,使面向属性的泛化方法成为数据挖掘中非常有用的技术,广泛用于特征规则挖掘、多层知识挖掘、分类和预测等。

1. 基本概念

概念层次结构(concept hierarchy)表示把一组较低级概念映射到与它们相对应的较高级概念的次序,这种映射可以按偏序关系(Δ)来组织概念集。偏序关系反映了概念之间的特殊——一般关系,可以用树、格或有向无循环图等来表示,通称为层次结构。如果用树结构表示概念层次,则树结构的所有术语都可以用于概念层次。

概念层次:概念层次 Θ 是一个偏序集(H, Δ),其中,H 是概念的一个有限集,是关于 H 的一个偏序。

正则概念层次:概念层次 Θ=(H, Δ)是正则的,如果 H 中有一个最大元素(最

一般的概念)，且有集合 H_k，$k=0,1,\cdots,(n-1)$，则

$$H=\bigcup H_k(k=0,\cdots,n-1) \qquad H_i \cap H_j=\Phi \qquad i\neq j$$

并且，如果 H_i 中某个概念的最近祖先在 H_j 中，则 H_i 中其他概念的最近祖先也都在 H_j 中。

如果不特殊说明，一般都是指正则概念层次。

概念层次中自上而下的层次号依次为 $0,1,\cdots,k,\cdots$。层次号为 k 的概念称为层 k 上的概念。具有相同层次号的概念必定在集合 H_k 中。

2. 概念层次的类型

概念层次的类型有四种：模式层次、集合分组层次、导出操作层次和基于规则的层次。

1) 模式层次

模式层次是在模式级上通过定义反映数据库属性之间联系的偏序关系而形成的。如，门牌号码 Δ 街道 Δ 城市 Δ 省份 Δ 国家形成模式上的偏序关系。它指明，沿模式自左向右是泛化，自右向左是特化，因而，毋须为每个数据记录指定泛化或特化的路径。

对数据挖掘任务而言，需要把模式层次泛化到数据库的有关数据上，从而得到该模式的具体值或实例层次，为此，需要同时存放模式层和实例层上的偏序。

2) 集合分组层次

这种概念层次是通过定义一组概念(或属性)值的子集之间的关系而形成的，反映应用领域的语义联系特点，它可用于详细说明模式层次或其他集合分组层次。

3) 导出操作层次

通过定义数据上的一组操作形成导出操作层次，常用于描述数字型属性。

4) 基于规则的层次结构

以上三种概念层次的特点是，每一个概念只有一个较高层的概念，因此可以把一个概念无条件地泛化到它的较高层概念。然而有时候，一个概念的泛化还涉及到该概念以外的其他条件。

基于规则的概念层次将概念层次的无条件泛化扩展到有条件的泛化，进一步完善了面向属性的方法。

若一个概念层次的各条路径具有相应的泛化规则，则称之为基于规则的概念层次，通常用格结构描述。一般来说，它有三种类型。

第一种,概念泛化与演绎规则有关。规则形式为

$$A(x) \land B(x) \rightarrow C(x)$$

式中,x 为元组;A、B、C 为概念。若元组 x 满足条件 B,则把概念 A 提升到概念 C。条件 B(x)是一个简单谓词,或一个包含不同属性和关系的复杂逻辑公式。

第二种,概念泛化与计算规则有关。计算规则表示成条件表达式,其值可从元组或数据库中计算出来。条件的真值决定一个概念是否可以通过某路径泛化。

第三种,混合型。同时把演绎规则与计算规则结合起来确定泛化路径。

3. 概念层次的作用

通常,可以在不同的概念层次上对数据进行抽象。数据库中的原始数据是最基础的概念,大多数统计分析都是根据原始数据进行的,其学习结果是一种基础知识。如果在较高概念层上对原始数据进行抽象,并发现和表示知识,就可以得到较高级的知识。

概念层次可用于各种挖掘任务,可把原始数据泛化到某个较高抽象层、多层规则挖掘等。为了把概念层次用于数据挖掘,需要解决如何说明挖掘任务所需要的概念层次、如何从现有数据集自动生成概念层次、如何存储和处理网状概念层次结构、如何提高概念层次结构的搜索效率等关键问题。

13.3.2 面向属性泛化的策略与特点

1. 面向属性泛化的策略

策略 1(面向属性泛化):属性是关系的原子单位,泛化时一个属性一个属性地进行。通过移去不可泛化的属性和概念树提升,对属性进行泛化。

策略 2(移去不可泛化的属性):若属性尽管有很多个不同的值,但没有更一般意义上的高层概念来归纳它(即没有对应的概念树),则认为该属性在泛化过程中是没有意义的,可将它移去。

策略 3(概念树提升):对于某一元组的属性值,若概念树中存在一个更高层次的概念,就用该概念替换属性值,从而把该元组泛化。泛化时每次提升一层,以控制泛化速度,避免过泛化。

策略 4(累计覆盖度):当一个元组被泛化时,应将该元组的覆盖度值带到它的泛化元组中;当合并相同元组或去掉冗余元组时,应把覆盖度累计起来。

通过概念提升,逐步将数据库浓缩,使每条元组能覆盖原始数据库中的多个元组,形成所谓的宏元组。由宏元组组成的表称为知识基表,或简称知识基。经过概念提升后,原本不同的元组可能会变得完全一样,这就要去掉冗余元组,并根据策略 5 判定是否要进一步提升。

策略 5(指定泛化阈值、控制概念提升):用户指定的泛化阈值,其实就是把知识基表进一步浓缩,最后得到的宏元组的最大数量。对于知识基表中的某个属性,如果它的不同值的个数大于用户指定的泛化阈值,就要把这个属性进一步泛化。

经过面向属性的概念树提升后,泛化关系中的元组数量仍然可能大于用户指定的阈值,这时需要进一步泛化,为此有策略 6。

策略 6(指定阈值、控制已泛化关系):如果已泛化关系的元组数仍大于用户指定的泛化阈值,则应对该关系继续泛化。

对已泛化关系的进一步泛化,并合并相同元组,可大大减小已泛化关系的规模。选择被泛化属性有多种原则,如侧重于减少元组数目或不同属性值的数目、侧重于简化最终学习到的规则等。最后的泛化关系只包含很少的几个元组,再利用策略 7 把它转化成一个简单的逻辑公式。

策略 7(规则转换):将泛化关系中的一个宏元组转换成一条合取规则,多个宏元组可以转换成多条规则的析取。

2. 面向属性泛化的特点

传统的机器学习算法大部分是面向元组的,当面向元组的方法用于大型数据库时,效率非常低。主要是因为这些算法没有充分利用数据库系统的特长和实现技术。面向属性的泛化方法提供了一个在关系数据库中学习不同规则的简单而有效的方法。与面向元组方法相比,它有下列优点。

(1) 面向属性。虽然面向元组和面向属性这两种泛化方法都把属性排除和概念树提升作为主要的泛化技术,然而两种方法的搜索空间明显不同。在面向属性方法中,每一个属性的概念层次都可以看作被分解了的搜索空间,这就大大提高了计算效率。

(2) 学习效率高。面向属性方法在泛化过程中使用了诸如选择、连接、投影、元组替换(概念树提升)、交运算(发现类之间的公共元组)等操作。关系数据库的 SQL 操作是面向集合的,因此不仅效率高,而且容易与现有关系系统的无缝集成。

(3) 功能强。面向属性的泛化方法综合了许多先进学习算法的优点,不仅可以学习析取规则,而且还可以通过统计技术处理异常情况。此外,当数据库插入一个新元组时,面向属性的泛化方法不是从头开始学习,而是根据以前学习到的知识变更和加强学习点,即面向属性归纳方法很容易扩充,譬如可改进为增量式学习。假定概念层次是平衡树,初始概念都在叶结点上。这样,泛化可以在每个属性上并行进行。如果稍微修改基本归纳算法,也可以在非平衡概念树的不同层次上进行泛化。

13.3.3 基于规则的面向属性泛化方法

1. 面向属性泛化的基本算法

输入：①关系数据库；②概念层次；③学习结果的表达形式（如泛化阈值threshold）。

输出：特征规则。

基本步骤：①汇集与任务相关的数据；②执行基本的面向属性的泛化；③简化泛化关系；④把最后的关系转化成为逻辑规则。其中，第②步的算法描述如下：

```
begin // 基本的面向属性的泛化
    for 泛化关系 GR 中的每一个属性 Ai，(1≤i≤n，n 为属性个数) do
    while Ai 中不同值的个数大于泛化阈值 do {
      if Ai 的概念层次表中没有更高层的概念
      then 移去 Ai
      else 用较高层概念替换 Ai 的值；合并相同元组 }
end
```

2. 基于规则的面向属性泛化方法

采用基于规则的概念层次可以有效地提高面向属性泛化的表示和归纳能力。下面结合基于演绎规则的概念层次，分析基于规则的面向属性泛化方法。为基于规则的面向属性泛化方法定义一个七元组：(EDB，RCH，DS，TS，KRS，ATh，RTh)。其中，EDB是扩充的关系数据库；RCH是一组基于演绎规则的概念层次，每个属性都有一个RCH；DS是支持概念泛化的一个演绎系统，包括RCH中的所有演绎规则和一组支撑规则；TS是一组任务规格说明；KRS是用一阶谓词表示的知识模式；ATh和RTh分别是期望的属性阈值和元组阈值（控制过泛化）。

归纳的目标是从数据库EDB中提取满足任务说明TS的一般知识，在演绎系统DS支持下，沿概念层次RCH提供的方向进行泛化，学习结果由知识模式KRS定义的模式表示。

1）基于规则的面向属性泛化过程

基于规则的面向属性泛化过程分为两个阶段：

第一阶段：使用两遍扫描算法，把初始关系泛化到主关系（prime relation）。

第一遍扫描：使用演绎系统DS找出每个属性A的最小的期望层次。当第一次扫描初始关系时，对于每个属性A，演绎系统将从概念层次最底层开始向上，计算每一层上初始关系中的基本事实有多少个不同值可以被泛化。最小的期望层次

LA 就是初始关系中能被泛化的不同值的个数小于阈值 ATh 的层次。

第二遍扫描:元组泛化和合并。再次扫描初始关系,DS 将它的每个元组及其属性泛化到 LA 层。同时,比较泛化后的元组,合并相同元组,最后得到主关系。

第二阶段:从主关系到结果关系。

选择几个属性继续泛化,重复"泛化—比较—合并"过程,直到关系的规模小于 ATh 和 RTh(也可以在泛化前移去某些属性)。

2) 丢失信息的处理

在把主关系归约到结果关系时,信息丢失问题是非常重要的。在基本的面向属性泛化中,总是通过概念树提升对基本关系的属性作进一步泛化,这是因为泛化的唯一基础是当前被泛化的属性值。然而,基于规则的泛化则不同,因为某一规则的应用所依赖的信息可能是初始关系中有,而主关系中所没有的信息。这些被丢失的信息在下列情形下可能是至关重要的:规则可能依赖于已被移去的属性;规则可能依赖于某个属性,该属性在主关系中的概念层次上被泛化得太高,无法与规则条件相匹配;规则可能依赖于一个只能相对于初始关系求值的条件。

为解决信息丢失问题,提出了回溯算法。一个泛化元组是初始关系中一组元组的合并,称这一组元组为泛化元组的源集;而把泛化元组称为源集的覆盖。回溯算法的基本原理如下:

(1) 把基本关系中的覆盖元组退回到它们的源集。实现方法是,在初始关系中增加一个虚拟属性 Covering-tuple-id(覆盖-元组-标识),记录与源集中元组相对应的覆盖元组的身份。

(2) 选择几个属性,进一步将它们泛化到更高的层次。与面向属性的基本泛化算法不同的是,这一泛化必须由演绎系统 DS 根据初始关系而不是主关系完成。

(3) 比较且合并泛化后的元组。比较是在具有相同 Covering-tuple-id 的元组中进行的,并且只与被选作进一步泛化的属性有关,结果产生一个增强型主关系。

(4) 把合并过的元组往回映射到主关系,并在主关系中将元组分解。把增强型主关系中具有相同 Covering-tuple-id 的所有元组,映射到与之相对应的主关系的覆盖元组中。然后按照这种映射把主关系中的元组分成几个元组,并调整覆盖度。最后,根据所选择的属性,将分开的元组泛化到增强型主关系中的相应值。

(5) 在分解后的基本关系中合并泛化元组。如果合并元组后的关系的规模仍大于泛化阈值,则重复泛化过程,直到泛化后关系的规模在阈值之内。

3. 基于规则的面向属性的泛化算法

输入:学习任务的规格说明 Ts,R 是初始关系。

输出:结果关系 Rf。

步骤：

第一阶段：从初始关系 R 中泛化出基本关系：

① $R_t=R$，其中 R_t 是一个临时的关系。

② 对于 R_t 的每个属性 A_i，计算它的最小期望层次 L_i。

③ 对于 R_t 中的每一个元组和属性，推出它在层次 L_i 上的泛化值，并用推出的值替换 A_i。

原来的值；合并相同元组，并且把被合并元组的个数作为覆盖度记录下来；在初始关系 R 中增加虚拟属性 Covering-tuple-id，存放 R_t 中相应覆盖元组的标识。

④ 主关系 $R_p=R_t$。

第二阶段：通过回溯从 R_p 中泛化出结果关系 R_f。假设关系 R_p 中有 N 个元组，则

while　N＞元组阈值 RTh do

begin

① 从主关系 R_p 中选择一组属性 A_j($1\leqslant j\leqslant k$，$k<N$)作进一步泛化；同时确定每一个属性

A_j 的期望层次 L_j；

② 临时关系 $R_t=R$；

③ 对于 R_t 中的每一个元组和选出来的每一个属性 A_j，推出它在层次 L_j 上的泛化值。

根据所选择的属性以及它们的 Covering-tuple-id 值比较 R_t 中的元组；又根据选出来的属性以及它们的 Covedne-tuple-id 值，对相同元组进行合并和投影，结果存放在临时关系 R_{ep}中(增强的基本关系)；

④ 分裂关系 $R_{tp}=R_p$；

⑤ 将 R_{tp}中的元组 t 分裂为与 R_{ep}中的元组相对应的一组元组，这些元组的 Covering-tuple-id 与元组 t 的标识相等。在分裂后的 R_{tp}中合并相同元组；

⑥ 主关系 $R_p=R_{tp}$；

end。

结果关系 $R_f=R_p$。

以上算法的复杂度可以分解为泛化成本和演绎成本。算法的泛化部分是高效的，而演绎部分的成本则取决于规则的复杂性和演绎系统 DS 的效率。算法中的演绎规则是与概念图有关的条件规则，在大多数情况下这些条件规则是简单的。因此，实际上可以认为每个演绎过程都由该算法分析中的某个常量界定。所以，如果把一个属性泛化到任一个层次的成本是有限的，则基于规则的面向属性的泛化算法的复杂度是 $O(\log_2 N)$，其中 N 是初始数据关系中元组的个数。

13.4 相关分析

相关关系是指事物之间的关系数值存在着一定的依存关系，即某一现象在其发展变化中，当数量上为一确定值时，与之有联系的其他现象可以有若干个数值与之对应，但这些值按某种规律在一定范围内进行波动。相关关系的特点是：一个变量的取值不能由另一个变量唯一确定，也不能用函数形式予以描述，但并不是无规律可循。

相关关系的分类：①根据相关关系涉及变量的多少，可分为单相关和复相关。两个变量之间的相关为单相关；三个或三个以上变量之间的相关为复相关。单相关是复相关的基础。②从相关关系表现形态的不同，可分为直线相关和曲线相关。如果两个变量之间相互变化近似为一条直线，则称为直线相关；如果变量之间的相互变化近似为一条曲线，则称为非线性相关或曲线相关。③根据相关关系的变化方向，可分为正相关、负相关以及无相关（或零相关）。若两个变量同方向变化，称为正相关；若两个变量反方向变化，则称为负相关；若两个量的变化互不影响，则称为无相关（或零相关）。

地理要素之间相互关系的密切程度通常用相关系数来描述，即相关系数是在直线相关条件下，两个现象之间相关关系密切程度的统计分析指标。若相关系数是根据总体数据计算的，称为总体相关系数；若是根据样本数据计算的，则称为样本相关系数，本节中的相关系数指后者。相关分析的内容很多，这里只介绍直线相关分析的基本内容。

13.4.1 两要素间的相关分析

1. 相关关系的判断

计算相关系数之前，首先要判定两个现象之间是否存在着直线相关，否则计算出的相关系数就没有实际意义。判定的一般方法是作图法和假设检验法。作图法是通过作散点图来判定两个现象之间是否存在直线相关。假设检验法是运用假设检验的理论对相关系数进行检验而做出判定。

散点图的绘制是在直角坐标中用横坐标代表自变量，纵坐标代表因变量，每组数据（x，y）在坐标系中用一个点表示，几组数据在坐标系中形成的点称为散点，这种图像称为散点图。散点图直观地描述了两个变量的大致关系，图中可以直观地看出两个变量之间有无相关关系及相关的形态、方向和密切程度。但散点图不能准确反映变量之间的关系密切程度，因此，为准确度量两个变量之间的关系密切程度，需要计算相关系数。

2. 简单相关系数的计算

两个变量之间线性相关程度的度量称为简单相关系数(或称为单相关系数)。对于两个要素 x 与 y,如果它们的样本值分别为 x_i、y_i($i=1,2,\cdots,n$),则它们之间的相关系数(r_{xy})定义为

$$r_{xy}=\frac{\sum_{i=1}^{n}(x_i-\bar{x})(y_i-\bar{y})}{\sqrt{\sum_{i=1}^{n}(x_i-\bar{x})^2}\cdot\sqrt{\sum_{i=1}^{n}(y_i-\bar{y})^2}} \tag{13.1}$$

式中,$\bar{x}=\frac{1}{n}\sum_{i=1}^{n}x_i$,$\bar{y}=\frac{1}{n}\sum_{i=1}^{n}y_i$,分别为两个要素样本值的平均值。

r_{xy}介于-1和1之间,若 $r_{xy}>0$,则表示正相关,即两要素同向发展;若 $r_{xy}<0$,则表示负相关,即两要素异向发展。r_{xy}的绝对值越接近1,表示两要素的关系越密切;r_{xy}的绝对值越接近0,表示两要素的关系越不密切。用相关系数表示的相关程度的等级有如下几种情形。

(1) $r=0$:表示不相关;

(2) $|r|<0.3$:表示极低度相关;

(3) $0.3\leqslant|r|<0.5$:表示低度相关;

(4) $0.5\leqslant|r|<0.8$:表示中度相关;

(5) $|r|\geqslant0.8$:表示高度相关;

(6) $|r|=1$:表示完全相关。

应注意的是,当要素之间的非线性相关程度较大时可能导致 $r=0$,此时应结合散点图做出合理解释,而不宜推论出两个要素无关的结论。

如果记:

$$L_{xy}=\sum_{i=1}^{n}(x_i-\bar{x})(y_i-\bar{y})=\sum_{i=1}^{n}x_iy_i-\frac{1}{n}\left(\sum_{i=1}^{n}x_i\right)\left(\sum_{i=1}^{n}y_i\right)$$

$$L_{xx}=\sum_{i=1}^{n}(x_i-\bar{x})^2=\sum_{i=1}^{n}x_i^2-\frac{1}{n}\left(\sum_{i=1}^{n}x_i\right)^2$$

$$L_{yy}=\sum_{i=1}^{n}(y_i-\bar{y})^2=\sum_{i=1}^{n}y_i^2-\frac{1}{n}\left(\sum_{i=1}^{n}y_i\right)^2$$

则公式(13.1)可简化为

$$r_{xy}=\frac{L_{xy}}{\sqrt{L_{xx}L_{yy}}} \tag{13.2}$$

如果涉及到 n 个要素,同样可以根据公式(13.1)或公式(13.2)计算任意两个要素之间的相关系数,这样就可以得到多要素的相关系数矩阵:

$$R = \begin{pmatrix} r_{11} & r_{12} & \cdots & r_{1n} \\ r_{21} & r_{22} & \cdots & r_{2n} \\ \vdots & \vdots & & \vdots \\ r_{n1} & r_{n2} & \cdots & r_{nn} \end{pmatrix}$$

显然,该矩阵满足:① $r_{ii}=1(i=1,2,\cdots,n)$;② $r_{ij}=r_{ji}(i,j=1,2,\cdots,n)$。

3. 简单相关系数的检验

简单相关系数随样本数的多少或取样方式的不同而不同,因此必须通过检验,才能知道它的可信度。

当$|r|>r_\alpha$,即所计算的相关系数$|r|$大于给定置信水平 α 下的临界值 r_α 时(通过查相关系数检验的临界值表获得),则认为两要素相关,此时两要素不相关的可能性只有 α;反之,当$|r|<r_\alpha$ 时,认为在给定置信水平 α 下,两要素不相关,此时的样本相关系数则不能反映两要素之间的关系。

13.4.2　多要素之间的相关分析

在多要素所构成的地理系统中,当研究某一个要素对另一个要素的影响或相关程度时,暂不考虑其他要素的影响,而单独研究那两个要素之间的相互关系的密切程度时,则称为偏相关。用来度量偏相关程度的统计量称为偏相关系数。

1. 偏相关系数的计算与检验

可利用单相关系数来计算偏相关系数。假设有 3 个要素,其两两之间的单相关系数为 $r_{ij}(i,j=1,2,3)$,在偏相关分析中,常称这些单相关系数为零级相关系数。3 个要素之间的偏相关系数共有 3 个,即 $r_{12\cdot3}$、$r_{13\cdot2}$、$r_{23\cdot1}$(下标点后面的数字代表在计算偏相关系数时,保持不变的量),其计算公式分别如下

$$r_{12\cdot3} = \frac{r_{12} - r_{13}r_{23}}{\sqrt{(1-r_{13}^2)(1-r_{23}^2)}} \qquad r_{13\cdot2} = \frac{r_{13} - r_{12}r_{23}}{\sqrt{(1-r_{12}^2)(1-r_{23}^2)}}$$

$$r_{23\cdot1} = \frac{r_{23} - r_{12}r_{13}}{\sqrt{(1-r_{12}^2)(1-r_{13}^2)}}$$

上述 3 个偏相关系数称为一级偏相关系数。

若有 4 个要素,则有 6 个偏相关系数,即 $r_{12\cdot34}$,$r_{13\cdot24}$,$r_{14\cdot23}$,$r_{23\cdot14}$,$r_{24\cdot13}$,$r_{34\cdot12}$,它们称为二级偏相关系数,计算公式如下

$$r_{12\cdot34}=\frac{r_{12\cdot3}-r_{14\cdot3}r_{24\cdot3}}{\sqrt{(1-r_{14\cdot3}^2)(1-r_{24\cdot3}^2)}} \qquad r_{13\cdot24}=\frac{r_{13\cdot2}-r_{14\cdot2}r_{34\cdot2}}{\sqrt{(1-r_{14\cdot2}^2)(1-r_{34\cdot2}^2)}}$$

$$r_{14\cdot23}=\frac{r_{14\cdot2}-r_{13\cdot2}r_{43\cdot2}}{\sqrt{(1-r_{13\cdot2}^2)(1-r_{43\cdot2}^2)}}\qquad r_{23\cdot14}=\frac{r_{23\cdot1}-r_{24\cdot1}r_{34\cdot1}}{\sqrt{(1-r_{24\cdot1}^2)(1-r_{34\cdot1}^2)}}$$

$$r_{24\cdot13}=\frac{r_{24\cdot1}-r_{23\cdot1}r_{43\cdot1}}{\sqrt{(1-r_{23\cdot1}^2)(1-r_{43\cdot1}^2)}}\qquad r_{34\cdot12}=\frac{r_{34\cdot1}-r_{32\cdot1}r_{42\cdot1}}{\sqrt{(1-r_{32\cdot1}^2)(1-r_{42\cdot1}^2)}}$$

若所考虑的要素多于 4 个时，则可以依次考虑，计算三级甚至更多级偏相关系数。

偏相关系数具有以下性质：

(1) 偏相关系数分布的范围在 $-1\sim1$ 之间。

(2) 偏相关系数的绝对值越大，表示其偏相关程度越大。

(3) 偏相关系数的绝对值必小于或等于由同一系列资料所求得的复相关系数。

偏相关系数的显著性检验，一般采用 t 检验法。其计算公式为

$$t=\frac{r_{12\cdot34\cdots m}}{\sqrt{1-r_{12\cdot34\cdots m}^2}}\sqrt{n-m-1} \tag{13.3}$$

式中，$r_{12\cdot34\cdots m}$为偏相关系数；n 为样本数；m 为自变量个数。查 t 分布表，可得出不同显著水平上的临界值 t_α，若 $t>t_\alpha$ 则表示偏相关显著；反之，$t<t_\alpha$ 则表示偏相关不显著。

2. 复相关系数的计算与检验

实际上一个要素的变化往往受到多种要素的综合作用和影响，而单相关和偏相关分析的方法都不能反映各要素的综合影响。要解决这一问题，就必须采用研究几个要素同时与某一个要素之间的相关关系的复相关分析法，用复相关系数来测定这种关系。

复相关系数可以利用单相关系数和偏相关系数求得。设 Y 为因变量，X_1，X_2，…，X_k 为自变量，则将 Y 与自变量之间的复相关系数记为 $R_{y\cdot12\cdots k}$，其计算公式如下

$$R_{y\cdot12\cdots k}=\sqrt{1-(1-r_{y1}^2)(1-r_{y2\cdot1}^2)\cdots[1-r_{yk\cdot12\cdots(k-1)}^2]} \tag{13.4}$$

复相关系数介于 $0\sim1$ 之间，其值越大表明要素之间的相关程度越密切，且必大于等于单相关系数的绝对值。

复相关系数的显著性检验一般采用 F 检验法，其计算公式为

$$F=\frac{R_{y\cdot12\cdots k}^2}{1-R_{y\cdot12\cdots k}^2}\times\frac{n-k-1}{k} \tag{13.5}$$

式中，n 为样本数；k 为自变量个数。查 F 检验的临界值表，可以得出不同显著水平上的临界值 F_α。若 $F>F_\alpha$，则表示复相关在置信度水平 α 上显著；反之，则认为

在该水平上不显著,即因变量 Y 与 k 个自变量之间的关系不密切。

13.4.3 关联规则算法

1. 关联规则的概念

关联可分为简单关联、时序关联及因果关联等。关联分析的目的是找出数据库中隐藏的关联。

关联规则是描述数据库中数据项之间存在的潜在关系规则,形式为"$A_1 \wedge A_2 \wedge A_3 \wedge \cdots \wedge A_m \rightarrow B_1 \wedge B_2 \wedge \cdots \wedge B_n$",其中 $A_i(i=1,2,\cdots,m)$,$B_j(j=1,2,\cdots,n)$是数据库中的数据项之间的关联,即根据一个事务中某些项的出现,可推导出另一些项在同一事务中也出现。

数据项集 $I=(i_1,i_2,\cdots,i_m)$是由 m 个不同标识符组成的集合。每个 $i_k(1\leqslant k\leqslant m)$也称为数据项集(itemset),其元素个数称为数据项集的长度,长度为 k 的数据项集称为 k 维数据项集(k-itemset)。

假设事务中的数据项按字典顺序排列,k 维数据项集 C 表示为 C[1],C[2],C[3],…,C[k];事务 T 是 I 的一个子集,即 $T\subseteq I$,每个事务有唯一的标志 TID,D 为全体事物集,对数据项集 $X\subseteq I$,称 $X\subset T$,当且仅当 $X\subseteq T$。

关联规则具有以下形式 $X\rightarrow Y$,其中 $X\subseteq I$,$Y\subseteq I$,且 $X\cap Y=\Phi$,X 称为规则的先决条件,Y 称为规则的结果。

2. 关联规则的分类

从不同的角度考察,关联规则有多种分类方法:

(1) 根据规则中处理的值类型,关联规则可以分为布尔型和数值型。布尔型关联规则处理的值都是离散的、种类化的,它显示了不同属性之间的关系;而数值型关联规则可以和多维关联或多层关联规则结合起来,对数值型字段进行处理,将它动态地划分成不同的区间,或者直接对原始的数据进行处理,或者在规则中涉及除数值型数据之外的其他类型的数据。

(2) 根据规则中数据的抽象层次,可以分为单层关联规则和多层关联规则。在单层关联规则中,没有考虑项或属性的现实数据所具有的层次性;而在多层关联规则中,则充分考虑了项或属性的层次性。

(3) 根据规则中涉及到的数据的维数,关联规则可以分为单维的和多维的。单维的关联规则只涉及数据的一个维,多维的关联规则要处理的数据涉及多个维。

(4) 根据关联规则的各种扩展,可分为相关分析、最大模式和频繁项集、添加约束等类型。关联并不一定意味着相关或因果,有时需要识别不同项之间是否相关,是否存在因果关系。

3. 关联规则的度量

一般可以采用四个参数来描述一个关联规则的属性。

(1) 置信度(confidence):规则 X→Y 在数据集中的置信度是指包含 X 和 Y 的数据组数与包含 X 的数据组数之比,记为 confidence(X→Y),即 confidence(X→Y) $=|\{T: X\cup Y\subseteq T, T\in D\}|/|\{T: X\subseteq T, T\in D\}|$。置信度表示规则的强度,是对关联规则的准确度的衡量。

(2) 支持度(support):规则 X→Y 在数据集 D 中的支持度是数据集中包含 X 和 Y 的数据组数与所有数据组数之比,记为 support(X→Y),即 support(X→Y) $=|\{T: X\cup Y\subseteq T, T\in D\}|/|D|$。支持度表示规则的频度,是对关联规则重要性(或适用范围)的衡量。

支持度说明了这条规则在所有事务中有多大的代表性,显然支持度越大,关联规则越重要,应用越广泛。有些关联规则置信度虽然很高,但支持度很低,说明该关联规则实用的机会很小,因此也不重要。

最小置信度阈值 minconf 表示规则的最低可靠性,最小支持度阈值 minsup 表示数据项集在统计意义上的最低重要性。如果数据项集 X 的支持度 Xsup≥minsup,则 X 是大数据项集(Large Itemset)。置信度和支持度大于相应阈值的规则称为强关联规则,反之,称为弱关联规则。关联规则挖掘即找出数据库的强关联规则。对关联规则可以施加语义约束,例如,限制规则头必须包含 I_x,或规则尾必须包含 I_y,从而找到感兴趣的规则。

(3) 期望置信度(expected confidence):设 D 中有 $e\%$的事务支持数据项集 Y,$e\%$称为关联规则 X→Y 的期望置信度。期望置信度描述了在没有任何条件影响时,数据项集 Y 在所有事务中出现的概率有多大。

(4) 作用度(lift):作用度是置信度与期望置信度的比值。作用度描述数据项集 X 的出现对数据项集 Y 的出现有多大的影响。因为数据项集 Y 在所有事务中出现的概率是期望置信度;而数据项集 Y 在有数据项集 X 出现的事务中出现的概率是置信度,通过置信度对期望置信度的比值反映了在加入“数据项集 X 出现”的这个条件后,数据项集 Y 的出现概率发生了多大的变化。

用 P(X)表示事务中出现数据项集 X 的概率,P(Y|X)表示在出现数据项集 X 的事务中,出现数据项集 Y 的概率,则以上四个参数可用公式表示,见表 13.1。

期望置信度描述了在没有数据项集 X 的作用下,数据项集 Y 本身的支持度;作用度描述了数据项集 X 对数据项集 Y 的影响力的大小。作用度越大,说明数据项集 Y 受数据项集 X 的影响越大。一般情况,有用的关联规则的作用度都应该大于 1,只有关联规则的置信度大于期望置信度,才说明 X 的出现对 Y 的出现有促进作用,也说明了它们之间某种程度的相关性;如果作用度不大于 1,则此关联规则也就没有意义了。应该指出，在这四种度量中，最常用的是置信度和支持度。

表 13.1　关联规则的四个度量参数

名称	描述	公式
置信度	在数据项 X 出现的前提下，Y 出现的概率	$P(Y\|X)$
支持度	数据项 X、Y 同时出现的概率	$P(X\cap Y)$
期望置信度	数据项 Y 出现的概率	$P(Y)$
作用度	置信度对期望置信度的比值	$P(Y\|X)/P(Y)$

4．单维布尔关联规则的挖掘与优化

最简单的关联规则是单维、单层的布尔关联规则。Agrawal 等于 1993 年首先提出了挖掘事务数据库中项集间的关联规则问题，其核心方法是基于频集理论的递归方法，即 Apriori 算法。该算法将关联规则挖掘算法的设计分解为两步：

(1) 找到所有支持度大于最小支持度的项集，这些项集称为频集。含有 k 个项的频集称为 k-项集。

(2) 使用第(1)步找到的频集产生所期望的规则。对于每个频集 A，若 $B\subseteq A$，$B\neq\Phi$；且 Confidence$(B\rightarrow(A-B))\geqslant$minconf，则构成关联规则 $B\rightarrow(A-B)$。

第(2)步相对简单。这里只考虑规则的右边只有一项的情况。如果给定了一个频集 $Y=I_1,I_2,\cdots,I_k$，$k\geqslant2$，$I_j\in I$，那么，只包含集合$\{I_1,I_2,\cdots,I_k\}$中的项的规则最多有 k 条。这种规则形如 $I_1,I_2,\cdots,I_{i+1},\cdots,I_k\rightarrow I_i$，$1\leqslant i\leqslant k$。在这些规则中，只有那些置信度大于用户给定的最小置信度的规则才被留下来。

Apriori 算法是一种最有影响的挖掘布尔关联规则频繁项集的算法。该算法为了生成所有频集，使用了递归的方法，伪代码描述如下：

```
Apriori 算法
    输入：D，minsup
    输出：Result＝所有的频集和它们的支持度。
    方法：
    L1＝{large 1-itemsets}；
    for (k＝2；I(k-1)≠Φ；k＋＋) do begin
      Ck＝apriori-gen(L(k-1))；
      for all 事务项 transactions t∈D do begin
          Ct＝subset(Ck，t)；
          for all 候选项 candidates c∈Ct do
          c. count＋＋；
```

```
    end
    L_k = {c∈C_k | c.count≥minsup}
  end
  Result = U_k L_k。
```

该算法是宽度优先算法，首先产生频繁 1 -项集 L_1，然后是频繁 2 -项集 L_2，直到有某个 r 值使得 L_r 为空，这时算法停止。在第 k 次循环中，先产生候选 k-项集的集合 C_k，C_k 中的每一个项集是对两个只有一个项不同的属于 L_{k-1} 的频集做一个 $(k-2)$ -连接来产生的。C_k 中的项集是用来产生频集的候选集，最后的频集 L_k 必须是 C_k 的一个子集。C_k 中的每个项需要在事务数据库中进行验证来决定它是否加入 L_k。这里的验证过程需要很大的输入/输出开销，严重影响该算法的使用效果。因为这个方法要求多次扫描可能很大的事务数据库，如果频集最多包含 m 个项，那么就需要扫描事务数据库 m 遍。

为改进算法的性能，Agrawal 等引入了剪枝技术来减小候选集 C_k 的大小，效果很显著。算法中引入的修剪策略基于这样一个性质：一个项集是频集当且仅当它的所有子集都是频集。因此，如果 C_k 中某个候选项集有一个 $(k-1)$ -子集不属于 L_{k-1}，那么，这个项集就可以被修剪掉而不再被考虑。这个修剪过程可以降低计算所有的候选集的支持度的代价。也可以使用杂凑树(hash tree)方法来有效地计算每个项集的支持度。

Apriori 算法在实际的应用中，还是存在不满意的地方，人们相继提出了一些优化的方法。

(1) 基于划分的方法：先把数据库从逻辑上分成几个互不相交的块，每次单独考虑一个分块并对它生成所有的频集，然后把产生的频集合并，用来生成所有可能的频集，最后计算这些项集的支持度。分块的大小选择应该能满足每个分块都可以被放入主存，每个阶段只需被扫描一次。

(2) 基于采样的方法：先使用从数据库中抽取出来的采样得到一些在整个数据库中可能成立的规则，然后对数据库的剩余部分验证这个结果。这种算法相当简单，并能够显著减少输入/输出代价。但是，这种算法也有一个很大的缺点，产生的结果不精确：分布在同一存储区域上的数据时常是高度相关的，有时不能表示整个数据库中模式的分布。

(3) 减少交易的个数：当一个事务不包含长度为 k 的频集时，必然不包含长度为 $k+1$ 的频集。因此，就可以将这些事务移去，在下一遍的扫描中就可以减少扫描事务集的个数。

5. 多层关联规则的挖掘

对于很多应用来说，由于数据分布的稀疏性，很难在低层或数据最细节的层次上发现一些强关联规则。概念层次的引入，使得人们能够在较高的概念层次上进行数据挖掘。虽然较高层次上得出的规则可能具有更普遍的意义，但是，某个规则对于一个用户而言具有普遍意义，对于另一个用户而言却是新颖的。因此，数据挖掘系统应该能够在多个抽象层上挖掘关联规则。在多个概念层的项之间寻找有趣的关联比仅在原始层数据之间搜寻更为容易。根据规则中涉及到的层次，多层关联规则可以分为同层关联规则和层间关联规则。

多层关联规则的挖掘可以基于支持度-置信度框架。一般来说，可以采用自顶向下的策略，由最高概念层向下，到较低的更特定的概念层，对每个概念层计算频繁项集累加计数，直到不能再找到频繁项集。对于每一层，可以使用已有的发现频繁项集的任何算法来寻找频繁项集。对于支持度的设置，通常有两种考虑：

(1) 对于所有层采用相同的最小支持度。这种设置，算法比较容易实现，但是其弊端也很明显。最小支持度阈值设置太高，可能发现不了较低抽象层中有意义的关联规则，最小支持度阈值设置过低，会生成太多的高层关联规则，发现的高层关联规则中有很多并没有什么实际意义。

(2) 在较低层使用递减的最小支持度。每个层次都有不同的最小支持度，较低层次的最小支持度相对较小。

对于具有递减最小支持度的多层关联规则的挖掘，有四种常用的搜索策略，即逐层独立、层交叉单项过滤、层交叉 k-项集过滤、受控的层交叉过滤。逐层独立的方法是一种完全的宽度搜索方法，对于每个结点，无论其父结点是否是频繁项集，都要进行考察，在搜索过程中不进行剪枝操作。这种方法条件宽松，可能在低层会考察大量的非频繁的项集，挖掘出一些不太重要的关联规则。层交叉单项过滤的方法中采用了由较一般的关联考察更特殊的关联的剪枝策略。如果一个结点是频繁的，它的子结点将被考察，否则，它的子结点将从搜索中被剪枝。这种方法可能会丢失一些低层的关联规则。层交叉 k-项集过滤的方法限制较严，对于一个第 i 层的 k-项集而言，而且仅当它在第 $i-1$ 层的对应父结点 k-项集是频繁的，它才被考察。这样的限制，可能会过滤掉一些有价值的模式。受控的层交叉过滤策略比较灵活，它允许考察不满足最小支持度阈值的子结点。通过增加控制机制，增强了多层挖掘的灵活性，减少了无意义关联的考察和产生。

6. 多维关联规则的挖掘

1) 多维关联规则的挖掘及其分类

对多维数据库进行挖掘时，往往对多维属性之间的关联感兴趣。通常，引入一阶逻辑谓词来表示多维关联规则，其中谓词表示维，谓词中的一个项表示某个对象，其他项表示维中的某些属性。

根据同一维在同一规则中能否重复出现，可以将多维关联规则细分为维间的关联规则和混合维关联规则，前者不允许维重复出现，后者允许维在规则的左右同时出现。

在进行多维关联规则的挖掘时，还要考虑属性的类型。把数据库属性分为两种类型，一种称分类属性，也称标称属性，另一种称量化属性，是数值型的。分类属性具有有限个不同的值，并且值之间没有顺序，而量化属性的值之间存在着隐含的顺序。对分类属性，原先的分类算法都可以使用，而对量化属性，则需要进行一定的预处理。根据处理量化属性的方法，可以将涉及量化属性的关联规则分为静态数量关联规则、量化关联规则、基于距离的关联规则等类型。

(1) 挖掘静态数量关联规则：使用预定义的概念分层对量化属性进行离散化，经过这种处理后得出的规则称为静态数量关联规则。在挖掘之前，先用概念层次将量化属性离散化，数值被替换为区间范围。必要时，将分类属性泛化到较高的概念层。本节给出的 BUC 算法即为此类。

(2) 挖掘量化关联规则：根据数据的分布，动态地将量化属性离散化到"箱"，数值型数据被处理成量，而不是预定义的区间或分类，经过这种处理得出的规则称为量化关联规则。对于量化关联规则，将只关注一类特殊的二维规则。该类规则只包含两个量化维，规则左边是量化属性，右边是一个分类属性。

(3) 挖掘基于距离的关联规则：用分箱的方法对量化属性进行离散化，不能体现数据间隔的语义。采用基于距离的方法对量化属性进行离散化可以避免这种不足。基于距离的划分既考虑了区间内点的个数，又可以表达区间内点的接近性，这样的划分有助于更有意义的离散化。每个量化属性的区间划分可以通过对该属性的值进行聚类得到。一个两遍算法可以用于挖掘基于距离的关联规则。第一遍使用聚类找出区间或簇，第二遍搜索频繁出现在一起的簇组，并由这些簇组构成关联规则。

2) 改进的 BUC 算法

定义多维事务数据库 D 的结构为(ID, A_1, A_2, …, A_n, items)，其中 ID 为每一个事物在数据库中的唯一标识，A_i 是数据库中的结构化属性，并且 items 是同给定事务所连接的项的集合。每一个事务 $T=(id, a_1, a_2, \cdots, a_n, \text{items-}t)$ 中所包含的信息可以划分为两个部分：维部分($a_1, a_2, \cdots, a_n$)和项集部分(items-t)。一般将挖掘的过程划分为两个部分，首先挖掘关于维度信息的模式，然后从投影的子数据库中查找出频繁项集，反之亦然。下面使用表 13.2 中的多维数据库 D 来演示第一个步骤。

表 13.2　多维事务数据库 D

ID	A_1	A_2	A_3	items
01	a	1	m	x, y, z
02	b	2	n	z, w
03	a	2	m	x, z, w
04	c	3	p	x, w

可以首先查找频繁多维值的组合,然后寻找数据库中相应的频繁项集。假定表 13.2 中数据库 D 的阈值为 2。然后,属性值的组合如果出现两次或两次以上,那么它就是频繁的,并且称为多维模式或叫做 MD-模式。在挖掘 MD-模式时,可以使用最早由 Beyer 和 Ramakrishnan 开发的改进的 BUC 算法。改进的 BUC 算法的基本步骤如下:

首先,在第一维(A_1)中按值的字母顺序将每个项进行排序。因为属性 A_1 的值使用字母来表示,所以排序也是按照字母而不是数字的顺序来排序。

(1) 在该维中仅有的 MD-模式为(a, *, *),因为只有 a 值出现了两次。其他值 b 和 c 值出现了一次,所以它们就不属于 MD-模式。其他两个维的值(*)代表它们在第一步中不相关,而且可以是允许的值的任意组合。在数据库中选择那些具有 MD-模式的项。在该例子中,它们是 ID 为 01 和 03 的样本。针对第二维(A_2),值为 1 和 2,对简化的数据库进行再一次排序。因为没有出现过两次的模式,所以不存在 A_1 和 A_2 值的 MD-模式。因此可以忽略第二维 A_2(该维不会再简化数据库)。在下一步中将会用到所有被选择的项。在第三维(A_3)中按字母顺序将每个项进行排序。子群(a, *, m)包含在两个项中,并且它是一个 MD-模式。因为在该例子中已经没有其他维,所以开始第二步的搜索。

(2) 重复步骤(1)的过程:只从第二维而不是第一维开始搜索。在以下迭代中,无需搜索第一维,所以一开始就减少了搜索的过程。在该例子中,第二次迭代从属性 A_2 开始,MD-模式为(*,2,*)。除了维 A_3,不存在其他 MD-模式。在该例子中的最后一次迭代,从维 A_3 开始,相应的模式为(*, *, m)。

总之,改进的 BUC 算法定义了一个 MD-模式集以及相应的数据库投影。在图 13.1 中列出了例子中数据库 D 的数据处理树。对于更大数量的维也会产生同样的树。

当找到所有 MD-模式后,分析多维事务数据库的下一步,就是对每个 MD-模式在 MD-投影中可以应用 Apriori 算法等方法挖掘频繁项集。另一个方法就是在首先挖掘出频繁项集的基础上,再挖掘相应的 MD-模式。

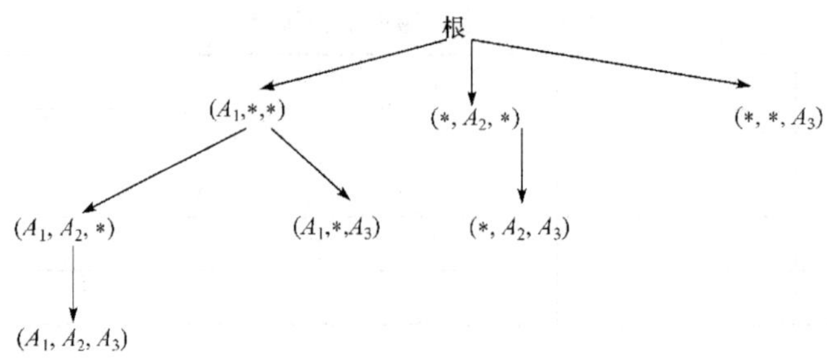

图 13.1　使用改进的 BUC 算法得到的数据处理树

13.5　回归分析

在复杂的地理信息系统中,某些要素容易被预测和控制,而另外一些要素的变化则很难预测和控制。如果能建立起易被控制的要素与不易被控制的要素之间的一种近似的函数表达式,则具有很大的实用意义。数理统计学中的回归分析法就是研究要素之间具体数量关系的一种强有力的手段。回归分析是由一组预测变量(自变量)值去预测一个或多个响应变量(因变量)值的一种统计方法,这种方法也能用于估计预测变量对响应变量的效应,其目的之一是要建立要素之间的相关关系模型——回归分析模型。

在复杂的地理系统中,各要素之间既有线性关系,也有非线性关系。因此,地理要素之间的回归分析模型,既有线性回归模型,也有非线性回归模型。但许多非线性回归模型可通过变量变换转化为线性模型进行处理。因此,本节主要介绍线性回归模型中的一元(一对一)线性回归模型、多元(一对多)线性回归模型,最后介绍非线性回归模型。

13.5.1　一元线性回归模型

一元线性回归模型描述的是两个要素(变量)之间的线性相关关系。设有两个要素(变量)x 和 y,x 是自变量,y 是因变量,且关于 x 和 y 有 n 组实测值。以 x 为横坐标,y 为纵坐标作散点图,若这 n 个点落在一直线附近,从统计上讲即 y 随 x 的变化而线性变化,则认为 x 和 y 之间可配一元线性回归方程。其基本结构形式为

$$y_i = a + bx_i + \varepsilon_i \qquad (i = 1,2,\cdots,n) \tag{13.6}$$

式中,a 和 b 为待定参数;ε_i 为随机变量。如果记 $\hat{a}$ 和 $\hat{b}$ 分别为参数 a 和 b 的拟合值,则一元线性回归模型为

$$\hat{y} = \hat{a} + \hat{b}x \tag{13.7}$$

式(13.7)代表 x 与 y 之间相关关系的拟合直线,称为回归直线;$\hat{y}$是 y 的估计值,称为回归值;$\hat{b}$称为回归系数,它是回归直线的斜率;$\hat{a}$为回归常数,它是回归直线的截距。

1. 参数 a、b 的最小二乘估计

实际观测值 y_i 与回归值 $\hat{y}_i$ 之差 $e_i = y_i - \hat{y}_i$,刻画了实际观测值与回归估计值之间的偏离程度。要求得回归估计值,一个直观的想法就是希望 e_i 达到最小,为此通常采用最小二乘法,它就是要选择参数 a、b,使误差 e_i 的差值平方和达到最小。即

$$Q = \sum_{i=1}^{n} e_i^2 = \sum_{i=1}^{n} (y_i - \hat{y}_i)^2 = \sum_{i=1}^{n} (y_i - a - bx_i)^2 \rightarrow \min$$

由于 $Q(a,b)$是 a、b 的非负二次函数,其最小值必存在,同时它是 a、b 的可微函数,故根据微积分学中的极值原理,$\hat{a}$和 $\hat{b}$应是下列方程组的解:

$$\begin{cases} \dfrac{\partial Q}{\partial a} = -2\sum\limits_{i=1}^{n} (y_i - a - bx_i) = 0 \\ \dfrac{\partial Q}{\partial b} = -2\sum\limits_{i=1}^{n} (y_i - a - bx_i)x_i = 0 \end{cases} \tag{13.8}$$

即

$$\begin{cases} na + \left(\sum\limits_{i=1}^{n} x_i\right)b = \sum\limits_{i=1}^{n} y_i \\ \left(\sum\limits_{i=1}^{n} x_i\right)a + \left(\sum\limits_{i=1}^{n} x_i^2\right)b = \sum\limits_{i=1}^{n} x_i y_i \end{cases} \tag{13.9}$$

式(13.9)通常被称为正规方程组,解该方程组,可得到参数 a、b 的拟合值:

$$\hat{a} = \bar{y} - \hat{b}\bar{x}$$

$$\hat{b} = \frac{L_{xy}}{L_{xx}} = \frac{\sum\limits_{i=1}^{n} (x_i - \bar{x})(y_i - \bar{y})}{\sum\limits_{i=1}^{n} (x_i - \bar{x})^2} = \frac{\sum\limits_{i=1}^{n} x_i y_i - \dfrac{1}{n}\left(\sum\limits_{i=1}^{n} x_i\right)\left(\sum\limits_{i=1}^{n} y_i\right)}{\sum\limits_{i=1}^{n} x_i^2 - \dfrac{1}{n}\left(\sum\limits_{i=1}^{n} x_i\right)^2}$$

式中,$\bar{x}$ 和 $\bar{y}$ 分别为 x_i 和 $y_i(i=1,2,\cdots,n)$的平均值,即 $\bar{x} = \dfrac{1}{n}\sum\limits_{i=1}^{n} x_i$,$\bar{y} = \dfrac{1}{n}\sum\limits_{i=1}^{n} y_i$。

建立一元线性回归模型的过程，就是用变量 x_i 和 y_i 的实际观测数据确定参数 a、b 的最小二乘估计值 $\hat{a}$和 $\hat{b}$的过程。

2. 一元线性回归模型的显著性检验

由于实际的计算过程并不要求 x 与 y 具有相关关系，因此，即使杂乱无章的数据依然可以求得一元线性回归方程，但是这样的方程是毫无意义的。而只有当"n 个点落在一直线附近"，才认为 x 和 y 之间可配一元线性回归方程，即式中的 b 不能为 0。此时，问题变为检验 $b=0$ 是否为真，若 $b=0$，则当 x 变化时，y 并不随 x 而线性变化；反之，若 $b\neq 0$，则 y 随 x 而线性变化，这时的回归方程才有意义。

为检验假设 $b=0$ 是否为真，可以从分析引起因变量变化的原因着手。其一，若 y 是随 x 线性变化的，那么 x 的取值不同就是一个原因；其二是其他一切因素的影响。在回归分析中，y 的 n 次观测值之间的差异，可用观测值 y_i 与其平均值 $\bar{y}$ 的离差平方和来表示，即总的离差平方和，记为

$$S_{总} = L_{yy} = \sum_{i=1}^{n}(y_i - \bar{y})^2 \tag{13.10}$$

总的离差平方和反映了各观测值 y_i 的波动大小，可证明

$$\begin{aligned} S_{总} = L_{yy} &= \sum_{i=1}^{n}(y_i - \bar{y})^2 \\ &= \sum_{i=1}^{n}(y_i - \hat{y}_i)^2 + \sum_{i=1}^{n}(\hat{y}_i - \bar{y})^2 \\ &= Q + U \end{aligned} \tag{13.11}$$

式中，$U = \sum_{i=1}^{n}(\hat{y}_i - \bar{y}_i)^2 = b^2\sum_{i=1}^{n}(x_i - \bar{x})^2 = b^2 L_{xx} = bL_{xy}$

U 反映了由于 x 的变化所引起的波动大小，称为回归平方和；$Q = \sum_{i=1}^{n}(y_i - \hat{y}_i)^2$ 反映了观测值与回归直线间的偏离，这是由其他一切因素引起的，称为剩余平方和(或残差平方和)。

若方程有意义，总是希望 U 对 L_{yy}的贡献越大，而 Q 的影响越小，这样回归模型的效果就越好。那么 U 大到什么程度才认为方程是有意义的呢?

在假定各 ε_i 相互独立，且均服从数学期望为 0、方差为 σ^2 的正态分布(简记为 $\varepsilon_i \sim N(0,\sigma^2)$)的条件下，可证明

(1) $Q/\sigma^2 \sim x^2(n-2)$；

(2) 在 $b=0$ 的条件下，$U/\sigma^2 \sim x^2(1)$；

(3) U 与 Q 相互独立。

式中，$x^2(f)$为自由度是 f 的 x^2 分布。因此，在 $b=0$ 时，$F=\frac{U}{Q/(n-2)}\sim F(1,n-2)$，$F(f_1,f_2)$表示自由度为 f_1、f_2 的 F 分布，对给定的显著性水平 α，当 $F>F_\alpha(1,n-2)$时，认为 $b\neq0$，此时相对于其他因素而言，y 随 x 的变化是重要的，称方程是显著的；反之，称方程不显著。这种用 F-检验对回归方程做显著性检验的方法称为方差分析。

另一种考察 y 与 x 之间是否有线性相关关系的方法，是用 x_i 与 y_i 之间的相关系数 r 来衡量。相关系数 r 的计算公式(13.1)，它与回归系数 $\hat{b}$、各偏差平方和及 F 比之间有下述关系：

$$r=\frac{L_{xy}}{\sqrt{L_{xx}L_{yy}}}=\frac{L_{xy}}{L_{xx}}\sqrt{\frac{L_{xx}}{L_{yy}}}=\hat{b}\sqrt{\frac{L_{xx}}{L_{yy}}}$$

$$r^2=\frac{L_{xy}^2}{L_{xx}L_{xy}}=\frac{\hat{b}L_{xy}}{L_{yy}}=\frac{U}{S_{总}}$$

$$F=\frac{U}{Q}(n-2)=(n-2)\frac{U}{S_{总}-U}=\frac{(n-2)r^2}{1-r^2} \tag{13.12}$$

由上述可知：

(1) 由于 $U\leqslant S_{总}$，因此$|r|\leqslant1$；

(2) $r=0$ 表示 $L_{xy}=0$，即$\hat{b}=0$，此时说明 y 不随 x 线性变化；

(3) $|r|=1$ 表示 $U=S_{总}$，即 $Q=0$，此时 n 个点全落在回归直线上，即完全线性相关；

(4) 一般情况下 $0<|r|<1$，y 与 x 之间存在一定的线性相关关系。

由式(13.12)可知 F 是 r^2 的增函数，故当$|r|$大到一定程度而使 $F>F_\alpha(1,n-2)$时，就认为 x 与 y 线性相关，因此也可以用相关系数检验 $b=0$ 是否为真。在一些统计书中列有相关系数临界值 $r_\alpha(n-2)$。当$|r|>r_\alpha(n-2)$时，认为在 α 水平上 x 与 y 线性相关，即 $b\neq0$。相关系数检验与 F 检验的结论是一致的。

13.5.2　多元线性回归模型

在多要素的地理信息系统中，除了在某两个要素之间存在相互作用、相互影响的关系外，更多的是若干个(多于两个)要素之间也存在相互制约的关系。因此，多元线性回归模型就带有更普遍性的意义。多元线性回归模型描述的是一个因变量受多个自变量影响的情况，现在如果用图形来判断它们之间有无相关关系就比较困难，通常的做法是根据经验或者先假定一个模型，然后再做检验以决定模型是否正确。

假设某一因变量 y 受 k 个自变量 $x_1, x_2, \cdots, x_k$ 的影响，其 n 组观测值为 $(y_\alpha, x_{\alpha 1}, x_{\alpha 2}, \cdots, x_{\alpha k})$，$\alpha=1,2,\cdots,n$。则多元线性回归模型的结构形式为

$$y_\alpha = \beta_0 + \beta_1 x_{\alpha 1} + \beta_2 x_{\alpha 2} + \cdots + \beta_k x_{\alpha k} + \varepsilon_\alpha \tag{13.13}$$

式中，$\beta_0, \beta_1, \cdots, \beta_k$ 为待定参数；ε_α 为随机变量。如果 $b_0, b_1, \cdots, b_k$ 分别为 $\beta_0, \beta_1, \cdots, \beta_k$ 的拟合值，则得回归方程

$$\hat{y} = b_0 + b_1 x_1 + b_2 x_2 + \cdots + b_k x_k \tag{13.14}$$

式中，b_0 为常数；$b_1, b_2, \cdots, b_k$ 称为偏回归系数，它的意义在于当其他自变量 $x_j (j \neq i)$ 都固定时，自变量 x_i 每变化一个单元而使因变量平均改变的数值。

1. 参数 b_i 的最小二乘估计

根据最小二乘法原理，β_i 的估计值 b_i 要使 $Q = \sum_{\alpha=1}^{n} (y_\alpha - \hat{y}_\alpha)^2 \rightarrow \min$

由求极值的必要条件得

$$\begin{cases} \dfrac{\partial Q}{\partial b_0} = -2\sum_{\alpha=1}^{n}(y_\alpha - \hat{y}_\alpha) = 0 \\ \dfrac{\partial Q}{\partial b_j} = -2\sum_{\alpha=1}^{n}(y_\alpha - \hat{y}_\alpha)x_{\alpha j} = 0 (j = 1,2,\cdots,k) \end{cases}$$

上式经展开整理后可得正规方程如下

$$\begin{cases} nb_0 + (\sum_{\alpha=1}^{n} x_{\alpha 1})b_1 + (\sum_{\alpha=1}^{n} x_{\alpha 2})b_2 + \cdots + (\sum_{\alpha=1}^{n} x_{\alpha k})b_k = \sum_{\alpha=1}^{n} y_\alpha \\ (\sum_{\alpha=1}^{n} x_{\alpha 1})b_0 + (\sum_{\alpha=1}^{n} x_{\alpha 1}^2)b_1 + (\sum_{\alpha=1}^{n} x_{\alpha 1}x_{\alpha 2})b_2 + \cdots + (\sum_{\alpha=1}^{n} x_{\alpha 1}x_{\alpha k})b_k = \sum_{\alpha=1}^{n} x_{\alpha 1}y_\alpha \\ (\sum_{\alpha=1}^{n} x_{\alpha 2})b_0 + (\sum_{\alpha=1}^{n} x_{\alpha 1}x_{\alpha 2})b_1 + (\sum_{\alpha=1}^{n} x_{\alpha 2}^2)b_2 + \cdots + (\sum_{\alpha=1}^{n} x_{\alpha 2}x_{\alpha k})b_k = \sum_{\alpha=1}^{n} x_{\alpha 2}y_\alpha \\ \cdots\cdots\cdots\cdots\cdots\cdots\cdots\cdots\cdots\cdots\cdots\cdots \\ (\sum_{\alpha=1}^{n} x_{\alpha k})b_0 + (\sum_{\alpha=1}^{n} x_{\alpha 1}x_{\alpha k})b_1 + (\sum_{\alpha=1}^{n} x_{\alpha 2}x_{\alpha k})b_2 + \cdots + (\sum_{\alpha=1}^{n} x_{\alpha k}^2)b_k = \sum_{\alpha=1}^{n} x_{\alpha k}y_\alpha \end{cases}$$

如果引入记号

$$L_{ij} = L_{ji} = \sum_{\alpha=1}^{n} (x_{\alpha i} - \bar{x}_i)(x_{\alpha j} - \bar{x}_j) = \sum_{\alpha=1}^{n} x_{\alpha i}x_{\alpha j} - \frac{1}{n}(\sum_{\alpha=1}^{n} x_{\alpha i})(\sum_{\alpha=1}^{n} x_{\alpha j}) \quad (i,j = 1,2,\cdots,k)$$

$$L_{iy} = \sum_{\alpha=1}^{n} (x_{\alpha i} - \bar{x}_i)(y_\alpha - \bar{y}) = \sum_{\alpha=1}^{n} x_{\alpha i}y_\alpha - \frac{1}{n}(\sum_{\alpha=1}^{n} x_{\alpha i})(\sum_{\alpha=1}^{n} y_\alpha) \quad (i = 1,2,\cdots,k)$$

则正规方程组也可以写成

$$\begin{cases} L_{11}b_1 + L_{12}b_2 + \cdots + L_{1k}b_k = L_{1y} \\ L_{21}b_1 + L_{22}b_2 + \cdots + L_{2k}b_k = L_{2y} \\ \cdots\cdots\cdots\cdots\cdots\cdots\cdots\cdots \\ L_{k1}b_1 + L_{k2}b_2 + \cdots + L_{kk}b_k = L_{ky} \\ b_0 = \bar{y} - b_1\bar{x}_1 - b_2\bar{x}_2 - \cdots - b_k\bar{x}_k \end{cases} \tag{13.15}$$

2. 多元线性回归模型的显著性检验

对回归方程的检验是指检验假设

$H_0: b_0 = b_1 = \cdots = b_k = 0$

当 H_0 为真时，说明无论 $x_1, x_2, \cdots, x_k$ 如何变化，y 并不随之而改变；而当 H_0 不真时，说明 $b_0, b_1, \cdots, b_k$ 中至少有一个不等于 0，从而 y 至少随 $x_1, x_2, \cdots, x_k$ 之一的变化而线性变化。因此，这里对回归方程的检验是从整体上看 y 与 $x_1, x_2, \cdots, x_k$ 之间是否存在线性相关的关系。

与一元线性回归模型一样，因变量 y 的观测值之间的波动或差异，是由不同的自变量取值和其他随机因素两个原因引起的。为此对回归模型进行方差分析，将总的离差平方和分解成两个部分，即回归平方和 U 和剩余平方和 Q：

$$S_{总} = L_{yy} = U + Q \tag{13.16}$$

$$U = \sum_{\alpha=1}^{n}(\hat{y} - \bar{y})^2 = \sum_{i=1}^{k} b_i L_{iy} \qquad Q = \sum_{\alpha=1}^{n}(y_\alpha - \hat{y}_\alpha)^2 = L_{yy} - U$$

多元线性回归分析中，回归平方和表示所有 k 个自变量对 y 的变差的总影响，U 和 Q 所代表的意义与一元线性回归分析中完全相似。但在多元线性回归分析中，各平方和的自由度不同，回归平方和 U 的自由度等于自变量的个数 k，而剩余平方和的自由度等于 $n-k-1$，可以证明：

(1) $Q/\sigma^2 \sim x^2_{(n-k-1)}$；

(2) 在 H_0 为真时，$U/\sigma^2 \sim x^2_{(k)}$；

(3) U 和 Q 相互独立。

从而在 H_0 为真时，$F = \dfrac{U/k}{Q/(n-k-1)} \sim F(k, n-k-1)$。对给定的显著性水平 α，当 $F > F_\alpha(k, n-k-1)$，认为 y 与 $x_1, x_2, \cdots, x_k$ 之间存在一定的线性相关关系。

实际应用中也常用复相关系数 R 去衡量方程的好坏，R 的定义如下

$$R = \sqrt{U/S_{总}} \tag{13.17}$$

因为 $S_{总} = U + Q$，$Q \geqslant 0$，故 $0 \leqslant R^2 \leqslant 1$，$R^2$ 值越大表示回归方程越好。R^2 与 F 关系如下：

$$R^2 = \frac{U}{S_{总}} = \frac{kF}{kF + (n-k-1)} \tag{13.18}$$

由式(13.18)可知,R^2 随 F 单调递增。此外,又可证明 R 是 y_α 与 $\hat{y}_\alpha$ 之间的简单相关系数,因此,R 越大则表明实测值与回归值之间的线性相关关系越好。

3. 回归系数的显著性检验

回归方程显著并不意味着方程中每个自变量对因变量 y 的作用都是显著的。当一个回归方程中包含有不显著变量时,一方面对利用回归方程作预测和控制带来麻烦,另一方面还将增大 $\hat{y}$的方差,从而影响预测精度,为此就需要对每一个回归系数作显著性检验,当有不显著变量时,可从回归方程中将它去掉,从而建立精度较高的较为简单的回归方程。

为了对假设 H_{0i}: $b_i=0$ 作检验,就需要找出一个能衡量 x_i 的作用大小的量来。通常采用偏回归平方和来衡量各自变量对因变量贡献的大小。已知回归平方和是所有自变量对 y 变量总贡献的度量。回归方程中,自变量个数增加,回归平方和随之增大,减少自变量,回归平方和也会相应减小。取消(或增加)某一自变量后,回归平方和的减小(或增大)的数值,称为该自变量的偏回归平方和,偏回归平方和可以衡量每个变量在回归中所起作用的大小,记为:Q_i。

可以证明,在 H_{0i}为真时:① $Q_i/\sigma^2 \sim x^2_{(1)}$;② Q_i 与 Q 独立。

从而在 H_{0i}为真时,$F_i = \dfrac{Q_i}{Q/(n-k-1)} \sim F(1, n-k-1)$

对给定的显著性水平 α,当 $F_i > F_\alpha(1, n-k-1)$时拒绝 H_{0i},认为变量 x_i 对 y 有显著性影响。具体计算中,可以证明 $Q_i = b_i^2/c_{ii}$。

式中,b_i 为变量 i 的偏回归系数;c_{ii}为正规方程组系数矩阵的逆矩阵主对角线上第 i 个元素。若用行列式表示,则 $c_{ii} = \Delta_{ii}/\Delta$。

式中,Δ 是式(13.15)去掉最后一行的系数行列式:

$$\Delta = \begin{vmatrix} L_{11} & L_{12} & \cdots & L_{1k} \\ L_{21} & L_{22} & \cdots & L_{2k} \\ \cdots & \cdots & \cdots & \cdots \\ L_{k1} & L_{k2} & \cdots & L_{kk} \end{vmatrix}$$

Δ_{ii}是 Δ 中划去第 i 行第 i 列后留下的子行列式:

$$\Delta_{ii} = \begin{vmatrix} L_{11} & \cdots & L_{1,i-1} & L_{1,i+1} & \cdots & L_{1k} \\ \cdots & \cdots & \cdots & \cdots & \cdots & \cdots \\ L_{i-1,1} & \cdots & L_{i-1,i-1} & L_{i-1,i+1} & \cdots & L_{i-1,k} \\ L_{i+1,1} & \cdots & L_{i+1,i-1} & L_{i+1,i+1} & \cdots & L_{i+1,k} \\ \cdots & \cdots & \cdots & \cdots & \cdots & \cdots \\ L_{k1} & \cdots & L_{k,i-1} & L_{k,i+1} & \cdots & L_{kk} \end{vmatrix}$$

当对回归系数作显著性检验后发现有不显著变量时，应除去该变量后重新求出相应回归系数的最小二乘估计。但由于回归系数间存在相关关系，故当有几个变量不显著时，不能同时将这些变量一起剔除，而只能一次除去 F 比值最小的一个不显著变量，重新建立回归方程后再对变量一一作检验。

13.5.3　非线性回归模型

在复杂的地理信息中，要素之间除了线性关系外，还存在着大量的非线性关系。若能找到某种途径将非线性关系转化为线性关系，就可以借助于线性回归模型的建立方法，建立要素之间的非线性回归模型。当因变量与自变量为某种已知函数关系时，可以先对变量直接进行函数变换。当它们之间的关系不清楚时，可先做出散点图，大致估计它们之间的函数关系。以下介绍一些非线性关系进行线性化的常用例子。

(1) 指数曲线 $y = de^{bx}$

令 $y' = \ln y, x' = x$，则可将其转化为直线形式：$y' = a + bx'$，其中 $a = \ln d$。

(2) 对数曲线 $y = a + b\ln x$

令 $y' = y, x' = \ln x$，则可将其转化为直线形式：$y' = a + bx'$。

(3) 幂函数曲线 $y = dx^b$

令 $y' = \ln y, x' = \ln x$，则可将其转化为直线形式：$y' = a + bx'$，其中 $a = \ln d$。

(4) 双曲线 $\dfrac{1}{y} = a + \dfrac{b}{x}$

令 $y' = \dfrac{1}{y}, x' = \dfrac{1}{x}$，则可将其转化为直线形式：$y' = a + bx'$。

(5) S 型曲线 $y = \dfrac{1}{a + be^{-x}}$

令 $y' = \dfrac{1}{y}, x' = e^{-x}$，则可将其转化为直线形式：$y' = a + bx'$。

(6) 幂函数乘积 $y = dx_1^{\beta_1} \cdot x_2^{\beta_2} \cdot \cdots \cdot x_k^{\beta_k}$

令 $y' = \ln y, x_1' = \ln x_1, x_2' = \ln x_2, \cdots, x_k' = \ln x_k$，则可将其转化为直线形式：

$$y'=\beta_0+\beta_1 x_1'+\beta_2 x_2'+\cdots+\beta_k x_k' \ (\beta_0=\ln d)$$

(7) 对数函数和 $y=\beta_0+\beta_1\ln x_1+\beta_2\ln x_2+\cdots+\beta_k\ln x_k$

令 $y'=y, x_1'=\ln x_1, x_2'=\ln x_2, \cdots, x_k'=\ln x_k$,则可将其转化为直线形式:

$$y'=\beta_0+\beta_1 x_1'+\beta_2 x_2'+\cdots+\beta_k x_k'$$

非线性关系进行线性处理的转化过程有时并不能保证函数关系中变量个数不变,例如对于两变量的多项式:

$$y=\beta_0+\beta_1 x+\beta_2 x^2+\beta_k x^k$$

若令 $x_1'=x, x_2'=x^2, \cdots, x_k'=x^k, y'=y$,则上式被转化为多变量的线性模型:

$$y'=\beta_0+\beta_1 x_1'+\beta_2 x_2'+\cdots+\beta_k x_k'$$

13.5.4 回归分析与相关分析

相关分析和回归分析是研究现象之间相关关系的两种基本方法。所谓相关分析,指用一个指标来表明现象间相互依存关系的密切程度。所谓回归分析,是根据相关关系的具体形态,选择一个合适的数学模式,来近似地表达自变量和因变量之间的数量变化关系,进而确定一个或几个变量的变化对另一个特定变量的影响程度。

相关分析和回归分析有着密切的联系,二者不仅具有共同的研究对象,而且在具体应用时,往往必须互相补充。①相关分析需要依靠回归分析来表明现象数量相关的具体形式;②回归分析则需要依靠相关分析来表明现象数量变化的相关程度。只有当变量之间存在着高度相关时,进行回归分析寻求其相关的具体形式才有意义。

相关分析与回归分析在研究目的和方法上是有明显区别的。①相关分析研究变量之间相关的方向和相关的程度,但是不能指出变量间相互关系的具体形式,也无法从一个变量的变化来推测另一个变量的变化情况。②回归分析则是研究变量之间相互关系的具体形式,它对具有相关关系的变量之间的数量联系进行测定,确定一个相关的数学方程式,根据这个数学方程式可以从已知量来推测未知量,从而为估算和预测提供一个重要的方法。因此,相关分析可以不必确定变量中哪个是自变量,哪个是因变量,其所涉及的变量可以都是随机变量。而回归分析则必须事先研究确定具有相关关系的变量中哪个为自变量,哪个为因变量。一般地说,回归分析中因变量是随机的,而把自变量作为研究时给定的非随机变量。

13.6　系统聚类分析

13.6.1　概　　述

聚类分析(clustering analysis)又称为群分析、点群分析、簇群分析等,是按照一定标准来鉴别实体或现象之间的接近程度,并将相接近的归为一类的数学方法。假设被分类的全体对象视为一个集合 U,所谓分类就是指把 U 分成若干子集 U_1、U_2、…、U_K,使其满足:

(1) $U_1 \cup U_2 \cup \cdots \cup U_k = U$;

(2) 对任意的 $i \neq j$,有 $U_i \cap U_j = \Phi(i, j=1,2,\cdots,k)$。

聚类的目的是把数据划分为不同的类别,使类之间的差别尽可能的大,类内的差别尽可能的小。一般在聚类前并不知道将要划分成几个类和什么样的类,也不知道根据哪些数据来定义类。在具体应用中,专业经验丰富的用户应该可以理解这些类的含义。如果产生的聚类结果无法理解或不可用,则该聚类可能是无意义的,需要回到原始阶段重新组织数据。聚类结果的好坏取决于该聚类方法采用的相似性评估方法以及该方法的具体实现,也取决于该方法是能发现某些还是所有的隐含模式。一个好的聚类方法应该能产生高质量的聚类结果。这些类应该具有"较高的类内相似性,较低的类间相似性"的特点。

聚类一般涉及两阶段的搜索算法,即先搜索可能的类的个数,再对给定的类数寻找最佳的聚类结果。但是类的个数的确定通常是非常困难的,普遍的做法是采用各种寻优准则。作为数据挖掘的一个功能,聚类分析可以作为一个独立的工具来获得数据的分布情况、观察每个类的特点、对特定的类进行更深入的分析,同时它也可以作为其他算法的预处理步骤。例如,先用聚类算法对数据分类,再对生成的类进行特征抽取或利用生成的类对其他数据进行分类。

我们把应用普通数学方法进行分类的聚类分析,称为普通聚类分析。与之相对应的是模糊聚类分析。常见的普通聚类方法有系统聚类法、动态聚类法、分解法、加入法;还可分为按样品聚类与按变量(指标)聚类两种,前者称为 Q 型聚类法,后者称为 R 型聚类法。本节主要介绍普通聚类分析中常用的系统聚类法。

聚类分析法的一般程序是:首先确定分类统计量,即选择描述样品(或指标)之间关系的统计量;其次规定一种并类规则,利用统计量将样品进行归类。

13.6.2　聚类要素预处理

在聚类分析中,聚类要素直接影响着分类结果的准确性和可靠性。而地理分类和分区研究中，被聚类的样品往往具有不同的单位和量纲，其数值可能相差很大，因此，聚类分析前先要对聚类要素进行标准化处理。标准化的方法主要有以下几种（x'_{ij} 为标准化后的新数据）：

（1）总和标准化

$$x'_{ij} = x_{ij} \Big/ \sum_{i=1}^{m} x_{ij} \qquad \begin{cases} i = 1,2,\cdots,m \\ j = 1,2,\cdots,n \end{cases} \tag{13.19}$$

其结果满足：$\sum_{i=1}^{m} x'_{ij} = 1$

（2）标准差标准化

$$x'_{ij} = \frac{x_{ij} - \bar{x}_j}{s_j} \qquad \begin{cases} i = 1,2,\cdots,m \\ j = 1,2,\cdots,n \end{cases} \tag{13.20}$$

式中，$\bar{x}_j = \frac{1}{m}\sum_{i=1}^{m} x_{ij}$，$s_j = \sqrt{\frac{1}{m}\sum_{i=1}^{m} (x_{ij} - \bar{x}_j)^2}$

该标准化法所得新数据的各要素的平均值为 0，标准差为 1。

（3）极大值标准化

$$x'_{ij} = \frac{x_{ij}}{\max_i \{x_{ij}\}} \qquad \begin{cases} i = 1,2,\cdots,m \\ j = 1,2,\cdots,n \end{cases} \tag{13.21}$$

该方法标准化的结果均小于或等于 1。

（4）极差的标准化

$$x'_{ij} = \frac{x_{ij} - \min_i\{x_{ij}\}}{\max_i\{x_{ij}\} - \min_i\{x_{ij}\}} \qquad \begin{cases} i = 1,2,\cdots,m \\ j = 1,2,\cdots,n \end{cases} \tag{13.22}$$

该方法标准化的结果均小于或等于 1。

13.6.3 分类统计量

为了将样品（或指标）进行分类，就需要研究样品（或指标）之间的关系。常用来描述这种关系的统计量是“距离”和“相似系数”。“距离”分类统计量：将一个样品（或指标）看作多维空间中的一个点，并在空间定义距离，距离越近的点性质越接近，归为一类，反之则归为不同的类；“相似系数”分类统计量：性质越接近的样品（或指标）其相似系数的绝对值越接近 1，而彼此无关的样品其相似系数的绝对值越接近于零，比较相似的归为一类，反之归为不同的类。

不同类型的指标，在定义距离和相似系数时，其方法有很大差异，使用时必须注意。实际问题中，指标的类型常分为以下三种尺度。①间隔尺度：指标用连续的量来表示，如长度、速度等；②有序尺度：指标没有明确的数量表示，只是划分了一些有次序关系的等级，如上、中、下三等；③名义尺度：变量度量时既没有数量表示，也没有次序关系，如某物体的红、白、蓝三色。研究比较多的是间隔尺度，因此本节主要介绍间隔尺度的距离和相似系数的定义。

设有 n 个样本，每个样本有 p 个指标（变量），用 $x_{i,j}$ 表示第 i 个样本的第 j 个指标的值，则有数据矩阵 $X=\begin{pmatrix} x_{11} & \cdots & x_{1p} \\ \vdots & \vdots & \vdots \\ x_{n1} & \cdots & x_{np} \end{pmatrix}$。对 n 个样本进行聚类（Q 型聚类）常用的分类统计量是“距离”；对 p 个变量（指标）进行聚类（R 型聚类），常用的分类统计量是“相似系数”。距离和相似系数统称为广义距离。

1．Q 型分类统计量

如果把 n 个样本看成 p 维空间的 n 个点，则各样本之间的差异性就可以用它们所对应的 p 维空间中点之间的距离度量。记 d_{ij} 为第 i 个样品 X_i 与第 j 个样品 X_j 之间的距离，常用的距离有：

（1）绝对值距离

$$d_{ij}=\sum_{t=1}^{k}\left|x_{it}-x_{jt}\right| \qquad (i,j=1,2,\cdots,n) \tag{13.23}$$

（2）欧式距离

$$d_{ij}=\left[\sum_{t=1}^{k}(x_{it}-x_{jt})^2\right]^{\frac{1}{2}} \qquad (i,j=1,2,\cdots,n) \tag{13.24}$$

（3）明科夫斯基距离

$$d_{ij}=\left[\sum_{t=1}^{k}\left|x_{it}-x_{jt}\right|^q\right]^{\frac{1}{q}} \qquad (i,j=1,2,\cdots,n) \tag{13.25}$$

显然，当 $q=1$、2 时，就是(1)、(2)的两个距离。

式(13.25)存在的不足之处表现在：① d_{ij}与各指标的量纲有关，因此当变量值相差悬殊时，先要对原始数据做标准化处理；②没有考虑指标之间的相关性。此外，从统计角度看，欧氏距离要求各坐标对欧氏距离的贡献是同等的且变差大小也相同，这时欧氏距离才合适，否则可能导致错误结论。一个合理的做法是对坐标加权，所加的权是用样本方差除相应坐标。

（4）切比雪夫距离

当明科夫斯基距离 $q\to\infty$时，有

$$d_{ij}=\max\left|x_{it}-x_{jt}\right| \qquad 1\leqslant t\leqslant k \tag{13.26}$$

（5）马氏（Mahalanobis）距离

$$d_{ij}=\left[(X_i-X_j)'S^{-1}(X_i-X_j)\right]^{\frac{1}{2}} \tag{13.27}$$

式中，X_i 为数据矩阵 X 的第 i 个样品的行矢量的转置；S 为数据矩阵的样本协方差阵。马氏距离的优点是不受各指标量纲的影响，且排除了各指标之间相关性的干扰。

2. R 型分类统计量

常用的相似系数有以下几种：

(1) 夹角余弦(矢量内积)

$$c_{ij} = \cos\theta_{ij} = \frac{\sum_{m=1}^{n} x_{mi}x_{mj}}{\sqrt{\left(\sum_{m=1}^{n} x_{mi}^2\right)\left(\sum_{m=1}^{n} x_{mj}^2\right)}} \qquad (i,j=1,2,\cdots,p) \quad (13.28)$$

式中，c_{ij}为矢量$(x_{1i},x_{2i},\cdots,x_{ni})'$与$(x_{1j},x_{2j},\cdots,x_{nj})'$之间的夹角余弦。

(2) 相关系数

$$r_{ij} = \frac{\sum_{m=1}^{n}(x_{mi}-x_i)(x_{mj}-\bar{x}_j)}{\sqrt{\sum_{m=1}^{n}(x_{mi}-\bar{x}_i)^2\cdot\sum_{m=1}^{n}(x_{mj}-\bar{x}_j)^2}} \qquad -1 \leqslant r_{ij} \leqslant 1$$

选择不同的距离或相似系数，聚类结果会有所差异。在实际分类研究中，往往将几种方法进行对比，从中选择一种较为合理的方法进行聚类，结果得到距离矩阵 D 或者相似系数矩阵 R。

13.6.4 系统聚类法

系统聚类法是应用较为广泛的一种聚类方法，其基本算法是：

(1) 从 n 个类出发(先将每个样品视为一类，或将每个指标视为一类)，规定样品(或指标)之间的距离(或相似系数)，得到距离矩阵 D(或相似系数矩阵 R)；

(2) 规定类与类之间的距离，从距离矩阵 D(或相似系数矩阵 R)的非对角线元素中搜寻特性最接近的两个类。记这两个类为 U 和 V，它们之间的距离记为 d_{uv}，相似系数记为 r_{uv}；

(3) 合并 U 和 V，将新的类记为(UV)。将矩阵 D 或 R 中的元素更新：①删除原来 U 和 V 所对应的行和列；②给出类(UV)与其余各类之间距离(或相似系数)的行和列，并加进矩阵；

(4) 对更新后的矩阵重复(2)、(3)步，直到所有样品聚为一类为止。记录下被合并类的单元号以及历次合并的水平(距离或相似性)。

这种归类过程可画成一张聚类谱系图，从图中可确定我们所需的类和每类样品(或每个指标)。类与类之间的距离有多种定义方法,不同的定义就产生了不同的系统聚类方法。

设有 n 个样本,记 d_{ij} 为第 i 个样本 X_i 与第 j 个样本 X_j 之间的距离($i,j=1,\cdots,n$),$G_1,G_2,\cdots,G_n$ 表示类,D_{pq} 表示类 G_p 与类 G_q 之间的距离($p,q=1,\cdots,n$)。下面以 5 个随机抽取的样本为例,说明系统聚类法中几种常用的方法。这 5 个样品之间的距离矩阵如下:

$$D=(d_{ij})_{5\times5}=\begin{matrix} & G_1 & G_2 & G_3 & G_4 & G_5 \\ G_1 & 0 & & & & \\ G_2 & 9 & 0 & & & \\ G_3 & 3 & 7 & 0 & & \\ G_4 & 6 & 5 & 9 & 0 & \\ G_5 & 11 & 10 & 2 & 8 & 0 \end{matrix} \tag{13.29}$$

1. 最短距离法

最短距离法定义类与类之间的距离为两类中最近样品的距离。即

$$D_{pq}=\min\{d_{ij}\} \qquad (i\in G_p \quad j\in G_q,\text{当 } p=q \text{ 时,规定 } D_{pq}=0) \tag{13.30}$$

最短距离法的并类原则是距离最近的两类进行合并。应注意的是:如果某步 D 中最小的非零元素不止一个,则对应于这些最小的元素的类可以同时合并。据式(13.29)中的距离矩阵,用最短距离聚类法进行分析,其聚类过程如下:

在距离矩阵(13.29)中 $D_{35}=2$ 最小,因此将 G_3、G_5 合并,记为 G_6,即 $G_6=\{G_3,G_5\}$,分别按照式(13.30)计算 G_6 与 G_1、G_2、G_4 之间的距离,得

	G_1	G_2	G_4	G_6
G_1	0			
G_2	9	0		
G_4	6	5	0	
G_6	3	7	8	0

同理类推,最后所有的样品均被归为一类。

综合上述聚类过程,可做出最短距离聚类谱系图(图 13.2)。

最短距离法也可用于指标(变量)分类,分类时可以用距离,也可以用相似系数。但用相似系数时应找最大的元素并类,即是把式(13.30)中的 min 换成 max。

2. 最大距离法

定义类与类之间的距离为:两类中最远样品的距离。即

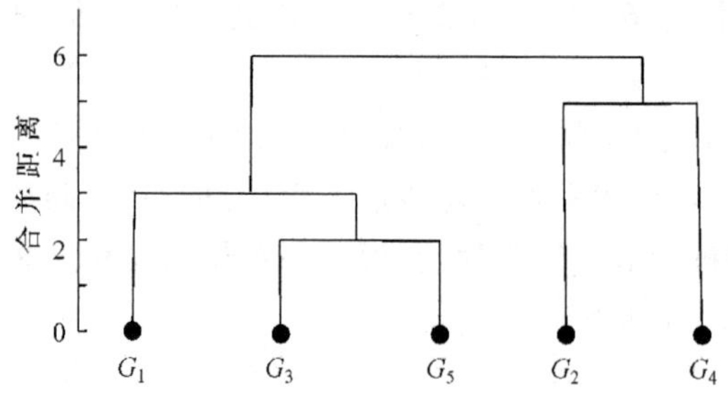

图 13.2　最短距离聚类谱系

$$D_{pq} = \max\{d_{ij}\} \qquad (i \in G_p \quad j \in G_q, \text{当 } p = q \text{ 时,规定 } D_{pq} = 0) \tag{13.31}$$

最大距离法与最短距离法的并类步骤完全一样,也是将各样品先自成一类,再将非对角线上最小元素对应的两类合并,按照距离最近的两类进行合并的原则依次进行归类,不同的是采用式(13.31)计算类与新类之间的距离。

合并的过程这里不再赘述,只把并类的顺序列于表 13.3,并给出相应的谱系图(图 13.3)。

表 13.3　5 个样品点最大距离法聚类顺序

合并次序	合并的类		合并后类中的元素	合并水平(距离)
1	G_3	G_5	$G_6=\{G_3, G_5\}$	2
2	G_2	G_4	$G_7=\{G_2, G_4\}$	5
3	G_1	G_7	$G_8=\{G_1, G_2, G_4\}$	9
4	G_6	G_8	$G_9=\{G_1, G_2, G_3, G_4, G_5\}$	11

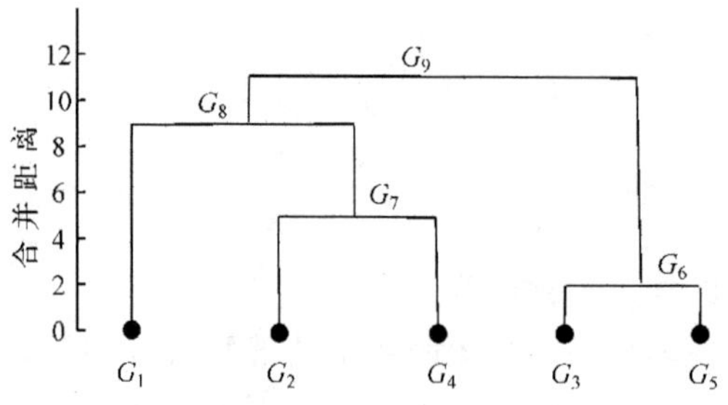

图 13.3　最大距离聚类谱系

显然,最短距离聚类法具有空间压缩性,而最大距离法具有空间扩张性。

3. 中间距离法

如果类与类之间的距离采用介于最短距离与最大距离之间的距离，则称为中间距法。

设类 G_p 与类 G_q 合并为 G_r，则 G_r 与任一类 G_k 的中间距离公式为

$$D_{kr}^2 = \frac{1}{2}D_{kp}^2 + \frac{1}{2}D_{kq}^2 + \beta D_{pq}^2 \left(-\frac{1}{4} \leqslant \beta \leqslant 0\right) \tag{13.32}$$

当 $\beta = -\frac{1}{4}$ 时，由初等几何知 D_{kr} 就是图 13.4 中三角形的中线（点 O 为类 G_p 与类 G_q 连线的中点）。此时，所定义的类与类之间的距离称为中线法。即

$$D_{kr}^2 = \frac{1}{2}D_{kp}^2 + \frac{1}{2}D_{kq}^2 - \frac{1}{4}D_{pq}^2 \tag{13.33}$$

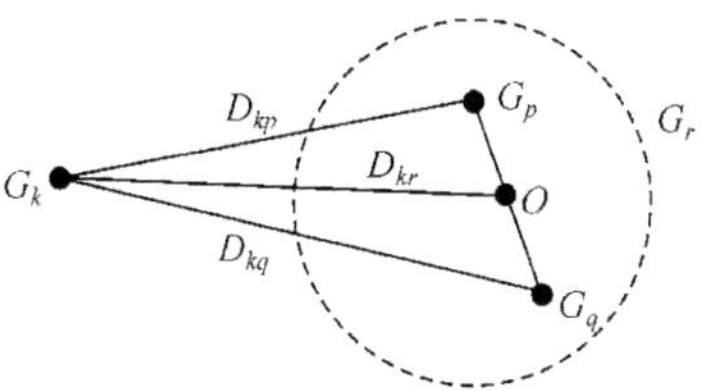

图 13.4　中线法示意图

用中线法对式(13.29)进行聚类，其并类顺序表与谱系图如表 13.4 和图 13.5 所示。

表 13.4　5 个样品点中线法聚类顺序

合并次序	合并的类		合并后类中的元素	合并水平(距离)
1	G_3	G_5	$G_6 = \{G_3, G_5\}$	2
2	G_2	G_4	$G_7 = \{G_2, G_4\}$	5
3	G_1	G_6	$G_8 = \{G_1, G_3, G_5\}$	8
4	G_7	G_8	$G_9 = \{G_1, G_2, G_3, G_4, G_5\}$	8.23

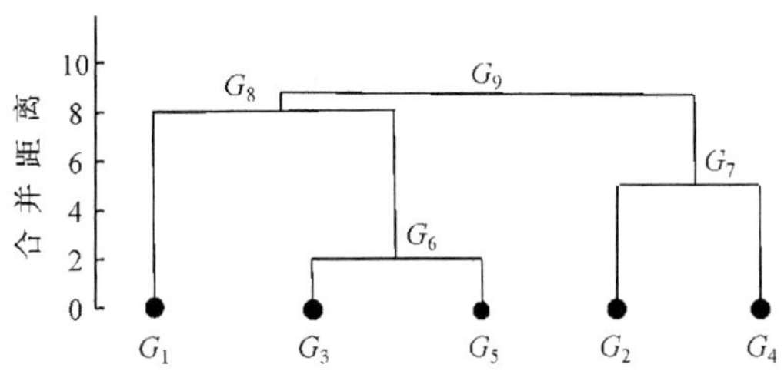

图 13.5　中线法聚类谱系

4. 重心法

从物理的观点来看，一个类用它的重心（该类样品的均值）做代表比较合理，重

心法定义两类之间的距离即为两类重心之间的距离。

设类 G_p 与类 G_q 分别有样品 n_p，n_q 个，其重心分别是 $\bar{X}_p$ 和 $\bar{X}_q$（注意一般它们是 P 维矢量），G_p 与 G_q 之间的距离是 $D_{pq}=d_{\bar{X}_p\bar{X}_q}$。将 G_p 与 G_q 合并为 G_r，则 G_r 内样品个数为 $n_r=n_p+n_q$，其重心是 $\bar{X}_r=\frac{1}{n_r}(n_p\bar{X}_p+n_q\bar{X}_q)$，某一类 G_k 的重心是 $\bar{X}_k$，它与新类 G_r 的距离（如果最初样品之间的距离采用欧氏距离）为

$$D_{kr}^2=\frac{n_p}{n_r}D_{kp}^2+\frac{n_q}{n_r}D_{kq}^2-\frac{n_p n_q}{n_r^2}D_{pq}^2 \tag{13.34}$$

显然，当 $n_p=n_q$ 时即为中间距离法的公式。如果样品之间的距离不是欧氏距离，可根据不同情况给出不同的距离公式。重心法与上述方法不同的是每合并一次类，就要重新计算新类的重心及各类与新类的距离。

用重心法对式(13.29)进行聚类，其并类顺序表与谱系图如表 13.5 和图 13.6 所示。

表 13.5　5 个样品点重心法聚类顺序

合并次序	合并的类		合并后类中的元素	合并水平（距离）
1	G_3	G_5	$G_6=\{G_3,G_5\}$	2
2	G_2	G_4	$G_7=\{G_2,G_4\}$	5
3	G_1	G_7	$G_8=\{G_1,G_2,G_4\}$	7.23
4	G_7	G_8	$G_9=\{G_1,G_2,G_3,G_4,G_5\}$	8.66

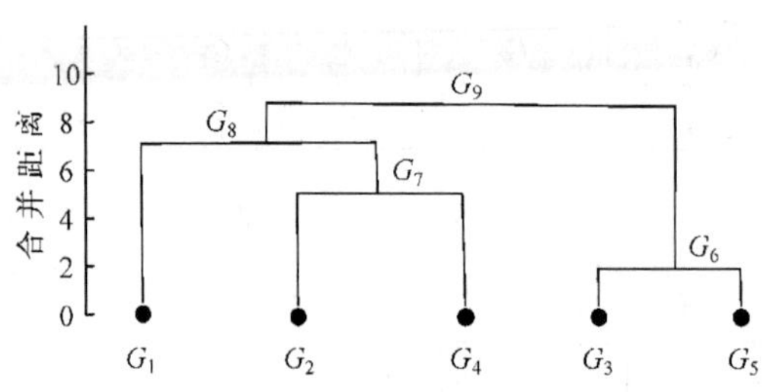

图 13.6　重心法聚类谱系

5. 类平均法

重心法虽有很好的代表性，但并未充分利用各样品的信息，因此给出类平均法，它定义两类之间的距离平方为这两类元素两两之间距离平方的平均，即

$$D_{pq}^2=\frac{1}{n_p n_q}\sum_{X_i\in G_p}\sum_{X_j\in G_q}d_{ij}^2 \tag{13.35}$$

设类 G_p 与类 G_q 合并为 G_r,则任一类 G_k 与 G_r 的距离为

$$\begin{aligned} D_{kr}^2 &= \frac{1}{n_k n_r} \sum_{X_i \in G_k} \sum_{X_j \in G_r} d_{ij}^2 \\ &= \frac{1}{n_k n_r} \left(\sum_{X_i \in G_k} \sum_{X_j \in G_p} d_{ij}^2 + \sum_{X_i \in G_k} \sum_{X_j \in G_q} d_{ij}^2 \right) \\ &= \frac{n_p}{n_r} D_{kp}^2 + \frac{n_q}{n_r} D_{kq}^2 \end{aligned} \tag{13.36}$$

用类平均法对式(13.29)进行聚类,其并类顺序表与谱系图如表 13.6 和图 13.7所示。

表 13.6　5 个样品点类平均法聚类顺序

合并次序	合并的类		合并后类中的元素	合并水平(距离)
1	G_3	G_5	$G_6=\{G_3, G_5\}$	2
2	G_2	G_4	$G_7=\{G_2, G_4\}$	5
3	G_1	G_6	$G_8=\{G_1, G_3, G_5\}$	7
4	G_7	G_8	$G_9=\{G_1, G_2, G_3, G_4, G_5\}$	8.2

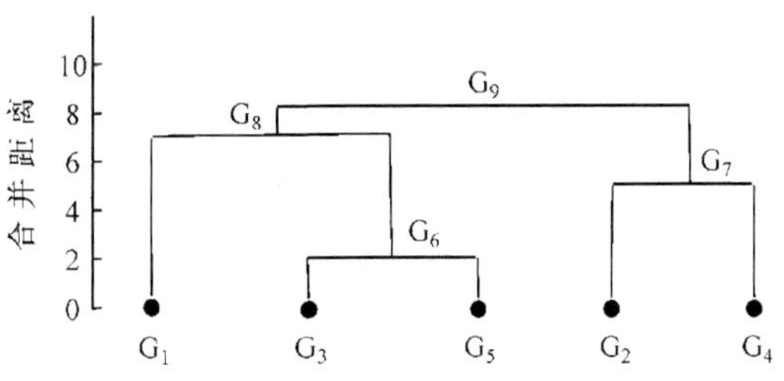

图 13.7　类平均法聚类谱系

6. 系统聚类法的统一公式

除上述 5 种方法以外,系统聚类的方法还有很多,公式:

$$D_{kr}^2 = \alpha_p D_{kp}^2 + \alpha_q D_{kq}^2 + \beta D_{pq}^2 + \gamma \mid D_{kp}^2 - D_{kq}^2 \mid \tag{13.37}$$

就是表 13.7 中 8 种不同系统聚类方法计算类之间距离的统一表达式。当 α、β、γ 三个参数取不同的值时,就形成不同的聚类方法,表中 n_p 是 p 类中单元的个数,n_q 是 q 类中单元的个数,$n_r = n_p + n_q$;β 一般取负值。8 种递推公式的统一表达给编制计算机程序提供了极大的方便。

表 13.7 8 种系统聚类方法的距离参数

方法名称	参数				D 矩阵要求	空间性质
	α_p	α_q	β	γ		
最短距离法	$\frac{1}{2}$	$\frac{1}{2}$	0	$-\frac{1}{2}$	任意 D	压缩
最大距离法	$\frac{1}{2}$	$\frac{1}{2}$	0	$\frac{1}{2}$	任意 D	扩张
中线法	$\frac{1}{2}$	$\frac{1}{2}$	$-\frac{1}{4}\leqslant\beta\leqslant 0$	0	欧氏距离	保持
重心法	$\frac{n_p}{n_p+n_q}$	$\frac{n_q}{n_p+n_q}$	$-\frac{n_p n_q}{(n_p+n_q)^2}$	0	欧氏距离	保持
类平均法	$\frac{n_p}{n_p+n_q}$	$\frac{n_p}{n_p+n_q}$	0	0	任意 D	保持
距离平方和法	$\frac{n_k+n_p}{n_k+n_r}$	$\frac{n_k+n_q}{n_k+n_r}$	$-\frac{n_k}{n_k+n_r}$	0	欧氏距离	压缩
可变数平均法	$(1-\beta)\frac{n_p}{n_r}$	$(1-\beta)\frac{n_q}{n_r}$	<1	0	任意 D	不定
可变法	$\frac{1-\beta}{2}$	$\frac{1-\beta}{2}$	<1	0	任意 D	扩张

在一般情况下，用不同的方法聚类的结果是不会完全一致的。自然会问哪一种方法好呢？这就需要提出一个标准作为衡量的依据，但至今还没有一个合适的标准。在实际应用中，一般采用以下两种处理方法：一种办法是根据分类问题本身的专业知识结合实际需要来选择分类方法，并确定分类个数。另一种办法是多用几种分类方法去做，把结果中的共性取出来，如果用几种方法的某些结果都一样，则说明这样的聚类确实反映了事物的本质，而将有争议的样品暂放一边或用其他办法如判别分析去归类。

从纯数学的意义上说，聚类分析要求各变量必须相互独立，互不相关。在实际问题中，多个变量之间往往彼此存在着不同程度的相关关系。在这种情况下，用欧氏距离来计算样品点群的空间距离，就会使空间中样品的距离发生畸变，从而使点群簇分时谱系的分群结构发生变化。为避免这种现象，一般采用两种途径处理，一是先对原始变量作主成分分析，将相关变量综合成主成分，再进行聚类分析；或用斜交距离系数代替欧氏距离系数。

13.6.5 其他聚类方法概述

聚类分析的内容是很丰富的，本节主要介绍了国内外常用的 8 种系统聚类法。除此之外，还有有序样品聚类法、模糊聚类法、动态聚类法、分解法、加入法等。

1. 有序样品聚类法

系统聚类法要求被分类的样品是相互独立的，分类时彼此是平等的。而有序样品分类法要求样品按一定的顺序排列，分类时不能打乱次序。研究这类样品的分类问题就用有序样品聚类法。有序样品的分类实质上是找一些分点，将有序样品划分为几个分段，每个分段看作一个类，所以分类也称为分割。显然，分点取在不同的位置就可以得到不同的分割。通常寻找最好分割的一个依据就是使各段内部样品之间的差异最小，而各段样品之间的差异较大。有序样品聚类法就是研究这种最优分割法。

2. 模糊聚类法

模糊聚类法是将模糊集的概念用到聚类分析中所产生的一种聚类方法。它是根据研究对象本身的属性而构造一个模糊矩阵，在此基础上根据一定的隶属度来确定其分类关系。模糊聚类分析能更客观地描述具有不分明性的对象，从而使实际的聚类结果更加合理。尤其是在经典的聚类分析遇到障碍的场合，模糊聚类分析显示了它独特的技巧。

3. 动态聚类法

开始将 n 个样品粗糙地分成指定的若干类，然后确定一定的最优准则，再用最优准则进行调整多次，一次比一次接近最优，直至不能调整为止。

4. 分解法

将所有样品先放在同一类，然后用一定的最优准则将其分成两类。再用同样的最优准则将这两类各自分成两类，并从中选出使目标函数最好者。如此继续分类，直到每类中只有一个样品。上述分类过程可画成相应的分类图，从图中可求出需要的类及每类的样品。

5. 加入法

将样品逐个依次序输入，每次输入的样品相应地归入当前聚类图中应有的位置，样品全部输入后，即得到聚类图。

13.7　判别分析

判别分析是判别样品所属类型的一种统计方法。它与聚类分析的不同之处在于，判别分析是在已知研究对象分成若干类型(或组别)，并已取得各种类型的一批已知样品的观测数据。在此基础上根据某些准则建立判别式，然后对未知类型的样品进行判别分类。对于聚类分析来说，一批给定样品要划分的类型事先并不知道，正需要通过聚类分析来确定类型。正因为如此，判别分析和聚类分析往往联合起来使用，例如判别分析是要求先知道各类总体情况才能判断新样品的归类。当总体分类不清楚时，可先用聚类分析对原来的一批样品进行分类，然后再用判别分析建立判别式以对新样品进行判别。

判别分析按已知类别的数目，可以分为两类判别和多类判别；按建立判别函数时所用的准则分类，有费歇(Fisher)准则下的判别分析和贝叶斯(Bayes)准则下的判别分析等；按区分不同母体所用的数学模型，分为线性判别和非线性判别。

判别分析具有如下特点：

(1) 必须有已知类型的样本作为"训练组"，这是与聚类分析最重要的差别；

(2) 已知类别之间的分布一般有相互重叠的部分，因此有一部分个体在划分类别时，可能出现错划现象；

(3) 判别分析将一个多维的矢量空间(多种特征)约简为一维的判别空间，从而大大简化了空间维数，而不致损失划分不同总体的更多信息；

(4) 根据中心极限定理，多个变量的线性函数比单变量有较大可能服从正态分布规律，因而判别函数比原始变量能更好地满足多元正态分布这一重要假设。

本节主要介绍常用的距离判别、Fisher 判别和 Bayes 判别方法，最后对判别分析中应注意的问题进行简要说明。

13.7.1 距离判别

基本思想：首先，根据已知分类的数据，分别计算各类的重心即分组(类)的均值；然后，给出一个样品到某个总体距离的定义；最后，根据样品到哪个总体的距离最近，就判断该样品归属于此类。

距离判别法对各类(或总体)的分布，并无特定的要求。

1. 两个总体的距离判别法

设有两个总体 G_1、G_2，从第一个总体中抽取 n_1 个样品，从第二个总体中抽取 n_2 个样品，每个样品有 p 个测量值。对于给定的一个样品 $X=(x_1,x_2,\cdots,x_p)'$，判断 X 的种类归属。

首先计算 X 到 G_1、G_2 总体的距离，分别记为 $D(X,G_1)$ 和 $D(X,G_2)$，按距离最近准则判别归类，则有

$$\begin{cases} X\in G_1, \text{当 } D(X,G_1)\leqslant D(X,G_2) \\ X\in G_2, \text{当 } D(X,G_1)> D(X,G_2) \end{cases} \tag{13.38}$$

记均值矢量 $\bar{X}_i=(\bar{x}_{i1},\cdots,\bar{x}_{ip})'$，　$i=1,2$

(1) 如果距离定义采用欧氏距离，则

$$D(X,G_1)=\sqrt{(X-\bar{X}_1)'(X-\bar{X}_1)}=\sqrt{\sum_{\alpha=1}^{p}(x_\alpha-\bar{x}_{1\alpha})^2}$$

$$D(X,G_2)=\sqrt{(X-\bar{X}_2)'(X-\bar{X}_2)}=\sqrt{\sum_{\alpha=1}^{p}(x_\alpha-\bar{x}_{2\alpha})^2}$$

比较 $D(X,G_1)$和 $D(X,G_2)$大小，按距离最近准则判别归类。

(2) 如果距离定义采用马氏距离，则

$$D^2(X,G_i)=(X-\mu_i)'(V_i)^{-1}(X-\mu_i),\qquad i=1,2$$

式中，μ_1、μ_2，V_1、V_2 分别为 G_1、G_2 的均值矢量和协方差阵。此时，判别准则为

第一，当 $V_1=V_2=V>0$ 时

为便于应用，可以求出线性判别函数，为此考察 X 到 G_1、G_2 的马氏距离的平方之差：

$$D^2(X,G_2)-D^2(X,G_1)=2\left(X-\frac{\mu_1+\mu_2}{2}\right)'V^{-1}(\mu_1-\mu_2)$$

令 $\bar{\mu}=\dfrac{\mu_1+\mu_2}{2}$，$W(X)=(X-\bar{\mu})'V^{-1}(\mu_1-\mu_2)$

则判别规则又可写为 $\begin{cases}X\in G_1,\text{当 } W(X)\geqslant 0\\ X\in G_2,\text{当 } W(X)<0\end{cases}$

当 μ_1、μ_2、V 都已知时，令 $a=V^{-1}(\mu_1-\mu_2)$，则 a 为一已知的 p 维矢量，此时

$$W(X)=(X-\bar{\mu})'a=a'(X-\bar{\mu})$$

式中，为 X 的线性判别函数；a 称为判别系数，可以由方程组 $V\cdot a=\mu_1-\mu_2$ 求得。于是判别规则为

$$\begin{cases}X\in G_1,\text{当 } a'(X-\bar{\mu})\geqslant 0\\ X\in G_2,\text{当 } a'(X-\bar{\mu})<0\end{cases}\qquad(13.39)$$

当 μ_1、μ_2、V 都未知时，先求出相应的估计值 $\hat{\mu}_1$、$\hat{\mu}_2$、$\hat{V}$，再代入线性判别函数 W(X)中，估计值的求法如下：

从 G_1 中抽取容量为 n_1 的样本 X；从 G_2 中抽取容量为 n_2 的样本 Y，取

$$\hat{\mu}_1=\bar{X}=\frac{1}{n_1}\sum_{k=1}^{n_1}X_k,\qquad \hat{\mu}_2=\bar{Y}=\frac{1}{n_2}\sum_{k=1}^{n_2}Y_k$$

$$\hat{\bar{\mu}}=\frac{\hat{\mu}_1+\hat{\mu}_2}{2},\qquad \hat{V}=\frac{1}{n_1+n_2-2}[(n_1-1)S_1+(n_2-1)S_2]\qquad(13.40)$$

式中，$S_1=\dfrac{1}{n_1-1}\sum_{k=1}^{n_1}(X_k-X)(X_k-\bar{X})'$，$S_2=\dfrac{1}{n_2-1}\sum_{k=1}^{n_1}(Y_k-\bar{Y})(Y_k-Y)'$

于是线性判别函数为 $W(X)=\hat{a}'(X-\hat{\bar{\mu}})$，判别系数为 $\hat{a}=\hat{V}^{-1}(\hat{\mu}_1-\hat{\mu}_2)$，判别规则同样采用式(13.39)，其中 $a'(X-\bar{\mu})$ 用 $\hat{a}'(X-\bar{\mu})$ 代替。

第二，当 G_1、G_2 的协方差 $V_1\neq V_2>0$ 时

若 μ_1、μ_2、V_1、V_2 均已知，可直接采用马氏距离公式进行判别，判别规则用式(13.38)，其中

$$d(X,G_1)=[(X-\mu_1)'V_1^{-1}(X-\mu_1)]^{\frac{1}{2}}$$

$$d(X,G_2)=[(X-\mu_2)'V_2^{-1}(X-\mu_2)]^{\frac{1}{2}}$$

若 μ_1、μ_2、V_1、V_2 均未知，从两总体中抽取样本，求出相应估计值。

由此可计算出

$$d(X,G_1)=[(X-\hat{\mu}_1)'\hat{V}_1^{-1}(X-\hat{\mu}_1)]^{\frac{1}{2}}$$

$$d(X,G_2)=[(X-\hat{\mu}_2)'\hat{V}_2^{-1}(X-\hat{\mu}_2)]^{\frac{1}{2}}$$

再用判别准则式(13.38)对 X 的归属进行判别。

2. 多个总体的判别问题

设有 k 个 p 维总体 $G_1,\cdots,G_k$，其均值矢量分别为 $\mu_1,\cdots,\mu_k$，协方差阵分别为 $V_1>0,\cdots,V_k>0$，对于给定样品 X 判断其类型归属。

同样分两种情况讨论：

1）若 $V_1=\cdots=V_k=V>0$

(1) 当 $\mu_1,\cdots,\mu_k$，V 均已知时，X 的线性判别函数为

$$W_{ij}(X)=a'_{ij}(X-\bar{\mu}_{ij})\qquad i,j=1,\cdots,k;i\neq j$$

式中，

$$\begin{cases}a_{ij}=V^{-1}(\mu_i-\mu_j)\\ \bar{\mu}_{ij}=\dfrac{1}{2}(\mu_i+\mu_j)\end{cases}\qquad i,j=1,\cdots,k;i\neq j$$

则其判别规则为

当 $W_{ij}(X)\geqslant 0$ 时，$X\in G_i\qquad (i,j=1,\cdots,k;i\neq j)$ (13.41)

(2) 当 $\mu_1,\cdots,\mu_k$；V 均未知时，先从 k 个总体中分别抽取样本 $X_1^{(1)},\cdots,X_{n_1}^{(1)}$；$X_1^{(k)},\cdots,X_{n_k}^{(k)}$，$n=\sum_{i=1}^{k}n_i$，则 $W_{ij}(X)$中的参数用如下估计值代替：

$$\hat{\mu}_i = \overline{X}^{(i)} = \frac{1}{n_i}\sum_{j=1}^{n_i} X_j^{(i)}, \hat{\bar{\mu}}_{ij} = \frac{1}{2}(\hat{\mu}_i + \hat{\mu}_j), \hat{V} = \frac{1}{n-k}\sum_{i=1}^{k}(n_i - 1)S_i$$

式中，$S_i = \frac{1}{n_i - 1}\sum_{j=1}^{n_i}(X_j^{(i)} - \overline{X}^{(i)})(X_j^{(i)} - \overline{X}^{(i)})', i,j = 1,\cdots,k; i \neq j$

于是,线性判别函数为　$W_{ij}(X) = \hat{a}'_{ij}(X - \hat{\bar{\mu}}_{ij}), i,j=1,\cdots,k; i\neq j$

其中判别系数为 $\hat{a}_{ij} = \hat{V}^{-1}(\hat{\mu}_i - \hat{\mu}_j)$,判别规则仍用式(13.41)。

2) 若 $V_1,\cdots,V_k$ 不全相同

(1) 当 $\mu_1,\cdots,\mu_k; V_1,\cdots,V_k$ 均已知时,分别计算 X 到 k 个总体的马氏距离

$$d(X,G_i) = [(X - \mu_i)'V_i^{-1}(X - \mu_i)]^{\frac{1}{2}} \qquad i=1,\cdots,k$$

则判别规则为:

$$当\ d(X,G_i) \leqslant \min_{i\neq j} d(X,G_j) 时, X \in G_i \qquad (i = 1,\cdots,k) \tag{13.42}$$

(2) 当 $\mu_1,\cdots,\mu_k; V_1,\cdots,V_k$ 均未知时,先从这 k 个总体中分别抽取样本,求出它们的相应估计值,再算出 X 到各总体的马氏距离,其判别规则仍为式(13.42)。

13.7.2　费歇判别法

费歇(Fisher)判别是英国数学家费歇(R. A. Fisher)于 1936 年提出来的,该法对总体的分布并未提出什么特定的要求。

1. Fisher 判别法的基本思想

Fisher 准则:通过坐标原点在某两个点群之间寻找一个最优分割面(其数学表达式就是判别函数),使得这两个总体的样品点在该分割面上的投影达到最大限度的分离,而且满足类间距离最大,而类内离差最小的准则。将 Fisher 准则引入判别分析则可得到 Fisher 判别法。

设有 k 个 p 维总体 $G_1,\cdots,G_k$,从这 k 个总体中分别抽取具有 p 个指标的样品观测值,借助上述思想构造一个线性判别函数(判别式):$y = c_1x_1 + c_2x_2 + \cdots + c_px_p$,其中系数 $c_1,c_2,\cdots,c_p$ 确定的原则是使两组间的区别最大,而使每个组内部的离差最小。判别式确定后,对于一个新的样品,将它的 p 个指标值代入判别式中求出 y 值,然后与判别临界值(或称分界点)进行比较,就可以判别它应属于哪一个总体。

以二维总体 G_1、G_2 为例,如图 13.8 所示矩形点为 G_1 的点,圆点为 G_2 的点,

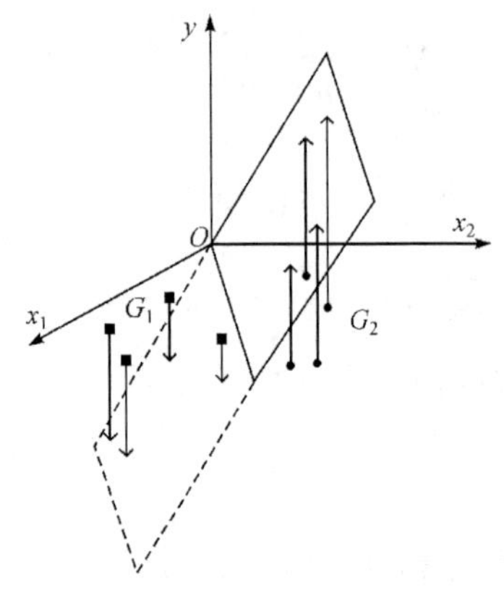

图 13.8 Fisher 判别法原理

它们分别在 x_1 和 x_2 轴上的投影有很大一部分重叠在一起，因此要用原变量 x_1 和 x_2 的取值范围把 G_1、G_2 分开是困难的。Fisher 判别等于要在三维空间找到一个平面（对于多维总体，需找到若干个平面）将 G_1、G_2 两个点集分割开。

2. 判别函数的建立

设有 k 个 p 维总体 $G_1,\cdots,G_k$，抽取样品数分别为 $n_1,\cdots,n_k$，令 $n=n_1+n_2+\cdots+n_k$，$x_\alpha^{(i)}=(x_{\alpha 1}^{(i)},\cdots,x_{\alpha p}^{(i)})$ 为第 i 个总体的第 α 个样品的观测矢量。

假定所建立的判别函数为

$$y(x)=c_1x_1+\cdots+c_px_p\cong c'x$$

式中，$c=(c_1,\cdots,c_p)'$，$x=(x_1,\cdots,x_p)'$。

记 $\bar{x}^{(i)}$和 $s^{(i)}$分别是总体 G_i 内 x 的样本均值矢量和样本协差阵，根据求随机变量线性组合的均值和方差的性质可知，$y(x)$在 G_i 上的样本均值和样本方差为

$$\bar{y}^{(i)}=c'\bar{x}^{(i)},\quad \sigma_i^2=c's^{(i)}c$$

记 $\bar{x}$ 为总的均值矢量，则 $\bar{y}=c'\bar{x}$。

Fisher 准则就是要选取系数矢量 c，使

$$\lambda=\frac{\sum_{i=1}^{k}n_i(\bar{y}^{(i)}-\bar{y})^2}{\sum_{i=1}^{p}q_i\sigma_i^2}$$

达到最大，其中 q_i 是人为的正的加权系数，它可以取为先验概率。如果取 $q_i=n_i-1$，则 $\lambda=\frac{c'Ac}{c'Ec}$，式中，E 为组内离差阵；A 为总体之间样本协差阵，即

$$E=\sum_{i=1}^{k}q_i\cdot s^{(i)}$$

$$A=\sum_{i=1}^{k}n_i(\bar{x}^{(i)}-\bar{x})(\bar{x}^{(i)}-\bar{x})'$$

为求 λ 的最大值，根据极值存在的必要条件，令$\frac{\partial\lambda}{\partial C}=0$，则

$$\frac{\partial\lambda}{\partial C}=\frac{2Ac}{c'Ec}-\frac{2Ec}{c'Ec}\cdot\lambda$$

因此$\frac{\partial \lambda}{\partial C}=0 \Rightarrow Ac=\lambda Ec$,这说明 λ 及 c 恰好是 A、E 矩阵的广义特征根及其对应的特征矢量。由于一般都要求加权协差阵 E 是正定的,因此上式非零特征根个数 m 不超过 $\min(k-1,p)$,又因为 A 为非负定的,所以非零特征根必为正,记为 $\lambda_1 \geqslant \lambda_2 \geqslant \cdots \geqslant \lambda_m > 0$,于是可构造 m 个判别函数:

$$y_l(x) = c^{(l)'}x, \qquad l = 1,\cdots,m \tag{13.43}$$

对于每个判别函数必须给出一个用以衡量判别能力的指标,m_0 个判别函数 $y_1,\cdots,y_{m_0}$ 的判别能力定义为

$$sp_{m_0} \cong \sum_{l=1}^{m_0} p_l = \frac{\sum_{l=1}^{m_0} \lambda_l}{\sum_{i=1}^{m} \lambda_i}$$

如果 sp_{m_0} 达到某个人定的值(比如 85%)则就认为 m_0 个判别函数就够了。

3. 多总体 Fisher 判别法

有了判别函数之后,如何对待判的样品进行分类? Fisher 判别法本身并未给出最合适的分类法。在实际工作中可以选用下列分类法之一去作分类。

1) 当 $m_0=1$ 时(即只取一个判别函数)

(1) 不加权法

若 $|y(x)-\bar{y}^{(i)}|=\min\limits_{1\leqslant j\leqslant k}|y(x)-\bar{y}^{(j)}|$,则判 $x\in G_i$。

(2) 加权法

将 $\bar{y}^{(1)},\cdots,\bar{y}^{(k)}$ 按大小次序排列,记为 $\bar{y}_{(1)}\leqslant\cdots\leqslant\bar{y}_{(k)}$,相应判别函数的标准差重排为 $\sigma_{(i)}$。令

$$d_{i,i+1}=\frac{\sigma_{(i+1)}\bar{y}_{(i)}+\sigma_{(i)}\bar{y}_{(i+1)}}{\sigma_{(i+1)}+\sigma_{(i)}}, \qquad i=1,\cdots,k-1$$

则 $d_{i,i+1}$ 可作为 G_{ji} 与 G_{ji+1} 之间的分界点,若 $d_{i-1,i}\leqslant y(x)\leqslant d_{i,i-1}$,则判 $x\in G_{ji}$。

2) 当 $m_0>1$ 时

(1) 不加权法

记　$\bar{y}_l^{(i)}=c^{(l)'}\bar{x}^{(i)}, \qquad l=1,\cdots,m_0; i=1,\cdots,k$

对待判样品 $x=(x_1,\cdots,x_p)'$,计算

$$y_l(x) = c^{(l)'}x \qquad D_i^2 = \sum_{l=1}^{m_0}[y_l(x)-\bar{y}_l^{(i)}]^2, \qquad i = 1,\cdots,k$$

若 $D_y^2=\min\limits_{1\leqslant i\leqslant k} D_i^2$,则判 $x\in G_y$。

(2) 加权法

考虑到每个判别函数的判别能力不同,记

$$D_i^2=\sum_{l=1}^{m_0}[y_l(x)-\bar{y}_l^{(i)}]^2\lambda_l$$

式中,λ_l 为由 $Ac=\lambda Ec$ 求出的特征根。若 $D_y^2=\min\limits_{1\leqslant i\leqslant k} D_i^2$,则判 $x\in G_y$。

13.7.3 贝叶斯判别法

如果对多个总体的判别考虑的不是建立判别式,而是计算新给样品属于各总体的条件概率 $P(l/x)$,$l=1,\cdots,k$。比较这 k 个概率的大小,然后将新样品判归为来自概率最大的总体,这种判别法称为贝叶斯(Bayes)判别法。费歇准则是为 p 维空间两个点群寻找最优分割面,而贝叶斯准则是为 p 维空间 G 个点群寻找最优空间划分方法。

1. 基本思想

设有 k 个 p 维总体 $G_1,G_2,\cdots,G_k$,若从中取得 n 个样品,每个样品必然属于这 G 个总体中的某一个,如果将每个样品看作 p 维空间中的一个点,则 n 个样品组成一个 p 维样本空间。如果设法将样品空间划分为 G 个两两互斥的子空间,并分别与 G 个总体相对应。则对于一个未知样品 $x(x_1,x_2,\cdots,x_p)$ 也可看作 p 维空间中的一个点,看它落在哪个子空间的概率最大,就把它划归那个总体。

Bayes 判别法总是假定对所研究的对象已经有一定的认识,并常用先验概率来描述这种认识,记 k 个总体的先验概率分别为 $q_1,q_2,\cdots,q_k$(它们可以由经验给出也可以估出)。各总体的密度函数分别为:$f_1(x),f_2(x),\cdots,f_k(x)$(在离散情形是概率函数),对于观测到的一个样品 X,可用 Bayes 公式计算它来自第 g 个总体的后验概率 P。

$$P(g/x)=\frac{q_g f_g(x)}{\sum\limits_{i=1}^{k} q_i f_i(x)},\qquad g=1,\cdots,k \tag{13.44}$$

且当 $P(h/x)=\max\limits_{1\leqslant g\leqslant k} P(g/x)$ 时,则判 X 来自第 h 总体。

有时还可以用错判损失最小的概念作判决函数,此时把 X 错判为第 h 总体的平均损失定义为

$$E(h/x)=\sum_{k\neq h}\frac{q_g f_g(x)}{\sum\limits_{i=1}^{k} q_i f_i(x)}\cdot L(h/g) \tag{13.45}$$

式中，$L(h/g)$称为损失函数。它表示本来是第 g 总体的样品错判为第 h 总体的损失。当 $h=g$ 时，有 $L(h/g)=0$；当 $h\neq g$ 时，有 $L(h/g)>0$。建立判别准则为：如果 $E(h/x)=\min\limits_{1\leqslant g\leqslant k}E(g/x)$，则判定 X 来自第 h 总体。

原则上说，考虑损失函数更为合理，但是在实际应用中 $L(h/g)$不容易确定，因此往往在数学模型中就假设各种错判的损失皆相等，即 $L(h/g)=1$，（当 $h\neq g$）。此时，寻找 h 使后验概率最大和使错判的平均损失最小是等价的。

2．多元正态总体的 Bayes 判别法

在实际问题中遇到的许多总体往往服从正态分布，以下给出 p 元正态总体的 Bayes 判别法。

1）判别函数的建立

先验概率的确定：对于先验概率，如果没有更好的方法，可用样品频率代替，即令 $q_g=\dfrac{n_g}{n}$，其中 n_g 为已知分类数据中来自第 g 总体样品的数目，且 $n_1+n_2+\cdots+n_k=n$；或者令先验概率相等，即 $q_g=\dfrac{1}{k}$，此时可以认为先验概率不起作用。

p 元正态分布密度函数为

$$f_g(x)=(2\pi)^{-p/2}\left|\sum{}^{(g)}\right|^{1/2}\cdot\exp\left\{-\frac{1}{2}(x-\mu^{(g)})'\sum{}^{(g)^{-1}}(x-\mu^{(g)})\right\} \tag{13.46}$$

式中，$\mu^{(g)}$和 $\sum^{(g)}$ 分别为第 g 总体的均值矢量（p 维）和协差阵（p 阶）。

因为 $P(g/x)$分式中的分母无论 g 为何值都是常数，故寻求使 $P(g/x)$最大的 g，等价于 $q_gf_g(x)\xrightarrow{g}\max$。

将 $f_g(x)$代入上式，并取对数，记

$$\begin{aligned}Z(g/x)=&\ln q_g-\frac{1}{2}\ln\left|\sum{}^{(g)}\right|-\frac{1}{2}x'\sum{}^{(g)^{-1}}x\\&-\frac{1}{2}\mu^{(g)'}\sum{}^{(g)^{-1}}\mu^{(g)}+x'\sum{}^{(g)^{-1}}\mu^{(g)}\end{aligned}$$

则问题转化为 $Z(g/x)\xrightarrow{g}\max$。

2）假设协方差阵相等

即 $\sum^{(1)}=\sum^{(2)}=\cdots=\sum^{(k)}=\sum$

这时 $Z(g/x)$中的 $\dfrac{1}{2}\ln\left|\sum^{(g)}\right|$ 和 $\dfrac{1}{2}x'\sum^{(g)^{-1}}x$ 两项与 g 无关，求最大时可

以去掉，最终得到如下形式的判别函数与判别准则（如果协方差阵不等，则有非线性判别函数）：

$$\begin{cases} y(g/x) = \ln q_g - \frac{1}{2}\mu^{(g)'}\sum^{-1}\mu^{(g)} + x'\sum^{-1}\mu^{(g)} \\ y(g/x) \xrightarrow{g} \max \end{cases} \tag{13.47}$$

13.7.4 判别分析应注意的问题

1. 指标的选择

一般来讲，指标选择的好坏直接影响判别的效果，如果在某个判别问题中，将其中最主要的指标（变量）忽略了，那么由此建立的判别函数其效果一定不好。但在许多问题中，往往事先并不十分清楚哪些指标是主要的，这时是否将有关的指标尽量都收集进来加入计算才好呢？理论和实践证明，指标太多了，不仅计算量太大，而且许多对判别无作用的指标反而会干扰我们的视线，因此适当筛选变量的问题是一件很要紧的事，而逐步判别法正好解决了此问题，有兴趣的读者可参考有关专著。

2. 判别函数中分界点 y_0 的选取

分界点的选取对判别效果的影响还是很大的，如果选取不当，很可能使一个好的判别函数变得毫无分类的价值。对分界点的取法可以有各种不同的出发点，如可以人为地从经验或问题的实际背景出发指定 y_0 值；或把 n_1+n_2 个 $y(x)$ 值从小到大排列，适当地取其中一点作分界点 y_0；或可以取一个区间，然后规定相应的判别规则；如果想从数学上讨论，还有平均错判率最小法。这些都是从不同出发点确定分界点的方法。

3. 判别法则的评价

无论采用哪种判别方法，一般总会发生错判，这就是作判决所要承担的风险。目前已研究出很多种估计错判概率的方法。①用建立判别函数的训练样品进行回代，用错判的样品数比上全体样品数作为错判概率的估计。但是经验证明，该方法估计错判概率往往偏低。②一种改进的方法是将参加类别的样品分成两部分，用其中一大部分样品（例如 85%）的观测数据去建立判别函数和判别准则，用剩余的一小部分样品（例如 15%）的观测数据进行判断。将错判的比例作为错判概率的估计。其优点是容易计算，又不要求已知总体的分布及判别函数的分布；缺点是在建立判别函数时，未能充分利用全部样品的信息，且样品量较大。③一刀切法从总体 G_1、G_2 中分别取出 n_1、n_2 个样品，令 $n_1+n_2=n$，并对这 n 个样品依次进行编号。先去掉 1 号样品，用其余的 $n-1$ 个样品建立判别函数和判别准则，然后将该样品的观测数据代入，看它被判归为哪个总体，如果错判则记录下来，再将该样品放回；再去掉 2 号样品，用其余 $n-1$ 个样品建立判别函数和判别准则……，以此类推，一直做完 n 步。分别计算总体 G_1、G_2 中样品被错判的个数，并除以相应的总样品个数(即 n_1、n_2)，从而得出各自错判概率的估计值。

13.8　主成分分析

在实际研究中，为了对问题做出全面、可靠的分析，往往会提出很多与此有关的变量(或因素)，这些变量都在不同程度上反映了该研究的某些信息。一般来讲，变量越多所获得的信息越充分。然而，太多的变量不可避免地会增加对问题分析的复杂性，而且在很多情况下，变量之间是有一定相关关系的，即反映该研究的信息有一定的重叠。人们自然希望变量个数较少而得到的信息较多，本节所介绍的主成分分析法就是处理这类问题的一种强有力的方法。主成分分析首先是由 K. 皮尔森对非随机变量引入的，尔后 H. 霍特林将此方法推广到随机矢量的情形。

13.8.1　主成分分析的基本原理

主成分分析(principle component analysis，PCA)是在尽量不丢失信息的前提下，把原来多个指标化为少数几个综合指标，且这些综合指标之间互不相关的一种统计分析方法。

设 $X=(x_1,\cdots,x_p)'$是 p 维随机变量，如何将这 p 个指标综合成尽可能少的几个综合指标，既能充分反映原有指标所反映的信息，又保证它们之间彼此独立。解决这一问题最简单的方法就是取原来变量指标的线性组合，适当调整组合系数，使新的变量指标之间互相独立且代表性最好，记新变量指标为 $y_1,y_2,\cdots,y_m(m\leqslant p)$。则

$$\begin{cases} y_1 = a_{11}x_1 + \cdots + a_{1p}x_p \\ y_2 = a_{21}x_1 + \cdots + a_{2p}x_p \\ \cdots\cdots\cdots\cdots\cdots\cdots\cdots\cdots \\ y_m = a_{m1}x_1 + \cdots + a_{mp}x_p \end{cases} \tag{13.48}$$

式中，系数 a_{ij}为非零的常数；i、j、m、p 均为正整数，$i\in[1,m]$，$j\in[1,p]$。

信息的大小通常用离差平方和或方差来衡量。若使新变量指标能最大限度地反映原有指标的作用，就应使原来的 p 个指标经过式(13.48)变换后，得到的 y 具有尽可能大的方差，这就是求主成分的基本思想。因此，系数 a_{ij}由下列原则决定：

(1) y_1 是 $x_1,x_2,\cdots,x_p$ 的一切线性组合中方差最大者；y_2 是与 y_1 不相关的

$x_1, x_2, \cdots, x_p$ 的所有线性组合中方差最大者；……；y_m 是与 $y_1, y_2, \cdots, y_{m-1}$ 都不相关的 $x_1, x_2, \cdots, x_p$ 的所有线性组合中方差最大者。

这样新变量指标 y_1、$y_2, \cdots, y_m$ 分别称为原变量指标 $x_1, x_2, \cdots, x_p$ 的第一，第二，…，第 m 主成分。其中，y_1 在总方差中占的比例最大，$y_2, \cdots, y_m$ 的方差依次递减。在实际问题的分析中，常选取前几个最大的主成分，这样既减少了变量的数目，又能抓住主要矛盾，简化了变量之间的关系。从数学上容易得知，系数 a_{ij} 分别是 X 的协方差矩阵 V 前 m 个较大的特征根所对应的特征矢量。

(2) 新变量指标（主成分）y_1、$y_2, \cdots, y_m$ 互不相关。

由于协方差是对称阵，根据矩阵代数知，V 的不同的特征根所对应的特征矢量是正交的。所以，如果求得的 m 个特征根全不相同时，则所对应的特征矢量是互相正交的，这表明所求得的主成分 y_1、$y_2, \cdots, y_m$ 之间互不相关。

主成分分析的原理可如图 13.9 所示。假设原始数据为二维数据，两个分量 x_1、x_2 之间存在相关性，通过投影，各数据可以表示为 y_1 轴上的一维点数据，从二维空间中的数据变成一维空间中的数据会产生信息损失，为了使信息损失最小，必须按照使一维数据的信息量（方差）最大的原则确定 y_1 轴的取向，新轴 y_1 称作第一主成分。为了进一步汇集剩余的信息，可求出与第一轴 y_1 正交，且尽可能多地汇集剩余信息第二轴 y_2，新轴 y_2 称作第二主成分。

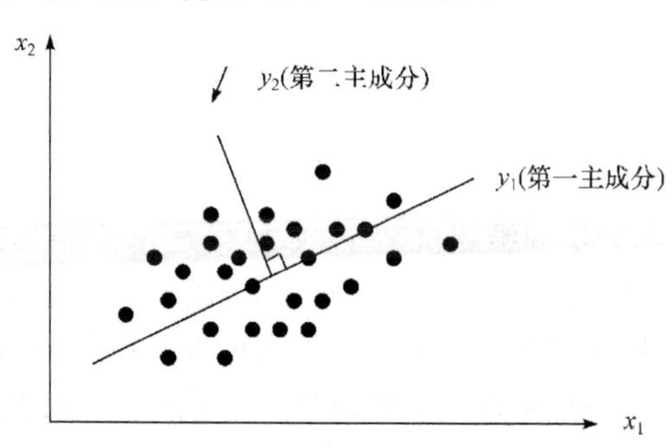

图 13.9 主成分分析原理

13.8.2 主成分分析的方法

主成分分析的算法可总结如下：设有矢量集 $X = \{X_i, i = 1, 2, \cdots, N\} \in R^n$，E(X)为 X 的数学期望，A 是 X 的协方差矩阵 V 的特征矢量按其特征根由大到小的顺序排列而构成的变换矩阵，则称

$$Y_i = AX_i \tag{13.49}$$

和

$$X_i = A^T Y_i \tag{13.50}$$

为主成分分析算法，其中，$Y=\{Y_i, i=1,2,\cdots,N\}\in R^n$。

主成分分析的方法和步骤可概括如下：

1. 主成分的求取

1) 从协方差矩阵出发

(1) 计算协方差矩阵 V

$$V=\begin{pmatrix} \mathrm{cov}(x_1,x_1) & \cdots & \mathrm{cov}(x_1,x_p) \\ \vdots & & \vdots \\ \mathrm{cov}(x_p,x_1) & \cdots & \mathrm{cov}(x_p,x_p) \end{pmatrix} \tag{13.51}$$

式中，$\mathrm{cov}(x_i,x_j)$为原来变量 x_i 与 x_j 的协方差，计算公式为

$$\mathrm{cov}(x_i,x_j)=\frac{1}{p}\sum_{k=1}^{p}(x_{ki}-\bar{x}_i)(x_{kj}-\bar{x}_j) \tag{13.52}$$

(2) 计算特征值与特征矢量。解特征方程$|\lambda I-V|=0$，求出 V 的一切非零特征根，并依大小顺序排列成 $\lambda_1\geqslant\lambda_2\geqslant\cdots\geqslant\lambda_k>0$（其余 $p-k$ 个特征根均为 0）；然后求出这 k 个特征根 $\lambda_1,\cdots,\lambda_k$ 相应的 k 个特征矢量，并将其单位化，得到单位化特征矢量 $a_1,\cdots,a_k$。

2) 从相关系数矩阵出发

在实际问题中，进行主成分分析时往往遇到 P 个指标代表不同的量，其度量单位也就不一样。不仅如此，更重要的是当某一变量改变计量单位后，其协方差阵 V 就会发生变化。自然相应于协方差阵的特征根也要发生变化，从而使相应的特征矢量也发生改变，最后导致主成分改变。为了克服这一不足，通常先把各变量进行标准化变换，此时标准化后的随机矢量的协方差阵 V^* 正好等于原随机矢量 $X=(x_1,\cdots,x_p)'$的相关矩阵 R，因此也可以从 X 的相关矩阵 R 出发，求原来 p 个指标的主成分。

(1) 计算相关系数矩阵

$$R=\begin{pmatrix} r_{11} & r_{12} & \cdots & r_{1p} \\ r_{21} & r_{22} & \cdots & r_{2p} \\ \vdots & \vdots & & \vdots \\ r_{p1} & r_{p2} & \cdots & r_{pp} \end{pmatrix} \tag{13.53}$$

因为 R 是实对称矩阵，所以只需计算其上三角元素或下三角元素即可。

(2) 计算特征值与特征矢量。解特征方程$|\lambda I-R|=0$，并依大小顺序排列成 $\lambda_1\geqslant\lambda_2\geqslant\cdots\geqslant\lambda_k>0$（其余 $p-k$ 个特征根均为 0）；然后求出这 k 个特征根 $\lambda_1,\cdots,$

λ_k 相应的 k 个特征矢量。

一般来说,从相关矩阵 R 求得的主成分与从协方差阵 V 求得的主成分是不相同的。通常,在变量的度量单位不相同时,从相关矩阵 R 出发求主成分是比较恰当的,但当协方差阵 V 中的主对角线上各元素相差不大时,为简单起见,也可以直接由 V 来求主成分。

2. 主成分方差贡献率与个数的确定

主成分 y_i 贡献率: $\lambda_i/\sum_{k=1}^{p}\lambda_k(i=1,2,\cdots,p)$,累积贡献率: $\sum_{k=1}^{m}\lambda_k/\sum_{k=1}^{p}\lambda_k$。如果前 m 个主成分的累积方差贡献率超过了 85%,则就用这前 m 个主成分 y_1, $y_2,\cdots,y_m$ 的变化来刻画 X 的 p 个分量 $x_1,x_2,\cdots,x_p$ 的变化。

思 考 题

1. 我国 1991～2002 年期间的第一、二、三产业及人均国内生产总值数据见表 1。

表 1　国内生产总值发展速度(%)

按可比价格计算上年=100				
年份	第一产业	第二产业	第三产业	人均国内生产总值
1991	106.73	125.73	123.02	117.75
1992	110.41	159.12	159.62	116.75
1993	75.96	176.46	143.73	156.51
1994	75.94	127.02	107.02	105.81
1995	148.32	112.62	131.02	119.17
1996	101.82	141.71	125.63	133.21
1997	109.83	118.96	109.84	120.50
1998	113.89	108.25	119.74	110.84
1999	102.64	111.41	115.24	111.03
2000	105.30	108.30	115.50	109.25
2001	106.50	109.12	113.88	109.56
2002	104.50	111.02	113.70	110.54

(1) 计算我国三大产业与人均国内生产总值之间的复相关系数。

(2) 建立我国三大产业与人均国内生产总值之间的线性回归模型,并在置信水平 $\alpha=0.01$ 下,对模型进行显著性检验。

2．用最短距离法、重心法对表 2 中 12 个地区城市进行城市设施水平聚类分析。

表 2　12 个地区城市设施水平(2001 年)

地区	人均住宅建筑面积 $/m^2$	人均住宅使用面积 $/m^2$	城市人口用水普及率/%	城市燃气普及率/%	每万人拥有公共交通车辆/标台	人均拥有铺装道路面积 $/m^2$	人均公共绿地面积 $/m^2$	每万人拥有公共厕所/座
北　京	25.41	17.62	100.00	99.48	23.87	8.30	9.91	7.34
天　津	21.07	15.91	100.00	94.82	10.82	10.33	5.99	5.48
内蒙古	18.64	14.10	76.40	49.62	4.25	8.49	6.33	8.15
吉　林	18.89	13.41	74.36	63.84	7.92	7.17	6.08	7.91
上　海	25.99	18.76	99.98	100.00	20.34	13.55	5.88	1.26
山　东	21.95	15.84	56.63	52.18	8.83	16.02	8.55	3.08
河　南	14.01	11.12	72.17	45.17	7.65	9.71	6.83	4.50
重　庆	22.49	16.88	45.04	32.23	9.03	8.07	3.41	5.68
四　川	17.98	14.79	38.86	26.17	7.97	9.55	5.08	3.80
西　藏	95.89	76.71	84.72	69.05	30.81	31.83	2.74	6.12
陕　西	17.60	12.15	71.91	58.18	8.28	7.15	4.54	2.42
甘　肃	20.48	15.64	60.31	26.14	7.43	10.33	4.41	2.99

3．设有 3 个二维总体 G_1、G_2、G_3，已知各总体的均值矢量如下：

$$\bar{x}_1=(5,2)',\ \bar{x}_2=(1,3)',\ \bar{x}_3=(5,7)'$$

且有共同的协方差阵为

$$V=\begin{pmatrix}0.2 & 1\\ 1 & 1.5\end{pmatrix}$$

求 Fisher 线性判别函数，并判断样品 $X=(2,4)'$的归属。

4．对表 2 中城市设施水平的 8 项指标进行主成分分析。

第14章　数据输出算法

14.1　概　　述

地图符号发展至今，普通地图尤其是地形图符号，已逐渐形成为一个较为科学系统的体系。地形图已基本实现标准化和现代化，但专题地图符号却未形成系统的体系。随着现代科学技术的发展和各学科的相互渗透，专题地图内容朝着综合制图、多层面制图、多视觉制图、时空动态制图等方向发展，并出现了机助制图、遥感制图、GIS等现代技术。所以，为了适应地图的发展和新技术的要求，对地图符号的研究应该着重研究内在结构及其规律性，探讨地图符号的组织结构和设计模式。

14.1.1　地图符号构成元素组成

传统地图学把地图符号的结构概括为图形、大小和色彩三个基本要素。随着现代科学技术的发展，把这些要素作为地图符号的基本构成已是很不完善的。符号视觉变量是从地图感受论引出的。如从地图传输论的角度去探讨，从方便制图实践应用出发，地图符号的基本图形要素可称为符号构成元素SCE(symbolic constitution elements)。

地图符号构成元素即组成一切符号(系统)的基本因素，是地图上最小的图解单元。它由八大元素组成：位置P(position)、形状F(form)、色彩H(hue，含色相H1，纯度H2和亮度H3)、尺寸(size，含大小S1，粗细S2、长短S3和分割比例S4)、网纹T(texture，含排列T1和疏密T2)、方向D(direction)、注记N(notation，含文字、数字N1和字体、字级N2)和行为A(action，符号在不同状态下的行为和表现形式)。这些元素分别体现于点、线、面状符号之中。

P指符号在图上的定位，平面位置由x、y坐标标定。如点状符号的位置一般指符号中心点；线状符号的位置一般指符号中心线，也有由符号轮廓线组成的(如双线河)；面状符号一般指符号的轮廓线。F指符号不同外形所组成的图形特征。点状符号形状是符号本身外形，包括几何符号、象形符号和艺术符号等；线、面状符号的形状界定为组成线或面的点集的形状变化，并不指线或面状符号外部轮廓界线形状(轮廓线实际上是表示位置元素的变化)。符号的形状变化是无限的。H表示符号的色相 H1、纯度 H2 和亮度 H3 变化。点、线、面状符号都有不同的色相、纯度和亮度变化。从理论上讲，色彩的变化是无穷的，但人眼能区分识别的色彩却是有限的。S 为符号的大小 S1、粗细 S2、长短 S3 和分割比例 S4 的变化特征。点状符号的大小表示符号的面积大小变化；线、面状符号的大小表示组成线或面的点集的大小变化。点、面状符号的粗细表示点、面轮廓线的粗细变化；线状符号的粗细表示线的宽度变化。线状符号的长短表示线的结构长短（如虚线的长短）变化。点、线状符号的分割比例指点内或线内按比率的分割构成。T 表示构成符号的晕点、晕线、花纹的排列 T1 和疏密 T2 变化特征。点、线、面状符号的排列表示符号内晕点、晕线、花纹的排列变化；点、线、面状符号的疏密表示符号的晕点、晕线、花纹的疏密变化。符号网纹的变化是无限的。D 表示符号的方向变化。个体符号一般有方向的区分（个别符号如圆无方向变化）；线状符号的方向指用箭头标明的方位变化。N 指图上的文字、数字 N1 和字体、字级 N2 的变化。点、线、面状符号一般都可用不同文字、数字和字体、字级的变化表示其名称、定性或定量特征。在专题地图上，位置常用来表示专题内容的空间地理分布。它是地图区别于其他事物的基本特征，是构成元素中的"常数项"，也是不可缺少项。形状、色彩和尺寸是最重要的符号构成元素，在地图符号设计中最为常用。形状、色彩中的色相、网纹中的排列易于表达要素的质量特征；尺寸中的大小、粗细、长短，色彩中的纯度、亮度和网纹中的疏密易于表达要素的数量特征；尺寸中的分割比例易于表达要素的内部组成情况。注记是不可缺少的构成元素之一。文字注记表示要素的质量特征（如文字符号、地名注记和说明注记）；数字注记表示要素的数量特征；字体、字级的变化易于表达要素的等级、层次，注记的应用范围十分广泛。行为特征是 GIS 应用发展对地图符号提出的新的要求，要求符号能够动态根据反映特征的状态呈现不同的表现。

14.1.2　地图符号几何特征

现实世界的事物形态各异、千变万化，但描述现实世界的图件通常采用地形图和各类专题图。一般它们可看做是符号的集合，而且从几何角度看，描述地物的符号不外乎为点符号、线符号、面符号、专题符号。实际上，点符号、线符号、面符号虽各有其特点，但又具有共性，它们的差异仅是构成各自的基本图素不同，而它们的绘制参数（符号代码、绘图句柄、笔的颜色、刷子的颜色等）和操作方法（绘制、删除等）则基本一致。根据面向对象的观点，为使各类符号对象具有相对独立性，需先将点符号、线符号、面符号定义成三种符号对象类，并将各类符号的数据成员（属性数据）及其函数成员（操作方法）封装在各自的对象类中，然后在这三个对象类的基础上，概括出更高层次的超类，即符号类。可以将以上各图元归纳为点、线、面三大类,将点、线、面类的图元共有的属性归纳为目标类,这样再构造一个超类来管理各种目标(点目标、线目标、面目标),这种面向对象的符号设计可以很容易地实现符号整体和符号内部(即图元)的各种管理和操作,大大方便了符号的设计(图 14.1)。

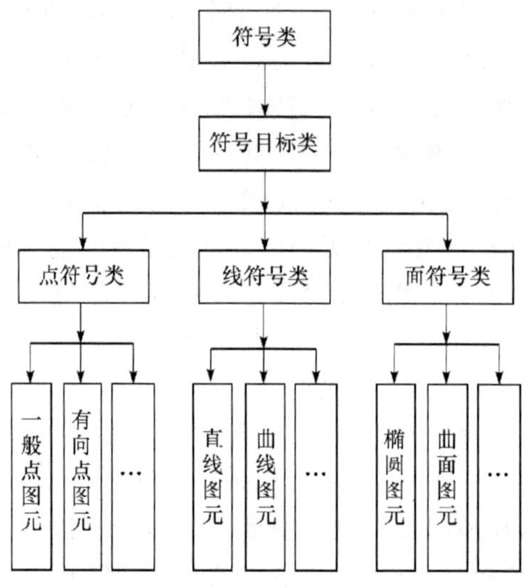

图 14.1 符号类设计

如点符号土堆上的三角点的设计(图 14.2),其组成图元为:1 个点状图元、6 个线状图元、1 个面状图元,这正体现了符号设计时的内部类结构和符号的构造关系。

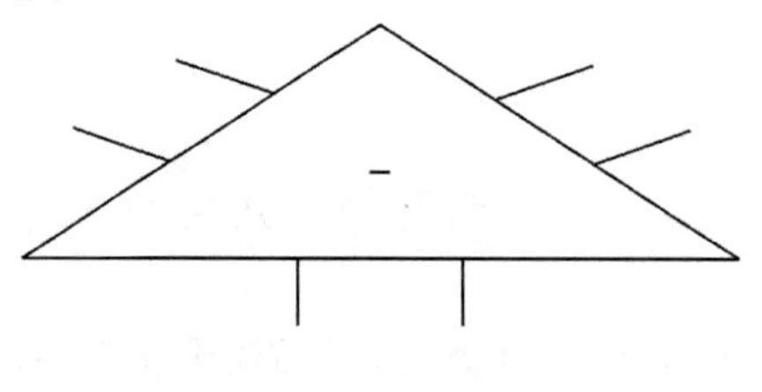

图 14.2 土堆上的三角点

14.1.3 基于 SVG 的地图符号描述模型

目前很难用一种模式描述每一个地图符号。地图符号的描述方法可分为文字、数学方法、半结构数据模型、XML、GML、SVG 描述等阶段。各阶段既有优点,也有缺点。SVG 能描述任意复杂的图形,可以应用于复杂地图符号的描述格式。

SVG 是 W3C 制定的基于 XML 开放标准的文本式标记语言。根据功能不同,

SVG 的主要对象可归为基本要素对象和描述功能对象两大类。基本要素对象不仅支持文字、图像和基本图形，而且对于贝塞尔曲线也同样支持，并引入路径的概念。描述功能包括字体描述、坐标变换、填充、透明、链接、描边、动画、显示方式、剪切路径、组合对象及箭头等。标记语言是使用“记号”来表示格式或数据信息的语言；地图是使用地图符号记录地理信息的一种图形语言形式；地图符号是地理信息的标记语言，它由图形构成，可以用图形标记语言 SVG 来标记（图 14.3）。

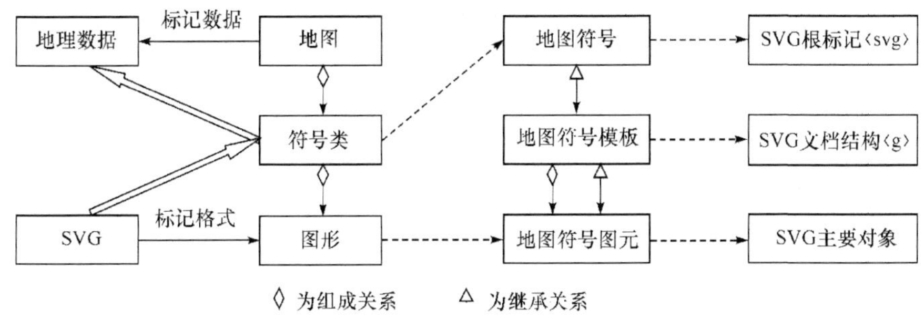

图 14.3　基于 SVG 的地图符号描述模型

基于 SVG 的地图符号描述模型包括概念模型、逻辑模型和物理模型。概念模型包括两种标记：一种是地图符号标记表示地理数据；另一种是 SVG 标记表示地图符号。在逻辑模型中，SVG 标记地图符号具体表现为地图符号由图形按照一定的描述规则构成和用 SVG 标记图形格式两部分。根据地图符号的结构特征和实现机制，在地图符号与基本图形之间插入中间件——模板，构成了地图符号描述的物理模型。

地图符号是按照一定的规则将符号模板配置在参考位置上，对地理信息进行可视化。一个完备的地图符号描述方法应该满足以下要求：①能充分表达地图符号的几何形状；②能方便地定义地图符号的专题属性，且易于扩充；③能方便地定义地图符号与外界的交互功能；④能够对地图符号的几何形状和专题属性进行存取和显示。基于 SVG 的地图符号描述模型能满足以上要求，地图符号的 BNF 描述可以表示如下

〈地图符号类〉::=〈显示环境〉〈地图符号〉

〈显示环境〉::=〈比例尺〉〈显示时间〉〈地图图形〉

〈地图符号〉::=〈符号形状定义〉[〈专题属性定义〉〈交互事件定义〉〈宽度〉〈高度〉〈坐标单位〉]；〈符号形状定义〉::=〈符号模板定义〉〈符号绘制规则定义〉〈参考位置〉

〈符号绘制规则定义〉::=〈平移〉|〈坐标映射〉|〈填充〉

〈填充〉::=〈单色填充〉|〈渐变色填充〉|〈图案填充〉|〈模式填充〉

〈专题属性定义〉::=〈专题属性〉[{〈专题属性〉}];〈专题属性〉::={〈属性名〉=〈属性值〉};〈交互事件定义〉::=〈交互事件〉[{〈交互事件〉}];〈交互事件〉::={〈事件名〉=〈响应函数〉};〈坐标映射〉::=〈坐标变换〉[{〈坐标变换〉}]

地图符号的描述模型用 SVG 描述见表 14.1,它的专题属性可用自定义的元素描述。SVG 定义了大量的标准事件支持地图符号与脚本语言的交互功能,如果使用 DOM 规范,则脚本还可以注册自己的特定事件并进行处理。

表 14.1　地图符号的 SVG 描述

地图符号的描述	SVG 要素	基本属性	描述
平移、坐标变换	transform	Translate, scale, rotate, skewX, skewY	坐标变换
填充	fill	color, gradient, image, pattern	填充
专题属性	mapAttribute	ELEMENT	自定义元素
交互时间	script, DOM	script, DOM	地图交互

14.2　点状地图符号的绘制

点状符号可以理解为有一个模板且仅使用一次经排列或变形而成。故对于点状符号来说，在应用时，只需要将符号模板按符号的定位点或定位点和方向控制点以相应的比例显示出来(具体的设计可参考线状符号的设计过程，唯一不同的是点状符号只有一次循环)。

14.2.1　圆 的 绘 制

圆在地图上常作为定位分级符号,其圆心定位在要素的中心位置,圆的面积表示相应的数量指标。

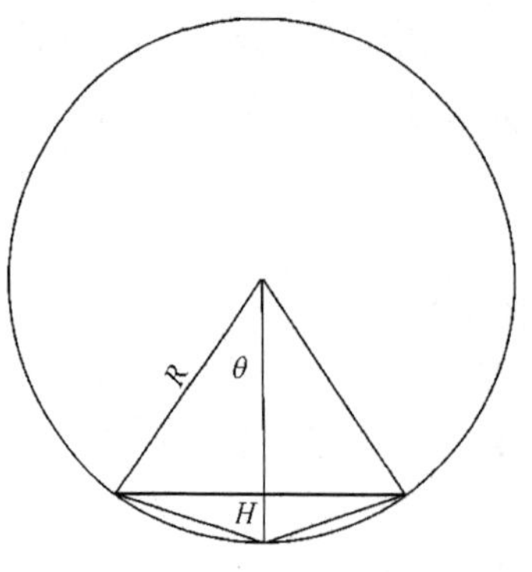

图 14.4　圆

圆是由正多边形逼近的,当多边形的边数多到人眼分辨不出是多边形时,就形成了圆形。显然,当边数不够时就不像圆形,但若边数过多时,会使计算和输出量增加,甚至引起笔迹扩散,影响图形效果。解决的方法是:考虑逼近圆的多边形上任意相邻三个顶点构成的等腰三角形的高度 H,控制 H 在一定限度,以致人眼分辨不出三点连线是一折线(图 14.4)。设圆的半径为 R,多边形

的等分角度为 θ。

显然，$H=R-R\cdot\cos\theta$

则 $\theta=\arccos\left(1-\dfrac{H}{R}\right)$

这里 H 一般控制在 0.01～0.03 比较适宜。

逼近圆的多边形 N 为 $N=\dfrac{2\pi}{\theta}$。

根据 θ 和 N 以及公式可得多边形各点坐标：

$$X=X_0+R\cdot\cos\alpha$$

$$Y=Y_0+R\cdot\sin\alpha$$

式中，X_0、Y_0 为圆心坐标；α 从圆弧的起始角 ANG_1 以增量 θ 变化到终止角 ANG_2，并约定：当终止角大于起始角时，按逆时针方向绘制，否则按顺时针方向绘制。

下面将给出圆弧绘制的算法流程(图 14.5)。

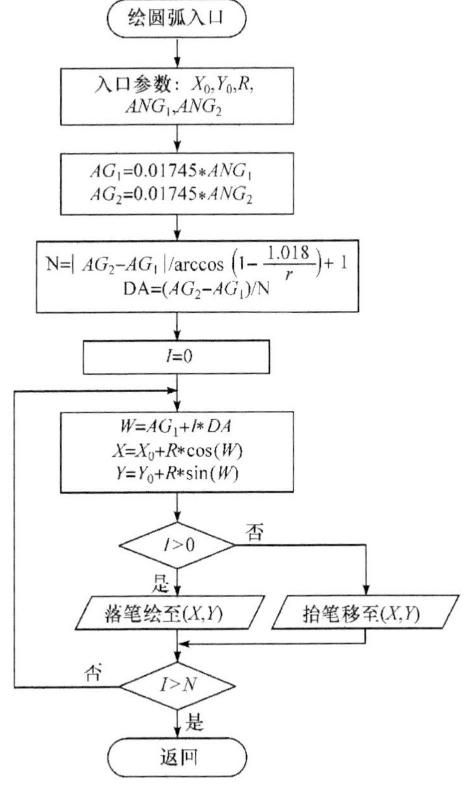

图 14.5　圆弧绘制算法流程图

14.2.2 椭圆的绘制

椭圆由于具有长轴和短轴，它可同时表示一种现象的两个数量指标。

椭圆也是由多边形逼近而成的，其绘制方法同圆弧绘制相似。椭圆的绘图参数为：中心坐标(X_0，Y_0)，横半轴长度、纵半轴长度 B，横轴与 X 轴的夹角 ANG0，椭圆弧的起止角度 ANG1 和 ANG2。

逼近椭圆的多边形等分角 θ 为

$$\theta=\arccos\left(1-\frac{H}{R}\right)$$

式中，

$$R=\begin{cases} a^2/b & a>b \\ b^2/a & b>a \end{cases}$$

这里 H 一般控制在 0.01～0.03 比较适宜。

正椭圆弧上坐标公式为

$$X=X_0+a\cos\alpha$$
$$Y=Y_0+b\sin\alpha$$

横轴与 X 轴夹角为 β 的椭圆坐标公式为

$$X=X_0+a\cos\alpha\cos\beta-b\sin\alpha\sin\beta$$
$$Y=Y_0+a\cos\alpha\sin\beta+b\sin\alpha\cos\beta$$

式中，X_0、Y_0 为椭圆中心坐标。角度 α 从椭圆弧的起始角开始以 θ 为增量变化至椭圆弧的终止角。

下面将给出椭圆或椭圆弧绘制的算法流程图(图 14.6)。

14.2.3 多边形的绘制

正多边形是常用的几何符号，地图上很多符号就是由三角形、方形、五角形等正多边形构成的(图 14.7)。

设多边形外接圆中心坐标为(X_0，Y_0)，半径 R，边数为 N，底边和 X 轴夹角为 α。

等分角 $\theta=\dfrac{2\pi}{N}$

底边左端点的起始角 $W_0=\alpha+\dfrac{\pi+\theta}{2}$

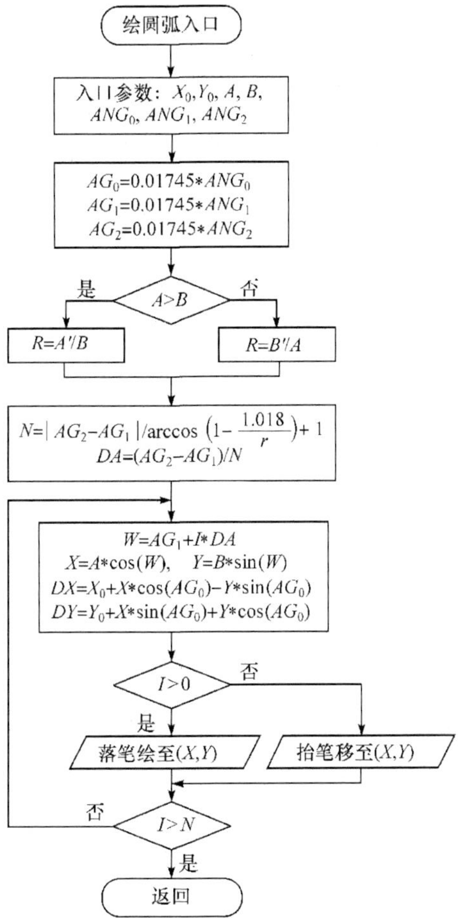

图 14.6　绘制椭圆或椭圆弧的算法流程

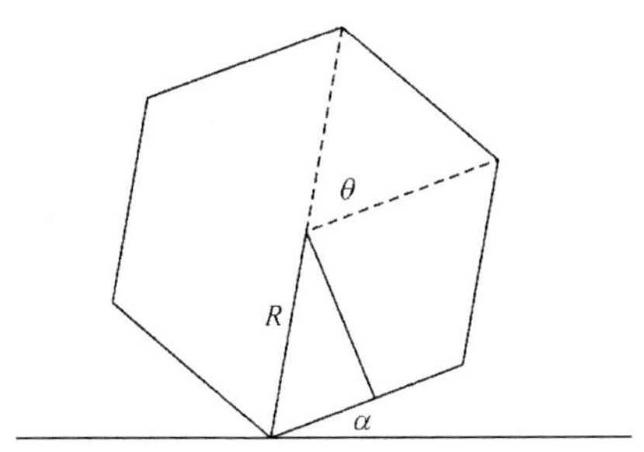

图 14.7　多边形

多边形上各分点的坐标

$$X = X_0 + R\cos W$$

$$Y = Y_0 + R\sin W$$

W 从 W_0 开始以 θ 为增量变化至 $2\pi + W_0$。

下面将给出正多边形绘制的算法流程图(图 14.8)。

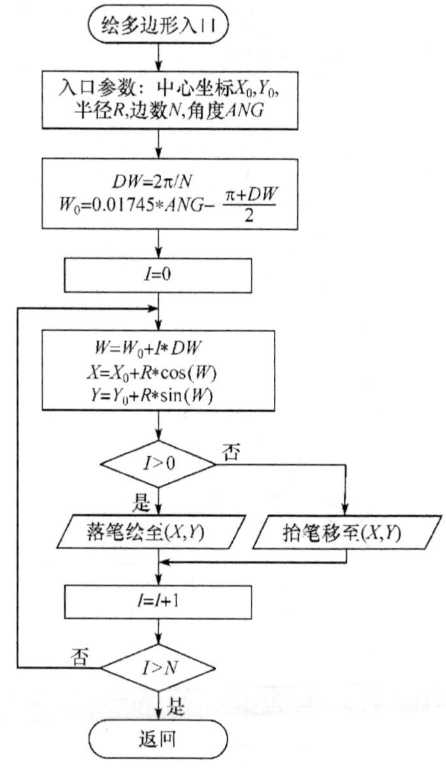

图 14.8　绘制多边形的算法流程

14.2.4　五角星的绘制

绘制五角星的参数为：中心坐标(X_0，Y_0)，外接圆半径 R。由于五角星的 10 个顶点等分整个圆周角 2π，所以两相邻点和中心连线的夹角都是$\frac{\pi}{5}$(图 14.9)。下面推算内接圆的半径 R'。

由图 14.9 中 A 和 B 两点的 Y 坐标相等可得

$$R'\sin\left(\frac{\pi}{2}-\frac{\pi}{5}\right)=R\sin\left(\frac{\pi}{2}-\frac{2\pi}{5}\right)$$

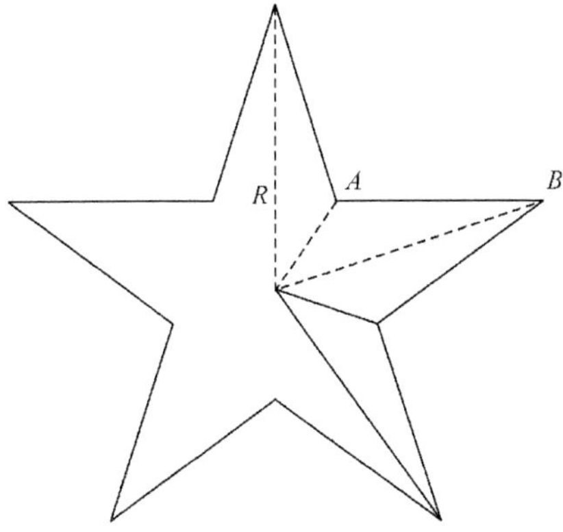

图 14.9 五角星

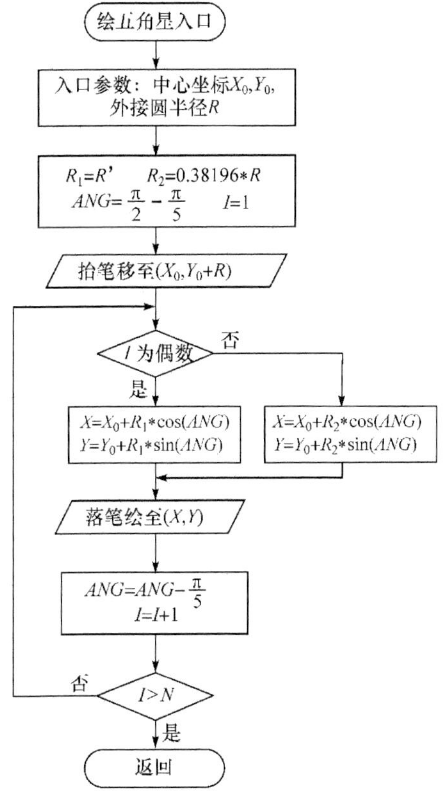

图 14.10 绘制五角星的算法流程

从而 $\dfrac{R'}{R}=\dfrac{\cos\dfrac{2\pi}{5}}{\cos\dfrac{\pi}{5}}\approx 0.381\,966\,02$

所以 $R'\approx 0.381\,966\cdot R$

下面将给出五角星绘制的算法流程图(图 14.10)。

14.3 线状地图符号的绘制

线状符号的设计是一个较为复杂的过程。将符号的基本信息描述为模板,再把模板在中轴线上分段串接并作相应的变形处理,尤其是拐弯处。取线状符号的基本最小循环单元(包括有效的空白)作为模板中的主要图元的描述,求出外接矩形,作为模板串接或变形时参与运算的图元的有效范围(即只考虑矩形内的图元信息)。按模板的长度在中轴线上分段截取,若模板超出拐点则将截去超出部分,截去部分转到下一折线段内处理。对有截取部分的模板实行从矩形到四边形的变形处理,如图 14.11 所示。对于线状符号的绘制过程如图 14.12、图 14.13 所示,其算法如下:线状要素的中轴线为 klm,地图坐标系为 xOy,模板所在的局部坐标系为 xOy,模板的外接矩形为 $abcd$,结点 l 和 m 处的角平分线分别为 gg' 和 hh',模板在结点 m 处被分割为 $abef$ 和 $fecd$ 两段。分割线 ef 通过 m 且垂直于 lm。两条角平分线和分割线将模板分割为 3 个点集,并作不同处理。

图 14.11 矩形图元变形

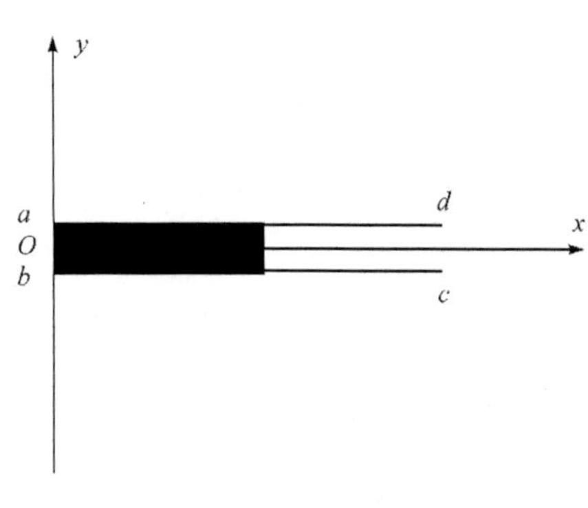

图 14.12 线状符号模板

(1) 在局部坐标系 xOy 中,若模板中的点 $p(x_p, y_p)$ 满足 $0<x_p<x_k$,且点 p 在两角平分线之间,则该点不作变形处理,只按一般方法从局部坐标系变换至地图坐标系;

(2) 在局部坐标系 xOy 中,若模板中的点 $p(x_p, y_p)$ 满足 $x_p=0$ 或 $x_p=x_k$ 或 $0<x_p<x_k$,且 p 点不在两角平分线之间,则该点沿 x 轴正向或负向平移至附近的角平分线上,然后变换至地图坐标系。

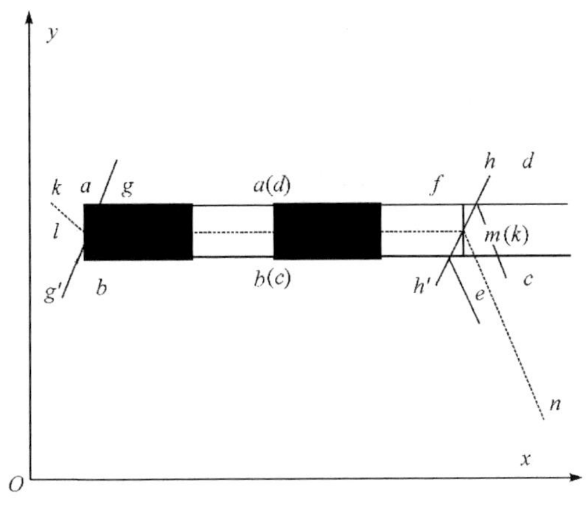

图 14.13　线状符号绘制过程

图中 Δalg、Δfmh 内的点便属于这种情况；

(3) 点超出结点 m 的部分，即四边形 $fecd$ 内的点 $p(x_p, y_p)$，在局部坐标系中满足 $x_p \geqslant x_k$，则将这些点转入下一节 mn 中进行处理，重复以上过程，直至符号全部完成。

14.3.1　平行线绘制

平行线是由两条距离相等的平行曲线构成的(图 14.14)，通常用于表示道路等地物。设平行线的绘图参数为：定位曲线坐标 X_i、$Y_i(i=1,2,\cdots,n)$，平行线宽度 W。

曲线是由一系列的直线连接而成的。绘制平行线就是绘制定位曲线各直线段两侧的平行线段组成的两条曲线，为了提高绘图速度，采用对平行的两条曲线相互反向绘制的方式。具体的绘制方法如下。

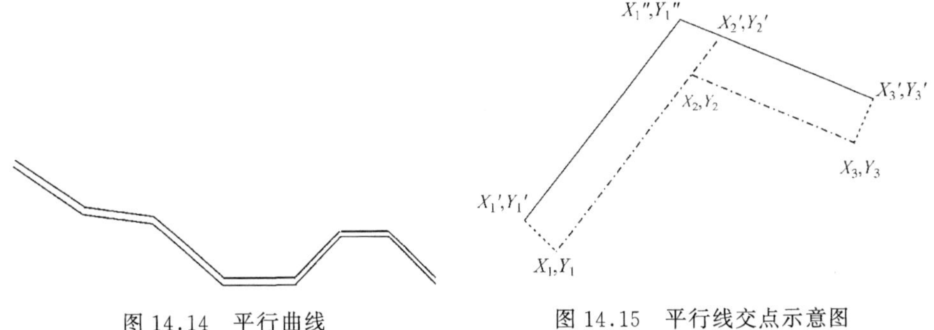

图 14.14　平行曲线　　图 14.15　平行线交点示意图

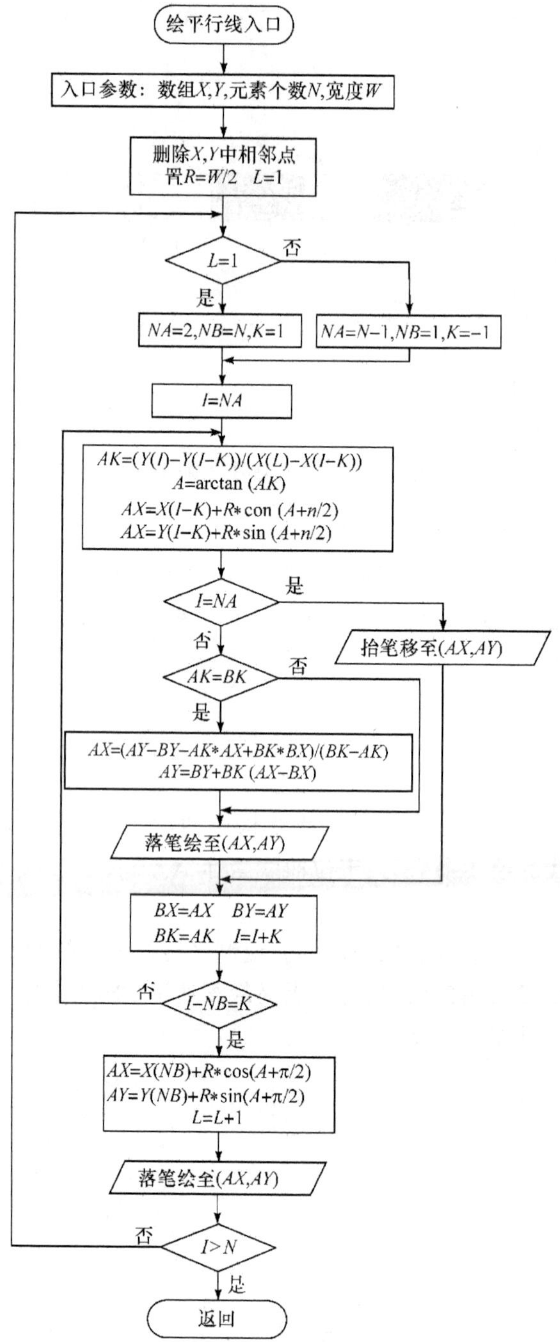

图 14.16　绘制平行线的算法流程

首先计算过首点(X_1, Y_1)并和首段直线成 90°的垂线上距离首点 W/2 处的坐标点(X_1', Y_1'),称该点为首点的等距离旁点,抬笔移至点(X_1', Y_1')。再有第二点的坐标(X_2, Y_2)以及第二段直线求出第二点的等距旁点坐标(X_2', Y_2')。根据两个相邻的等距旁点坐标以及相应的两段直线的斜率计算出两段直线平行线的交点坐标,然后落笔绘线至该交点,这样就完成了一条平行线上首段直线的绘制。接下去向前不断地计算出平行线的各相邻直线段的交点坐标(平行线的结点坐标),并同时绘线连接各结点,平行线的末端点即为坐标(X_n, Y_n)的等距旁点。在第一支平行线绘制完成后,再按反向计算和绘制定位曲线另一侧的一支平行线(图 14.15)。

平行线的绘制算法流程如图 14.16 所示。

14.3.2　虚线绘制

虚线是由一系列相间排列的等长短线段构成的。虚线亦称间断线。地图上常采用虚线绘制大路、等高线的间曲线等地形地物。设虚线的绘图参数为:定位曲线的坐标和坐标个数(X_i, Y_i) $i=1,2,\cdots,n$,虚线段的长度 DIS_1,虚线段的间距 DIS_2。

虚线的绘制方法为:首先控制抬笔移至定位曲线的首端点(X_1, Y_1),按照定位曲线的路径和方向搜索并计算出距离笔位曲线长度为 DIS_1 的坐标点(X_1', Y_1'),并控制落笔绘线至该点,再按定位曲线的路径和方向向前搜索并计算出距离当前笔位曲线长度为 DIS_2 的坐标点(X_2', Y_2'),控制抬笔移至该点,然后再搜索计算出定位曲线上前方距离当前笔位曲线长度为 DIS_1 的坐标点(X_3', Y_3'),并控制落笔绘线至该点,如此反复地计算出各虚线段的端点,并不断抬笔移动和落笔绘线,最终绘成虚线(图 14.17)。

图 14.17　虚线

按这种方法绘制的所有虚线段完全落在定位曲线的路径上,虚线中的各个虚线段长度相等,每节虚线段可能是直线,也可能是折线,这取决于对应的一段定位曲线的形状。图 14.18 为绘制虚线的算法流程。

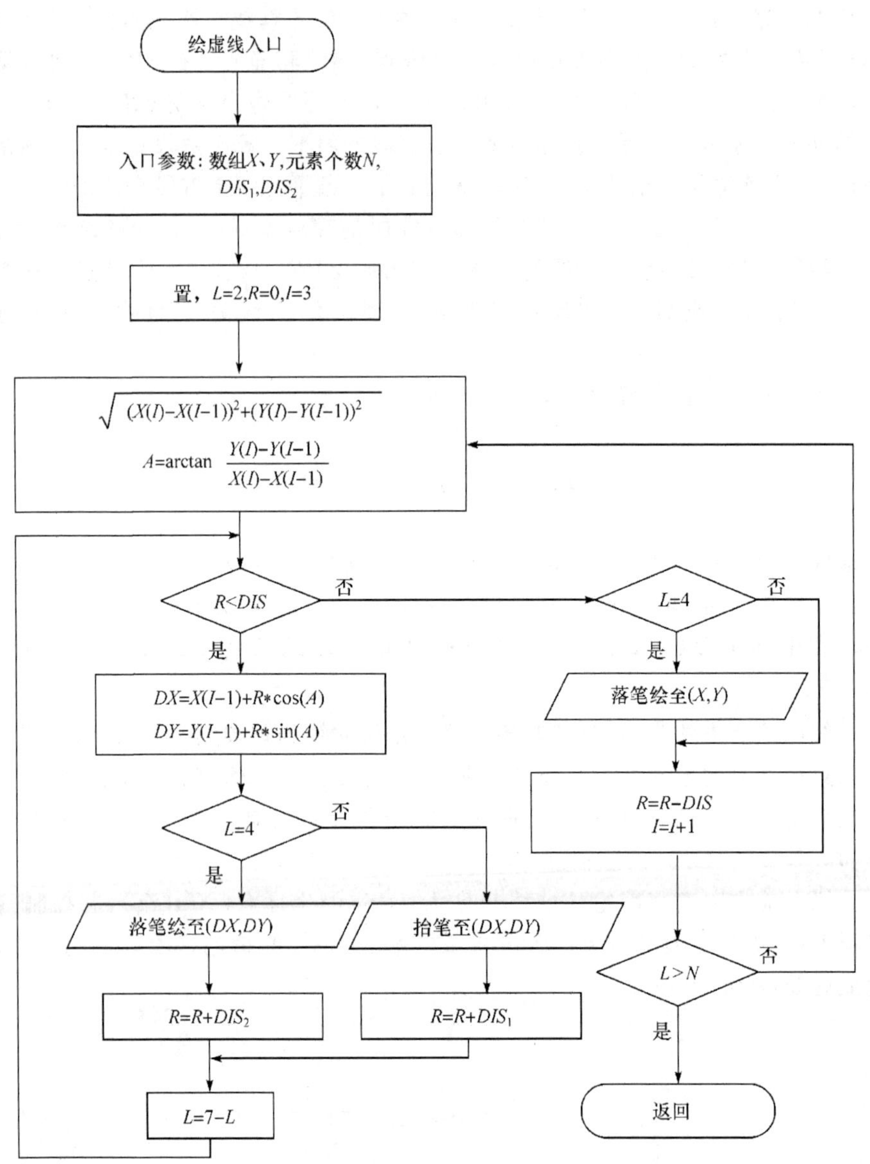

图 14.18　绘制虚线算法流程

14.3.3　短齿线的绘制

短齿线是由一条实曲线和等间距垂直叠加在其上的许多短齿构成(图 14.19)。短齿线在地图上一般用来表示道路等地物。绘制短齿线的参数为:定位曲线坐标

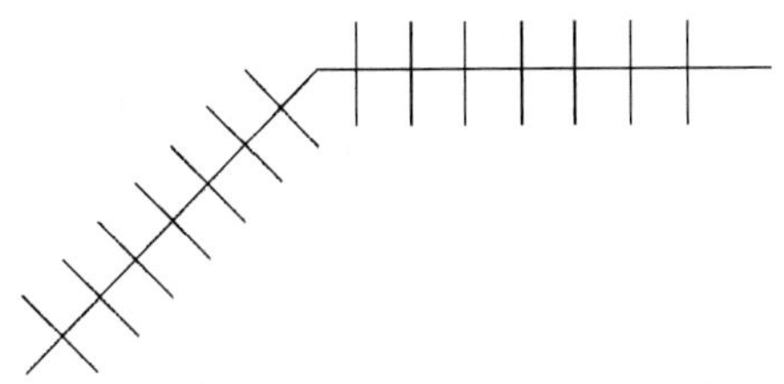

图 14.19　短齿线

和坐标个数(X_i, Y_i) $i=1,2,\cdots,n$、短齿的宽度 W、相邻短齿之间的距离 DIS。

绘制方法为:首先抬笔移至曲线的首点(X_1, Y_1),按曲线的路径和方向搜索并

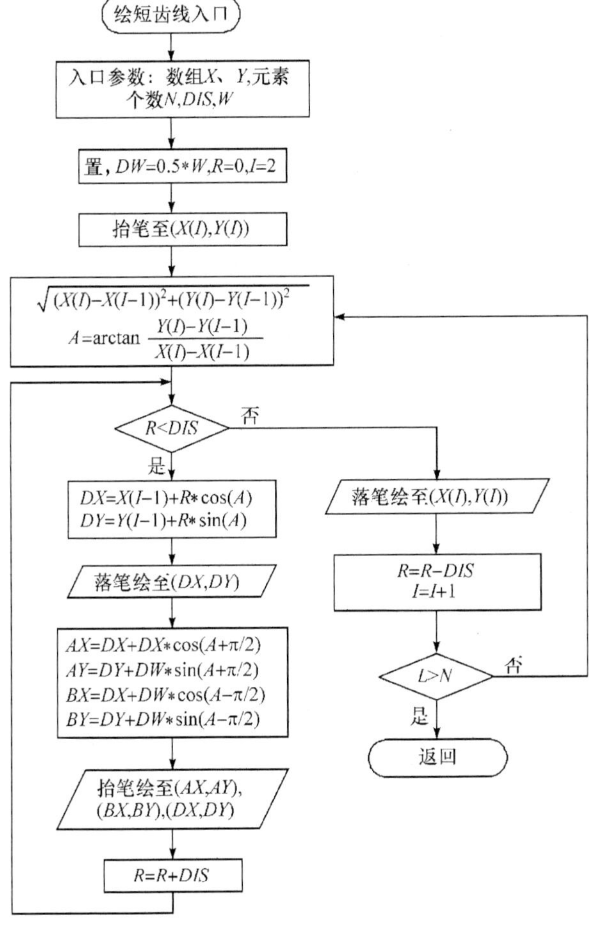

图 14.20　绘制短齿线的算法流程

计算出距离当前笔位曲线长度为 DIS 的坐标点(X_1', Y_1'),控制落笔绘至该点,以该点为中心。根据该点所在的直线段的角度和短齿宽度 W,计算出过该点的短齿端点坐标,并控制落笔绘制短齿,笔归点(X_1', Y_1')。以后按照同样的方法依次向前不断地计算和绘制短齿间的曲线和短齿,直至整个曲线坐标处理完毕,就完成了短齿线的绘制。

假设曲线上某短齿的中心点坐标为(X_K', Y_K'),短齿的两个端点坐标为(X_A, Y_A)、(X_B, Y_B),点(X_K', Y_K')所在直线段的角度为 α,则

$$X_A = X_K' + \frac{W}{2}\cos\left(\alpha_K + \frac{\pi}{2}\right)$$

$$Y_A = Y_K' + \frac{W}{2}\sin\left(\alpha_K + \frac{\pi}{2}\right)$$

$$X_B = X_K' + \frac{W}{2}\cos\left(\alpha_K - \frac{\pi}{2}\right)$$

$$Y_B = Y_K' + \frac{W}{2}\sin\left(\alpha_K - \frac{\pi}{2}\right)$$

图 14.20 给出了短齿线的绘制算法流程图。

14.3.4 铁路线的绘制

铁路线是地图上表示铁路分布状况与走向的符号,它是由一条双平行线和其中黑白相间的色块构成的(图 14.21)。绘制铁路线的参数为:定位曲线坐标(X_i, Y_i) $i=1,2,\cdots,n$,铁路线的宽度 W。一般铁路线中黑白色块的长度都为宽度的 3 倍。

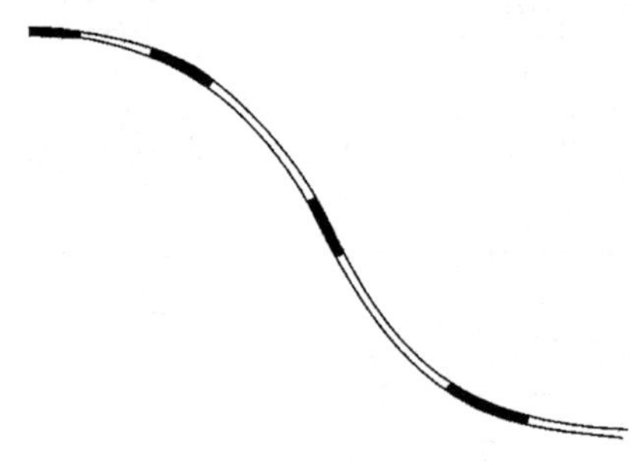

图 14.21 铁路线

铁路线的绘制方法为:首先在定位曲线两侧绘制一条宽度为 W 的平行线,然

后按定位曲线的路径和方向从首端点(X_1, Y_1)开始向前搜索和计算出一段长度为3W的曲线坐标(AX_k, AY_k) $k=1,2,\cdots,m$,调加粗程序将这段曲线加粗到 W。

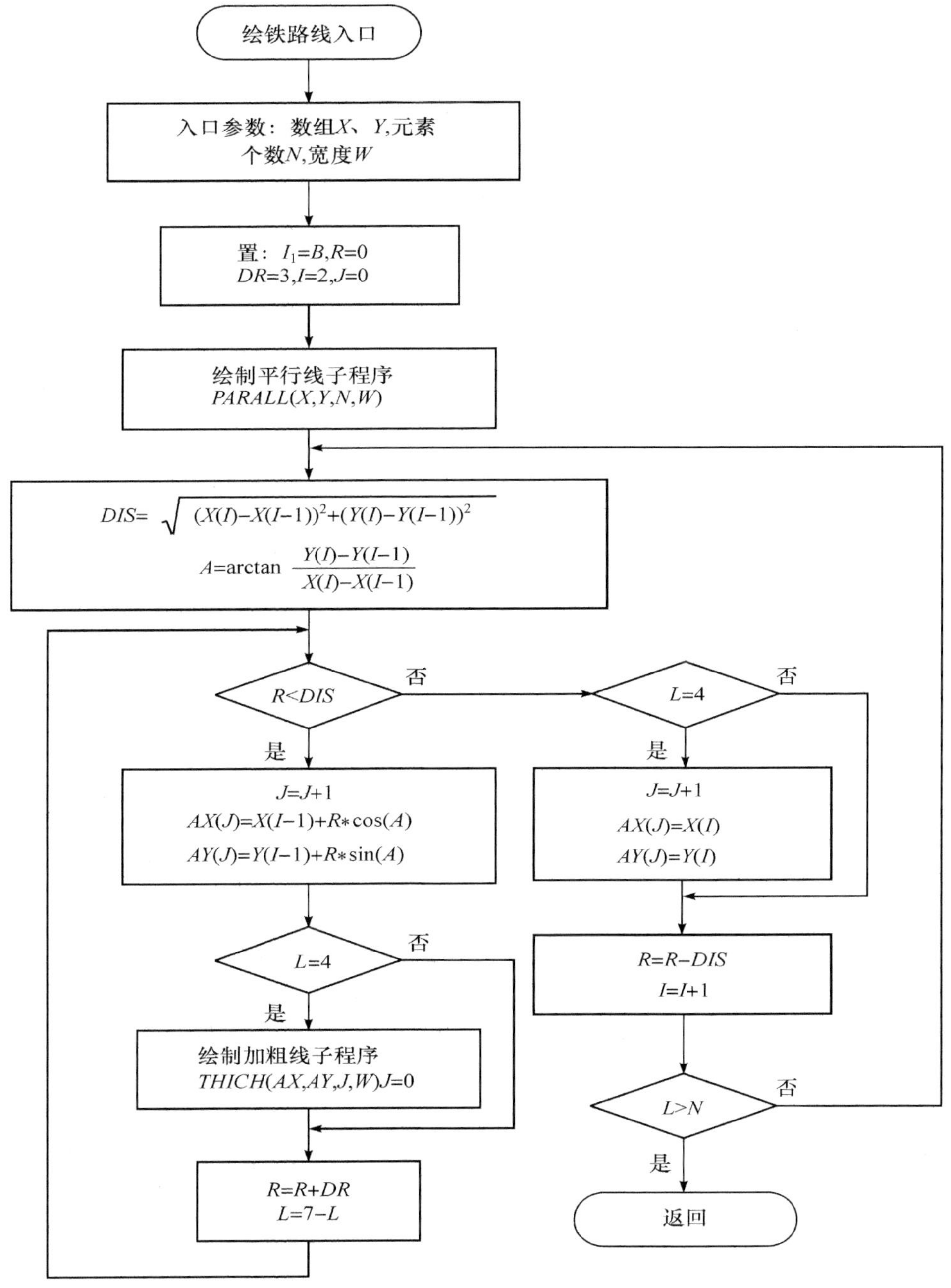

图 14.22　铁路线绘制算法流程图

从点(AX_m,AY_m)开始,沿定位曲线路径向前搜索并计算出距离该点曲线长度为3 W 的坐标点,控制抬笔移至该点,以此点为新的起点,按照上述方法搜索、计算和绘制下一个黑白色块,这样不断地向前绘制黑白色块,直至定位曲线末点,便绘成了铁路线。

图 14.22 给出了绘制铁路线的算法流程图。

14.3.5 境界线的绘制

境界线是地图上表示国家或行政区域边界轮廓及范围的线状符号,使用较多。国境界一般由相同大小的"I"型符号加点相间排列构成,省区界线一般由相同长度的虚线加点相间排列构成(图 14.23)。设绘制境界线的参数为:定位曲线坐标(X_i, Y_i) $i=1,2,\cdots,n$,境界线中虚线的长度 DIS_1、间距 DIS_2,虚线两端齿线的宽度 W,对一绘制省区境界线 W=0。绘制方法描述如下:

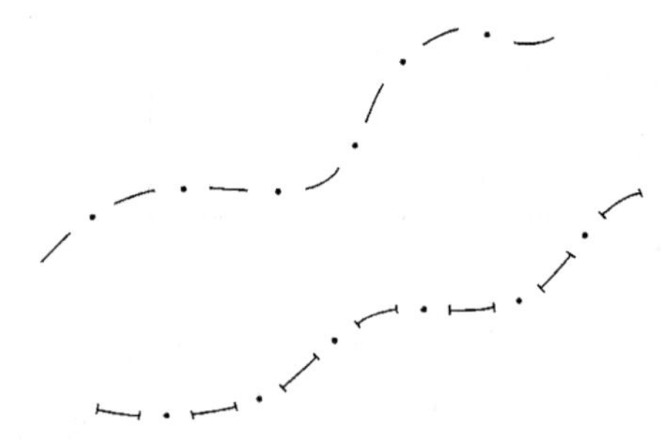

图 14.23 境界线

首先抬笔移至定位曲线端点(X_1, Y_1),若 W>0,则根据该点坐标、直线(X_1, Y_1)-(X_2, Y_2)的角度以及 W 求出过该点的齿线端点坐标,并绘出齿线,笔归起点(X_1, Y_1);若 W=0,则不需计算和绘制齿线。然后按定位曲线的方向和路径向前搜索并绘制到距离起点(X_1, Y_1)曲线长度为 DIS_1 的点(X_1', Y_1')。若 W>0,则根据该点坐标、所在直线的角度以及 W 求出过该点的齿缘端点坐标,绘出齿线;若 W=0,则不需计算和绘制齿线。再按定位曲线的方向和路径向前搜索并求出距离点(X_1', Y_1')曲线长度为 DIS_2 的点(X_2', Y_2')。在点$\left(\frac{X_1'+X_2'}{2},\frac{Y_1'+Y_2'}{2}\right)$处绘点,抬笔移至点($X_2'$, Y_2'),并以该点为新的起点,按上述方法开始下一个构图符号的绘制,直至完成境界线的绘制。

显然,境界线的绘制既有和绘虚线的相似之处,又有绘短齿线的特点,在绘制算法上可部分参照。图 14.24 给出了绘制境界线的算法流程图。

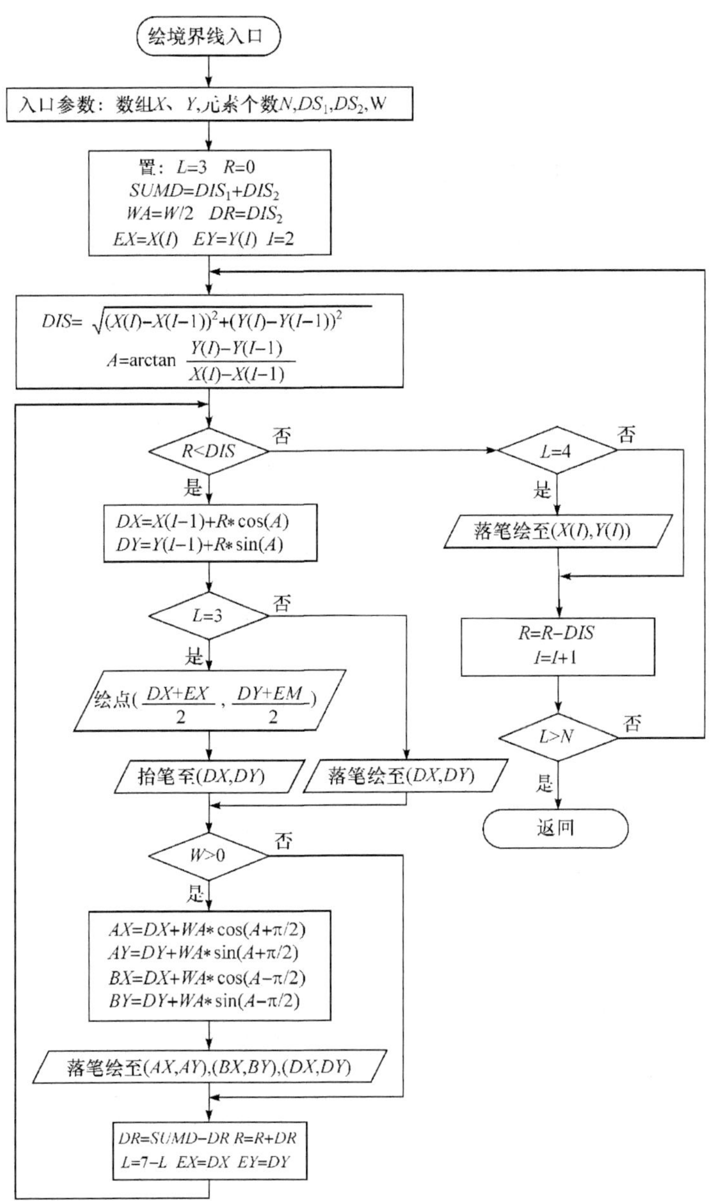

图 14.24　绘制境界线的算法流程

14.4 面状地图符号的绘制

面状符号是由许多点状符号按一定的排列方式(品字型、井字型、散列式)进行排列组合而成的。点状符号的排列方式及面的背景均在面状符号入库时通过参数的设置来控制。

在一给定的区域范围之内均匀地布绘满给定的点状符号,是绘制表示面状分布要素情况的专题地图常调用的基本功能。这种面状符号的绘制参数为:区域的闭合边界坐标(X_i, Y_i) $i=1,2,\cdots,n$,坐标个数 N,点状符号的图形坐标(GX_i, GY_i, IP_i) $i=1,2,\cdots,m$,图形坐标个数 M,布绘的点状符号个数 NUM。其中点状符号图形数据 IP_i 为抬落笔标志,$IP_i=3$,表示(GX_i, GY_i)为抬笔点;$IP_i=4$,表示(GX_i, GY_i)为落笔点。图 14.25 是计算机绘制的几种面状符号。

图 14.25　几种面状符号

这种符号的绘制方法为:

(1) 首先求出点状符号的尺寸 PS,在闭合边界的内侧求出距闭合边界 PS/2 处的平行线坐标(AX_i, AY_i) $i=1,2,\cdots,n$,该线段围成了比给定区域范围稍小的区域范围,所有待布绘点状符号的中心点都确定在这一范围内,以保证布绘在区域边缘的点状符号的整体均落在区域范围内。

(2) 计算由线段(AX_i, AY_i) $i=1,2,\cdots,n$ 围成的闭合区域的面积 AREA,进而求得每个点状符号平均占用面积 S,根据 S 可计算出点状符号之间的间距 DIS。按以下公式计算:

$$AREA = \frac{1}{2}\sum_{i=1}^{n-1}(AX_{i+1} - AX_i)\cdot(AY_{i+1} - AY_i)$$

$$S = \frac{AREA}{NUM}$$

$$DIS = \sqrt{S}$$

(3) 计算符号布设线的端点坐标。符号布设线是区域内一组水平扫描线,相邻符号布设线之间的间距为 DIS,构成面状符号的所有点状符号将绘制在布设线上。计算端点坐标的方法是从闭合边界坐标的首点开始,顺序地检查相邻两点的连线是否穿过水平扫描线。若没有穿过,则继续下相邻两点连线的检查;若穿过,则计算该连线和它所穿过的水平扫描线的交点坐标。直至末点,就计算获得了所有布设线的端点坐标。例如,图 14.26 所示的图形,可计算出 8 个端点坐标:(BX_i, BY_i) $i=1,2,\cdots,8$。

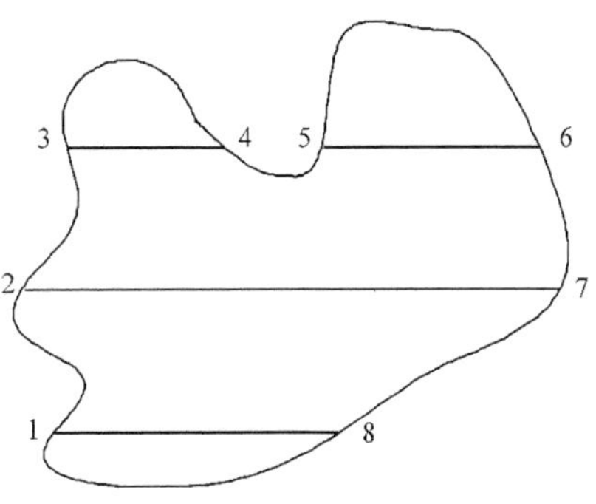

图 14.26　布设线示意图

(4) 将求得的符号布设线端点坐标配对。具体步骤为先对所有端点坐标按 Y 值由小到大排序,例如,图 14.26 中的 8 个端点坐标按 Y 值由小到大排序后得到的坐标序列为:{(X_1, Y_1),(X_8, Y_8),(X_7, Y_7),(X_2, Y_2),(X_5, Y_5),(X_6, Y_6),(X_3, Y_3),(X_4, Y_4)},然后再逐条对每条水平扫描线上的端点坐标按 X 值进行递增排序,就完成了布设线端点坐标的配对。例如对上面的坐标序列按 Y 值相同可分为三组,对每组按 X 值由小到大排序就获得坐标序列为:{(X_1, Y_1),(X_8, Y_8),(X_2, Y_2),(X_7, Y_7),(X_3, Y_3),(X_4, Y_4),(X_5, Y_5),(X_6, Y_6)}。

(5) 计算符号在设线的总长度 $SLEN$,精确调整布设线上符号间距 DIS。有以下公式

$$SLEN = \sum_{i=1}^{NB/2}(X_{2i} - X_{2i-1}),\text{NB 为端点个数}$$

$$DIS = \frac{SLEN}{NUM}$$

(6) 在布设线上按间距 DIS 布绘指定的点状符号。即按顺序将所有布设线

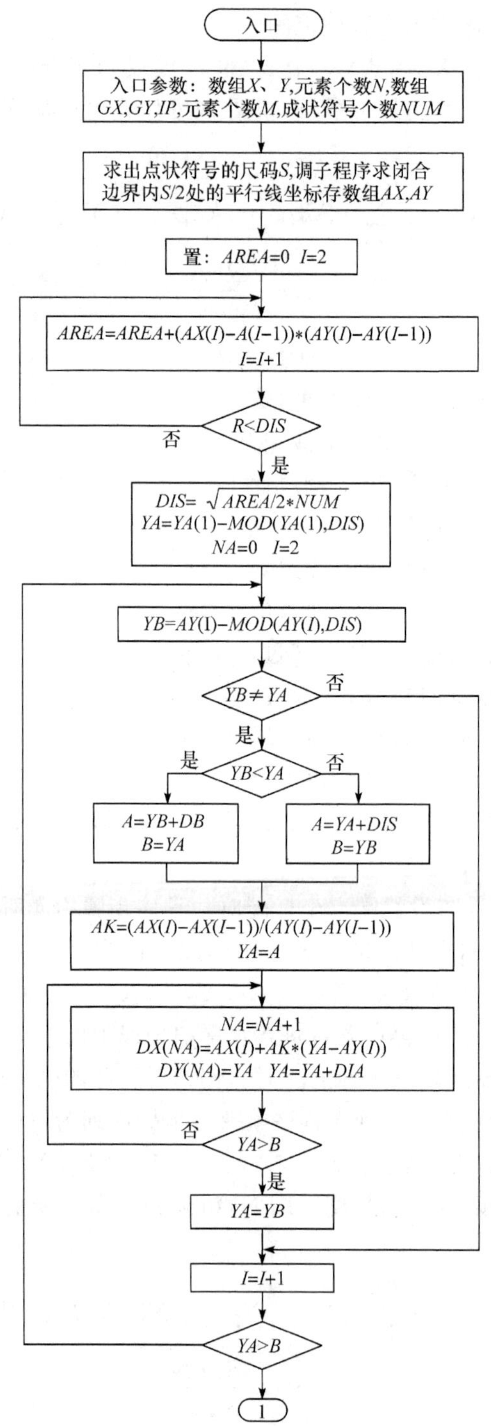

图 14.27　闭合区域布绘点状符号算法流程图(1)

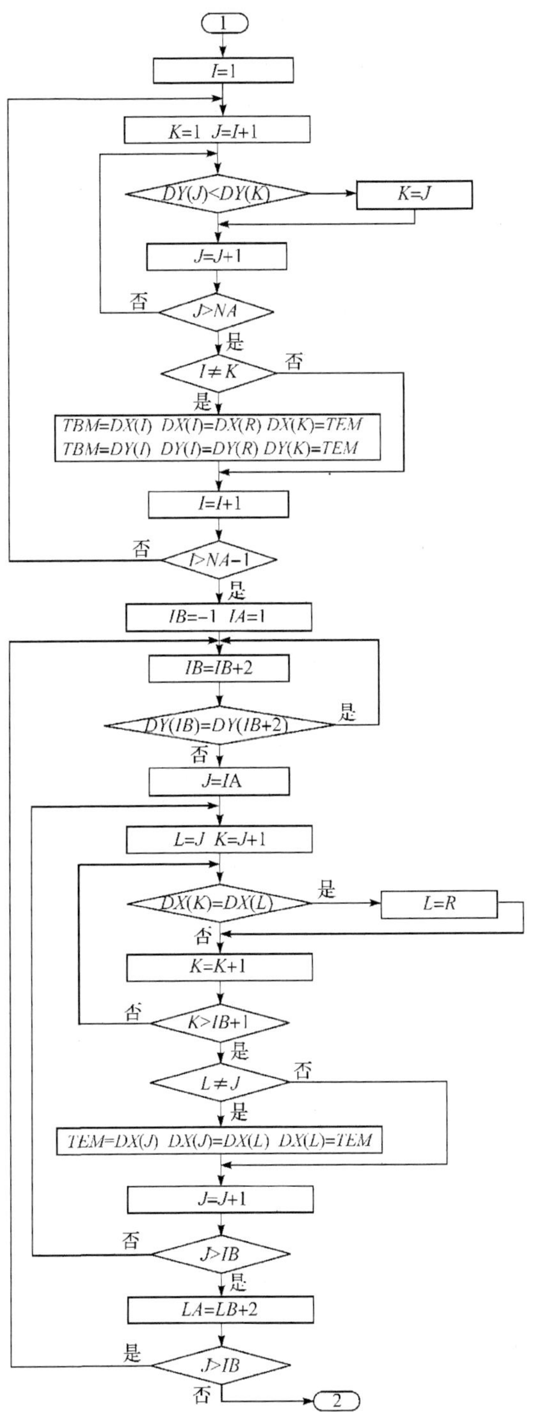

图 14.28　闭合区域布绘点状符号算法流程图(2)

作为一连贯的直线看待，从距离直线首点 DIS/2 处布绘第一个符号，以后每隔长度 DIS 就布绘一个符号，直至全部 NUM 个符号布绘完毕。

图 14.27、图 14.28、图 14.29 是闭合区域内布绘点状符号的算法流程图。

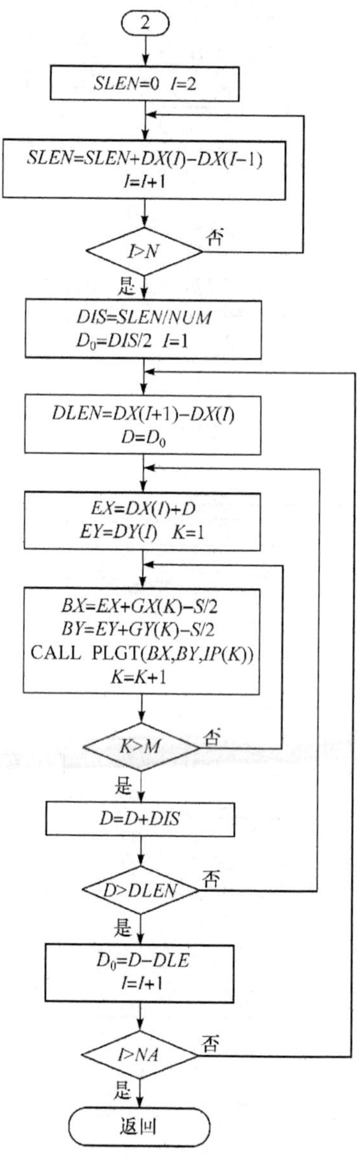

图 14.29 闭合区域布绘点状符号算法流程图(3)

思　考　题

1. 编写程序实现点状五角星符号的绘制。
2. 编写程序实现线状长城符号的绘制。
3. 编写程序实现面状斜线填充符号的绘制。

主要参考文献

蔡忠亮,李霖.1999.普通地图符号的全开放式设计.武汉测绘科技大学学报,24(3):259～261

陈华福.2001.最新统计电算化教程:Excel 2000 在统计学中的应用.北京:冶金工业出版社

陈平雁,黄浙明.2000.SPSS 8.0 统计软件应用教程.北京:人民军医出版社

程朋根,龚健雅,眭海刚.2000.GIS 中地图符号设计系统的设计与实现.中国图象图形学报,5(12):1006～1011

董波,王升.2001.应用统计教程.北京:企业管理出版社

樊家琨.1993.应用多元分析.开封:河南大学出版社

顾军.2002.R-Tree 空间索引的优化研究.南京师范大学硕士论文

郭忠胜,李颀,张德.2002.缓冲区边界自动生成的一种新方法.海洋测绘,22(6):18～21

胡以铿.1991.地球化学中的多元分析.武汉:中国地质大学出版社

胡毓钜,龚剑文,黄伟.1981.地图投影.北京:测绘出版社

黄杏元,马劲松,汤勤.2001.地理信息系统概论(修订版).北京:高等教育出版社

李建中,王珊.2003.数据库系统原理.北京:电子工业出版社

李相镐,李洪兴等.1994.模糊聚类分析及其应用.贵阳:贵州科学技术出版社

李新,程国栋,卢玲.2000.空间内插方法比较.地球科学进展,15(3):260～265

刘学军.2002.基于规则格网数字高程模型解译算法误差分析与评价.武汉大学博士学位论文

吕纯濂,陈舜华.1994.矩阵语言与多元分析.北京:气象出版社

马耀峰.1994.专题要素表示方法符号化视觉的探讨.陕西师范大学学报(自然科学版),22 (3):64～69

马耀峰.1995.符号构成元素及其设计模式的探讨.测绘学报,24(4):309～315

马耀峰.1995.符号构成元素设计及其在专题地图制图中的应用.陕西师范大学学报(自然科学版),23 (3):75～78

马耀峰.1997.地图符号构成元素的结构模式.陕西师范大学学报(自然科学版),25(3):87～88

邵春丽,胡鹏,黄承义等.2004. DELAUNAY 三角网的算法详述及其应用发展前景.测绘科学,29(6):68～71

孙家广,杨长贵.1994.计算机图形学(新版).北京:清华大学出版社

孙立新,黄明,任美睿.1998.GIS 缓冲区重叠合并的快速算法.遥感信息,(3):12～14

孙文爽,陈兰祥.1994.多元统计分析.北京:高等教育出版社

王家耀.2004.空间信息系统原理.北京:科学出版社

王学仁,王松桂.1990.实用多元统计分析.上海:上海科学技术出版社

毋河海.1997.关于 GIS 缓冲区的建立问题.武汉测绘科技大学学报,22(4):366～368

吴华意,龚建雅,李德仁.1998.无边界游程编码及其矢栅直接相互转换算法.测绘学报,27(1):63～68

吴立新,史文中.2003.地理信息系统原理与算法.北京:科学出版社

武汉测绘科技大学测量学编写组.1991.测量学(第三版).北京:测绘出版社

武晓波,王世新,肖春生.1999.Delaunay 三角网的生成算法研究.测绘学报,28(1):28～35

徐建华.1996.现代地理学中的数学方法.北京:高等教育出版社

徐庆荣,杜道生,黄伟等.1993.计算机地图制图原理.武汉:武汉测绘科技大学出版社

许卓群,张乃孝,杨冬青等.1987.数据结构.北京:高等教育出版社

薛胜,潘懋,王勇.2003.多边形叠置分析算法研究.计算机工程与应用,2:57～60

严蔚敏,吴伟民.1992.数据结构(第二版).北京:清华大学出版社

严蔚敏,吴伟民.2002.数据结构(C 语言版).北京:清华大学出版社

尹章才,李霖,朱海红等.2004.基于 SVG 的地图符号描述模型研究.武汉大学学报(信息科学版),29(6):

544～547

于秀林，任雪松. 1999. 多元统计分析. 北京：中国统计出版社

曾文，徐世文. 1998. 地理信息系统中的常规网络分析功能及相关算法. 地球科学-中国地质大学学报，23(4)：355～358

张文忠，谢顺平. 1990. 微机地理制图. 北京：高等教育出版社

张占月. 1999. GIS、RS数据格式转换新技术研究. 指挥技术学院学报，10(1)：91～95

张祖勋，张剑清. 1996. 数字摄影测量学. 武汉：武汉测绘科技大学出版社

周纪芗. 1990. 实用回归分析方法. 上海：上海科学技术出版社

周培德. 2005. 计算几何——算法设计与分析(第二版). 北京：清华大学出版社

朱述龙，张占睦. 2000. 遥感图象获取与分析. 北京：科学出版社

左孝凌，李为鉴，刘永才. 1990. 离散数学. 上海：上海科学技术文献出版社

Alsuwaiyel M H. 2004. 算法设计技巧与分析. 吴伟昶等译. 北京：电子工业出版社

Beckmann. Kriegel H P，Schneider R，Seeger B. 1990. The R＊-tree：an efficient and robust access method for points and rectangles. ACM SIGMOD，322～331

Brian W Kernigham. 2005. 程序设计和实现. 裘宗燕译. 北京：机械工业出版社

Emmanuel S. 2002. Representation of map objects with semi-structured data models. Symposium on Geospatial Theory，Processing and Applications，Ottawa

Garcia Y，Lopez M，Leutenegger S. 1998. A greedy algorithm for bulk loading R-trees. *In*：Proceedings of the 6th ACM2GIS. Washington DC. 163～164

Garcia Y，Lopez M，Leutenegger S. 1998. On optimal node splitting for R-trees. *In*：Proceedings of the 24th VLDB. New York N Y. 334～344

Green D. 1989. An implementtation and performance analysis of spatial data acess methods. Proc 5th Int Conf On Data Engineering，606～615

Guttman A. 1984. R-trees a dynamic index structure for spatial searching. *In*：Proceedings of ACM SIGMOD. Boston MA. 47～57

Kamel I，Falout sos C，Hilbert. 1994. R-tree：an improved R-tree using fractals. *In*：Proceedings of the 20th VLDB. Santiago，Chile. 500～509

Kang-tsung Chang. 2003. 地理信息系统导论. 陈健飞等译. 北京：科学出版社

Michael Zeiler. 1999. Modeling Our World. Environmental Systems Research Institute. Inc.

Richard A Johnnson，Dean W Wichern. 2001. 实用多元统计分析(第四版). 陆璇译. 北京：清华大学出版社

Robert Sedgewick. 2003. C＋＋算法(第三版). 林琪译. 北京：清华大学出版社

Sartaj Sahni. 2004. 数据结构算法与应用——C＋＋语言描述. 汪诗林，孙晓东译. 北京：机械工业出版社

Sellis T，Roussopoulos N，Faloutsos C. 1987. The R＋tree：a dynamic index for multi-dimensional objects. In Proc 13th International Conference on VLDB，507～518

Shashi Sheckhar，Sanjay Chawla. 2004. 空间数据库. 谢昆青，马修军，杨冬青等译. 北京：机械工业出版社

Timos K，Sellis T. 2000. The R＊-tree：an efficient and robust access method for points and rectangles. ACM SIGMOD Digital Review 2

Tsoulos L，Spanaki M，Skopeliti A. 2003. An XML-based approach for the composition of maps and charts. The 21st International Cartographic Conference (ICC)，Durban